HERBERT WALTHER »ING. GRAD«
BAUPLANUNG · BAUBERATUNG · BAULEITUNG
8651 NEUENMARKT LAUBENSTRASSE 31
TELEFON 09227/5310

D1688388

INFORMATIONSDIENST HOLZ

Für Bauinteressenten

Moderne Fenster aus Holz

Eine Aktion der CMA
Die Arbeitsgemeinschaft Holz e.V. informiert

So vielfältig
sind die Möglichkeiten
der Anwendung
des Holzfensters

Nach wie vor werden mehr als 60% aller Fenster im Wohnungsbau aus Holz hergestellt. Das hat seine guten Gründe, denn moderne Fenster aus Holz sind Qualitäts-Fenster.

Seit Jahrhunderten werden Fenster aus Holz gebaut.

Dank intensiver Forschungsarbeiten des Institutes für Fenstertechnik in Rosenheim wird das Holzfenster den heutigen bautechnischen Anforderungen hundertprozentig gerecht. Holz bietet dafür von Natur aus die besten Voraussetzungen:

1. Der organisch gewachsene Werkstoff Holz besteht aus zahllosen luftgefüllten Zellen, die eine hohe Wärmedämmung bewirken. Fensterrahmen aus Holz tragen deshalb zu Energieeinsparung und Wohnkomfort bei.
2. Holzfenster werden heute mit hochwertigen die Feuchtigkeit abweisenden Anstrichen versehen. Fenster aus Holz bleiben deshalb auch bei großer Temperatur- und Feuchtigkeitsbeanspruchung formstabil und maßhaltig.
3. Fenster aus Fichte, Kiefer und anderen für den Fensterbau geeigneten Hölzern, sind bei normaler Pflege länger als 80 Jahre funktionstüchtig.
4. Holzfenster können außerdem farblich individuell gestaltet werden.

Aus diesen Gründen eignet sich Holz besonders gut als Material für Fensterrahmen.

Durch Verwendung einheimischen Holzes wird gleichzeitig zur Pflege des Waldes und zur Erhaltung unserer Umwelt beigetragen.

Welche besonderen Vorteile bieten Fenster aus Holz

Verglasung	Wärmedurchgangskoeffizient k_F in W/m²·K¹)		
	Rahmenmaterial-Gruppe		
	1 (z. B. Holzfenster, Kunststoffenster [PVC], Holzkombinationen)	2 (z. B. wärmegedämmte Aluminiumverbund- und Stahlprofile)	3 (z. B. Aluminium, Stahl, Beton)
Isolierverglasung 6 mm Luftzwischenraum	3,3	3,5	
Isolierverglasung 12 mm Luftzwischenraum	3,0	3,3	3,5
Dreifach-Verglasung mit 2×12 mm Luftzwischenraum	1,9	2,1	2,3
Doppelverglasung mit Luftzwischenraum 2 cm <s <4 cm	2,6	2,8	3,0
Doppelverglasung mit Luftzwischenraum 4 cm <s <7 cm	2,3	2,6	2,8
Doppelfenster Luftzwischenraum ≧7 cm	2,6		
Glasbausteinwand nach DIN 4242 mit Hohlglasbausteinen nach DIN 18 175, 80 mm dick			3,5

¹) Die angegebenen k_F-Werte gelten für Fenster <5 m² mit einem Rahmenanteil ≦ 25%
für Fenster >5 m² mit einem Rahmenanteil ≦ 15%
und Türen >2 m² mit einem Rahmenanteil ≦ 25%

Abb. 8: Auszug aus der „Verordnung für einen energiesparenden Wärmeschutz bei Gebäuden", Bundesgesetzblatt Teil I vom 17. 8. 1977.

Holzfenster sorgen für ein ausgeglichenes Wohnklima.

Wegen der guten Wärmedämmwerte des Holzes schirmen sie die Innenräume vor Außentemperaturen ab: Im Sommer bleibt die Hitze, im Winter die Kälte draußen. Eine Kälteabstrahlung des Rahmens ist ausgeschlossen. Holzfenster helfen somit Energie und damit Heizkosten sparen. Außerdem entwickelt sich am Rahmen keinerlei Schwitzwasser.

In der Bundesverordnung über den energiesparenden Wärmeschutz sind Holzfenster, auf Grund der hohen Wärmedämmung des Rahmenmaterials (= niedriger Wärmedurchgangskoeffizient) in die günstigste Gruppe eingestuft, vgl. Abbildung 8.

Holzfenster können auch hohe Anforderungen an den Schallschutz erfüllen. Wer beispielsweise in der Nähe einer Autobahn wohnt, wird durch Holzfenster, die der Schallschutzklasse 5 entsprechen, vom Außenlärm verschont bleiben. Alle in Abbildung 10 tabellarisch aufgeführten Fensterarten – den „Richtlinien für bauliche Maßnahmen zum Schutz gegen Außenlärm" entnommen – können problemlos aus Holz gefertigt werden.

Schallschutzklasse nach VDI 2719	Bewertetes Schalldämm-Maß R_W in dB	Fensterart	Lichter Scheibenabstand in mm	Gesamtscheibendicken in mm[1]	Zusätzliche Anforderungen an die Falzdichtungen
1	25	Keine besonderen Anforderungen an Fensterart, Scheibenabstand und -dicken			Keine
2	30	Kastenfenster	Keine Anforderungen an Scheibenabstand und -dicken		weichfedernd, dauerelastisch, alterungsbeständig, leicht auswechselbar[2]
2	30	Verbundfenster			
2	30	Einfachfenster mit Isolierverglasung	8 bis 12	8	
3	35	Kastenfenster	Keine Anforderungen		
3	35	Verbundfenster	60	6	
3	35	Verbundfenster	40	8	
3	35	Einfachfenster mit Isolierverglasung[3]	Isolierglas mit $R_W \geq 37$ dB		
4	40	Kastenfenster	100	8	
4	40	Kastenfenster	80	10	
4	40	Verbundfenster[3]	80	10	
4	40	Verbundfenster[3]	60	14	
5	45	Doppelfenster mit getrennten Rahmen	150	8	
5	45	Doppelfenster mit getrennten Rahmen	120	10	
5	45	Doppelfenster mit getrennten Rahmen	100	12	

[1] Scheibendicken nach Vornorm DIN 1249 Teil 1 „Fensterglas, Dicken, Sorten, Anforderungen, Prüfung", Ausgabe Juni 1973. Bei Mehrscheibenverglasungen sollen die Scheiben verschieden dick gewählt werden
[2] Jeder Flügel oder Blendrahmen muß mindestens ein umlaufendes Dichtungsprofil in derselben Ebene haben
[3] Jeder Flügel oder Blendrahmen muß mindestens zwei umlaufende Dichtungsprofile jeweils in derselben Ebene haben

Holzfenster sind winddicht und schlagregensicher. In Abhängigkeit von der Fenstergröße und der Gebäudehöhe fertigt der Fensterhersteller genormte Profile, die auch stärkster Beanspruchung gewachsen sind.

Mit Holzfenstern lassen sich Innenräume wohnlicher gestalten: Ein farbloser innenseitiger Anstrich betont den Holzcharakter.

Farbig durchsichtig bleibende Lasuranstriche betonen die Maserung, und farbig deckende Anstriche ermöglichen jede nur gewünschte Abstimmung zwischen Fenster und angrenzenden Flächen.

Selbst nach vielen Jahren können Holzfenster geänderten Wohnideen durch eine neue Farbgebung angepaßt werden. Außerdem lassen sich die Innen- und Außenanstriche in der Farbgebung auch unterschiedlich ausführen.

Abb. 10: Ausführungsbeispiele für Fenster mit bewerteten Schalldämm-Maßen R_W von 25 bis 45 dB (Mindestausführung). Auszug aus den „Richtlinien für bauliche Maßnahmen zum Schutz gegen Außenlärm", Fassung September 1975.

Wissenswerte technische Details

Fenster werden unterschieden nach der Öffnungsart, der Konstruktion des Rahmens und der Verglasung. Alle Fensterarten stellt das Fenster bauende Handwerk heute in gleichmäßig hoher, durch Normen gesicherte Qualität her.

Die gebräuchlichsten Öffnungsarten zeigt Abbildung 11. Bei Wohnbauten werden heute bevorzugt Dreh-Kipp-Fenster verwendet, mit einfach zu bedienenden sicheren Beschlägen.

Bezüglich der Konstruktion eignen sich hierfür sowohl Einfach-Flügelrahmen, wie auch Verbund-Fensterrahmen, vgl. Abbildung 12. Einfach-Flügelrahmen bestehen aus einem Rahmen, der üblicherweise mit Isolierglas – zwei oder mehr an den Rändern fest miteinander verbundene Scheiben – ausgestattet ist, während Verbundfenster aus zwei miteinander verbundenen Flügelrahmen bestehen, die meist je eine Einfachverglasung aufweisen. Zur Erhöhung des Schall- und Wärmeschutzes können bei beiden Fensterarten Scheiben unterschiedlicher Dicke in einem Rahmen miteinander kombiniert bzw. die Scheibenabstände variiert werden.

Besonders hohe Anforderungen an den Schallschutz erfüllt das Kastenfenster (vgl. Abb. 12, unten), wobei der große Scheibenabstand zwischen dem Innen- und Außenflügel entscheidend ist. Dieser Fenstertyp läßt sich in Altbauten in der Regel durch nachträglichen Einbau eines zweiten Flügels erreichen.

Den Aufbau eines Isolierglasfensters mit Wandanschluß zeigt Abbildung 13 im Vertikalschnitt.

Eine Doppelfunktion erfüllen die heute weitverbreiteten Hebedrehtüren (vgl. Abb. 6) und Hebeschiebetüren. Zugleich Fenster und Türen zeichnen sie sich durch ihre problemlose Bedienung aus. Üblicherweise bestehen sie aus einem Einfach-Flügelrahmen mit Isolierverglasung.

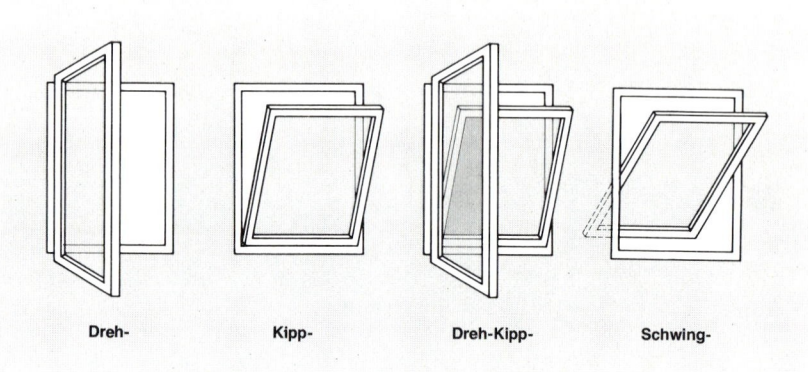

Fenster: Dreh- | Kipp- | Dreh-Kipp- | Schwing-

Abb. 12: Einfachfenster isolierverglast / Verbundfenster / Kastenfenster

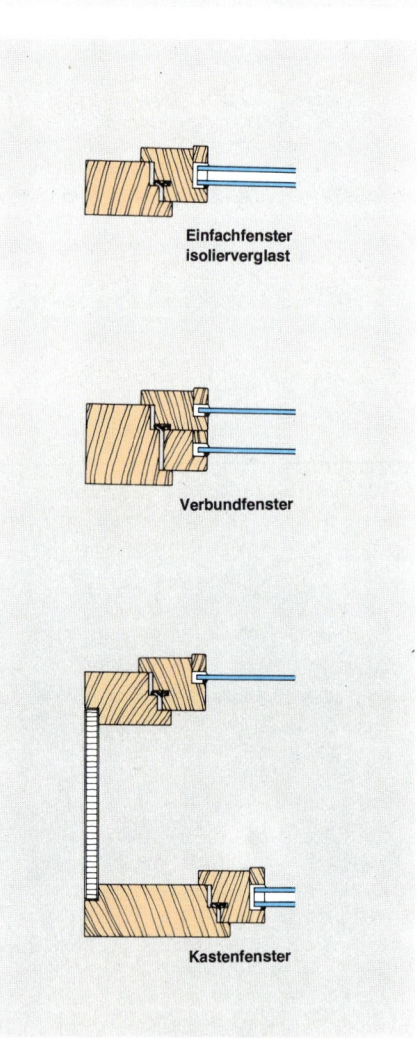

Abb. 13:
① Blendrahmen
② Rundumlaufende Dichtung
③ Flügelrahmen
④ Dauerelastische Dichtung
⑤ Isolierverglasung
⑥ Glasleiste
⑦ Kittbett
⑧ Regenschutzschiene
⑨ Fensterbank außen
⑩ Fensterbank innen

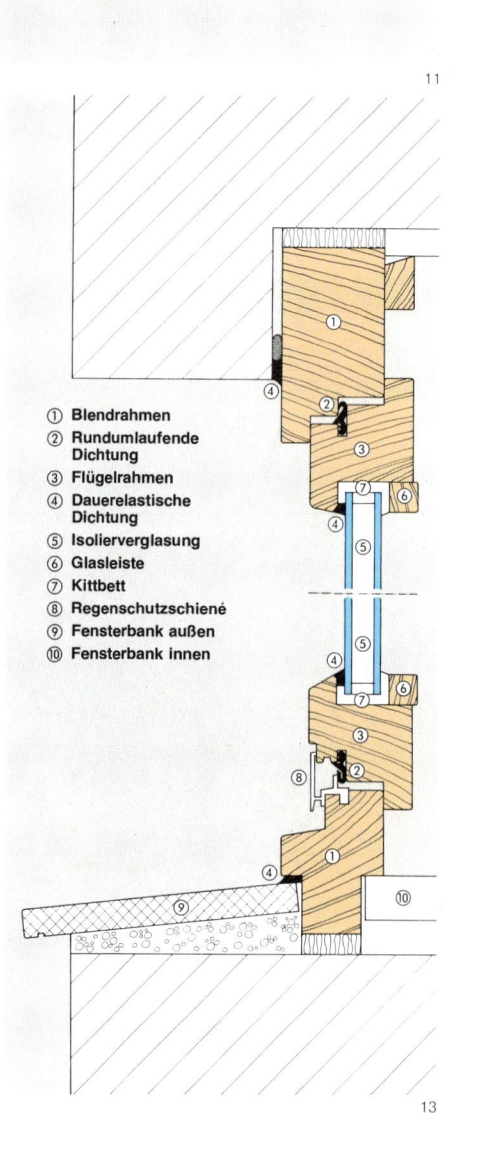

Fenster aus Holz, pflegeleicht und wirtschaftlich

Um es vorweg zu sagen: Ein pflegefreies Fenster gibt es nicht. Dies gilt für Fenster aller Materialien und Konstruktionsarten. Holz korrodiert nicht; deshalb lassen sich Holzfenster leicht mit häuslichen Mitteln pflegen.

Ein Fenster aus Holz kann auch noch nach jahrzehntelangem Gebrauch überholt und gestrichen werden. Es ist dann wie ein neues Fenster: Neben sicherer Funktion und tadellosem Aussehen bietet sich sogar die Möglichkeit einer neuen Farbgebung.

Bei der Wahl des Anstrichs für ein Holzfenster sollten neben gestalterischen auch praktische Gesichtspunkte beachtet werden. Bei Verwendung von hellen, deckenden Farben läßt sich die Anstrichüberholung um 3 bis 5 Jahre hinausschieben. Bei lasierten Fenstern kann die Überholung auch auf dem alten Anstrich erfolgen.

Vergleicht man Fenster verschiedener Materialien miteinander und bezieht dabei die Kosten für Anschaffung und Pflege auf die Lebensdauer des Hauses, so erhält man einen eindeutigen Beweis für die Wirtschaftlichkeit des Holzfensters: Der Anschaffungspreis ist vergleichsweise günstig und die laufenden Pflegekosten sind gering. Abgesehen davon kann man beim Holzfenster – wenn man will – nahezu die gesamte Pflege, einschließlich der gelegentlichen Überholung des Anstrichs, in Eigenleistung erledigen.

Qualitätsfenster aus Holz

Wenn Sie sich über das Aussehen Ihres geplanten Hauses die ersten Gedanken machen, sollte die Fensterfrage mit bedacht werden. Denn Fenster nehmen heute bis zu 70% der Fassadenfläche ein und stellen ein wichtiges architektonisches Gestaltungsmittel dar. Sprechen Sie mit Ihrem Architekten auch über Ihre Wünsche bezüglich der Fenster. Bei der Ausschreibung sollte die „Empfehlung zur Ausschreibung von Holzfenstern", herausgegeben vom Institut für Fenstertechnik in Rosenheim, berücksichtigt werden.

Leistungsfähige Hersteller von Qualitätsfenstern aus Holz weisen Ihnen der Holzhandel und die örtliche Kreishandwerkerschaft nach. Sie werden angenehm überrascht sein, wie preiswert individuell nach Ihren Wünschen gefertigte Holzfenster sind.

Überreicht durch:

Herausgeber:
Arbeitsgemeinschaft Holz e.V.
Füllenbachstraße 6
4000 Düsseldorf 30
Telefon 02 11/43 46 35

in Zusammenarbeit mit
der CMA–Centrale Marketinggesellschaft
der deutschen Agrarwirtschaft mbH,
5300 Bonn 2

Bearbeitung:
Dr. G. E. Wilhelm, Monheim
F. Grammling, Architekt, Bamberg

Fotos:
Karsten de Riese, München: 5
F. Grammling, Bamberg: 1, 2, 3, 4, 6, 7, 9, 14, 15, 16, 17, 20, 21, 22
W. Ruske, Mönchengladbach: 18, 19

Technische Anfragen an:
Arbeitsgemeinschaft Holz e.V., Düsseldorf

Objekte/Architekten:
Abb. 1, 5: Bauturm München/Dipl.-Ing. H. Borcherdt, München
Abb. 4: Parkhaus in Coburg, Einliegerwohnung/
Prof. Hans Busso von Busse, München
Abb. 6, 16, 17: Studentenwohnheim in Bamberg/
Prof. F. W. Kraemer, Dr. E. Sieverts und Partner, Braunschweig
Abb. 9, 20, 21: Wohnhaus in Aichach/P. Seifert, München
Abb. 18, 19: Gut Volkardey in Ratingen/
Dipl.-Ing. J. P. Volkamer und Dipl.-Ing. F. Wetzel, Düsseldorf

10/78

Klein   Das Fenster und seine Anschlüsse

Das Fenster und seine Anschlüsse

Problematik
und konstruktive Zusammenhänge

mit 166 Abbildungen und 42 Tabellen

von

Prof. Dr.-Ing. Wolfgang Klein

Ⓜ

Verlagsgesellschaft Rudolf Müller, Köln-Braunsfeld

ISBN 3-481-14581-0
© Verlagsgesellschaft Rudolf Müller, Köln-Braunsfeld 1974
D 82 (Diss. T. H. Aachen)
Umschlaggestaltung: Hanswalter Herrbold, Opladen
Satz: Woeste-Druck KG, Essen
Druck und buchbinderische Verarbeitung:
Merkur-Druckerei GmbH, Troisdorf-Spich

Vorwort

Bauschäden gibt es, solange Gebäude errichtet werden. Umfassende wissenschaftliche Untersuchungen über die Ursachen von Bauschäden an Fenstern, die nicht nur Teilbereiche erfassen, gibt es bis heute noch nicht.

Fensterhersteller und die mitwirkenden Gewerke des Handwerks haben ihre Untersuchungen auf das Fenster oder seine Teile, getrennt vom Gebäude, beschränkt. Eine umfassende Behandlung des Problemkomplexes Fenster kann vom Einzelhersteller nicht getragen werden. Die Notwendigkeit, das Fenster als integrierten Teil der Wand ganzheitlich zu betrachten, wurde bis heute nur ungenügend angesprochen.

Dieses Werk soll vor allem Architekten und Fensterherstellern die Poblembereiche des Fensters und die derzeitig sich anbietenden Lösungsmöglichkeiten aufzeigen, damit die Beteiligten die Unzulänglichkeiten rezeptiver Ausführungsempfehlungen erkennen und die hieraus resultierenden Mängel oder Enttäuschungen sparen können.

Ich habe die anstehenden Probleme in aller Offenheit angesprochen. Es bestehen weder wirtschaftliche Beziehungen oder Abhängigkeiten zu einzelnen Herstellern oder Interessenverbänden. Der Leser kann erkennen, daß mit allen Werkstoffen in sinnvoller Kombination und mit allen Fenstersystemen mängelfreie Fenster herstellbar sind, wenn die Eigenart der eingesetzten Werkstoffe und Fenstersysteme, die jeweiligen Einbau-, Lage- und Funktionsbedingungen berücksichtigt werden.

Bei dieser Arbeit fand ich Hilfe durch zahlreiche Wissenschaftler, Firmen und Interessenverbände, denen ich an dieser Stelle danken möchte.

Der wissenschaftlichen Betreuung der Dissertation durch Herrn Professor Dr. Ing. Erich Schild, seinem Interesse an dieser Arbeit und seinen fördernden Anregungen gebührt besonderer Dank.

Von dem inzwischen verstorbenen Dr. Ing. F. W. Schlegel erhielt ich eine Reihe wertvoller Impulse. Seiner sei in ehrender Anerkennung gedacht.

Danken möchte ich auch Herrn Baudirektor Professor Seifert und dem Institut für Fenstertechnik e. V., Rosenheim, für die Beratung und die überlassenen Unterlagen.

Hagen, den 1. Juli 1974   Wolfgang Klein

Inhalt

Vorwort	5	

1.	**Einleitung und Problemstellung**	11
1.1.	Entwicklung	11
1.2.	Die Bedeutung des Fensters für den Wohn- und Gebrauchswert eines Gebäudes	12
1.3.	Darstellung der Problembereiche des Fensters	12
1.3.1.	Ermittlung der Schadensbereiche	12
1.3.2.	Problemkreise und Schadensbereiche	15
1.3.3.	Ursachen der Schäden an Fenstern	15
1.3.3.1.	Werkstoffbedingte Ursachen	15
1.3.3.2.	Verarbeitungs-, fertigungs- und einbaubedingte Ursachen	15
1.3.3.3.	Planungs- und konstruktionsbedingte Ursachen	15
1.3.3.4.	Ursachen, die auf eine mangelnde Bauforschung, fehlende wissenschaftlich begründete Aussagen etc. zurückzuführen sind	15
1.3.3.5.	Schadensursachen, die auf Veröffentlichungen, Normung und Gütesicherung zurückzuführen sind	16
1.3.3.6.	Schadensursachen, die sich aus zeitgemäßen Lebens- und Gebrauchsgewohnheiten sowie Umweltbedingungen ergeben	16
1.3.4.	Folgerungen	16
1.4.	Begründung, Abgrenzung und Zielsetzung der vorliegenden Arbeit	16

2.	**Wissenschaftliche und empirische Grundlagen für Gestaltung und Konstruktion**	19
2.1.	Die Funktion des Fensters	19
2.2.	Bauphysikalische und bauchemische Beanspruchungen	20
2.3	Die Wirkung des Fensters auf das Raumklima	21
2.4.	Das Fenster als architektonisches Gestaltungselement	22
2.4.1.	Einflußgrößen	22
2.4.2.	Entwicklung	22
2.4.3.	Folgerungen	23
2.5.	Zustand der Aufbereitung und Vereinheitlichung der Anforderungen	24
2.5.1.	Einflußgrößen	24
2.5.2.	Stand geltender Vorschriften	24
2.5.2.1.	Normen, Richtlinien, Vorschriften, Empfehlungen	24
2.5.2.2.	Zusammenfassung der aus Normung etc. zu gewinnenden Erkenntnisse	25
2.5.3.	Wertung der derzeitigen Beanspruchungen und Anforderungen an das Fenster	28

3.	**Unterscheidungskriterien und Einflußgrößen werkstoffgerechter Fensterkonstruktionen**	31
3.1.	Unterscheidungsmerkmale	31
3.1.1.	Nach der Art der Fensterflügel	31
3.1.2.	Nach der Art der Werkstoffe für tragende Teile	31
3.1.3.	Nach dem Konstruktionssystem der Fenster	31
3.1.4.	Nach der Fenstergröße	31
3.1.5.	Nach der Art der Raumnutzung	31
3.1.6.	Nach der Art und Verglasung	32
3.1.7.	Nach sonstigen Unterscheidungsmerkmalen	32
3.2.	Anwendbarkeit verschiedener Flügelarten	33
3.3.	Beurteilungskriterien werkstoffgerechter Fensterkonstruktionen	34
1.	Werkstoffbedingt	34
2.	Konstruktionsbedingt	34
3.	Ausführungsbedingt	34
4.	Nutzungsbedingt	34
3.4	Der Einfluß der Normung, Erlasse, Ausführungsrichtlinien und -empfehlungen und Verarbeitungsvorschriften auf die Fensterkonstruktion	35
3.4.1.	Normung	35
3.4.2.	Ausführungsrichtlinien- und -empfehlungen	35
3.4.3.	Verarbeitungsvorschriften etc.	35
3.4.4.	Wertung	36
3.5.	Eingesetzte Werkstoffe	36
3.6.	Eignung der Werkstoffe	36
3.7.	Dimensionierung der Fensterteile	38
3.7.1.	Einflußgrößen	38
3.7.2.	Anforderungen	40
3.7.3.	Einzelheiten zum Belastungs- und Spannungsverlauf	40
3.7.3.1.	Rahmenprofil- und Eckausbildung	40
3.7.3.2.	Bemessung der Glasscheiben	41
3.7.4.	Folgerungen	42
3.7.5.	Wertung	42
3.8.	Profilgestaltung	42
3.9.	Folgerungen für die Bestimmungsgrößen einer werkstoffgerechten Fensterkonstruktion	43

4. Untersuchung von verschiedenen, allen Fensterkonstruktionen gemeinsamen Problembereichen 45

4.1. Verglasung 45
4.1.1. Auswahlkriterien 45
4.1.2. Allgemeine Eigenschaften des Glases 45
4.1.3. Flächgläser 47
4.1.4. Mehrscheiben-Isolierverglasungen . 47
4.1.4.1. Scheibengrößen 47
4.1.4.2. Wärmeschutz 47
4.1.4.3. Oberflächentemperatur 49
4.1.4.4. Schallschutz 51
4.1.4.5. Konstruktive Lösungen der Scheibenverbindung 51
4.1.5. Sonnenschutzgläser 52
4.1.5.1. Wärmeabsorptionsglas 53
4.1.5.2. Wärmestrahlen reflektierende Gläser 54
  1. Belegungen mit Metallschichten 54
  2. Dielektrische Interferenzschichten und kombinierte Systeme 54
  3. Halbleitende Überzüge 54
  4. Phototropes Fensterglas ... 55
4.1.6. Sonstige transparente Werkstoffe . 55
4.1.6.1. Verbundglas 55
4.1.6.2. Makrolon-Scheiben 55
4.1.7. Normung, Vorschriften, Ausführungsrichtlinien 55
4.1.8. Literaturwertung und Folgerungen 56

4.2. Dichtzonen und Fensteranschlag 56
4.2.1. Problemstellung 56
4.2.2. Dichtstoffe im Fensterbereich . . 56
4.2.2.1. Geforderte Eigenschaften der Dichtstoffe 57
4.2.2.2. Art und Einsatzmöglichkeiten gebräuchlicher Dichtstoffe ... 57
  1. Unelastische Abdichtungen . . 57
  2. Leinölkitte 57
  3. Überwiegend plastische Dichtstoffe 58
  4. Spritzbare, überwiegend elastische Dichtstoffe 58
  5. Vorgeformte elastische Dichtungsstreifen, -bänder und -schnüre . 59
4.2.2.3. Literaturwertung und Folgerungen 60
4.2.3. Befestigung und Abdichtung des Glases im Flügelrahmen 61
4.2.3.1. Funktion und Beanspruchungen . 61
4.2.3.2. Besondere Kriterien für den Glasanschluß 61
4.2.3.2.1. Rahmenkonstruktionen 61
4.2.3.2.2. Farbe des Fensterrahmens ... 61
4.2.3.2.3. Falzabmessungen 63
4.2.3.2.4. Vorbehandlung von Glasfalz und Fensterrahmen bei plastischen und elastischen Dichtstoffen 63
4.2.3.3. Abdichtung der Scheiben 63
4.2.3.3.1. Abdichtungen mit plastisch eingebrachten Dichtstoffen 64
4.2.3.3.2. Abdichtungen mit vorgefertigten Dichtprofilen 65
4.2.3.3.3. Druckverglasungen 65
4.2.3.4. Klotzung 68
4.2.3.5. Befestigung der Glasscheiben . . 68
4.2.3.6. Normung, Vorschriften, Ausführungsrichtlinien 68
4.2.3.7. Literaturwertung und Folgerungen 69
4.2.4. Anschlag und Dichtung zwischen Flügel und Blendrahmen 69
4.2.4.1. Funktionen und Wirkung 69
4.2.4.2. Beanspruchungen 70
4.2.4.3. Gestaltungsmöglichkeiten ... 70
  1. Kriterien 70
  2. Anforderungen 70
4.2.4.4. Wertung der Dichtungsmöglichkeiten bei Metall- und Kunststoff-Fenstern 71
  1. Außenanschlagdichtung ... 71
  2. Mitteldichtung 71
  3. Innendichtung 72
  4. Außen- und Innenanschlagdichtung 72
4.2.4.5. Abdichtung von Holzfenstern .. 72
4.2.4.6. Abdichtung von Fenstern in Sonderkonstruktionen 73
4.2.4.7. Normen, Vorschriften, Richtlinien 73
4.2.4.8. Literaturwertung und Folgerungen 74
4.2.5. Anschluß zwischen Blendrahmen und Wand 74
4.2.5.1. Beanspruchungen und Anforderungen 74
4.2.5.2. Seitlicher Fensteranschlag ... 74
  1. Problemstellung und Anforderungen 74
  2. Konstruktive Lösungen ... 75
  3. Fenster mit Innenanschlag .. 75
  4. Fenster mit Außenanschlag .. 75
  5. Das anschlaglose Fenster ... 75
  6. Der total bauverflochtene Anschlag 76
  7. Der teilweise bauentflochtene Fensteranschlag 76
  8. Vollständig bauentflochtener Anschlag 77
4.2.5.3. Konstruktive Ausbildung des Fenstersturzes 77
4.2.5.4. Konstruktive Ausbildung des Rolladenkastens 78
  1. Kriterien 78
4.2.5.5. Konstruktive Ausbildung des Fensterbrüstungsbereiches ... 80
  1. Fensterbrüstung 80
  2. Brüstungsabdeckung 81
  3. Innenfensterbänke 82
4.2.5.6. Wertung und Zusammenfassung . 87
4.2.5.7. Normung, Vorschriften, Richtlinien 87
4.2.5.8. Wertung der Literatur 90

4.3. Lüftungseinrichtungen 90
4.3.1. Bedeutung 90
4.3.2. Wirkungsweise der Raumlüftung . 90
4.3.3. Einflußgrößen für die Lüftungswirkung 91
4.3.4. Lüftungssysteme im Bereich des Fensters 91
4.3.5. Stand der Erkenntnisse 91
4.3.6. Anforderungen und Voraussetzungen 94
4.3.7. Gebräuchliche konstruktive Systeme 94
4.3.7.1. Freie Fensterlüftung 95
4.3.7.2. Dauerlüftung im Fensterbereich . 96
4.3.7.3. Lamellenfenster 98
4.3.7.4. Schachtlüftung 98
4.3.7.5. Zwangslüftungen 98
  1. Walzenlüfter 99
  2. Ventilatoren 99
  3. Klimaschildverfahren 99
4.3.8. Normen, Richtlinien und sonstige Vorschriften 101
4.3.8.1. Gültige Normen, Richtlinien, Vorschriften 101
4.3.8.2. Wertung 101
4.3.9. Wertung der Veröffentlichungen . 101

4.4.	Der Fensterbeschlag	102
4.4.1.	Funktionen	102
4.4.2.	Anforderungen	102
4.4.3.	Entwicklung verschiedener Beschlagsysteme	102
4.4.4.	Beschlagsysteme	103
4.4.4.1.	Drehflügelfenster	103
4.4.4.2.	Kipp- und Klappflügelfenster	103
4.4.4.3.	Drehkippflügelfenster	103
4.4.4.4.	Schwingflügelfenster	104
4.4.4.5.	Wendeflügelfenster	104
4.4.4.6.	Schiebefenster	104
	1. Vertikale Schiebefenster	104
	2. Horizontale Schiebefenster	104
4.4.5.	Normen, Richtlinien, Vorschriften	104
4.4.6.	Wertung	104
5.	Analytische Darstellung üblicher Fensterkonstruktionen, Konstruktionssysteme und Konstruktionsteile	105
5.1.	Holzfenster	105
5.1.1.	Kriterien	105
5.1.2.	Werkstoff Holz	105
5.1.2.1.	Eignung verschiedener Holzarten	105
5.1.2.2.	Eignung verschiedener Holzqualitäten	106
5.1.2.3.	Entwicklungstendenzen zur Qualitätsverbesserung	106
5.1.2.4.	Einfluß von Feuchtigkeit auf das Holz	108
5.1.3.	Konstruktionskriterien	109
5.1.3.1.	Flügel- und Fenstergrößen	109
5.1.3.2.	Profilabmessungen und Profilgestaltung	110
5.1.3.3.	Die Eckverbindung von Flügeln und Blendrahmen	112
	1. Zapfverbindungen	112
	2. Gehrungsfügung mit Keilzinkeckverbindungen	113
	3. Gehrungsfügung mit zusätzlicher mechanischer Sicherung	113
5.1.3.4.	Beschläge	114
5.1.3.5.	Verglasung und Glasanschluß	115
5.1.3.6.	Wandanschluß	115
5.1.4.	Übliche Fenstersysteme	115
5.1.5.	Normung, Vorschriften und Richtlinien	117
5.1.5.1.	Zusammenstellung	117
5.1.5.2.	Wertung	117
5.1.6.	Wertung der Literatur	117
5.2.	Stahlfenster	118
5.2.0.1.	Kriterien	118
5.2.0.2.	Werkstoff Stahl	118
5.2.0.3.	Tauwasserbildung, Korrosion und Oberflächenschutzmaßnahmen	118
5.2.0.4.	Profilgestaltung und Profilabmessungen	119
5.2.0.5.	Fenster- und Profilsysteme	119
5.2.0.6.	Flügelabmessungen	121
5.2.0.7.	Fugendichtigkeit	121
5.2.0.8.	Wasserableitung und Schlagregensicherheit	121
5.2.0.9.	Wandanschlüsse	122
5.2.10.	Verglasung	123
5.2.11.	Eckverbindung	123
5.2.12.	Beschläge	124
5.2.13.	Normen, Vorschriften, Richtlinien	124
	1. Zusammenstellung	124
	2. Wertung	124
5.2.14.	Wertung der Literatur	124
5.3.	Fenster aus Edelstahl-Rostfrei	125
5.3.1.	Kriterien	125
5.3.2.	Werkstoff Edelstahl-Rostfrei	125
5.3.3.	Fenstersysteme	125
5.3.4.	Wertung der Literatur	126
5.4.	Aluminium-Fenster	126
5.4.0.1.	Kriterien	126
5.4.0.2.	Werkstoff Aluminium	127
5.4.0.3.	Lineare Wärmeausdehnung	131
5.4.0.4.	Wärmeleitung, Tauwasserbildung und Wärme- bzw. Kältestrahlung von Fensterprofilen	132
5.4.0.5.	Oberflächenbehandlung	134
5.4.0.6.	Fenster- und Profilsysteme und Profilgestaltung	135
5.4.0.7.	Kombinationsfähigkeit der Profilsysteme	136
5.4.0.8.	Flügelgrößen und Öffnungsarten	137
5.4.0.9.	Glasbefestigung und Glasabdichtung	137
5.4.1.0.	Eckverbindungen der Rahmenprofile	140
5.4.1.1.	Beschläge und Beschlagbefestigung	143
5.4.1.2.	Normung, Vorschriften, Richtlinien	143
	1. Zustand	143
	2. Wertung	143
5.4.1.3.	Wertung und Literatur	144
5.5.	Kunststoff-Fenster	144
5.5.1.	Problemstellung und Kriterien	144
5.5.2.	Werkstoff Kunststoff	145
5.5.2.1.	Allgemeine Werkstoffeigenschaften	145
5.5.2.2.	Untersuchungen der im Fensterbau kritischen Werkstoffeigenschaften des PVC – erhöht schlagzäh	146
	1. Elastizitätsmodul	146
	2. Die Schlagfestigkeit	147
	3. Sonstige Eigenschaften	148
	4. Die lineare thermische Ausdehnung	148
	5. Durchbiegung einseitig bestrahlter Rahmenteile	149
	6. Statisches Verhalten von PVC-Fensterprofilen	150
	7. Irreversible Verformungen	151
5.5.2.3.	Fenster- und Profilsysteme	151
	1. Übersicht	151
	2. Kunststoff-Fenster mit und ohne Trägermaterial	151
	3. Fenster mit kunststoffummantelten Holzprofilen	153
	4. Fenster mit kunststoffummantelten Metallprofilen	154
	5. Entwicklungstendenzen	155
5.5.2.4.	Untersuchung der für die Profilgestaltung wesentlichen Kriterien	155
	1. Stand techn. Erfahrungen	155
	2. Wertung	155
5.5.2.5.	Untersuchung der Eckverbindungen	156
5.5.2.6.	Untersuchung der Dichtzonen des Kunststoff-Fensters	156
	1. Anschluß Glas/Flügel	156
	2. Dichtungsbereich Flügel/Rahmen	156
	3. Anschlußbereich Rahmen/Wand	157
5.5.2.6.	Fensterbeschläge und deren Anbringung	157
5.5.2.7.	Entwicklungstendenzen	158
5.5.2.8.	Folgerungen und Wertung der Kunststoff-Fenster	158
5.5.2.9.	Normen, Vorschriften, Richtlinien	159
	1. Zustand	159

5.5.2.10.	2. Wertung	159
	Wertung der Literatur	159

5.6. Kombinationssysteme 160
- 5.6.1. Aluminium-Holzfenster/ Aluh-Fenster 160
- 5.6.1.1. Konstruktionskriterien 160
- 5.6.1.2. Dehnungsausgleich und Elementbefestigung 160
- 5.6.1.3. Eckverbindung 161
- 5.6.1.4. Verglasung 161
- 5.6.1.5. Bauphysikalisches Verhalten und Abdichtung von Flügel und Blendrahmen 161
- 5.6.1.6. Anwendungsempfehlungen . . . 161
- 5.6.2. Edelstahl-Holzfenster 162
- 5.6.3. Kunststoff-Holzfenster 162
- 5.6.3.1. Kriterien 162
- 5.6.3.2. Konstruktive Lösungen 162
- 5.6.4. Folgerungen für die Ausführung . 163
- 5.6.5. Wertung 164

6. Zusammenfassung 165

- 6.1. Verwertbarkeit der wissenschaftlich oder empirisch gewonnenen Erkenntnisse für die Baupraxis 165
  - 6.1.1. Allgemeingültigkeit und Verbindlichkeit des Erkenntnisstandes . . . 165
  - 6.1.2. Aufbereitung und Darstellung des Erkenntnisstandes 166
  - 6.1.3. Realisierbarkeit des Erkenntnisstandes in der Praxis 166
- 6.2. Zusammenfassung relevanter Folgerungen . . 166
  - 6.2.1. Noch nicht gelöste Problemkomplexe 166
  - 6.2.2. Zusammenstellung der wichtigsten Erkenntnisse 167
  - 6.2.3. Arbeitsgrundlagen für den Architekten 168
  - 6.2.4. Benutzungseinweisung für Bauherrn und Gebäudenutzer 169
- 6.3. Schlußbetrachung 169

7. Literaturverzeichnis 171

8. Verzeichnis der Abbildungen und Tabellen . . 177

1. Einleitung und Problemstellung

1.1. Entwicklung

Veränderte Lebensgewohnheiten haben zu gesteigerten Ansprüchen des Menschen an seine Wohnung und an die Umwelt geführt. Bei der Gestaltung der Gebäude hat das Form- und Funktionsdenken, ausgelöst durch das Bauhaus, eine Überbewertung zu Lasten einer werkstoffgerechten Konstruktion erfahren. Mit der Tendenz zu immer größeren und fassadenbündig eingebauten Fenstern wird das Fenster zum wichtigsten fassadengestaltenden Bauteil.

Nach der sprunghaften Zunahme der Fensterflächenanteile an der Fassade ist in letzter Zeit eine gewisse Rückentwicklung zu maßvolleren Fenstergrößen, von einer Ansichtsarchitektur zur Gebrauchsarchitektur festzustellen.

Neue und weiterentwickelte Baustoffe und deren Herstellungsverfahren sind der Erfüllung der Wünsche des Menschen und den Gestaltungsvorstellungen der Architekten entgegengekommen.

Die Analyse der Bauentwicklung der letzten 30 Jahre läßt erkennen, daß trotz Verbesserung der einzelnen am Fenster eingesetzten Werkstoffe das Fenster — nach Seifert [244] — in der Gesamtheit gesehen, an Qualität verloren hat.

Für viele berühmte Bauten der zwanziger Jahre war das Sprossenfenster charakteristisch. Man war vom Glas aus gezwungen, die relativ kleinen Glasscheiben durch Sprossen zu halten. Die Möglichkeit, immer größere Glasscheiben herzustellen, der Lichthunger der modernen Menschen, psychologische Effekte und die Überbewertung der äußeren Form führten schließlich vom Mauerwerksbau zur Glasfassade. Während auf anderen Gebieten die Naturwissenschaft höchste Triumphe feiert, geraten im Bauwesen naturwissenschaftliche Erkenntnisse partiell in Vergessenheit.

Die Verbreitung neuer wissenschaftlicher Erkenntnisse und praktikabler technischer Informationen hat sich bis heute nicht in der erhofften Art ausgewirkt. Diese Feststellungen gelten auch für die im Fensterbau eingesetzten Werkstoffe. Der Zwang, für die gewählte Gestaltung geeignete Werkstoffe zu suchen, und umgekehrt, für die neuen Werkstoffe geeignete gestalterische Konzeptionen zu entwickeln, hat noch keine greifbaren Ergebnisse gebracht.

Rationalisierte und industrialisierte Baumethoden haben dem Fenster veränderte Einsatzmöglichkeiten erschlossen und dabei zusätzliche Beanspruchungen gebracht. Aus dem handwerklich unkomplizierten bauverflochtenen Funktionsteil ist ein anspruchsvolles und empfindliches, oft industriell gefertigtes Konstruktionselement mit neuen Problemen geworden. Das Fenster ist nicht mehr aus der Sicht traditionellen handwerklichen Könnens einzelner Gewerke, sondern nur als integrierter Teil der Außenwand bzw. Fassade faßbar.

Über den Anteil der einzelnen Werkstoffe am Fenstermarkt in der BRD gibt es wenig statistisches Material.

Von den verschiedenen Interessengruppen werden z. T. recht unterschiedliche Zahlen über die Verteilung und die Anteile nach Werkstoffgruppen angegeben. Bei der Jahrestagung der Fensterindustrie 1970 wurden die in Tab. 1 aufgeführten Zahlen genannt.

Nach vorsichtigen Schätzungen von Seifert [235] u. a. wird sich das Holzfenster im Wohnungsbau weitgehend behaupten. Im Verwaltungs- und Schulbau dürfte das Holzfenster jedoch schon Mitte der 70er Jahre vollständig durch das LM-Fenster bzw. das Holz-Leichtmetall-Fenster ersetzt werden. Das Kunststoff-Fenster könnte nach der gleichen Quelle 1975 mit einem Marktanteil von 12 % ein Optimum erreichen. Demgegenüber soll nach Schätzungen des Kunststoff-Instituts in Darmstadt der Marktanteil des Kunststoff-Fensters 1980 50 % betragen.

---

1. Verteilung nach Einsatzgebieten
Gesamtproduktion ca. 6,8 Millionen Stück, davon
70 % = 4,76 Millionen Stück Wohnungsbau
20 % = 1,36 Millionen Stück Verwaltungs- und Schulhausbau
10 % = 0,68 Millionen Stück Industrie- und Landwirtschaftsbau

2. Verteilung nach Werkstoffgruppen
In Prozent der gefertigten Einheiten

Gruppe	Holz	Holzkombinationen	Aluminium	Kunststoff	Stahl
Verwaltungsbau	35,0	23	36	2,0	4,0
Wohnungsbau	89,5	3	4	3,5	—
Industriebau	22,0	12	22	1	13,0

3. Fenstergrößen
Wohnungsbau Durchschnittsgröße 1,9 m² Fensterfläche
Verwaltungsbau Durchschnittsgröße 2,7 m² Fensterfläche
Industriebau Durchschnittsgröße 3,2 m² Fensterfläche

4. Aufteilung nach Materialgruppen
Holzfenster 69,7 %
Holzkombinationen, Holz-Alu, Holz-Kunststoff 8,1 %
Aluminium-Konstruktionen 14,2 %
Kunststoff, Vollkunststoff oder ummantelt 3,1 %
Stahl 4,9 %

Tabelle 1: Anteile der im Fensterbau eingesetzten Werkstoffe, Stand 1970 (nach Angaben der Holzindustrie)

1.2. Die Bedeutung des Fensters für den Wohn- und Gebrauchswert eines Gebäudes

Das Bestreben des Menschen, durch große Glasflächen die Umwelt in die Wohnung mit einzubeziehen, läßt sich nicht nur psychologisch deuten. Der Städter verbringt in Mitteleuropa durchschnittlich 5/6 bis 11/12 seiner Lebenszeit in geschlossenen Räumen, d. h. unter naturfernen Daseinsbedingungen, die er zumindest optisch kompensieren möchte.

Mit der Vergrößerung der Fensterflächen wird eine harmonische und ästhetisch befriedigende Gestaltung des Gebäudes begünstigt, das Raumklima jedoch — je nach Jahreszeit — durch vermehrte Wärmeeinstrahlung, Wärmeverluste und Wärmeabstrahlung sowie durch größere Schalldurchlässigkeit nachteilig beeinflußt. Das Fenster wird damit zum schwächsten Teil der Wand.

Der Einfluß des Fensters auf den Wohn- und Gebrauchswert eines Gebäudes, auf die Herstellungs-, Wartungs- und Unterhaltungskosten haben das Fenster aber auch zu einem wesentlichen Wertfaktor gemacht.

Arntzen [5] hat in seiner Dissertation den Nutzwert des Fensters in Abhängigkeit von den Fensterfunktionen untersucht. Er stellt hierbei den Nutzwert als Maßstab für den Umfang, in dem Funktion, Konstruktion und Form erfüllt werden, den Kosten für Anschaffung und Nutzung gegenüber.

Die Bedeutung für den Wohnwert liegt überwiegend auf ideellem Gebiet. Der materiell orientierte Gebrauchswert geht in den Gebäudewert mit ein und wird vor allem durch die Lebensdauer des Fensters bestimmt. Sie betrug früher 100 und mehr Jahre. Inzwischen haben sich die Intervalle der Fenstererneuerung auf 40 bis 30 Jahre verkürzt. Die Lebensdauer wird nicht mehr von der Lebensdauer der Werkstoffe und der Konstruktion, sondern überwiegend von formalfunktionalen Aspekten beeinflußt.

1.3. Darstellung der Problembereiche des Fensters

1.3.1. Ermittlung der Schadensbereiche

Zunehmende gravierende Mängel an Fenstern haben die Fensterhersteller gezwungen, Fensterkonstruktionen und Verarbeitung zu verbessern, um eine Aufwertung des Fensters zu erreichen. Durch exakte und klarer formulierte technische Forderungen, durch Gütebestimmungen und Qualitätssicherung werden diese Bemühungen meßbar gemacht. Schäden treten an Fenstern aller Werkstoffe auf. Die nachteiligen Auswirkungen sind demgegenüber bei Holzkonstruktionen wegen höherer Folgeschäden am Fenster selbst unverhältnismäßig größer als bei anderen Werkstoffen.

Eine kritische Analyse der aufgetretenen Schäden und deren wissenschaftliche Aufbereitung ist bis heute noch nicht erfolgt und z. Z. nicht realisierbar,

weil es bis heute keine zentrale Sammlung und Auswertung der Fenstergutachten bzw. entsprechender Fragebögen gibt,

weil es die dafür erforderliche zentrale Sammelstelle nicht gibt,

weil im Rahmen von Sachverständigengutachten nicht in allen Fällen eine Schadensanalyse erfolgt,

weil selbst die Befragung der Sachverständigen für Fenster nur einen kleinen Ausschnitt der tatsächlich aufgetretenen Mängel und Schäden erfassen würde,

weil viele Mängel und Schäden von Hauseigentümern bzw. öffentlichen Bauträgern als unvermeidlich hingenommen werden und stillschweigend beseitigt werden,

weil vom Nichtfachmann nur ein Teil der Mängel, die einem Fenster anhaften können, erkannt und reklamiert werden,

weil viele Früh- und Spätschäden ohne Beanspruchung von Gerichten oder Sachverständigen im Rahmen üblicher Gewährleistungsverpflichtungen beseitigt werden,

weil ein prozentualer Vergleich der Schäden auf die Zahl der insgesamt vorhandenen Fenster der einzelnen Problemkreise nicht möglich ist,

weil viele Schäden erst nach Ablauf der Gewährleistungsfristen auftreten und von den Hauseigentümern, vor allem von öffentlichen Bauträgern, ohne Inanspruchnahme von Gerichten oder Sachverständigen behoben werden.

Über Teilbereiche liegen verschiedentlich hinreichend verwertbare Untersuchungen vor, durch die zumindest eine grobe Abgrenzung der wichtigsten Schadensbereiche möglich wird.

Seifert hat in einem Forschungsauftrag [243], [244] über die Ursachen von Schäden an Holzfenstern durch holzzerstörende Pilze den Ist-Zustand des Holzfensters auf der Grundlage von Gutachten (161 Stück aus 1963 bis 1970) abgegrenzt und die Ursachen analysiert. Daneben wurden Gutachten von Schlegel (67 Stück aus 1961 bis 1971) und dem Verfasser (11 Stück aus 1969 bis 1972) ausgewertet und nach ähnlichen Gesichtspunkten untersucht, ohne daß jedoch weitergehende Laboruntersuchungen angestellt wurden.

Eine Zusammenfassung der Gutachten nach dem Häufigkeitsgrad ist in Abb. 1 erfolgt.

Die Auswertung zeigt einen starken Einfluß von Planung, Konstruktion und Verarbeitung, während der Einfluß des Werkstoffes und der Wartung gering ist. Demgegenüber ist die Auswirkung der Bauverflechtung und des Einbaues beachtenswert.

Nach Seifert [243] verhält sich die Zahl der jährlich im Wohnungsbau und im Nichtwohnungsbau erstellten Gebäude wie 4:1. Aus der Häufigkeit der Bauschäden bei den ausgewerteten Gutachten konnte demgegenüber zwischen Wohn- und Nichtwohngebäuden ein Verhältnis von

1.0 : 0.9 (bei Seifert)
1.0 : 1.11 (bei Schlegel und Klein)

festgestellt werden.

Die Ursache für die geringere Schadenshäufigkeit im Wohnungsbau ist darin zu sehen, daß im Wohnungsbau Fenster

		Häufigkeit	
		Stck.	%

1. Gebäudeart

	Stck.	%
Wohnhäuser	122	51
Schulen	53	22
Verwaltungsgebäude, Geschäftshäuser	34	14
Sonstige	30	13

2. Einbau der beanstandeten Fenster

	Stck.	%
1957–1960	10	4,0
1961	8	3,0
1962	10	4,0
1963	21	9,0
1964	25	10,5
1965	35	15,0
1966	30	12,0
1967	33	14,0
1968	35	15,0
1969	25	10,5
1970–1971	7	3,0

3. Erstellung der Gutachten

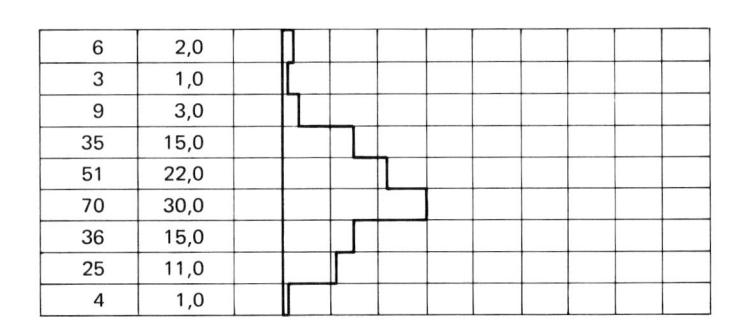

	Stck.	%
1961–1964	6	2,0
1965	3	1,0
1966	9	3,0
1967	35	15,0
1968	51	22,0
1969	70	30,0
1970	36	15,0
1971	25	11,0
1972	4	1,0

4. betroffene Problembereiche

	Stck.	%
Holzfenster (ohne Seifert)	20	25,6
Stahlfenster	8	10,3
Leichtmetallfenster	40	51,2
Kunststoff-Fenster	3	3,9
Sonstige	7	9,0

5. Art der Beanstandungen

	Stck.	%
Regendurchlässigkeit	110	46,0
Zugerscheinungen und unzur. Wärmeschutz	70	29,5
unzureichender Schallschutz	0	0
Zerstörung konstr. Teile	116	48,5
Verglasung und Glasabdichtungen	99	41,5
Kondensatbildung und Durchfeuchtung	69	29,0
Schäden an Oberflächenbehandlung	62	26,0
Sonstige	5	2,0

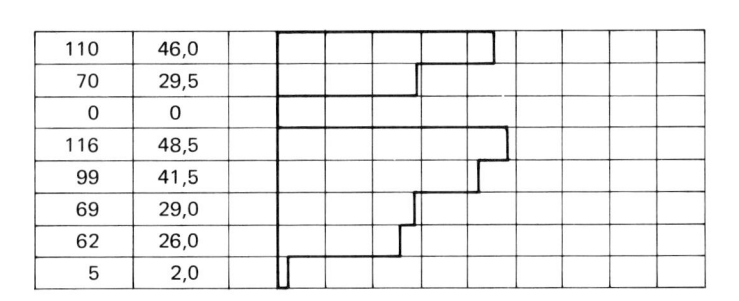

6. Ursachen der Beanstandungen

	Stck.	%
Werkstoff	41	17,0
Planung und Konstruktion	168	70,0
Verarbeitung	165	69,0
Bauverflechtung, Einbau	98	41,5
mangelnde Wartung	40	17,0

Abb. 1: Häufigkeit der Beanstandungen an Fenstern

Schadensgruppe / Problemkreis	Holz-fenster	Stahl-fenster	Leicht-metall-Fenster	Kunststoff-Fenster	Holz-Leicht-metallfenster	Holz-Kunst-stoff-Fenster
1. Regendurchlässigkeit						
oberer Fensteranschlag						
seitlicher Fensteranschlag			●			
unterer Fensteranschlag			●	●		
seitlicher Flügelanschlag	●					
unterer Flügelanschlag	●●●	●●	●●	●●●		
Glas/Flügelanschluß	●●		●	●●		
2. Winddurchlässigkeit (Zugerscheinungen)						
Fensteranschlag						
Fensterfalz	●●		●	●●		
Glas/Flügelanschluß						
geschlossene Lüftungseinrichtungen	●					
3. Wärmedurchlässigkeit						
Glas/Füllung						
Flügel-/Blendrahmen						
erhöhte Wärmeabstrahlung nach außen			●●	●●		
Schwitzwasserbildung am Fenster			●			
Schwitzwasserbildung am Wand/Fassaden-Anschluß	●					
4. Schalldurchlässigkeit						
Fensterfalz			●	●●		
Flügel/Blendrahmenbaustoff						
Glas/Füllung						
5. Sonstige Mängel						
ungenügende Innenraumbeleuchtung mit Tageslicht						
unzureichender Sonnenschutz	●					
ungenügende Reinigungsmöglichkeit des Fensters	●		●			
6. Baustofftypische Schäden						
Destruktion/Korrosion	●●●	●●				
Verformungen reversibel				●		●
Verformungen irreversibel			●	●		●
Durchfeuchtungen	●●●		●	●		
Materialalterung				●		
Oberflächenbehandlung/-Erscheinung	●●●	●	●			
Verglasung/Füllung	●●	●	●	●●●		
7. Schäden aus Montage und Verarbeitung						
Schwergängigkeit	●			●		
Beschläge wackeln			●	●		
unzulängliches Schließen	●●					
8. Schäden aus unsachgemäßem Gebrauch/Pflege und Unterhaltung						
Reinigung						
Anstricherneuerung	●●					

Abb. 2: Aufschlüsselung der Beanstandungen

●●● sehr häufig auftretender Schaden
●● häufig auftretender Schaden
● selten auftretender Schaden

weniger als Gestaltungselement angesehen werden, daß häufig auf bewährte Konstruktionen zurückgegriffen wird und Wartungs- und Unterhaltungsarbeiten schneller und leichter vorgenommen werden können. Nach Seifert [243] entfällt der Hauptteil der Schäden im Wohnungsbau auf den Hochhausbau.

1.3.2. Problemkreise und Schadensbereiche

Die Mängel an Fenstern können gem. Abb. 2 in Problemkreise — nach den konstruktiv eingesetzten Werkstoffen und nach Schadensgruppen — nach den vom Werkstoff unabhängigen Kriterien eingeteilt werden.

1.3.3. Ursachen der Schäden an Fenstern

Die Ursachen vielfältiger Schäden an Fenstern lassen sich auf die unzureichende Kenntnis bzw. Berücksichtigung verbesserter Werkstoffeigenschaften, auf veränderte Verarbeitungs-, Fertigungs- und Einbaubedingungen, auf fehlerhafte Planung und Konstruktion, auf eine unzureichende und unkoordinierte wissenschaftliche Untersuchung bzw. Fensterforschung, auf fehlerhafte oder unzureichende Veröffentlichungen, Normung und Gütesicherung sowie auf die entwicklungsbedingt unterschiedlichen Lebens- und Gebrauchsgewohnheiten und -beanspruchungen zurückführen.

1.3.3.1. Werkstoffbedingte Ursachen:

Die Einführung neuer — i. d. R. in den Materialeigenschaften überschätzter — Werkstoffe ohne ausreichende Erprobung und die Kombination artfremder Werkstoffe ohne angemessene Berücksichtigung der unterschiedlichen Eigengesetzlichkeiten.

1.3.3.2. Verarbeitungs-, fertigungs- und einbaubedingte Ursachen:

Verarbeitungsfehler und Ungenauigkeiten bei der Herstellung.
Die Hersteller des Fensters und seiner Teile sehen nur ihre Erzeugnisse und die Vorzüge dieser Erzeugnisse. Sie verschweigen oft deren Nachteile, Probleme und Anwendungsgrenzen, die sich aus der Kombination mit anderen Werkstoffen bzw. Bauteilen oder dem örtlichen Einbau ergeben können.
Die technischen und wissenschaftlichen Erkenntnisse werden nicht oder nur unvollständig beachtet.
Die fehlende Bereitschaft von Handwerk und Industrie, von traditionellen Fertigungsmethoden (z. B. Eckfügung des Holzfensters) abzugehen.

Im einzelnen wirken sich hierbei

bei Holzfenstern die Eckverbindungen, die Verglasung und die Anfälligkeit gegen Pilzbefall,
bei Stahlfenstern die Korrosionsanfälligkeit verschiedener Konstruktionsteile,
bei Aluminiumfenstern der starre Einbau, die statisch unzureichende Dimensionierung und der Kontakt mit alkalischen Substanzen,
bei Kunststoff-Fenstern der starre Einbau, die temperaturabhängigen Werkstoffeigenschaften und die Verglasung besonders nachteilig aus.

1.3.3.3. Planungs- und konstruktionsbedingte Ursachen:

Der Architekt fühlt sich nicht mehr zu einem gründlichen Nachdenken verpflichtet, da ihn die Berücksichtigung der Normung, der VOB, der Landesbauordnungen, der Schulbaurichtlinien und bestimmte einzelne Werkstoffe begünstigende Aussagen von Prüfzeugnissen von jeder kritischen Prüfung der Einzelheiten zu entheben scheint.
Dem Architekten fehlen die erforderlichen Kenntnisse auf dem Gebiet der Bauphysik und der Baukoordination, um die Aussagen von Prüfzeugnissen werten zu können.
Die Architekten verzichten mangels besseren Wissens nur selten auf den bauverflochtenen Fensteranschlag, auf die gestaltungsbedingte Großflächigkeit vieler Fenster bei oft fassadenbündigem Einbau. Die Funktionsfähigkeit und langzeitige Wirtschaftlichkeit werden vernachlässigt.
Die raumklimatischen und gesundheitsbiologischen Auswirkungen sind dem Architekten nicht bekannt.

1.3.3.4. Ursachen, die auf eine mangelnde Bauforschung, fehlende wissenschaftlich begründete Aussagen etc. zurückzuführen sind:

Das Fehlen einer koordinierten, dem Einfluß von Interessenverbänden entzogenen Fensterforschung,
die mangelnde Bereitschaft oder Einsicht verschiedener Wissenschaftler und Praktiker, die wesentlichen Probleme des Fensters anzusprechen,
die Entwicklung neuer Bauweisen und Konstruktionssysteme, deren Eigenprobleme unter Laborbedingungen nicht oder nicht vollständig geprüft bzw. erkannt werden können;
eine umfassende Gesamtbetrachtung des Fensters als Teil der Wand bzw. Fassade unter Einbeziehung gestalterischer, funktioneller, bauphysikalischer, raumklimatischer, konstruktiver, fertigungstechnischer, montagetechnischer, wartungs- und unterhaltungstechnischer Gesichtspunkte fehlt und ist wegen der Vielzahl individueller Einflußgrößen kaum anzustellen.

In wissenschaftlichen Untersuchungen werden als Folge einer oft zu eng begrenzten Aufgabenstellung nur Teilaspekte, Nebenwirkungen, Randerscheinungen behandelt und die Auswirkung auf die Fenster als integriertem Bestandteil der Wand vernachlässigt.
Wissenschaftliche Erkenntnisse und praktische Erfahrungen werden nicht bzw. unzureichend koordiniert oder sind nicht vergleichbar.

1.3.3.5. Schadensursachen, die auf Veröffentlichungen, Normung und Gütesicherung zurückzuführen sind:

Überbewertung der in sich nicht koordinierten Normung, die in sich nur ein Charakteristikum des vorherrschenden, zeitgemäßen Spezialistendenkens ist (Schlegel [211]).

Die Beachtung der DIN 5034 sowie gestalterischer und psychologischer Aspekte führt zu vergrößerten Fensterflächen mit bisher kaum beachteten bauphysikalischen und raumklimatischen Beanspruchungen (z. B. mit dem verringerten Außenwandflächenanteil reduziert sich die wirksamste Fläche für einen natürlichen Wasserdampfaustausch. Über den Wärmeschutz von Fenstern bzw. Glasflächen gibt es in der DIN 4108 keine Festlegungen).

Der Planende und Ausführende sind nicht in der Lage, die Vielzahl verstreuter Veröffentlichungen, Baunormen, Forschungsberichte etc. zu erwerben oder sie zu lesen und zu verwerten. Baufachzeitschriften werden nur von 5 bis 6 % aller Bezieher gelesen.

Von der Gütesicherung wird nur das fertige Fenster, nicht aber die meist ebenso maßgeblichen örtlichen Einbaubedingungen erfaßt. Bisher wurden bei der Gütesicherung nur die konstruktiven und z. T. auch fertigungstechnischen Gesichtspunkte mit begrenzter Berücksichtigung der Einwirkungen aus Wand bzw. Fassade in eine praktisch verwertbare Form gebracht. Einzelheiten werden überbewertet; die Einzelteile werden addiert statt koordiniert.

1.3.3.6. Schadensursachen, die sich aus zeitgemäßen Lebens- und Gebrauchsgewohnheiten sowie Umweltbedingungen ergeben:

Veränderte Lebensgewohnheiten (z. B. Zunahme des Wasserverbrauchs); öffentliche Bauträger sind nicht bereit oder in der Lage, die nötigen Instandhaltungsarbeiten (z. B. Anstricherneuerung bei Holzfenstern) vornehmen zu lassen; Luftverunreinigungen, chemische Reinigungsmittel und Erschütterungen bzw. Schwingungen aus Straßenverkehr bzw. Lärm führen zu Überbeanspruchungen von Kitten, Dichtstoffen etc. bzw. zu Beeinträchtigungen von Aussehen und Haltbarkeit;
die gleichgültige bis böswillige Beanspruchung des Fensters durch Bauhandwerker oder Bewohner.

In der Literatur werden die hier angesprochenen Ursachen vereinzelt und nur für Teilbereiche angesprochen. Nur wenige Wissenschaftler fordern umfassende Schadensanalysen und als Folge eine systematische Forschung des Komplexbereiches Fenster.

1.3.4. Folgerungen:

Der Stand des Wissens um das Fenster hat sich seit dem 2. Weltkrieg wesentlich angehoben. Mit traditionellen Erfahrungen lassen sich die anstehenden Probleme nicht mehr lösen. Es bedarf vielmehr einer Konkretisierung und sinnvollen Zuordnung des technischen Wissens zu den einzelnen Verwertungsbereichen.

Seifert [243] sieht in der Konstruktion und Verarbeitung der Holzfenster die entscheidende Ursache der häufigsten Mängel. Er fordert sofortige Maßnahmen und zeigt in seinen Veröffentlichungen – vor allem zur Gütesicherung, Qualitätsverbesserung, Vereinheitlichung der Beanspruchungen etc. – verschiedene Wege auf.

Der Problembereich der Eckverbindung beim Holzfenster und der Verbindung von Fenster und Wand bzw. Fassade wurde in seiner Bedeutung bis heute nur von Schlegel [212], [213] angemessen gewürdigt.

In den anderen Problemkreisen, vor allem beim Kunststoff-Fenster, ist eine entsprechende Erkenntnisbereitschaft gegenüber Außenstehenden nur im persönlichen Gespräch mit den Fensterherstellern gegeben. Die Furcht vor unlauterer Konkurrenz unterbindet hier eine sachliche Information zur Verhinderung von Bauschäden.

Die Lösung der anstehenden Probleme erfordert

die systematische Erforschung aller Einflußgrößen, die sich auf die Konstruktion des Fensters und seiner Teile als Bestandteil der Wand auswirken können;
eine wissenschaftlich fundierte Abgrenzung der Beanspruchungen des Fensters unter Berücksichtigung ihrer komplexen Wirkung;
die objektive Aufbereitung und Veröffentlichung aller Kenndaten von Werkstoff und Konstruktion zur Verwertung durch Architekten, Fensterhersteller und Bauherren;
eine wirkungsvolle Gütesicherung und Qualitätskontrollen bei Herstellung, Montage und Nutzung.

1.4. Begründung, Abgrenzung und Zielsetzung der vorliegenden Arbeit

In einer Vielzahl von Forschungsaufträgen, Fachbüchern und Dissertationen wurde das Fenster und seine funktionelle, konstruktive und gestalterisch optimale Ausbildung untersucht. In vielen Bauzeitschriften, die von Architekten i. d. R. nicht beachtet werden, wurden in Veröffentlichungen zu Teilproblemen weitere Einzelheiten dargestellt. Die Menge der Publikationen macht eine sachdienliche, umfassende Information all derer unmöglich, die mit Planung, Ausführung und Nutzung des Fensters konfrontiert werden, obwohl es unerläßlich ist, informiert zu sein, um aus dem großen Angebot nicht nur das preisgünstigste, sondern auch das nach Funktion, Sicherheit und Aussehen zweckmäßigste herauszufinden.

Hier hilft nur die umfassende Kenntnis aller in Frage kommenden Erzeugnisse, ihrer Eigenschaften und der daraus sich ergebenden Konstruktionsprinzipien.

Als Grundlage einer zukunftsweisenden Architekteninformation sollen im Rahmen dieser Arbeit die wichtigsten der z. Z. gültigen wissenschaftlichen Erkenntnisse und empirischen Erfahrungen zusammengefaßt und – soweit möglich – ausgewertet werden.

Die Fülle des vorliegenden Stoffes macht eine Selektierung auf die Konstruktion der Fenster von Gebäuden mit Aufenthaltsräumen unter Berücksichtigung physikalischer und raumklimatischer Zusammenhänge notwendig. Die Übertragung der aufgezeigten Zusammenhänge auf Fenster in Gebäuden anderer Nutzungsart ist nur unter Berücksichtigung der dort geltenden Anforderungen und Beanspruchungen möglich.

Die große Zahl und die an bestimmten Stellen immer wiederkehrenden Baumängel lassen es darüber hinaus angebracht erscheinen, neben den Fensteranschlüssen die besonderen Problempunkte der verschiedenen Fensterkonstruktionen einer intensiveren Betrachtung zu unterziehen.

Im einzelnen wird unter Wertung der zitierten Quellen dargestellt und aufgezeigt,

1. was als wissenschaftlich gesichert angesehen werden kann,
2. was auf der Grundlage einer Vielzahl von Einzelerfahrungen als wissenschaftlich gesichert gilt, so daß diese Aussagen als allgemein gültig angesehen werden können,
3. was aus Einzeluntersuchungen bekannt, jedoch ohne allgemein gültige Aussagekraft ist, dennoch als vertretbar erscheint und
4. wo noch Untersuchungen ausstehen, um mängelfreie Fenster sicher herzustellen.

2. Wissenschaftliche und empirische Grundlagen für Gestaltung und Konstruktion

2.1. Die Funktionen des Fensters

Aus der Art der Nutzung leiten sich die Funktionen und Aufgaben des Fensters ab. Hierbei haben sich im Laufe der Entwicklung aus gestiegenen Ansprüchen und aus den technologischen und produktionstechnischen Möglichkeiten beträchtliche Wandlungen vollzogen. Das Fenster unterscheidet sich von anderen Bauteilen durch die Vielfalt seiner Funktionen.

Grundfunktionen:

Die Beleuchtung des Raumes mit Tageslicht, die Versorgung des Raumes mit Frischluft, die Erhaltung des thermischen Innenraumklimas, der Schutz gegen die Einwirkungen des Außenklimas (Wind, Niederschläge, Kälte) und gegen sonstige Umwelteinflüsse (Staub, Schall, Gerüche).

Neben diese Grundfunktionen sind ästhetische und psychologische Momente getreten. Das Fenster wurde zum Gestaltungselement. In zunehmendem Maße erlangt die optische Verbindung zwischen Innen und Außen Bedeutung. Es wurde zum wichtigsten formalen Bestandteil von Wand bzw. Fassade und Innenraum.

Sekundärfunktionen:

Die Reinigung und Pflege der Fensteranlagen, die Forderung nach Sicherheit bei der Bedienung des Fensters im normalen Gebrauch und im Katastrophenfall, die Forderung nach möglichst langzeitiger Beständigkeit zur Erhaltung eines möglichst hohen Nutzungswertes für das Gesamtgebäude.

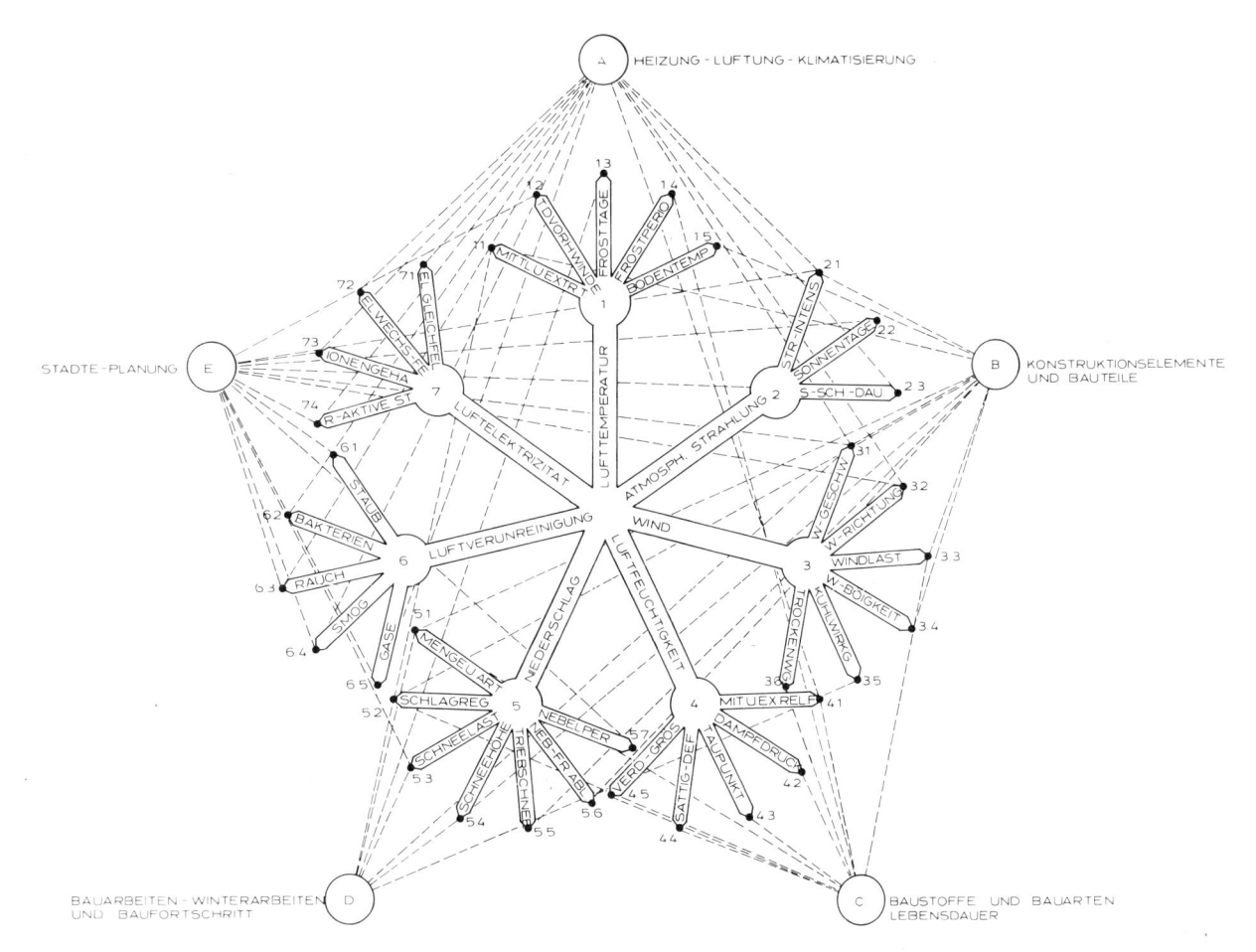

Abb. 3: Schaubild der bauklimatischen Zusammenhänge [66]

● 1.1 bis 7.4 bauphysikalisch wichtige Komplexgrößen
○ 1 bis 7 meteorologisch-klimatologische Hauptelemente
○ A bis E bauklimatologisch beeinflußte Bauplanungsgebiete

Mit zunehmender Größe der einzelnen Glasflächen, vor allem bei Fensterwänden, die vom Fußboden bis zur Decke reichen, wird die Erfüllung dieser Forderungen zum Problem.

Die Lage des Fensters im Raum und in der Außenwand ist nicht nur für die ästhetische Gestaltung von Bedeutung. Sie bestimmt zugleich die natürliche Beleuchtung, die Raumlüftung, die Raumeinrichtung und damit die Raumnutzung entscheidend. Die Höhenlage in der Raum- bzw. Gebäudewand beeinflußt zugleich die Möglichkeiten der Raumheizung (Brüstungshöhe für die Unterbringung von Heizkörpern etc.) und des Einbruchschutzes durch Rolläden etc.

2.2. Bauphysikalische und bauchemische Beanspruchungen

Am Fenster werden die in Abb. 3 zusammengestellten Beanspruchungen aus dem Außenraum, dem Gebäudeinneren, der Außenwand bzw. Fassade und aus dem Fenster selbst wirksam. Die nach dem Entstehungsort erfaßten Einflußgrößen erzeugen am und im Fenster in Abhängigkeit von Werkstoff, Konstruktion und Verarbeitung eine Komplexkette von Wirkungen, die sich z. T. gegenseitig addieren oder potenzieren können, z. T. aber auch gegenseitig abmindern oder aufheben.

So führt z. B.

die durch Sonneneinstrahlung erwärmte Oberfläche eines Kunststoff-Fensterprofils zu einer in Abhängigkeit vom Zeitfaktor sich vollziehenden Profilerwärmung, zur außen verstärkten Längenänderung (Vergrößerung) und diese zu einer Durchbiegung des Profils. Durch die mit der Erwärmung eintretende Abminderung des E-Moduls reduzieren sich die Spannungen und damit die Durchbiegung und die Gesamtdehnung des Profils;

oder ein durch Sonneneinstrahlung erwärmtes Holzprofil dehnt sich praktisch nicht aus, da mit der Erwärmung zugleich eine Feuchtigkeitsgabe und damit ein Schwinden des Holzes eintritt.

Die oft komplexen und komplizierten Zusammenhänge und sich praktisch z. T. sprunghaft ändernden Einflußgrößen (Windböen, Regenschauer, Zuschlagen eines Fensters etc.) lassen sich nur schwer erfassen bzw. berücksichtigen. Verschiedene Beanspruchungen wirken in periodischer, andere in stochastischer Form.

In der Literatur werden i. d. R. immer nur einzelne Beanspruchungen unter z. T. anderen Oberbegriffen erfaßt. Bei Seifert/Schmid [231], [232] wird die Wind- und Schlagregenbelastung als gravierendste Einflußgröße eingehend dargestellt. Keller [111] legt die gleichen Beanspruchungskriterien zugrunde, Hugentobler/Alsch [110] behandeln die durch Windlast hervorgerufenen Reaktionsbedingungen und deren optimale Aufnahme, die Zwängungskräfte aus behinderter Wärmedehnung und den Energietransport durch das Fenster.

Schlegel [213] beschäftigt sich vor allem eingehend mit dem Einfluß des Wassers, des Staubes, der Schwingungen und Erschütterungen auf Fenster und Fassade und fordert als einer der ersten die ganzheitliche Betrachtung aller Einflußgrößen. In anderen Veröffentlichungen, wie z. B. bei Schneck [221], werden vor allem die von den Beanspruchungen ausgelösten Wirkungen behandelt.

Wertung:

In der Literatur wird die Bedeutung der Beanspruchungen aus Energieeinstrahlung, aus der Lufttemperatur, aus Schallwellen, Erschütterungen und einer mißbräuchlichen Behandlung in ihren Wirkungen unterschätzt und z. T. vollständig übersehen. Erst die Überlagerung dieser Beanspruchungen mit der durch Schlagregen und z. T. durch Luftfeuchtigkeit führt zu Feuchtigkeitsschäden am Fenster bzw. am Gebäude.

Durch die Energieeinstrahlung ergeben sich, bedingt durch den unterschiedlichen Beschattungsgrad, ungleiche Dehnungen, ungleich veränderte Festigkeitseigenschaften und Werkstoffalterungen, die vor allem bei Metall- und Kunststoff-Teilen zu Funktionsstörungen führen können. Durch die Oberflächenerwärmung kapillarer Baustoffe wird zugleich der Dampfdruck im Baustoff so erhöht, daß sich Anstriche oder Dichtstoffe vom Trägermaterial lösen können.

Schallwellen und Erschütterungen beanspruchen die im Anschlußbereich von Glas-Flügel, Flügel-Blendrahmen, Blendrahmen-Wand eingesetzten plastischen Dichtstoffe bis zur Lösung von den zu verbindenden Teilen.

Durch spielende Kinder und bei der Fensterreinigung werden plastische und elastoplastische Spritzdichtungen sowie elastische Dichtungsprofile (zwischen Flügel und Blendrahmen) häufig ganz oder teilweise beseitigt oder beschädigt.

In der Literatur werden die Beanspruchungen aus Wind und aus Schlagregen — Seifert/Schmid [232] — hinreichend genau definiert. Für die anderen Beanspruchungen (Abb. 3) fehlt bis heute eine umfassende wissenschaftliche Untersuchung und Definition.

Grundsätzlich ist zu berücksichtigen,

daß das Fenster als integrierter Bestandteil der Wand den gleichen Beanspruchungen wie die Wand bzw. Fassade, jedoch mit veränderter Intensität, ausgesetzt ist,

daß bei der Konstruktion der Bauteile das ungünstigste Zusammenwirken aller Beanspruchungen zu berücksichtigen ist und sich mit letzter Sicherheit jedes Eindringen von Wasser nicht verhindern läßt, daß die Übertragung von Laboratoriumswerten auf die Verhältnisse am Bau zu Fehlschlüssen führen kann, da der Einfluß der Feuchtigkeit und deren Verteilung und die thermische Beanspruchung nicht exakt berücksichtigt werden können,

daß bei Außenwänden und Außenbauteilen sich der Wärmestrom in jahreszeitlich unterschiedlichen Richtungen den Wandschichten, Bauteilen und den angrenzenden Räumen mitteilt,

daß das Fenster deshalb als anfälligster Teil der Wand anzusehen ist.

2.3. Die Wirkung des Fensters auf das Raumklima

Die Gebäudeaußenwand hat in gewissem Grade wie die Körperhaut die dahinterliegende Substanz gegen Einwirkungen der Witterung, der Umwelt und gegen Geruchsbelästigungen zu schützen, den Energieaustausch zu regulieren und die Versorgung mit Frischluft zu ermöglichen. Das Fenster als schwächstes Glied dieser Gebäudehaut hat zudem noch die Zuführung von Tageslicht und den Ausblick in die Landschaft zu gestatten. Die Durchlässigkeit des Fensters gegenüber Wärme und Licht, Außenluft, Schalleinwirkungen etc. macht das Fenster zur wichtigsten Einflußgröße für das Raumklima und damit für das Wohlbefinden des Menschen.
Mit der Vergrößerung des Fensterflächenanteils an der Gesamtwand werden häufig — neben Vorteilen — auch erhebliche raumklimatische Nachteile eingehandelt. Außenbauteile haben vor allem bei Leichtbauweisen und Fenstern ihre trennende und steuernde Funktion zwischen Außen- und Innenklima weitgehend eingebüßt, die von traditionell gestalteten Bauarten noch mühelos bewältigt werden konnten. Nach Frank [66] gelangt durch eine Doppelscheibe im Sommer pro Flächeneinheit eine größere Wärmemenge in den Raum als im Winter durch eine strahlungsbeheizte Decke. Die im Sommer auftretenden Temperaturschwankungen der Raumluft können weit über den im Winter zu beobachtenden Werten liegen. Das Außenklima (Lufttemperatur, Sonnenstrahlung, Wind, Staub, Regen, Lärm etc.) wirkt auf die Gebäudenutzer unmittelbarer, stärker und mit geringerer zeitlicher Verzögerung. Das wird besonders dann, wenn das Außenklima dem menschlichen Behaglichkeitsgefühl widerspricht, zu verschiedenen Tages- und Jahreszeiten als unangenehm empfunden.

Das Raumklima wird beeinflußt durch

die gesundheitsbiologische Wirkung des Fensters,
die Einwirkung des Fensters auf die Temperaturverhältnisse von Innenräumen,
die Wirkung des Fensters auf den Schallschutz,
die Lüftungswirkung des Fensters,
die Wirkung des Fensters auf die natürliche Raumbeleuchtung.

Die verschiedenen Komponenten des Raumklimas und die Auswirkung des Fensters auf das Raumklima wurde von verschiedenen Wissenschaftlern (W. Frank, W. Caemmerer, K. Gertis, E. Wild, H. Künzel, C. Snatzke, E. Grandjean, H. Lueder, H. Hamann, R. Ayoub etc.) in einer Vielzahl wissenschaftlicher Veröffentlichungen, Forschungsberichten etc. dargestellt. Eine umfassende Wertung der verschiedenen Einflußgrößen ist bis heute nicht vorgenommen worden. In wesentlichen Einzelheiten, z. B. der gesundheitsbiologischen Wirkung des Fensters, stehen z. T. wesentliche Aussagen, wie die von Lueder [150], in Gegensatz zu den landläufigen Auffassungen. In verschiedenen Fällen, z. B. die physiologisch vertretbare Belastbarkeit des menschlichen Organismus, fehlt die medizinisch neutrale Bestätigung.

Der Einfluß von Fenster und Außenwand auf die Temperaturverhältnisse im Raum und die Auswirkung auf die Leistungsfähigkeit und -bereitschaft wird i. d. R. unterschätzt,
der Einfluß der Wärme- bzw. Kältestrahlung auf den Menschen wird weitgehend vernachlässigt.

Die Temperaturverhältnisse im Raum werden durch das wärme- und strahlungstechnische Verhalten der verschiedenen Fensterbaustoffe, ihren prozentualen Flächenanteil, den wärmespeichernden Eigenschaften der Innenbauteile und den Möglichkeiten einer Lufterneuerung bestimmt.
Die gesundheitsbiologisch wichtige UV-Strahlung vermag in unseren Breitengraden nur im Sommer bei geöffnetem Fenster in den Raum zu dringen.
Mit zunehmender Fenstergröße wird der Strahlungsaustausch — im Winter durch Wärmeabstrahlung nach außen und zu kalte Glasoberflächen, im Sommer durch die Strahlungsdurchlässigkeit für Sonnenstrahlen — zur bedeutendsten Einflußgröße auf das Raumklima. Die sommerlichen Temperaturverhältnisse werden somit zum entscheidenden Beurteilungskriterium für das Raumklima. Entsprechende Schutzmaßnahmen erfordern beträchtliche zusätzliche Aufwendungen. Bei sehr großen Fensterflächen und Leichtbauweisen müssen nach Ayoub [6] Fenster und Fassaden vor Sonneneinstrahlung geschützt werden. In den Ländern nördlich des 43. Breitengrades gibt es — mit Ausnahme hoher Raumbelegungen (z. B. Klassenzimmer, Großraumbüros) und besonderer Klimaanforderungen — keinen Fall, bei dem im Sommer eine künstliche Klimatisierung erforderlich wird. Es wurden deshalb in den letzten Jahren neue Formen der architektonischen Gestaltung mit Sonnenschutzkonstruktionen entwickelt.
Die Strahlungsdurchlässigkeit von Glasscheiben wird durch den Glaskennwert ausgedrückt. Neben der direkten Sonneneinstrahlung kann eine hohe Strahlungsreflexion des Gebäudevordergrundes (z. B. Außenanlagen mit Waschbetonplatten) zusätzliche Aufheizungen bringen.
Ein Ausgleich ungleicher Wärmeverluste bzw. ungleicher winterlicher Wärmeeinstrahlung ist nur bei thermostatisch getrennter Steuerung aller Räume eines Gebäudes möglich. Die Wand- und Fensterkonstruktionen sollten den natürlichen Strahlungsaustausch zugunsten eines ausgeglichenen, energiesparenden, behaglichen Raumklimas regulieren.
Sonnenschutzeinrichtungen sind nur dann sinnvoll, wenn dadurch die Sonnenstrahlen die Fensterflächen nicht erreichen und ein Wärmestau vor dem Fenster nicht auftreten kann, eine Beeinträchtigung der Beleuchtungsverhältnisse nicht erfolgt und eine gleichmäßige, blendungs- und reflexfreie Ausleuchtung gegeben ist, der Ausblick und die natürliche Raumlüftung nicht beeinträchtigt wird, eine lange Lebensdauer gewährleistet ist und Geräuschbelästigungen ausgeschlossen werden. Je nach Gebäudeart sind multifunktionale Einrichtungen zu bevorzugen.
Bei Hochhäusern, bei störenden Immissionen und feststehenden Verglasungen ist eine mechanische Lüftung oder Klimaanlage unter Berücksichtigung der entsprechenden baulichen Gegebenheiten unerläßlich.
Die Mängel einer baupysikalisch ungünstigen Außenwand-

zone lassen sich technisch und wirtschaftlich nur begrenzt durch Lüftungs- und Klimaeinrichtungen ausgleichen.
Die Selbstlüftung durch Wände und Fensterfugen ist für die Frischluftversorgung unzureichend.
Bei Windlüftung ist eine gute Regulierbarkeit bei möglichst vielen kleinen Öffnungen anzustreben. Schallschutzfenster erfordern i. d. R. schallabsorbierende Schleusen mit ebenfalls schallgedämpfter Schachtlüftung, i. d. R. unter Einschaltung mechanischer Hilfsmittel (Ventilatoren ect.).
Über den tatsächlich erzielbaren Luftwechsel verschiedener Fenstersysteme und unterschiedlicher Einflüsse liegen bis heute keine befriedigenden Untersuchungen vor.
Die Außenhaut des Gebäudes ist raumklimatisch so leistungsfähig auszubilden, daß die erforderliche Heiz- und Kühllast auf ein geringstmögliches Maß herabgesetzt wird.
Als beste und wirkungsvollste Art der Raumlüftung ist überall dort, wo keine störenden Immissionen oder Windverhältnisse (wie z. B. im Hochhausbau) vorliegen, die Querlüftung anzusehen. Hierbei sollte die Zuluft im unteren Bereich, die Abluft im oberen Bereich gegenüberliegender Fenster unter Berücksichtigung der Hauptwindrichtung angeordnet werden. Ist eine Querlüftung nicht möglich und sind mehrere Fenster vorhanden, so sind Zu- und Abluftöffnungen bei möglichst entfernt liegenden Fenstern vorzusehen. Bei Räumen mit nur einem Fenster sind Anordnungen mit unterer Zuluftöffnung, mittlerem Dreh-, Drehkipp- oder Schwingflügel und oberer Abluftöffnung empfehlenswert. Eine über das lichttechnisch notwendige Maß bei weitem hinausgehende Auflösung der Außenwand in Glas macht den Wohn- und Arbeitsraum nicht nur thermisch, sondern ebenfalls akustisch empfindlicher gegenüber Umwelteinflüssen.
Je leichter die Bauart der Wände ist und je größer die Fenster sind, um so wirksamer muß der Sonnenschutz sein. Schwere Innenwände mit großer Wärmekapazität erfordern weniger wirksame Sonnenschutzmaßnahmen.
Die Schallschutzwirkung der Fenster kann bei Bereitschaft zu entsprechenden Aufwendungen den örtlichen Erfordernissen, zumindest aber den Schallschutzklassen angepaßt werden. Besondere Probleme ergeben sich jedoch bei Leichtbauweisen und ausgebauten Dachgeschossen.
Verglasung, Scheibenabstand und Fugendichtigkeit sind hierbei als entscheidende Kriterien anzusehen.
Die Einhaltung der Festlegung der DIN 5034 erfordert im innerstädtischen Bereich selbst bei den nach der Landesbauordnung NRW zulässigen Gebäudeabständen bei einseitig beleuchteten Räumen und normalen Raumbreiten sowie üblichen Geschoßhöhen Fensterflächen, die in der Gebäudeaußenwand nicht mehr untergebracht werden können. Die in den Landesbauordnungen enthaltenen, pauschaliert vorgeschriebenen Mindestfenstergrößen – in NRW 1/8 der Grundfläche – vermögen demgegenüber eine gleichmäßige Raumausleuchtung nicht zu gewährleisten.

Der Nutzwert der meisten Hochbauten wird durch die Bemessung der Fenster wesentlich beeinflußt. Bei der Anordnung und Bemessung der Fenster sollten Tageslichteinfall und Wärmeverlust, Besonnung und Schutz vor Sommerhitze, Aussicht und Lüftung, Schallschutz, Grundrißfragen und Baukosten angemessen berücksichtigt werden. Die Betrachtung dieser Gesichtspunkte ergibt von Fall zu Fall

Verglasung	Maximale Fenstergröße in % der Außenwandfläche im Wärmedämmgebiet		
	I	II	III
1fach	20	15	10
2fach	50	35	25
3fach	unbeschränkt		

Tabelle 2: Maximale Fenstergrößen [30]

Optimallösungen bei z. T. möglichst großen, z. T. möglichst kleinen Wandöffnungen.
Die von Caemmerer [30] entwickelte prozentuale Begrenzung der Fensterflächen (Tab. 2) erscheint dem Verfasser als brauchbare Richtlinie zur Vermeidung unzumutbarer Wärmeverluste.

2.4. Das Fenster als architektonisches Gestaltungselement

2.4.1. Einflußgrößen

Die Bedeutung des Fensters als architektonisches Gestaltungselement läßt sich auf folgende Einflußgrößen zurückführen:

bautraditionsmäßige Bindungen,
die Funktion von Gebäude und Fenster,
dem Zeitgeist entsprechende formal-ästhetische und/oder modische Gestaltungsabsichten,
die fertigungs- und konstruktionstechnischen Möglichkeiten,
die Bedürfnisse, Anforderungen und Wirtschaftlichkeitsüberlegungen der Auftraggeber.

2.4.2. Entwicklung

Die Bedeutung des Fensters als Gestaltungselement des Gesamtgebäudes wurde von anderen Verfassern umfassend wie auch in Einzeluntersuchungen hinreichend gewürdigt.
Hierbei fällt auf, daß – nach Gruber [80] – die mittelalterliche Weltanschauung das Ordnungsdenken und damit die Abmessungen von Fenstern, Haustüren, Erkern und Dachgauben nach einem ortsüblichen Typus einheitlich bestimmte und das Relief der Fenster, die Tiefe der Fensterleibung beeinflußte. Die Breite eines Fensterflügels betrug hierbei material- und beschlagsbedingt 50 bis 60 cm. Entsprechend dem unterschiedlichen Lichtbedürfnis konnten die aus einheitlichen Elementen zusammengesetzten Gruppenfenster ohne vertikale Bindungen eingeordnet werden. Bei Back-

stein- und Fachwerkwänden wurden die Fenster außenbündig, bei Werksteinwänden tief in Leibung liegend ausgeführt. Die Einheit des Taktes im Maß von Fenstern und Blenden wurde durch den Rhythmus der Baukörper überlagert.

In der weitgehend formal und achsial bestimmten Baukunst des 17. und 18. Jahrhunderts erfolgt die Gliederung der Hauswände durch eine von außen der Fassade vorgelegte Ordnung, deren Hilfsmittel Sockel, Gurt- und Hauptgesims, Fensterumrahmungen und Fensterüberdachungen sind. Das mittelalterliche Steinpfostenfenster wird durch zweiflügelige Einheitsfenster ersetzt, das einem relativen Maßstab unterworfene Fensterloch wird bei ungefährer Parallelität der Fensterdiagonalen bei niedrigeren Räumen kleiner und schmaler, bei höheren Räumen breiter und größer. Entsprechend der Geschoßhöhe ändert sich auch der Abstand der Fensterachsen. Der Fensterrhythmus wird großzügig und konsequent über die Fassaden hinweggeführt, und nötigenfalls werden zugemauerte Scheinfenster ausgeführt. Mit dem 19. Jahrhundert und der aufkommenden modernen Technik reißt das geschlossene Ordnungsbild der abendländischen Baugeschichte ab. Neben die sterbenden Stilbegriffe des späten Klassizismus tritt – auch im Bereich des Fensters – die neue technische Form.

Das Bauen vor allem in der 2. Hälfte des 19. Jahrhunderts wird – nach Schild [205] u. a. durch die Aufspaltung ganzheitlich baumeisterlichen Wirkens in die Spezialistentätigkeit des Architekten und Ingenieurs und die hieraus resultierende Fülle neuer Probleme, durch die neuartigen und größeren Freiheiten bietenden Baustoffe Eisen, Beton und Glas, durch bis dahin unbekannte Bauaufgaben bestimmt. Der Mangel an Vorbildern, das neu zu gewinnende Verhältnis von Konstruktion, Form und Funktion brachten hierbei gestalterische Lösungen, bei denen eine Übereinstimmung von künstlerischem und technischem Wollen erkennbar ist, auch wenn vielfach Konstruktion und Gestalt nicht gleichrangig behandelt wurden. Das Fenster selbst wurde hierbei zum ornamentalen, historische Formen z. T. in übersteigerten Größen nachahmenden Schmuckelement. Es war darüber hinaus möglich geworden, Architektur allein mit der gestaltenden Konstruktion zu machen.

Klare, den neuen technischen Möglichkeiten entsprechende Formen waren – vor allem bei Repräsentationsbauten – hinter historischen Formen verdeckt. Sporadisch ab 1900, in großem Umfang jedoch erst seit 1923, der großen Zeit des Werkbundes und Bauhauses, war der Gebrauch traditioneller und fremdartiger Stilformen überwunden. Mit der Abkehr von historisch ornamentalen Formen, mit der Entwicklung neuer industrieller Fertigungs- und Verarbeitungsmethoden und den technisch nahezu unbegrenzten Möglichkeiten, die Außenhaut des Gebäudes transparent zu gestalten, hat auch zu der von Schlegel [217] u. a. immer wieder beklagten Vernachlässigung naturgesetzlicher Gegebenheiten und Jahrhunderte alten konstruktiven Erfahrungsgutes im Bereich des Fensters geführt.

Der von Siegel [253] zitierte Einfluß der Technik auf die Form der Baukunst und damit der Einbruch der Ratio in die Ästhetik ist als Gestaltungselement nicht mehr auszuschließen. Die Architektur selbst ist durch ein Übermaß von künstlerisch und koordinierungsmäßig noch nicht gemeisterter Technik gekennzeichnet. Das Verständnis für technische Formen setzt konkretes Wissen und mehr als intuitives Begreifen voraus.

Während Schäfer (zitiert in [80]) bauliche Werkgerechtigkeit, Einheit von Konstruktion und Form fordert, sieht Ostendorf (zitiert in [80]) in Grundriß und Aufriß den Niederschlag einer Idee. Nach Siegel [253] erfordert die Einbeziehung technologischer Gesetzmäßigkeiten in die ästhetische Wertskala darüber hinaus die Fähigkeit zu ökonomischem Denken als geistiges Prinzip. Die strukturellen Formprobleme der modernen Architektur lassen sich nur unter Würdigung der heutigen technischen und ingenieurwissenschaftlichen Gegebenheiten verstehen.

In den nach 1950 errichteten Gebäuden sind alle denkbaren Gestaltungsmotivationen anzutreffen: Nüchterne Zweckmäßigkeit, Sparsamkeit, ästhetische Wohlausgewogenheit, formal überbewertete Repräsentation bis zur grenzenlos übersteigerten mechanischen Addition industriell gefertigter Grundeinheiten.

2.4.3. Folgerungen:

Die Formensprache und Raumkonzeption der modernen Architektur hat große Fenster und Ganzglasfassaden begünstigt. Mit zunehmender Fenstergröße wurde das Fenster zum wesentlichen Gestaltungselement für Außenfassade und Innenraum. Mit großen Fenstern, Fensterbändern und Fensterwandelementen läßt sich die Fassade besser, eleganter, großzügiger gliedern und die Proportionen der Wandfläche harmonischer gestalten.

Es ist weitgehend unbestritten, daß derartig große Glasflächen die Schönheit, die Harmonie und die künstlerische Wirkung von Gebäude und Raum wohltuend beeinflussen können.

Lage und Größe des Fensters in der Wand, vom Innenraum aus betrachtet, gestatten reizvolle Effekte durch die Lichtführung der natürlichen Beleuchtung, durch den Ausblick in die Landschaft und die optische Ausweitung des Innenraumes auf die unterschiedlich großen Außenzonen.

Mit allen zur Verfügung stehenden Mitteln und unter Außerachtlassung der unvermeidlichen Nachteile versucht der Mensch – bewußt oder unbewußt – den Mangel einer unzureichenden Betätigung in der freien Natur und die steigende innere und äußere Begrenztheit und Spezialisierung durch entsprechend großzügigere Fenster zu kompensieren.

Während die Einordnung des Fensters im Mauerwerkbau noch ein starkes ästhetisches Gefühl für Proportion und Ausgewogenheit erforderte, wird im ausgefachten Skelettbau und bei Vorhangfassaden die mechanische und schematische Addition zum wesentlichen Gestaltungsmerkmal.

Die intuitive Größenbemessung früherer Zeiten unter Berücksichtigung technologischer Möglichkeiten und baustilbedingter Gesichtspunkte wird heute durch das Funktionsdenken und die Beachtung der Normen und Bauvorschriften abgelöst.

Die Größe der Fenster wird weitgehend durch die DIN 5034, die Brüstungshöhe und die konstruktive Durchbildung durch die Landesbauordnung, die Sturz- und Leibungsausbildung durch die Berücksichtigung statischer Normen festgelegt. Daneben ergeben sich aus der Raumnutzung für die massive Brüstungshöhe gewisse Erfahrungswerte. In Wohnräumen, aus denen man im Sitzen in die Landschaft blicken möchte, sind Brüstungshöhen von 40 bis 60 cm angemessen. Der Ausblick im Stehen gestattet Brüstungshöhen von 70 bis 90 cm, in Arbeitsräumen von 100 bis 125 cm, in Schulen z. B. bei Garderoben von 175 cm. Die Fensterbreite wird durch den Außenwandanteil des Raumes unter Berücksichtigung statisch bedingter Stützen etc. und gelegentlich durch die Einrichtung bestimmt.

Die Flügelaufteilung wird überwiegend rein formal, daneben aber auch funktionsbedingt (Lüftung, Reinigung etc.) bestimmt.

Die Höhe des Fensters wird des weiteren durch die lichte Raumhöhe, vermindert um die statisch oder funktionell (Rolladenkasten etc.) bedingte Sturzhöhe und die Art der Raumbeheizung (Heizkörper im Brüstungsbereich) festgelegt.

Die Breite des Fensterflügels wird heute i. d. R. aus überwiegend formalen Überlegungen, seltener, z. B. bei horizontalen Schiebefenstern, die von außen nicht zugänglich sind, aus reinigungstechnischen Gesichtspunkten auf Flügelbreiten von 120 bis 150 cm begrenzt.

Die Proportion des Gesamtfensters ergibt sich aus den vorgenannten praktischen wie auch formalen und repräsentativen Gesichtspunkten, seltener bewußt aus beleuchtungstechnischen Überlegungen.

2.5. Zustand der Aufbereitung und Vereinheitlichung der Anforderungen

2.5.1. Einflußgrößen

Aus den Funktionen des Fensters, den gegebenen bauphysikalischen und bauchemischen Beanspruchungen, den raumklimatischen Wirkungen und den architektonischen Gestaltungsabsichten für Fenster und Wandöffnung ergeben sich die Anforderungen, die an die Konstruktion des Fensters und seiner Anschlüsse zu stellen sind.

Bei den vielfältigen und variablen Gegebenheiten des Einzelgebäudes muß ein schematisch-rezeptiver Einsatz üblicher Fenstersysteme und -konstruktionen immer wieder zu Schäden beträchtlichen Ausmaßes führen.

Das Fenster hat unter dem Gesichtspunkt der Wirtschaftlichkeit konstruktiven, raumklimatischen und funktionellen Anforderungen zu genügen, und zwar:

die der Lebensdauer eines Fensters angepaßte Lebensdauer der einzelnen Werkstoffe und deren Formbeständigkeit,
die Winddichtigkeit,
die Schlagregensicherheit,
eine angemessene Schutzwirkung gegen Wärmeverlust und Wärmeabstrahlung nach außen im Winter sowie Wärmeeinstrahlung im Sommer,
ein angemessener Blendschutz ohne Beeinträchtigung der Aussicht, der Raumnutzung, der Raumlufterwärmung und der Fensterreinigung angepaßte Öffnungs- und Lüftungsmöglichkeiten,
ein angemessener Schallschutz, eine weitgehende Wartungs- und Unterhaltungsfreiheit.

2.5.2. Stand geltender Vorschriften

2.5.2.1. Normen, Richtlinien, Vorschriften, Empfehlungen

DIN 4102 (II/70)	Bl. 2–4 Brandverhalten von Baustoffen
DIN 4108 (VIII/69)	Wärmeschutz im Hochbau
DIN 4109 1962/63	Bl. 1–5 Schallschutz im Hochbau
DIN 4113 II/58 u. VI/58 E	Aluminium im Hochbau; Richtlinien für Berechnung und Ausführung von Aluminiumbauteilen
DIN 4114 Bl. 1 X/61	Bl. 2 Berechnungsgrundlagen, Richtlinien
DIN 4114 Bl. 2 X/55	Bl. 1 Stahlbau, Stabilitätsfälle (Knickung, Kippung, Beulung); Berechnungsgrundlagen, Vorschriften
DIN 4115 (VIII/69)	Stahlleichtbau und Stahlrohrbau im Hochbau; Richtlinien für die Zulassung, Ausführung, Bemessung
DIN 18 005 (V/71)	Bl. 1 Vornorm, Schallschutz im Städtebau
DIN 18 055 (IV/71)	Bl. 2 E Fenster, Fugendurchlässigkeit und Schlagregensicherheit, Anforderungen, Prüfung
DIN 18 055*)	Bl. 3 E Fenster, mechanische Belastung
DIN 18 056 (VI/66 I/68)	Fensterwände, Bemessung und Ausführung
DIN 18 361 (XII/58)	VOB Teil C, Verglasungsarbeiten
DIN 1050 (VI/68)	Stahl im Hochbau; Berechnung u. statische Durchbildung
DIN 1052 (X/69)	Holzbauwerke; Berechnung u. Ausführung
DIN 1055 Bl. 1 (III/63)	Bl. 1 Lastannahmen für Bauten; Lagerstoffe, Baustoffe und Bauteile
DIN 1055 Bl. 3 (VI/71)	Bl. 3, Verkehrslasten
DIN 1055 (VI/38 VIII/65)	Bl. 4) Lastannahmen im Hochbau, Verkehrslasten, Bl. 4 E) Windlast

*) noch nicht erschienen

Bayer. Ergänzungserlaß Fassung III/69:	Ergänzende Bestimmungen zur DIN 1055 Bl. 4 (allgemein gültig)
LBauO NW §§ 17–20 und 41	Schutz gegen Feuchtigkeit, Korrosion, Schädlinge und sonstige Einflüsse, Brandschutz, Wärme-, Schall- und Erschütterungsschutz, Beheizung, Belichtung, Beleuchtung und Lüftung, Fenster und Türen
Gesetz zum Schutz vor Luftverunreinigungen, Geräuschen und Erschütterungen – Immissionsschutzgesetz – der Bundesländer und den dazugehörigen Durchführungsverordnungen, Gesetz zum Schutz gegen Baulärm v. 9. 9. 1965	
Als Empfehlungen sind anzusehen	
TA Lärm	Technische Anleitung zum Schutz gegen Lärm
VDI-Richtlinie 2058	Beurteilung und Abwehr von Arbeitslärm
VDI-Richtlinie 2560	Persönlicher Schallschutz
VDI-Richtlinie 2565	Beurteilung von Lärm in Wohnungen
VDI-Richtlinie 2571	Schallabstrahlung von Industriebauten, Nachbarschaftsschutz (in Vorbereitung)
VDI-Richtlinie 2719	Schalldämmung von Fenstern (Entwurf)
Tabellen zur Bestimmung der	Beanspruchungsgruppen für Schlagregensicherheit, zur Verglasung von Fenstern, zur Bestimmung der maximalen Flügelgröße bei Holzfenstern, herausgegeben vom Institut für Fenstertechnik e. V., Rosenheim

2.5.2.2. Zusammenfassung der aus Normung etc. zu gewinnenden Erkenntnisse

Bindende Vorschriften, in denen die vorgenannten Einflußgrößen berücksichtigt werden, bestehen lediglich für den Feuerschutz (Landesbauordnung und DIN 4102).
Zur Erfassung verschiedener, im Einzelfall schwierig abgrenzbarer Beanspruchungen und entsprechender Anforderungen wurden vom Institut für Fenstertechnik e. V., Rosenheim, im Auftrag der Gütegemeinschaft Fenster e. V. u. a. Tabellen zur Ermittlung der Beanspruchungsgruppen zur Verglasung von Fenstern aus Holz, Aluminium und Aluminium/Holz (Tab. 3), für die Schlagregensicherheit, die Fugendurchlässigkeit und zur Bestimmung max. Flügelgrößen bei Holzfenstern ausgearbeitet.

Daneben sind in verschiedenen Normen, z. B. in der DIN 18 361, Anforderungen an Kitte und in verbandsinternen Richtlinien weitere Anforderungen enthalten.

Im Gelbdruck der DIN 18 055 (Bl. 2) werden die Anforderungen der Fugendurchlässigkeit und der Schlagregensicherheit definiert (Abb. 4) und die Prüfung dieser Funktionseigenschaften festgelegt. Weitere Normblätter über die mechanische Belastung für Fenster und über den Wärme- und Schallschutz und den Beanspruchungsspielraum zwischen Fenster und Wandöffnung sind in Vorbereitung.

Über die Lärmbelästigungen und die hieraus abzuleitenden Anforderungen ist eine Koordinierung der von verschiedenen Stellen ausgearbeiteten Empfehlungen für Richtwerte bzw. eine entsprechende Klassifizierung für unterschiedliche Anwendungsbereiche noch nicht erfolgt.

Nach den VDI-Richtlinien 2058 sind für reine Wohngebiete 35 DIN-phon, für Gebiete die vorwiegend Wohnzwecken dienen 45 DIN-phon als oberste zulässige Grenze gesetzt. Die in DIN 18 005 (E) festgelegten Werte sind Tab. 4 zu entnehmen.

In Anlehnung an die DIN 18 005 ist nach Seifert die Aufstellung von Lärmkarten für Großstädte und die Einteilung des Stadtgebietes in Lärmschutzzonen I bis V und dementsprechend eine schalltechnische Klassifizierung der Fenster mit einem Mindestschallschutz von 30 bis 45 dB vorgesehen.

In der Neuauflage der Schrift Holzfenster übernimmt Seifert [232] die Festlegung der im Entwurf vorliegenden VDI-Richtlinie 2719 und den dort definierten 7 Schallschutzklassen, bei denen nach Raumart und Abstand von der Verkehrsfläche differenzierte Anforderungen gestellt werden (Tab. 5–7).

Gemäß Empfehlung des Deutschen medizinischen Informationsdienstes sollten in den Räumen folgende Schallpegel nicht überschritten werden:

in Schlafräumen	25–30 dB (A)
in Wohnzimmern (tagsüber)	30–40 dB (A)
in Erholungsgebieten (Anlagen, Gärten etc.)	30–50 dB (A)
bei Arbeiten mit dauernder hoher geistiger Konzentration	25–45 dB (A)
bei Arbeiten mit mittlerer Konzentration	50–60 dB (A)
bei sonstigen Arbeiten	50–70 dB (A)
in Lärmbetrieben	80 dB (A)

Die in DIN 1055, Bl. 4, festgelegten Windlasten sind als Mittelwerte für ganze Gebäudeflächen zu verstehen. Da diese Werte an den Gebäudekanten zu völlig unzureichenden Annahmen führen, wurde nach einem bayerischen Erlaß, Fassung März 1969, bis zur Neufassung der DIN 1055, Bl. 4, ergänzend festgelegt, daß an den

Tabelle 3: Tabelle zur Ermittlung der Beanspruchungsgruppen zur Verglasung von Fenstern (ausgearbeitet vom Institut für Fenstertechnik e. V.)

HOLZ

Beanspruchungsgruppen	1	2	3	4	5
Beanspruchungsarten	Kaum Bewegung im Kittbett; hier können auch härtende Materialien verwendet werden	Bewegung im Kittbett	Absichern von außen durch dauerelastische Versiegelung	Zusätzliche Stabilisierung im Kittbett auf der Innenseite	Dauerelastische Versiegelung innen
Windlast und Fenstergröße — Gebäudehöhe − 8 m (60 kp/m²) — Fensterfläche m²	0,50	2,00	4,00		
8 – 20 m (96 kp/m²) — Fensterfläche m²	0,50	1,00	2,00 / 3,00	5,00	6,00
20 – 100 m (132 kp/m²) — Fensterfläche m²		0,50	1,00 / 2,00	3,00	5,00
Die Belastung aus dem Winddruck kann von der angegebenen Gebäudehöhe abweichen. Belastung der Glasauflage kp/m	10	20 / 30	40	50 / 60	70 kp/m

Bei unterteilten Fenstern wird die max. Scheibenabmessung eingesetzt.

max. Kantenlänge					
Isolierglas		− 120 cm	120 – 200 cm	200 – 250 cm	250 – cm
Flachglas	− 120 cm	120 – 140 cm	140 – 200 cm	200 – 250 cm	250 – cm

Beim Einsatz von Sondergläsern sind die Vorschriften der Hersteller zu beachten.

| **Erschütterungen** | Ruhige Wohnlage | Normale Verkehrsbelastung | Starke Verkehrsbelastung in engen Straßen und an Ausfallstraßen | Belastung durch Flugverkehr, starken LKW-Verkehr und dergl. | |

Erschütterungen durch den Transport der Fenster zur Baustelle und dergl. sind nicht berücksichtigt. Falls Belastungen aus dem Gebäude, wie z. B. bei Fabrikationshallen, zu erwarten sind, müssen diese analog eingestuft werden.

| **Fensterart** | Feststehende Verglasung, Dreh-, Drehkippflügel und Kippflügel. (Die Verglasung ist hier auch als freiliegende Fase möglich.) | | Feststehende Verglasung, Dreh- und Drehkippflügel über 2,5 m² Schwingflügel bis 2,5 m² | Schwingflügel größer 2,5 m². Schiebe- und Hebeschiebefenster, Hebetüren und dergl. | Sonderfenster, wie Wendefenster, Fenster in Naßräumen, chemischen Werken und dergl. |

Bei dunklem Rahmenmaterial (Dunkelstufe 5,0 oder größer nach DIN 6164, Beiblatt 25) erfolgt die Einstufung mindestens in Gruppe 3.

Tabelle 3: (Fortsetzung)

ALUMINIUM UND ALUMINIUM / HOLZ

Beanspruchungs-gruppen	1	2	3	4	5
Beanspruchungs-arten		Bewegung im Kittbett			
			Absichern von außen durch dauerelastische Versiegelung		
				Zusätzliche Stabilisierung im Kittbett auf der Innenseite	
					Dauerelastische Versiegelung innen

Windlast derzeitige Maximalwerte nach DIN 1055

und Fenstergröße

Gebäudehöhe	1	2	3	4	5
– 8 m (60 kp/m²)		2,00	4,00		
	Fensterfläche m²				
8 – 20 m (96 kp/m²)	1,00	2,00	3,00	5,00	6,00
	Fensterfläche m²				
20 – 100 m (132 kp/m²)	0,50	1,00	2,00	3,00	5,00
	Fensterfläche m²				

Die Belastung aus dem Winddruck kann von der angegebenen Gebäudehöhe abweichen

	20	30	40	50	60	70 kp/m

Belastung der Glasauflage kp/m
Bei unterteilten Fenstern wird die max. Scheibenabmessung eingesetzt.

max. Kantenlänge

	– 120 cm	120 – 200 cm	200 – 250 cm	250 – cm

Isolierglas

	– 140 cm	140 – 200 cm	200 – 250 cm	250 – cm

Flachglas

Beim Einsatz von Sondergläsern sind die Vorschriften der Hersteller zu beachten.

Erschütterungen

| | | Ruhige Wohnlage Normale Verkehrsbelastung | Starke Verkehrsbelastung in engen Straßen und an Ausfallstraßen | Belastung durch Flugverkehr, starken LKW-Verkehr und dergl. | |

Erschütterungen durch den Transport der Fenster zur Baustelle und dergl. sind nicht berücksichtigt. Falls Belastungen aus dem Gebäude, wie z. B. bei Fabrikationshallen, zu erwarten sind, müssen diese analog eingestuft werden.

Fensterart

| | | Feststehende Verglasung, Dreh-, Drehkippflügel und Kippflügel. | Feststehende Verglasung, Dreh- und Drehkippflügel über 2,5 m² Schwingflügel bis 2,5 m² | Schwingflügel größer 2,5 m². Schiebe- und Hebeschiebefenster, Hebetüren und dergl. | Sonderfenster, wie Wendefenster, Fenster in Naßräumen, chemischen Werken und dergl. |

Bei dunklem Rahmenmaterial (Dunkelstufe 5,0 oder größer nach DIN 6164, Beiblatt 25) erfolgt die Einstufung mindestens in Gruppe 3.

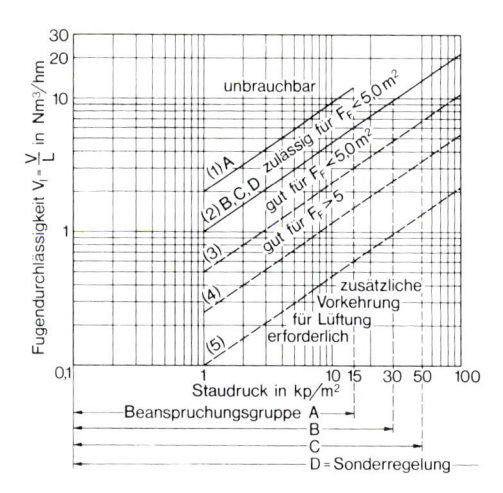

Abb. 4: Beanspruchungsgruppen von Fenstern in Abhängigkeit von Fugendurchlässigkeit und Staudruck („Bauen mit Aluminium", 1972)

Nr.	Baugebiet[1])	Immissionsrichtwerte in dB (A)	
		Tag	Nacht
1	Wochenendhausgebiet (SW) Sondergebiet wie Klinik-, Kurgebiet (SO)	45	35
2	Kleinsiedlungsgebiet (WS) Reines Wohngebiet (WR)	50	35
3	Allgemeines Wohngebiet (WA) Dorfgebiet (MD)	55	40
4	Mischgebiet (MI) Kerngebiet (MK)	60	45
5	Gewerbegebiet (GE)	65	50
6	Industriegebiet (GI)	70	70

[1]) Die Baugebiete entsprechen der Verordnung über die bauliche Nutzung der Grundstücke (Baunutzungsverordnung) vom 26. 6. 1962 (BGBl. I S. 429). Die Art der in den Baugebieten zulässigen oder ausnahmsweise zulässigen baulichen Anlagen ergibt sich aus den §§ 2 bis 11.

Tabelle 4: Zusammenstellung der Immissionsrichtwerte (DIN 18 005 E)

Schallschutzklasse	Schallisolationsindex I_a	Orientierende Hinweise auf Konstruktionsmerkmale von Fenstern ohne Lüftungseinrichtungen
6	$\geqslant 50$ dB	Kastenfenster mit getrennten Blendrahmen, besonderer Dichtung, sehr großem Scheibenabstand und Verglasung aus Dickglas
5	45—49 dB	Kastenfenster mit besonderer Dichtung, großem Scheibenabstand und Verglasung aus Dickglas; Verbundfenster mit entkoppelten Flügelrahmen, besonderer Dichtung, Scheibenabstand über ca. 100 mm und Verglasung aus Dickglas
4	40—44 dB	Kastenfenster mit zusätzlicher Dichtung und MD-Verglasung; Verbundfenster mit besonderer Dichtung, Scheibenabstand über ca. 60 mm und Verglasung aus Dickglas
3	35—39 dB	Kastenfenster ohne zusätzliche Dichtung und mit MD-Glas; Verbundfenster mit zusätzlicher Dichtung, üblichem Scheibenabstand und Verglasung aus Dickglas; Isolierverglasung in schwerer mehrschichtiger Ausführung; 12 mm Glas, fest eingebaut oder in dichten Fenstern
2	30—34 dB	Verbundfenster mit zusätzlicher Dichtung und MD-Verglasung; Dicke Isolierverglasung, fest eingebaut oder in dichten Fenstern; 6 mm Glas, fest eingebaut oder in dichten Fenstern
1	25—29 dB	Verbundfenster ohne zusätzliche Dichtung und mit MD-Verglasung; Dünne Isolierverglasung in Fenstern ohne zusätzliche Dichtung
0	$\leqslant 24$ dB	Undichte Fenster mit Einfach- oder Isolierverglasung

Tabelle 5: Zuordnung von Holzfenstern und Schallschutzklassen [231]

Schnittkanten von Dach- und Wandflächen bzw. zwei Wandflächen an einem 1 bis 2 m breiten Streifen parallel zu den Kanten zusätzlich zu den Soglasten der Norm höhere Soglasten mit dem Beiwert c = 2,0 in Rechnung gestellt werden müssen.
Für die Strahlungsdurchlässigkeit und die Wärmeschutzwirkung und Oberflächentemperaturen von Glasflächen bestehen bis heute keine Vorschriften.
Einzelheiten für Holzabmessungen und zulässige Flügelgrößen sind in der DIN 68 122 (E) III/69 in Abhängigkeit von Gebäudehöhe und Windstärke, in DIN 18 056 die Bemessung und Ausführung von Fensterwänden festgelegt worden.

2.5.3. Wertung der derzeitigen Beanspruchungen und Anforderungen an das Fenster

Die außerordentlich komplexen Zusammenhänge gestatten bis heute keine integrierte Berücksichtigung aller Einflußgrößen. Eine derartige Optimalisierung erscheint bei dem derzeitigen Erkenntnisstand weder möglich noch sinnvoll. Der vom Institut für Fenstertechnik e. V. bzw. der Gütegemeinschaft Fenster e. V. beschrittene Weg, schrittweise gewisse qualitative Mindestanforderungen festzulegen, kann als erster Schritt einer umfassenden Qualitätsverbesserung des Fensters angesehen werden. Durch die Form der getroffenen Festlegung müßte jedoch erreicht werden, daß die Qualitätsanforderungen nicht nur für die der Gütegemeinschaft Fenster angeschlossenen Betriebe Gültigkeit hat, sondern nach ihrer wissenschaftlichen und experimentellen Begründung so weit verbreitet werden, daß sie Allgemeingut der Architekten und der fensterherstellenden Gewerke und damit zu „allgemein anerkannten Regeln der Baukunst" für alle in der BRD eingesetzten Fenster werden. Der langwierige, sachlich unzureichende und unkoordinierte Weg über die Normung (s. Schlegel [211]) oder über über Ausführungsrichtlinien einzelner Fachverbände müßte hierbei durch einen, die Interessen des Fensterherstellers und -benutzers besser berücksichtigenden Weg einer umfassenden, koordinierten Dokumentation ersetzt werden.

Für die raumklimatischen und gesundheitsbiologischen Wirkungen des Fensters, d. h. die Strahlungsdurchlässigkeit, die Wärmeschutzwirkung, die anzustrebenden Oberflächentemperaturen, die Lüftungswirkung etc. liegen weder eindeutige Aussagen noch generalisierende Beanspruchungsgruppen oder Mindestanforderungen vor.

Bis jetzt ist eine statische Bemessung von Fensterprofilen lediglich gem. DIN 18 056 für Fensterwände ab 9 m² Größe

Lärmsituation			Empfohlene Schallschutzklasse für die in Tabelle 7 angegebenen Raumarten			
			1	2	3	4
Autobahnen, mittlere Verkehrsdichte		25 m	4	3	2	1
		80 m	3	2	1	0
		250 m	1	0	0	0
Autobahnen, hohe Verkehrsdichte	Entfernung vom Fenster bis zur Straßenmitte	25 m	5	4	3	2
		80 m	4	3	2	1
		250 m	2	1	0	0
Bundesstraßen		8 m	3	2	1	0
		25 m	2	1	0	0
		80 m	1	0	0	0
Landstraßen		8 m	2	1	0	0
		25 m	1	0	0	0
		80 m	0	0	0	0
Hauptstraßen in großstädtischen Kerngebieten	Bebauung geschlossen, hohe Verkehrsdichte		5	5	4	3
	Bebauung aufgelockert, mittlere bis hohe Verkehrsdichte		4	4	3	2

Tabelle 6: Tabelle zur Ermittlung der Schallschutzklassen (VDI-Richtlinie 2719 E)

Raumart		Richtwerte für die in den Räumen zulässigen Pegel von außen eindringender Geräusche	
		Mittelungspegel¹)	mittlere Maximalpegel
1	Aufenthaltsräume in Wohnungen, Übernachtungsräume in Hotels, Bettenräume in Krankenhäusern und Sanatorien	tagsüber 30–40 dB (A) nachts 20–30 dB (A)	tagsüber 40–50 dB (A) nachts 30–40 dB (A)
2	Unterrichtsräume, ruhebedüftige Einzelbüros, wissenschaftliche Arbeitsräume, Bibliotheken, Konferenz- und Vortragsräume, Artzpraxen und Operationsräume, Kirchen, Aulen	30–40 dB (A)	40–50 dB (A)
3	Büros für mehrere Personen	35–45 dB (A)	45–55 dB (A)
4	Großraumbüros, Gaststätten, Läden, Schalterräume	40–50 db (A)	50–60 dB (A)
5	Eingangs-, Warte- und Abfertigungshallen	45–55 dB (A)	55–65 dB (A)
6	Opernhäuser, Theater, Kinos	25 dM (A)	35 dB (A)
7	Tonaufnahmestudios	Sonderanforderungen beachten	

¹) für Flugverkehrsgeräusche äquivalenter Dauerpegel.

Tabelle 7: Richtwerttabelle der in den Räumen zulässigen Pegel von außen eindringender Geräusche (VDI-Richtlinie 2719 E)

und einer Kantenlänge von mindestens 2 m vorgeschrieben. Je nach Windanfälligkeit, Lage des Fensters im Gebäude und Größe des Gebäudes (z. B. Hochhaus) und Fensteraufteilung können sich auch bei kleineren Öffnungsgrößen schon beachtenswerte Verformungen ergeben. Für die auch von Seifert/Schmidt [232] geforderte maximale Durchbiegung von 1/300 bzw. 8 mm für Isolierglasscheiben fehlt bis heute die wissenschaftliche oder experimentelle Begründung. Durch die Definition von Beanspruchungsgruppen durch die Gütegemeinschaft Fenster e. V. und den Beginn normativer Festlegungen wurde begonnen, bestimmte Güteeigenschaften abzugrenzen und meßbar zu machen. Bis heute werden aber noch nicht alle Güteeigenschaften erfaßt. Für die Verglasung von Kunststoff-Fenstern wurden bis heute Beanspruchungsgruppen noch nicht ausgewiesen. Da sich die Einhaltung verschiedener Gütebestimmungen — z. B. der Fugendurchlässigkeit oder der Schlagregensicherheit — nur am Fensterprüfstand kontrollieren läßt, ist die praktische Anwendbarkeit auf noch nicht eingebaute oder zur Untersuchung ausgebaute Fenster beschränkt.

Die Typenprüfungen verschiedener Fenstersysteme und -hersteller lassen erkennen, welche Werte mit diesen Fenstern zu erzielen sind. Durch die schwankende Qualität der Verarbeitung lassen sich jedoch wesentliche Abweichungen bei verschiedenen Bauvorhaben nicht vermeiden. Die in Prüfzeugnissen bescheinigten Werte geben günstigstenfalls Auskunft über die bei bestimmten Fenstersystemen, Flügelgrößen, Verriegelungen etc. erzielbaren Qualitäten.

Bei den in DIN 18 055 (Bl. 2) definierten Beanspruchungsgruppen wird gegenüber früheren Regelungen in Gruppe D eine dem besonderen Einzelfall angepaßte Sonderregelung ermöglicht und auch für Beanspruchungsgruppe A eine Prüfdauer von 10 Minuten gefordert. In der Norm wird der Umstand, daß das Fenster bei glatten Fassaden mit einem Vielfachen der sonst normalen Wassermenge belastet werden kann, nicht berücksichtigt.

Die Festlegung der Fugendurchlässigkeit entsprechen den von Seifert/Schmidt [231, 232] entwickelten Diagrammen. Die Anforderungen an die Glasabdichtung (Tab. 3) sind, wie unter Abschnitt 4.2.3. dargestellt wird, für Beanspruchungsgruppe 1 und 2 unzureichend.

In der DIN 4109 fehlen exakte Angaben über das Fenster. Während dem Industrielärm seit Jahren kräftig zu Leibe gegangen wird, z. B. die VDI-Richtlinie 2058, die TAL-Lärm, die Immissionsschutzgesetze der Bundesländer und das ständig zunehmende Richtlinienwerk der VDI-Kommission Lärmminderung, wird der Verkehrslärm vielfach als selbstverständlich hingenommen, obwohl er nicht nur in den Städten die bedeutendste Schallquelle darstellt. Es ist erstaunlich, mit welcher Zähigkeit Gemeinden — der DIN 18 005 (E) zum Trotz, entlang Hauptverkehrsstraßen reine Wohngebiete ausweisen bzw. diese beibehalten.

Da der Umfang der indirekten Gesundheitsstörung durch Verkehrslärm in Fachkreisen umstritten ist und die öffentliche Hand durch städtebauliche Planungen die Wohnruhe beeinflußt, dürfte eine einschneidende Begrenzung zulässiger Schallimmissionen in absehbarer Zeit nicht zu erwarten sein.

Die von Fachleuten der Schallschutzbranche und von Seifert/Schmidt [231, 232] wiedergegebene Definition von Schallschutzklassen und daran gekoppelte bauliche Schutzmaßnahmen sollte als Forderung für den Bau von Aufenthaltsräumen übernommen werden. Die empfohlenen Ausführungen müßten jedoch wissenschaftlich überprüft und durch ausführungstechnische Angaben ergänzt werden.

3. Unterscheidungskriterien und Einflußgrößen werkstoffgerechter Fensterkonstruktionen

3.1. Unterscheidungsmerkmale

Das Fenster läßt sich alphabetisch nach seinen Arten und seinen Teilen untergliedern. Zu unterscheiden sind Fenster nach den Arten der Flügel, nach den verwendeten Werkstoffen, nach den Konstruktionssystemen, nach der Fenstergröße, nach der Raumnutzung, nach der Verglasung sowie nach sonstigen Unterscheidungsmerkmalen.

3.1.1. Nach der Art der Fensterflügel

Man unterscheidet zwischen feststehenden und beweglichen Fensterflügeln und je nachdem, wie sich die Flügel öffnen lassen, zwischen Drehflügeln, Kippflügeln, Drehkippflügeln, Schwingflügeln, Wendeflügeln, horizontalen und vertikalen Schiebefenstern, Schiebehebefenstern und -türen und Hebetüren. Art und Abmessung der Fensterflügel bestimmen die Funktionsfähigkeit, die Dimensionierung und die Auswahl der Werkstoffe und Beschläge.

Lage und Funktion bestimmter Fenster, Flügel und Fensterteile führte zu Sonderbezeichnungen wie Oberlicht, Lüftungsflügel, Brüstungselement, Blumenfenster etc.

3.1.2. Nach der Art der Werkstoffe für tragende Teile der Fenster

unterscheidet man zwischen Fenstern aus Holz, Stahl, Edelstahl, Aluminium und Kunststoff, sowie Holz und Edelstahl, Holz und Aluminium, Holz und Kunststoff, Kunststoff und Metall.

3.1.3. Nach dem Konstruktionssystem der Fenster

ist zwischen Einfachfenstern, Verbundfenstern, Doppelfenstern, Kastenfenstern, aufgedoppelten Fenstern sowie verschiedenen Sonderkonstruktionen zu unterscheiden.
Als Sonderkonstruktionen sind anzusehen: Schallschutzfenster, Panzerfenster, Klimafenster, Schaufenster etc.
Je nach der Art der Verbindung zwischen Flügel und Wand spricht man von Blendrahmen-, Blockrahmen- und Zargenfenstern, je nach dem Anschlag des Fensters von Fenstern mit Außen- und Innenanschlag sowie stumpf in der Leibung sitzenden Fenstern.

3.1.4. Nach der Fenstergröße

Es ist zwischen Fensteranlagen zu unterscheiden, die einen mehr oder weniger großen Teil der Außenwand eines Raumes oder die ganze Raumwand ersetzen. Man bezeichnet sie als Einzel-Fenster, als Fenstertüren und als Fensterwände. Die Vorhangfassade als Sonderfall einer Fensterwand unterliegt besonderen Beanspruchungen und wird in diesem Zusammenhang nicht untersucht. Als Fensterwand nach DIN 18 056 sind jedoch nur Anlagen mit mehr als 9 m^2 Fläche bei einer Mindestkantenlänge von 2 m anzusehen.

3.1.5. Nach der Art der Raumnutzung

Je nachdem, welcher Nutzung der Raum unterworfen ist, unterscheidet man zwischen Badfenster, Kellerfenster, Dachfenster, Küchenfenster, Schaufenster, Stallfenster, Treppenhausfenster, Wohnraumfenster und vielen anderen Fenstern. Aus der Art und Dauer der täglichen Nutzung der Räume eines Gebäudes können sich bereits wesentlich veränderte Einflüsse auf Raumklima und Konstruktion ergeben. Zu unterscheiden ist hierbei zwischen

1. Räumen, die überwiegend dem langzeitigen Aufenthalt von Menschen ohne überwiegend körperliche Arbeit dienen (z. B. Büroräume, Wohn- und Schlafräume in Wohngebäuden, Heimen, Hotels);

2. Räumen, die überwiegend dem kurzzeitigen Aufenthalt von Menschen dienen, zugleich aber besonders beansprucht werden (z. B. Küchen, Toiletten, Waschräumen, Wannen- und Schwimmbäder, Treppenhäuser);

3. Räumen mit sehr unterschiedlichen kurzzeitig-stoßweisen oder langanhaltenden Sonderbeanspruchungen (bei überwiegend großflächigen Verglasungen) — z. B. Gaststätten, Klassenräume, Sportstätten (Turnhallen, Schwimmbäder), Versammlungsräume, Kirchen, Verkaufsräume;

4. Räumen und Gebäuden mit gewerblichen und industriellen Produktionsstätten, in denen körperliche Arbeit ver-

richtet wird bzw. hohe Temperaturen, Feuchtigkeitsgehalte, Geräusche etc. erzeugt werden;

5. Lagerräumen und Maschinenräumen ohne/mit besonderen klimatischen Anforderungen;
6. Räumen in landwirtschaftlichen Nutzungsgebäuden, die z. B. dem Aufenthalt von Tieren dienen (Stallungen etc.).

3.1.6. Nach der Art und Verglasung

unterscheidet man zwischen einfach verglasten Fenstern, Doppelverglasungen, Zwei- und Mehrscheiben-Verbundverglasungen (i. d. R. als Isolier- und Thermoverglasung bezeichnet), Wärme-, Sonnen- und Blendschutzverglasungen etc.

3.1.7. Nach sonstigen Unterscheidungsmerkmalen

Je nach dem Grad, in dem der Fenstereinbau in den Bauablauf verflochten ist, spricht man von bauverflochtenen, teilbauentflochtenen oder bauentflochtenen Fenstern. Je nach der Form der Fensteranlage unterscheidet man zwischen Einzelfenstern, waagerechten und senkrechten Fensterbändern und Vorhangfassaden.
Je nach der Zahl der beweglichen Flügel (1-, 1 1/2-, 2- etc. flügelige Fenster) oder nach der Aufteilung in Glasflächen bzw. Füllungen (1-, 2-, 3- etc. teilige Fenster) ist eine weitere Unterscheidungsmöglichkeit gegeben.
Die Vielzahl der Begriffe und Unterscheidungsmöglichkeiten läßt deren Relativität erkennen. Man wird jeweils die für den speziellen Anwendungsfall aussagekräftigste Bezeichnung zur Unterscheidung von anderen Fenstern zu wählen haben.

	Drehflügelfenster	Kippflügelfenster	Drehkippflügelfenster	Klappflügelf. außen	Klappflügelf., innen	Schwingflügelfenster	Wendeflügelfenster	Horiz. Schiebefenster	Horiz. Hebeschiebef.	Vert. Schiebefenster	Versenkflügel	Faltflügelfenster	Parallelabsteller
Regenschutz in Lüftungsstellung	2	6	6	6	2	6	2	2	2	4	6	2	2
Fugendichtigkeit	6	4	2	4	4	6	6	1	6	2	2	2	4
Windlüftung Stoß	6	4	6	2	2	6	6	6	4	4	6	6	2
Windlüftung Dauer	2	6	6	4	4	6	6	6	6	6	4	4	6
Temperaturlüftung Stoß	6	4	6	2	2	2	6	6	4	4	6	6	2
Temperaturlüftung Dauer	2	2	6	4	4	2	6	6	6	6	4	4	6
Flügelgröße[1])	2	4	2	4	4	6	6	6	6	4	6	2	4
große Flügelbreite[1])	2	4	2	4	4	6	4	6	6	4	6	2	1
große Flügelhöhe[1])	4	4	4	4	4	4	6	6	6	4	6	4	1
konstr. Schwierigkeiten[1])	4	4	4	4	4	4	2	4	4	4	2	2	4
Kombinationsmöglichkeiten a) mit Rolladen	6	6	6	2	6	2	2	4	4	4	4	4	6
b) mit Außen-Lamellen	6	6	6	2	6	2	2	4	4	4	4	4	6
c) mit zusätzl. Schallschutzmaßnahme	4	4	4	4	4	2	2	2	4	2	2	2	2
Reinigungsmögl.	6	2	6	2	4	4	4	1	1	2	2	2	2
Aussichtsbehinderung	4	4	4	4	4	4	4	4	4	2	4	4	4
Gefährdung der Raumnutzer	2	6	1	4	4	2	2	6	6	6	6	4	2
	64	70	71	56	62	64	64	71	73	62	70	54	54

[1]) je nach Werkstoff des Flügelrahmens unterschiedlich

Tabelle 8: Kriterien verschiedener Flügelarten

6 = günstige Wirkung, geeignet
4 = ohne besondere Vor- oder Nachteile
2 = nachteilige Wirkung, bedingt geeignet oder ungeeignet

3.2. Anwendbarkeit verschiedener Flügelarten

Ein Vergleich der verschiedenen Flügelarten läßt nach dem derzeitigen Stand der techn. Erkenntnisse gewisse Grenzen der Anwendbarkeit erkennen.

Drehflügel gestatten eine wirksame Stoßlüftung, sind jedoch als Feinlüftung und in geöffnetem Zustand als Regenschutz ungeeignet. Je nach Werkstoff, Dimensionierung und Beschlag sollte die Flügelbreite nicht mehr als 80 bis 150 cm betragen. Die Fensterreinigung läßt sich leicht vollziehen.

Kippflügel, vor allem im Oberteil eines Fensters angebracht, ergeben eine ideale, zugfreie Raumlüftung — auch bei Regen. Für eine Stoßlüftung sind sie weitgehend ungeeignet. Die Reinigungsmöglichkeiten sind in Abhängigkeit von der Flügelgröße und der Höhenlage des Einbaues erschwert und die Abmessungen deshalb je nach Gewicht begrenzt.

Drehkippflügel vereinigen die Vorteile der vorgenannten Flügelarten. Die Abmessungen sind auf die Flügelbreite der Drehflügel begrenzt. Da i. d. R. nur ein Flügel einer mehrflügeligen Anlage als Drehkippflügel ausgebildet wird, wird die Lüftungswirkung für den Gesamtraum i. d. R. falsch eingeschätzt. Bei Holzfenstern wird bei verdecktem Gestänge vielfach eine stärkere Dimensionierung und eine größere Fugendurchlässigkeit bei höheren Investitionskosten in Kauf zu nehmen sein.

Klappflügel sind lüftungstechnisch ungünstiger als Kippflügel. Gehen sie nach außen auf, lassen sie sich als Teile feststehender Fenster nicht reinigen. Gehen sie nach innen auf, bieten sie in geöffnetem Zustand keinen Regenschutz.

Schwingflügel können — u. a. nach Koch [127] — lüftungstechnisch ungünstiger sein als Drehkippflügel. Außen am Gebäude hochsteigende Warmluft wird in geöffnetem Zustand in den Raum geleitet. Sie schließen wegen des Profilwechsels weniger zugdicht. Bei geschlossenem Rolladen oder an der Außenwand angebrachtem Lamellenstore ist ein Öffnen des Flügels nicht möglich. Der nach innen geschlagene Flügel stellt — z. B. in Schulen — eine Gefahrenquelle dar. Die Reinigung der äußeren Blendrahmenteile und oben angrenzender feststehender Verglasungen ist erschwert bis unmöglich. Es lassen sich jedoch optimal breite Flügel herstellen.

Wendeflügel sind lüftungstechnisch etwas vorteilhafter als Dreh- und Schwingflügel, wegen der unteren punktförmigen Lagerung erfordern sie jedoch eine konstruktiv hochwertige Ausführung und Verglasung.

Schiebeflügel besitzen in einfacher Ausführung wegen des unerläßlichen Bewegungsspielraumes eine unzureichende Fugendichtigkeit. Bei *Hebeschiebefenster und -türen* läßt sich zwar die Fugendichtigkeit, nicht aber die sonstigen, dem Drehflügel etwa entsprechenden Nachteile ausgleichen. Bei zweiteiligen vertikalen Schiebefenstern kann man in idealer Weise durch entsprechende Flügelstellung Zu- und Abluftöffnungen nach dem Lüftungsbedarf schaffen. Die Fugenundichtigkeit ist i. d. R. ungünstig groß, die Aussicht wird durch die waagerechten Flügelteile z. T. erheblich gestört.

Grund-Konstruktion	Wärmedurchlaß-Widerstand	Luftdurchlässigkeit der Fensterfälze	Luftdurchlässigkeit der Anschlußfuge (Rahmen — Bauwerk)	Einfluß der Grundkonstruktion auf Wohnwert und Raumklima	Lichtausbeute	Möglichkeiten des Anschlags am Bauwerk (Wandstärke o. ä.)	Gesamtpunktzahl a–f	Wärmetechnischer Wert a–c
	a	b	c	d	e	f		
Einfachfenster	8	$\frac{9^1)}{14^2)}$	16	8	18³)	18	$\frac{77^1)}{82^2)}$	$\frac{33}{38}$
Verbundscheiben-Fenster	16	$\frac{11}{14}$	16	18	17	17	$\frac{95}{98}$	$\frac{43}{46}$
Panzerfenster	16	$\frac{11}{14}$	16	10	17	17	$\frac{87}{90}$	$\frac{43}{46}$
Aufgedoppeltes Fenster	16	$\frac{9}{14}$	16	13	14	18	$\frac{86}{91}$	$\frac{41}{46}$
Verbundfenster	17	$\frac{14}{14}$	15	16	16	16	$\frac{94}{94}$	$\frac{46}{46}$
Kastenfenster Scheibenabstand ~ 150 mm	17	15	14	16	14³)	15	91	46

Tabelle 9: Vergleich der Fenstergrundkonstruktionen [221]

[1]) Falzform 1 (Holz-Profil o. ä.)
[2]) Falzform 2 (Stahl-Profil o. ä.)
[3]) Für den Vergleich wurde Innenanschlag angenommen

Eine vergleichende Wertung der Eignung verschiedener Flügelarten wurde in Tab. 8 vorgenommen. Es ergibt sich hieraus, daß unter den getroffenen Annahmen das Hebeschiebe-Fenster als günstigste Flügelart anzusehen ist.
Die Wahl der geeigneten Flügelart wird von den gegebenen Beanspruchungen, von der jeweils bevorzugten optimalen Funktionserfüllung, der Gestaltungsabsicht, der gewünschten Gesamtöffnungsgröße, von der gewählten Fenstergrundkonstruktion, dem Werkstoff des Flügelrahmens und der Qualität der einsetzbaren Beschläge bestimmt.
In der von Beck-Richter (Tab. 9) vorgenommenen Wertung steht das Verbundscheibenfenster an 1. Stelle vor dem Verbundfenster. Bei den Bewertungskriterien wurden wesentliche Faktoren, wie die Schallschutzwirkung und die Abhängigkeit des Einflusses auf das Raumklima von der Fenstergröße nicht gewürdigt.
Eine allgemein gültige, jeweils alle Einflußgrößen erfassende Wertung erscheint wegen der Vielzahl variabler Parameter weder möglich noch sinnvoll.

3.3. Beurteilungskriterien werkstoffgerechter Fensterkonstruktionen

Die Beurteilungskriterien lassen sich nach verschiedenen Gesichtspunkten ordnen. Nicht in allen Fällen sind terminologisch gleiche Bezeichnungen anzutreffen (Tab. 12).

1. Werkstoffbedingt
physikalische und chemische Eigenschaften

Werkstoffstruktur,
Rohdichte,
Festigkeitseigenschaften (Druck, Zug, Biegung), E-Modul,
Temperaturverhalten (Wärmeausdehnung, W-Leitfähigkeit, spezif. Wärme, Strahlungszahl),
Feuchtigkeitsverhalten (Quellen und Schwinden, Korrosion, Festigkeitsabfall),
die Elastizität des Werkstoffes unter den am Bau anzutreffenden Feuchtigkeits- und Temperaturverhältnissen;
die Formbeständigkeit unter Klimaeinwirkungen;
Festigkeit und Profilsteifigkeit gegenüber statischen und dynamischen Beanspruchungen in Abhängigkeit von den Abmessungen der Bauteile;
die Form- und Bearbeitbarkeit zur Herstellung der verschiedenen Grundkonstruktionen sowie deren Maßhaltigkeit;
die Auswirkungen auf das Raumklima in Abhängigkeit von den Strahlungseigenschaften, der Wärmeleitfähigkeit und der spezifischen Wärme.

Lebensdauer und Aussehen in Abhängigkeit von der natürlichen Beständigkeit
gegen atmosphärische Strahlung,
gegen Einflüsse des Außen- und Innenklimas (Luftfeuchtigkeit, Regen, Schnee, Wärme, Kälte,
gegen Einwirkungen von Luftverunreinigungen sowie sonstigen chemischen und elektrochemischen Einflüssen,
Beständigkeit gegen Pilzbefall, Bakterien und tierische Schädlinge sowie die möglichen bzw. erforderlichen konstruktiven oder chemischen Schutzmaßnahmen, die strukturelle Beständigkeit unter Einwirkung der Feuchtigkeitsfluktuation, der Einwirkung von Bakterien, Pilzen etc., der Umgebungsbaustoffe und aggressiver Immissionen sowie das elektrolytische Verhalten;
die Lebensdauer und die Alterungsbeständigkeit der Konstruktionsteile, der Beschläge, der Oberflächenbehandlung und der Baustoffkombination;
das Aussehen in üblicher Weise oberflächenveredelter oder -behandelter Teile;

Sonstige Qualitätsmerkmale des Werkstoffes

gleichmäßige Materialstruktur,
mögliche strukturelle Verformung (Wärmebehandlung, Materialalterung, kalter Fluß),
erforderliche Schutzmaßnahmen (Oberflächenbehandlung),
die Wirtschaftlichkeit der Konstruktion und der Aufwand für Wartung und Unterhalt;

2. Konstruktionsbedingt

Profilgestaltung und Dimensionierung der Profilquerschnitte,
mögliche Abmessungen der Konstruktionsteile und Fenstergrößen,
Art der Eckverbindungen,
vorgesehene bzw. mögliche Verglasungsart,
Art und Ausbildung der Dichtzone,
Befestigung des Fensters zum Ausgleich der Bewegung von Baukörper und Bauteil,
Möglichkeiten der Kombination einzelner Elemente sowie mit Lüftungs- und Sonnenschutzeinrichtungen, Betonfensterbänken, Heizkörperbefestigungen etc.,
Eignung der Beschläge, deren Einbau und Befestigung,
die Eignung für eine dauerhafte Verbindung zwischen gleichen und strukturfremden Werkstoffen und Verbindungsmitteln;

3. Ausführungsbedingt

Technische, personelle und räumliche Herstellungsbedingungen,
Transportmöglichkeiten zur Baustelle und auf der Baustelle,
Zeitpunkt und Bedingungen des Einbaues,
Verbindung und Befestigung des Fensters mit dem Gebäude.

4. Nutzungsbedingt

Wirkung des Fensters auf das Raumklima (Wärmeschutz, Strahlungsdurchlässigkeit, Blendenschutz, Schallschutz) betriebs- und unfallsichere Bedienbarkeit,
erforderliche Wartungsmaßnahmen (Notwendigkeit und Möglichkeiten),
erforderliche Instandhaltungsarbeiten (Notwendigkeit und Möglichkeiten).

Folgerungen:

Die Frage nach dem idealen Fensterwerkstoff, der idealen Flügelteilung, der idealen Fenstergrundkonstruktion oder Verglasung läßt sich nicht allgemeingültig, sondern von Fall zu Fall nach den besonderen Gegebenheiten, den Anforderungen an das Fenster und den verwendeten Werkstoffen beantworten. Ein optimaler Wärmeschutz, Schallschutz, Kondenswasserfreiheit, das Freisein von lästigen Unterhaltungsarbeiten, Zug- und Schlagregendichtigkeit und Preisgünstigkeit lassen sich i. d. R. nicht in einer Fensterkonstruktion verwirklichen. Verschiedene Forderungen, z. B. guter Wärme-, Sonnen- und Schallschutz und Preisgünstigkeit, schließen sich vielfach gegenseitig aus. Je nach Werkstoff, Konstruktion und Lage in der Wand erhalten die Beurteilungskriterien eine unterschiedliche Wertigkeit. Unter Pkt. 5 werden die von Fall zu Fall gültigen Kriterien der Fensterkonstruktionen näher untersucht.

3.4. Der Einfluß der Normung, Erlasse, Ausführungsrichtlinien und -empfehlungen und Verarbeitungsvorschriften auf die Fensterkonstruktion

Werkstoffauswahl, Fenstergestaltung und Fensterkonstruktion werden direkt und indirekt durch DIN-Normen, ETB-Normen, VDI-Richtlinien etc. sowie Ausführungsrichtlinien und -empfehlungen der einschlägigen Fachverbände, Fachinstitute etc. sowie durch Verarbeitungsvorschriften verschiedener Halbproduktenhersteller bestimmt. Eine Zusammenstellung der für die werkstoffbezogenen Konstruktionssysteme geltenden Normen, Vorschriften etc. wurde den einzelnen Abschnitten nachgestellt.

Diese teilweise koordinierten, in einem ständigen Wandel bzw. Erneuerungsprozeß befindlichen und in ihrer rechtlichen und praktischen Bedeutung unterschiedlich zu wertenden Bestimmungen sind in ihrer Massierung weder vom Architekten noch von den fensterherstellenden Gewerken zu übersehen.

3.4.1. Normung

Nach Schlegel [211] bewirkt der an sich ideale Normungsgedanke, daß man das Gebäude und seine Teile, also auch das Fenster, nur noch als Addierung genormter Einzelteile sieht. Die Problematik dieser Auffassungen wird erkennbar, wenn man berücksichtigt, daß das Ganze mehr als die Summe seiner Teile ist. Auch beim Fenster ist eine ganzheitliche Betrachtung von Fenster und Wand unvermeidlich. Die alleinige Einhaltung der geltenden Baunormen bietet nicht die Gewähr für ein mängelfreies Werk.

Der raschen technologischen Entwicklung vermag die Normung nicht zu folgen. Neben genormten Erzeugnissen kommen aber auch handelsübliche ungenormte Teile und Teile, die nach ausländischen Vorschriften erstellt wurden, zum Einsatz. Die ständige Änderung und Ausweitung der Normung zeigt weiterhin, daß eine durchdachte Koordinierung nach einem übergeordneten Ganzen als Grundvoraussetzung für jede echte Rationalisierung fehlt oder nur beschränkt wirksam wird.

In welchem Umfang DIN-Normen zugleich als „allgemein anerkannte Regeln der Baukunst" anzusehen sind, hängt i. d. R. von ihrer Überführung als ETB-Norm bzw. ihrer Erwähnung in den Einführungserlassen der einzelnen Bundesländer ab.

3.4.2. Ausführungsrichtlinien und -empfehlungen

Um die Lücken der Normung zu schließen, eine ausreichende und gleichmäßige Fensterqualität zu gewährleisten und vergleichbare Wettbewerbsbedingungen zu schaffen, wurden von verschiedenen Fachverbänden Richtlinien und Empfehlungen für ganze Fenster, Fensterteile oder bestimmte Teilbereiche, wie z. B. Konstruktion, Ausschreibung, Herstellung, Lieferung etc., herausgegeben und branchenintern veröffentlicht. Diese Richtlinien führen – wie z. B. die des Metallbauverbandes – auch die geltenden Normen auf.

Die vorliegenden Unterlagen sind jedoch, weil auch hier die technische Entwicklung sich schneller vollzieht als die Neubearbeitung, nie vollständig und nie fehlerfrei. In verschiedenen Bereichen gibt es keine derartigen Richtlinien (z. B. im Kunststoff-Fensterbau), oder die Richtlinien benachbarter Gewerke widersprechen sich.

Je nach Art und Verbreitung können diese Richtlinien als „allgemein anerkannte Regeln der Baukunst" angesehen werden.

3.4.3. Verarbeitungsvorschriften etc.

Die Lücken aus 3.4.1 und 3.4.2 werden überall dort, wo eine Einigung auf einheitliche Richtlinien nicht möglich ist oder die Eigenart des Produktes dies erfordert, durch Verarbeitungsvorschriften oder sinngemäß bezeichnete Hinweise, Richtlinien oder Empfehlungen von Halbzeugherstellern geschlossen. Die Nichtbeachtung dieser Vorschriften hat i. d. R. den Haftungsausschluß durch den Halbzeughersteller zur Folge. Fehlen Normen oder weitergehende Richtlinien, so können diese Verarbeitungsvorschriften auch zu „allgemein anerkannten Regeln der Baukunst" werden.

Durch die Koppelung werksmäßiger Verarbeitungsvorschriften an entsprechende Werkslieferbedingungen wird oft eine Haftung für fehlerhafte Angaben ausgeschlossen und dadurch die Bedeutung abgemindert.

Vor allem im Aluminium- und Kunststoff-Fensterbau ist der Fensterhersteller von der Vollständigkeit und Richtigkeit der vom Halbzeuglieferanten gemachten Angaben abhängig. Nicht in allen Fällen entsprechen diese Informationen dem Stand der technischen Erkenntnisse.

3.4.4. Wertung

Art, Inhalt und Verbreitung der in diesem Abschnitt behandelten Vorschriften bzw. Ausführungsunterlagen gewährleisten bis heute — trotz der vielfach hohen Qualität dieser Vorschriften — weder die Planung noch die Ausführung mängelfreier und den verschiedenen Anforderungen der Benutzer entsprechende Fenster mit Sicherheit.
Die einzelnen Vorschriften etc. sind nicht koordiniert. Die Veröffentlichungen sind nicht zentral zusammengefaßt, sie sind immer nur einem Teil der mit Planung und Ausführung Betrauten bekannt und/oder oft schon wieder überholt. Allein die Feststellung, welche der DIN-Normen als ETB-Normen übernommen wurden, erfordert besondere Sachkenntnis und ein Sammelwerk, das sich weder ein Durchschnittsarchitekturbüro noch ein Fensterhersteller leisten kann. Die Darstellungen sind oft unübersichtlich, zusammenhanglos, un- oder mißverständlich, mitunter mit Fehlern oder Widersprüchen, Ungenauigkeiten etc. durchsetzt. Für den Praktiker ist eine Unterscheidung von „falsch", „richtig" oder „zweckmäßig" i. d. R. gar nicht möglich.
Nicht immer ist das Ziel, einen für den Benutzer mängelfreien Gebrauchsgegenstand herzustellen, den Gruppeninteressen übergeordnet. Mit der zunehmenden Verbreitung von teilweise minderwertigen EWG-Erzeugnissen in der BRD wird eine international einheitliche Normung etc. unerläßlich.

3.5. Eingesetzte Werkstoffe

Für tragende Konstruktionsteile: Holz, Stahl, Edelstahl, Aluminium, Kunststoffe unterschiedlicher Zusammensetzung sowie Kombinationen dieser Werkstoffe;

für Füllungen: Glas, Holz, Kunststoffe, Metalle, Asbestzementplatten etc. in unterschiedlichen Schichtungen und Kombinationen;

für Abdichtungen: Leinölkitte, Kunststoffe, Gummi;

für Beschläge: Metalle, Kunststoffe;

für Verbindungsmittel: Metalle, Kunststoffe.

Der Konkurrenzkampf und die z. T. gravierenden Mängel zwingen Rohstoffhersteller wie Verarbeiter zu einer ständigen Qualitätsverbesserung und damit zur Modifizierung der Werkstoffe oder zur Entwicklung neuer Werkstoffe.

3.6. Eignung der Werkstoffe

Die im Fensterbau eingesetzten Werkstoffe haben sich, soweit die speziellen Werkstoffeigenschaften berücksichtigt wurden, bewährt. Die von einer umsatzorientierten Werbung einseitig hervorgehobenen günstigen Werkstoffeigenschaften haben vor allem beim Aluminium und Kunststoff zu einer Überforderung des Werkstoffes als Folge einer Überschätzung einzelner Eigenschaften und einer Vernachlässigung unvermeidlicher wesentlicher Nachteile geführt.
Die Eigenschaften der eingesetzten Werkstoffe können als bekannt und wissenschaftlich erforscht vorausgesetzt werden. Nicht überall liegen jedoch Werkstofferfahrungen im Langzeittest vor. Jeder Eignungsvergleich konkurrierender Werkstoffe ist — nach Kirsch [115] — an die Verwendung geeigneter Maßstäbe gebunden (s. Abschn. 3.3).
In der Literatur werden immer nur die jeweils wichtigsten Einflußgrößen behandelt.
Ein korrekter Vergleich der Fenster-Werkstoffe ist dabei — nach Beck-Richter [221] — ungemein schwierig. Oft können nicht Zahlen, sondern nur das tatsächliche praktische Verhalten der Werkstoffe am Fensterelement gewertet werden. Eine Aufgliederung der Vergleichseigenschaften in Eigenschaftsgruppen — z. B. extreme Dauerhaftigkeit, besonders gute wärmetechnische Eigenschaften, Aussehen etc. — ist ein Notbehelf, der dem tatsächlichen Gesamtverhalten nur ausnahmsweise nahekommt.
Die Relativität derartiger Betrachtungsmethoden ergibt sich aus Tab. 10. Nicht nur die unterschiedliche Wertigkeit der einzelnen Eigenschaften, getrennt nach bestimmten Konstruktionen, Verarbeitungs- und Veredelungsmethoden, wirkt sich hier aus. Je nach Fenster- bzw. Flügelgröße, den gegebenen Beanspruchungen, Konstruktion und Werkstoff werden andere Materialeigenschaften als Kriterien anzusehen sein.
Bei der in Tab. 10 vollzogenen Wertung fehlen zwangsläufig die Auswirkungen auf das Raumklima, die Abhängigkeit der Festigkeitseigenschaften von den Abmessungen der Konstruktionsteile und dem — speziell beim Kunststoff — temperaturabhängigen Elastizitätsverhalten.
Neben dem wissenschaftlich schwer erfaßbaren, empirisch nur vereinzelt erforschten Wärmedurchlaßwiderstand von Hohlprofilen mußte auch das Strahlungsverhalten der Fensterwerkstoffe berücksichtigt werden. Die einzelnen Eigenschaften wurden unter Einbeziehung verschiedener Imponderabilien subjektiv und wissenschaftlich nicht nachkontrollierbar bewertet. Verschiedene Eigenschaften sind wegen der werkstoffspezifischen Unterschiede unter allgemeinen Sammelbegriffen nicht vergleichbar.
Ein Werkstoff läßt sich nur beurteilen, wenn dem Planenden und dem Ausführenden die wichtigsten Stoffkenngrößen zur Verfügung stehen. Die Unkenntnis der kritischen Stoffkenngrößen und der für sie geltenden Naturgesetze führt zu Funktionsstörungen in der Fassade. Aus Fachliteratur, Fachzeitschriften, Firmenprospekten etc. sind vergleichbare Daten für die einzelnen Werkstoffe i. d. R. nicht zu entnehmen. Die Untersuchungsergebnisse hängen aber entscheidend von den angewendeten Untersuchungsmethoden ab. Das heißt, daß die von einzelnen Firmen nach

Eigenschaft	Festig-keit	Form-änderung	Wärme-durch-gangs-Wider-stand	Bearbeit-barkeit, Verwend-barkeit f. alle Grundk.	Passung der Fälze, Toleran-zen	Dauer-haftig-keit	Pflege, Unter-haltung	Kombinations-möglichkeit mit anderen Werkstoffen	Gesamt-punkt-Zahl	Preisvergleich in %[2]) (Holzfenster 100 %)
Werkstoff	a	b	c	d	e	f	g	h		
Holz (Kiefer, Fichte)	8	8	14	16	13	15	12	14	100	100
Holz als Fertigfenster (Afzelia, Kambala etc.)	9	10	14	16	14	16	14	14	107	135
Gußeisen (Grauguß GG 14)	13	14	8	6	6	16	17	15	95	
Stahl (Industrie-Profil)	17	14	8	8	10	13	11	13	94	
Stahl (Sonder-Profil)	17	14	8	14	14	13	11	13	104	
Leichtmetall (AlMg 3, AlMgSi) Strangpreß-Prof.	15	13	8	14	16	17	16	10	109	225
Kunststein (Stahlbeton)	12	15	8	6	8	16	16	14	95	
Kunststoff (Mipolam-Elastic)	7[1])	8	14	12	10	17	17	13	98	250

Tabelle 10: Vergleich der Fensterwerkstoffe [221]

[1]) Trägerprofil aus Stahl wird nicht mitgewertet.
[2]) Preis für 1 m² (fertig verglastes, gestrichenes und eingebautes Fenster.

unterschiedlichen Verfahren ermittelten Werte nur bedingt verwertbar sind. Außerdem werden hervorragende Eigenschaften eines Werkstoffes auf Nebengebieten oft hochgespielt und wichtige Eigenschaften verschwiegen oder mißverständlich dargestellt.
Der Wettbewerb in der Fensterbranche ist z. Z. verzerrt. Durch polemische Werbemethoden — nach Seifert [246] — wird der Werkstoff als wesentlicher Funktionsträger in die Mitte gestellt und diesem letztlich die Anforderungen und Funktionen des Fensters untergeordnet.

Folgerungen:

Jeder Werkstoff zeichnet sich durch ganz spezifische Eigenschaften (Tab. 11) aus, die sich je nach den Erwartungen und der Anwendung vorteilhaft oder nachteilig auswirken können.
In der Natur, in der Technik und der Wissenschaft gibt es — nach Schlegel [217] — keine Gewinne ohne entsprechende Verluste. Nicht nur die Vorzüge einzelner Werkstoffe, sondern auch die unvermeidlichen Nachteile sind bei der Planung, bei der Konstruktion und Verarbeitung der Fenster zu berücksichtigen.
Umwelt- und Baueinflüsse und die Anforderungen an bestimmte Bauteile müssen besonders berücksichtigt werden.

Es gibt keinen Baustoff, den man als Ideallösung für alle Problembereiche ansehen kann. Nicht der Austausch der Werkstoffe, sondern die geschickte und überlegte Kombination lang bewährter und neu entwickelter Werkstoffe sollte das Ziel der Bemühungen um materialgerechte Konstruktionen sein.
Es gibt keine nur guten und nur schlechten Werkstoffe. Es gibt nur Werkstoffe mit unterschiedlichen Eigenschaften und unterschiedlichem Verhalten, deren Eigenart bei der Fensterkonstruktion berücksichtigt werden muß. Da es nicht in allen Fällen gültige oder verbindliche Vorschriften gibt, wird jeweils im Einvernehmen zwischen Bauherrn und Architekten wie folgt zu verfahren sein:
Klärung der Funktionen des Bauteils, Erfassen der Beanspruchungen des Bauteils, Formulierung der Anforderungen, Aufstellen und Wichten der erforderlichen Eigenschaften, Zuordnung von Stoffgruppen mit den erforderlichen Eigenschaften, Aufstellen und Beurteilen der vorhandenen Eigenschaften aller Stoffe und Gruppen, Entscheidung für Werkstoff und Fenstersystem auf der Grundlage vergleichbarer Ausschreibungen.
Allgemeingültige Maßstäbe für Auswahl und Verarbeitung der Werkstoffe sind in Normung, Richtlinien der Fachverbände und Fachliteratur nur bedingt gegeben und wegen des den wissenschaftlichen und technischen Erkenntnissen hinterherhinkenden Informationsstandes der Fachleute nicht praktikabel.

	Holz	Stahl	Edelstahl	Aluminium	Kunststoff	Holz-Edelstahl	Holz-Aluminium	Holz-Kunststoff	Stahl-Kunststoff	Aluminium-Kunststoff
Lebensdauer und Alterungsbeständigkeit der Gesamtkonstruktion[3]	8	7	10	9	9	9	9	8	7	10
Festigkeit und Elastizität des tragenden Werkstoffes	6	10	10	8	5	6	6	6	9	8
Formstabilität unter Klimaeinwirkungen (Temp./Feuchte)	5	10	10	7	4	6	6	4	8	6
Form- und Bearbeitbarkeit	10	4	4	4	6	7	7	8	4	4
Eckverbindungen[4]	5	7	8	8	6	5	5	5	6	6
Dauerfestigkeit der Beschlagsbefestigung	8	10	10	6	4[1]	8	8	8	10	6
erforderliche zusätzliche Dichtungsmaßnahmen	8	7	7	4	4	7	7	6	4	4
Wärmeschutzeigenschaft[4]	10	4	4	2	10	10	10	10	7	6
Oberflächentemperatur und Tauwasserbildung	10	6	6	4	10	10	10	10	8	7
erf. Oberflächenbehandlung	4	4	10	8	8	7	6	6	8	8
Aussehen (nach 10 Jahren)[2]	10	9	8	8	4	10	9	7	4	4
erf. Wartungs- und Unterhaltungsmaßnahmen	4	5	10	8	6	7	6	5	6	6
Gesamtpunktzahl	88	83	97	76	76	92	89	83	81	75
Preisvergleich (in %)	100	–		160 (200)[5]	180		157			

Tabelle 11: Eignung verschiedener Werkstoffe für Fenstergrundkonstruktionen

[1] ohne Aussteifung
[2] je nach Art unterschiedlich
[3] bei normaler Wartung und Instandhaltung
[4] heute übliche Normalausführung
[5] mit unterbrochenen Stegen

3.7. Dimensionierung der Fensterteile

Mit zunehmender Größe der Fenster bzw. Flügel wird eine statische Bemessung der Konstruktionsteile unerläßlich, um je nach Werkstoff
bleibende Verformungen

— unzulässig große Durchbiegungen und damit Glasschäden,
— die Entlastung der Dichtfugen durch zu große Durchbiegungen (Regen-, Wind- und Schalldurchlässigkeit, Pfeiftöne etc.),
— Abreißen von Dichtfugen,
— Beschädigung und Funktionsbeeinträchtigung der Bedienungsmechanismen

zu vermeiden.

Als derzeitiger Stand der Erkenntnisse sind anzusehen:

3.7.1. Einflußgrößen

Bei der Dimensionierung und Gestaltung der Fensterprofile und Glasscheiben sind die Reaktionsbedingungen der Windlast, Eigengewicht, mißbräuchliche Benutzung, die optimale Aufnahme dieser Reaktionsbedingungen sowie Zwängungskräfte durch behinderte Wärmedehnung zu beachten. Querschnittsschwächungen, die sich durch den Einbau der Beschläge ergeben oder die als Festigkeitsabminderungen bei den geschweißten Eckverbindungen nicht zu vermeiden sind, müssen berücksichtigt werden.

Bei geschlossenem Fenster überträgt die Glasscheibe die anfallende Wind- und Flächenlast auf den Flügelrahmen und von diesem über Verbindungsmittel auf den Grundrahmen. Als Verbindungsmittel wirken bei Winddruck Fensterbänder und Verriegelungen, bei Sog außerdem der Falzeinschlag.

Über Verankerungselemente werden die vom Grundrahmen

Beurteilungskriterien	Holz	Stahl	Edelstahl	Aluminium	Kunststoff	Holz-Edelstahl	Holz-Aluminium	Holz-Kunststoff	Kunststoff-Metall
allg. phys. Eigenschaften Rohdichte Festigkeitseigenschaften	1			1	2		1	2	
E-Modul Temperaturverh., Dehnung				2 3	3 3			3 3	
Leitfähigkeit spez. Wärme		2	2	3 1					
Strahlung Verformung		2	2	3	3			3	3
Feuchtigkeitsverhalten Quellen/Schwinden	3					2	2	2	
Verwerfung Lebensdauer	3 2	2				3 1	3 1	3 1	
Beständigkeit gg. atmosphärische Strahlung					1			1	
Klima Luftfeuchte Regen/Schnee	3 3	2 2				1			2 1
Wärme/Kälte Luftverunreinigungen	1	1	1	1	2 1	1	1	2 1	2 1
bauchem. Einflüsse Pilzbefall u. tier. Schädlinge	3			3		1	3 1	1	2
Bakterien sonstige Qualitätsmerkmale					1			1	2
gleichmäßige Materialstruktur strukturelle Verformungen	3				2	3	3	2	
aus Wärmebehandlung aus Alterung		2	1	1	2 2			2 3	2 3
irreversible Verformungen erf. Schutzmaßnahmen				2	3	1		3	3
Oberfläche Gesamtquerschnitt	3 3	3		1		2 2	2 2	2 2	3
Profilgestaltung Dimensionierung	3 1	2 1	2 1	3 2	3 3	1 1	1 1	1 1	1
Abmessungen/Fenstergrößen Eckverbindung	2 3	2	2	2 2	3 2	1 3	1 3	1 3	3
Dichtzonen erf. Maßnahmen zur Verbesserung	2	1	1	3	3	1	1	3	3
d. Fugendichtigkeit d. Regenschutzes	1 2	1 2	1 2	2 3	3 3	1 1	1 1	1 1	2 3
d. Tauwasserableitung d. Schall-, Wärmeschutzes		1 1	1	2 2		1	1	1	1
Kombinationsfähigkeit Verglasung	2	1 1	2 1	2 1	2 3	1	1	1 3	2 1
Beschläge Zeitpunkt Fenstereinbau	1 3	1		2 3	3	1 2	1 3	1 3	
Wirkung auf Raumklima sichere Bedienbarkeit		2	2	3		3		2	
Wartung Instandhaltung	1 3	1 3	1	1	1 2	1 2	1 2	1 2	1
	52	36	22	54	59	33	38	62	41

3 = besonders wichtig a) bes. Temperaturabhängigkeit d) bei Stahlkern
2 = wichtig b) auf Außenschale bezogen e) bei Metallkern
1 = bedeutsam c) auf Innenschale bezogen f) an Halbprofilen und Profilkombinationen

Tabelle 12: Bedeutung der Beurteilungskriterien für die verschiedenen Fenstergrundkonstruktionen

aufgenommenen Lasten auf die Außenwand bzw. Fassade übertragen.
Bei der statischen Bemessung muß die Art und Verbindung mit dem Rohbau und das Vorhandensein beweglicher Fensterteile berücksichtigt werden.

3.7.2. Anforderungen

Fenster haben als nichttragende leichte Außenwandelemente nur ihr Eigengewicht, nicht aber lotrechte Lasten aus dem Dach oder der Deckenkonstruktion aufzunehmen. Waagerecht gerichtete Windlasten müssen ohne Funktionsstörungen aufgenommen und auf die tragenden Bauteile abgetragen werden können.

Nach Hugentobler [100] lassen sich die statischen Anforderungen in folgenden Punkten zusammenfassen:

Alle Spannungen müssen innerhalb des Hookschen Bereiches liegen. Es dürfen keine irreversiblen Verformungen auftreten.
Bei gleichzeitiger Wind- und Regenbeanspruchung muß das Element dicht sein (Schlagregensicherheit).
Die Fugendurchlässigkeit darf bei Windbeanspruchung die in der DIN 18055 (Bl. 2) festgelegten Werte nicht überschreiten.

In der DIN 18056 wird hierzu folgende Differenzierung getroffen:

Belastungsfall I: Für Fensterflächen unter 9 qm (kein Riegel oder Pfosten über 200 cm) gibt es keine allgemein verbindliche Regelung für die zulässige Durchbiegung. Besondere Berechnungen werden nur in Sonderfällen erforderlich.

Bei Belastungsfall II (Fenster über 9 qm, mindestens ein Riegel oder Pfosten 200 – 300 cm) darf die maximale Durchbiegung 1/200 betragen.

Bei Belastungsfall III (Fenster über 9 qm mit mindestens einem Riegel oder Pfosten über 300 cm) darf die Durchbiegung 1/300 nicht überschreiten.

Nach nicht näher begründeten Angaben der Hersteller von Isolierglas darf die rechnerisch ermittelte Durchbiegung für Druck und Sog 1/300, jedoch nicht mehr als 8 mm betragen. Bei langen und zugleich schmalen Rahmenteilen darf 1/350, maximal jedoch 6 mm nicht überschritten werden.
Bei bis in Bodennähe geführten Fenstern oder bei Fenstern in verkehrsgefährdeter Lage muß gem. DIN 1055, Beiblatt 3, eine waagerechte Verkehrslast von 50 bzw. 100 kp/m in 1 m Höhe angenommen werden.
Bei aufmachbaren Fensterflügeln muß für den Brüstungsriegel eine zusätzliche lotrechte Verkehrslast von 50 kp/m angenommen werden.
Seifert/Schmid [232] schreiben für alle Fenster eine maximale Durchbiegung von 1/300 oder 8 mm vor.
In der Zwischenzeit sind weitergehende Forderungen nach einer zulässigen Durchbiegung von 1/500 erhoben, aber nicht weiter begründet worden.

3.7.3. Einzelheiten zum Belastungs- und Spannungsverlauf

werden u. a. von Hugentobler [100], Seifert [232], Klindt [118, 119] u. a. aufgezeigt. Wegen der sehr komplexen Zusammenhänge und Berechnungsverfahren wird von einer auf den konkreten Einzelfall abgestellten Einzelbemessung i. d. R. abgesehen und die Dimensionierung an Hand von Berechnungstabellen vorgenommen.

3.7.3.1. Rahmenprofil- und Eckausbildung

Bei geschlossenem Fenster überträgt die Glasscheibe die anfallende Wind- oder Flächenlast auf den Flügelrahmen, der durch Fensterbänder und Verriegelungen am Blendrahmen befestigt ist. Da die Festpunkte meist in Nähe der Flügelecke liegen, können die Flügelrahmenteile nach grober Näherung nach [173] und dem Arbeitskreis Holzfenster e. V. als Einzelfeldträger angenommen werden. Nach [173] wird im Normalfall selbst bei großer Windbelastung nicht die zulässige Biegespannung, sondern die Durchbiegung der Rahmenseiten maßgeblich sein. Bei geöffnetem Drehflügelfenster wird der Flügelrahmen durch sein Eigengewicht, das Gewicht der Scheibe und eine nicht abgrenzbare mißbräuchliche Nutzung zu einem Parallelogramm verformt, wobei in den Eckpunkten Biegemomente entstehen.
Es wird gefordert, daß der Rahmen diese Verformungen aufnehmen kann. Der Flügel wird zum statischen System, ein an den Bändern gelagerter geschlossener Rahmen, der an den Klotzungspunkten belastet wird. Versetzt man die Angriffspunkte aller Kräfte in die Rahmenecken, so entsteht ein idealisiertes und vereinfachtes Belastungsbild mit entsprechendem Momentenverlauf. Neben den Biegemomenten treten an jedem Querschnitt des Rahmens zusätzliche Quer- und Normalkräfte auf, die ebenfalls vom Rahmenprofil und der Eckverbindung aufgenommen werden müssen.
Gemäß [173] ist selbst bei genauer Berücksichtigung der Festpunkte (Einfeldträger mit 1 bis 2 Kragarmen) die Annahme, die Rahmenecken als Gelenke zu betrachten, zu ungenau. Der Arbeitskreis Holzfenster e. V. empfiehlt deshalb, die Belastung jeder Rahmenseite aus der Scheibenfläche als Näherung nach der sicheren Seite vorzunehmen und von einer gleichbleibenden Streckenlast aus der jeweils halben Fensterfläche auszugehen. Seifert/Schmid [231, 232] gehen demgegenüber von den, den statischen Realitäten besser entsprechenden Trapezlasten aus.
Von praktischer Bedeutung für die Dimensionierung der Rahmen- und Profilquerschnitte ist die Verteilung der aus verglasten Flügeln übertragenen orthogonalen und tangentialen Auflagerkräfte. Werden die Schenkel des Rahmensystems als Biegeträger approximiert, wobei die Eckverbindungen die Auflagerungsstellen darstellen, so ergeben sich nach Hugentobler [110] recht komplizierte Eckverbindungsbelastungen.
Klemmt ein Drehflügelfenster beim Öffnen an einer der freien Ecken, so wird der Rahmen aus seiner Ebene heraus windschief verformt. Die dabei entstehenden Torsionskräfte verdrehen Rahmenprofile und Eckverbindungen. Eine rechnerische Erfassung der Spannungen ist schwierig und auf-

Abb. 5: Diagramme zur Glasdickenbestimmung (nach DIN 18 056 und Seifert, Fenster-Seminar 1972)

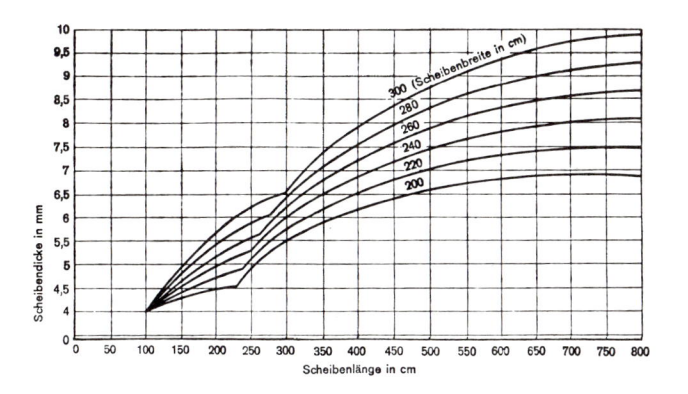

Ver- glasungs- höhe über Gelände m	Normales Bauwerk (Beiwert c = 1,2)		Turmartiges Bauwerk (Beiwert c = 1,6)	
	Windlast w = q · c kp/m²	Faktor	Windlast w = q · c kp/m²	Faktor
0 bis 8	60	1,00	80	1,16
8 bis 20	96	1,27	128	1,46
20 bis 100	132	1,48	176	1,72
über 100	156	1,61	208	1,87

[1]) Die allseitige Randauflage von Glasscheiben setzt Mindestfalzabmessungen voraus, die in DIN 18 361 — Verglasungsarbeiten —, Ausgabe Dezember 1958, Abschnitt 3.13 gefordert werden. Wenn bei Ganzglaskonstruktionen wegen der Dickenabmessung der Glasstabilisierungsstreifen die Mindestwerte der Randauflage unterschritten werden, sind die abgelesenen Scheibendicken mit dem Faktor 1,23 zu multiplizieren.

[2]) Tabelle der Faktoren zur Berücksichtigung der Verglasungshöhe (nach DIN 1055 Blatt 4).

Abb. 5.1: Diagramm zur Dickenwahl von ebenen allseitig aufliegenden Glasscheiben[1]) unter Berücksichtigung der Seitenabmessungen. Verglasungshöhe 0 bis 8 m über Gelände[2]) nach DIN 18 056, Bild 3.

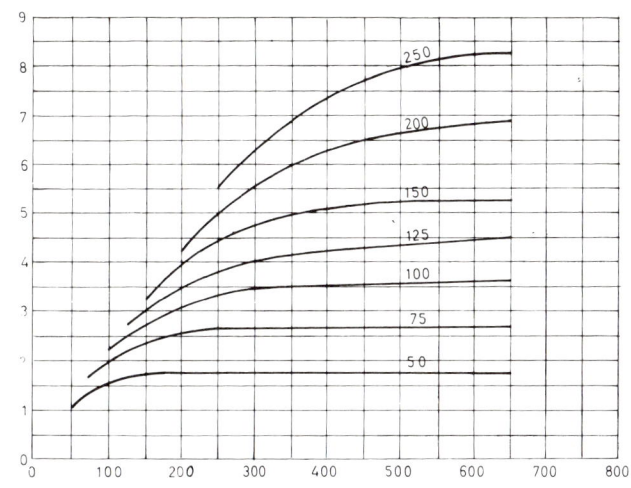

Entsprechend einer geforderten Belastung sind die Glasdicken-Grundwerte mit den zugehörigen Dicken-Faktoren zu multiplizieren.

Die Forderungen nach DIN 1055 ergeben (aufgerundet):

Normale Bauweise

Gebäudehöhe 0— 8 m   Windlast 60 kp/m²   Faktor 1,1
Gebäudehöhe 8— 20 m   Windlast 96 kp/m²   Faktor 1,4
Gebäudehöhe 20—100 m   Windlast 132 kp/m²   Faktor 1,65
Gebäudehöhe über 100 m   Windlast 156 kp/m²   Faktor 1,8

Turmartig

Gebäudehöhe 0— 8 m   Windlast 80 kp/m²   Faktor 1,3
Gebäudehöhe 8— 20 m   Windlast 128 kp/m²   Faktor 1,6
Gebäudehöhe 20—100 m   Windlast 176 kp/m²   Faktor 1,9
Gebäudehöhe über 100 m   Windlast 208 kp/m²   Faktor 2,05

Abb. 5.2: Scheibendickenbemessung nach Angaben der Flachglashersteller (Fa. Delog/Detag).
Beide Diagramme wurden nach der Bach'schen Plattenformel aufgestellt. Die Anwendung von Abb. 5.2 bringt Werte, die auf der sicheren Seite liegen. Gewisse Ungenauigkeiten der Bemessung nach Abb. 5.1 wurden hierbei beseitigt.

wendig. Die Frage, wie weit die Füllungen die dabei entstehenden Verformungen vertragen können, ist nicht bekannt und wurde durch Vergleichsmessungen noch nicht untersucht. Bei anderen Öffnungsarten komplizieren sich die statischen Verhältnisse entsprechend. Während in der Praxis bei normalen Flügelgrößen durch eine gewisse Überdimensionierung das Fehlen genauer theoretischer Untersuchungen ausgeglichen wird, können sich mit zunehmender Flügelgröße beträchtliche Verformungen und als Folge entsprechende Undichtigkeiten und Schäden der Verglasung ergeben.

3.7.3.2. Bemessung der Glasscheiben

Klindt [118, 119] begründete die Notwendigkeit, Großflächenverglasung statisch zu berechnen, um so zu technisch fundierten Lösungen für die Wahl der richtigen Verglasung, deren Abdichtung und deren Einbau zu kommen. In der Tafel zur Dickenwahl von Fenster-Glasscheiben sind ausschließlich fertigungstechnische Aspekte maßgeblich. Im Jahre 1955 erarbeitete der Bundesinnungsverband der Glaser verbesserte technische Hinweise, die dann weitgehend in die DIN 18 361 übernommen wurden. Im Entwurf der DIN 18 056 (1960) wurden weitreichende Forderungen gestellt. U. a. war — nach Klindt [119] die zulässige Tragfähigkeit der Scheiben und der Stabilisierungsleisten — soweit sie statische Aufgaben zu erfüllen haben — nachzuweisen. In der heute gültigen Fassung der DIN 18 056 sind diese Forderungen nicht enthalten, vieles ist der Erfahrung anheimgestellt. Der Nachweis der erforderlichen Dicke der Glasscheiben wird gefordert, für Sonderfälle werden Bemessungshilfen gegeben und festgestellt, daß bis zum Vorliegen eines anerkannten und auf amtliche Versuchsergebnisse gestützten Bemessungsverfahrens die Scheibendicke nach Abb. 5 bestimmt werden darf.

Hugentobler [110] und Klindt [118, 119] zeigen die Berechnungsmöglichkeit der Glasscheiben nach der Bach'schen Plattentheorie. Die Auswirkungen des neuen Erlasses zur DIN 1055, Bl. 4, sind jedoch hierbei noch nicht berücksichtigt.

Dieses mathematisch erfaßbare Modell bringt Resultate, die mit Meßwerten, die auf einem Fensterprüfstand ermittelt wurden, sehr gut übereinstimmen. Die Annahmen entsprechen jedoch nicht ganz den tatsächlichen Gegebenheiten. Hierbei wäre von einem Plattenmodell mit verstärkten Rändern unter beiderseitiger elastischer Einspannung auszugehen. Bei Isoliergläsern kann aus der Messung der Durchbiegungs- und Auflagerkraftwerte für häufige Fensterformate eine fiktive Gesamtplattendicke rückgerechnet werden.

3.7.4. Folgerungen

Bei den meisten Fenstersystemen wird die zulässige Durchbiegung bei *einfacher Verglasung* wegen der verstärkten Fugendurchlässigkeit im Flügel-Blendrahmenbereich,
bei *Isolierverglasung* wegen der begrenzten Verformbarkeit der Scheibensysteme zum entscheidenden Kriterium. Besonders gefährdet sind hierbei wegen der größeren Länge Pfosten- und Kämpferprofile, in die z. T. bewegliche Flügel (mit punktweiser Lastübertragung) und feststehende Verglasung eingesetzt werden, und Scheiben mit extremen Breiten- und Längenverhältnissen.

Die auftretenden Spannungen aus Biegemomenten, Querkräften, Normalkräften und vereinzelt aus Torsionskräften erfordern einen biege- und verwindungssteifen Stoß in den Rahmenecken und eine dem Werkstoff des Rahmens angemessene konstruktive Lösung.

Die Bestimmung der Profilquerschnitte an Flügelrahmen erfolgt nach den Beanspruchungsgruppen für Schlagregenbelastung, eine wissenschaftliche Überprüfung der dort zusammengefaßten Ergebnisse war nicht möglich.

Solange einheitliche, wissenschaftlich und experimentell gesicherte Ausführungsvorschriften nicht bestehen, sollte die Einhaltung der Festlegungen der DIN 18 056 auch für kleine Fenster gelten, sofern einzelne Glashersteller keine weitergehende Forderungen erheben.

Im Hochhausbau und in exponierten Lagen wäre auch Verankerung und Durchbiegung nachzuweisen. Für den Hochhausbau sollten die Lastannahmen unter Einbeziehung der städtebaulichen und landschaftlichen Gegebenheiten im Windkanalversuch überprüft und gegebenenfalls korrigiert werden müssen. Hierbei ist von den Belastungsannahmen der DIN 1055 Bl. 4 mit Ergänzungsvorschriften auszugehen. Die Forderung der DIN 18 056 nach einer optimal zulässigen Durchbiegung von 1/300 bzw. 8 mm ist nach Seifert/Schmid [232] auf Holzfenster jeder Größe anzuwenden. Eine entsprechende Verankerung im Sturz- und Brüstungsbereich ist auch bei Fenstern mit Rolläden, feststehenden Verglasungen und bei mehrflügeligen Fenstern unerlässlich.

3.7.5. Wertung

In der vorliegenden Literatur wird die Frage der statischen Dimensionierung unter Berücksichtigung dynamischer Beanspruchungen nur in Einzelfällen aufgegriffen. Eine nähere Definition der Kriterien wurde noch nicht vorgenommen. Einheitliche, allgemeingültige und für die praktische Anwendung geeignete Berechnungsmethoden und übereinstimmende Aussagen wurden bis heute noch nicht entwickelt. In der Normung (DIN 1055 Bl. 4) werden wohl die Windbeanspruchungen festgelegt. Weitergehende Einzelheiten — wie eine ausreichende Verankerung mit dem Gebäude oder über die zulässigen Durchbiegungen der Fensterteile — werden nur für den Geltungsbereich der DIN 18 056 verlangt. Lediglich in den Verarbeitungsrichtlinien und auf Empfehlung verschiedener Halbzeughersteller werden in Sonderfällen, z. B. bei großflächigen rahmenlosen Verglasungen rechnerische Bemessungen vorgenommen. Erst mit Seifert/Schmid [232] werden Berechnungsmethoden für Holzfenster und durch statische Diagramme verschiedener Aluminiumfensterprofilhersteller die Grundlagen für eine überschlägige Dimensionierung geschaffen.

Für Rahmenkonstruktionen aus Holz (E-Modul 100 000 kp/cm^2) wurden vom Institut für Fenstertechnik e. V., Rosenheim, brauchbare Bemessungsgrundlagen zusammengestellt bzw. entwickelt [232]. Die Anwendung dieser Tabellen für die heute gebräuchlichen exotischen Holzarten ist wegen der umständlichen Umrechnung nur möglich, wenn der entsprechende E-Modul bekannt ist.

Für kaltgewalzte Stahlfenster, besonders aber für Kunststoff-Fenster, fehlen Bemessungsgrundlagen bis heute weitgehend.

Es ist unerläßlich, daß die wissenschaftlichen Erkenntnisse und empirischen Erfahrungswerte, die der Verabschiedung der DIN 18 056 zugrundegelegen haben, veröffentlicht und verschiedene Einzelheiten — wie Verankerung, zulässige Durchbiegung von Isolierverglasungen und Dickenwahl von Glasscheiben in Gebäuden über 8 m Höhe — konkretisiert und begründet werden.

3.8. Profilgestaltung

Neben der statischen Dimensionierung ist in Abhängigkeit von Werkstoff und Konstruktionssystem die sichere, schlagregen- und winddichte Ausbildung des Glas/Flügel-, Flügel/Rahmen- und Rahmen/Wandanschlusses, die schnelle und restlose Ableitung von Regenwasser — auch bei Windstau —, die Eignung für verschiedene Öffnungsarten, die unkomplizierte und justierbare Befestigungsmöglichkeit für die Beschläge und Befestigungselemente im Wandanschlußbereich, die produktionstechnischen Möglichkeiten sowie eine formal befriedigende Gestaltung als Kriterium anzusehen. Die Werkstoffeigenschaften bedingen dabei eine noch näher zu untersuchende, von Werkstoff zu Werkstoff unterschiedliche Gestaltung.

3.9. Folgerungen für die Bestimmungsgrößen einer werkstoffgerechten Fensterkonstruktion

Neben einer Vereinheitlichung und gebrauchsfähigen Zusammenfassung von Normung, Ausführungsrichtlinien etc. ist es unerläßlich, die für die Herstellung von mängelfreien Fenstern unerläßlichen Bestimmungsgrößen darzustellen. Hierbei sollte die langzeitige Funktionserfüllung unter Berücksichtigung raumklimatischer Wirkungen als entscheidendes Kriterium angesehen werden. Wirtschaftliche Erwägungen sollen sich hierbei nicht nur auf die Fensterkonstruktionen, sondern auch auf die Außenhaut und Konstruktion des Gesamtgebäudes beziehen.
In der Literatur ist eine ganzheitliche Betrachtung dieser Einflußgrößen nicht zu finden.
Die zur Vereinfachung von Planung und Konstruktion vom Institut für Fenstertechnik e. V., Rosenheim, [232] in Abhängigkeit von Fensterart und Fenstersystem entwickelten Planungsgrundlagen und die Beeinflussung normativer Festlegungen (z. B. DIN 18 055, (Bl. 2) können nur als Beginn einer systematischen Erfassung vielfältiger Einflußgrößen betrachtet werden.
Eine derartige Normung erfordert neben ihrer Übernahme als ETV-Norm eine systematische wissenschaftliche Forschung und vereinheitlichte Anforderungen in folgenden Teilbereichen:

Für den zu schaffenden Wärmeschutz (unter Berücksichtigung möglichst hoher, der angrenzenden Wand angepaßter Oberflächentemperaturen), für den zu schaffenden Schallschutz, als Funktion der Umweltbedingungen und der Gebäudenutzung,
für die Möglichkeiten einer ausreichenden und den ganzen Raum erfassenden Raumlüftung,
für die der Raumnutzung angepaßte Beleuchtung mit Tageslicht,
für einen angemessenen Sonnen- und Blendschutz, für die örtlichen Einbaubedingungen,
für die zu erwartenden Wartungs- und Instandhaltungsmaßnahmen,
für die konstruktiven Konsequenzen, die sich aus der Anordnung des Fensters in den Anschlußzonen von Wand bzw. Fassade ergeben unter Berücksichtigung einer möglichst weitgehenden Bauentflechtung.

4. Untersuchung von verschiedenen, allen Fensterkonstruktionen gemeinsamen Problembereichen

4.1. Verglasung

4.1.1. Auswahlkriterien

Die *Werkstoffeigenschaften* der verschiedenen Glasarten beeinflussen neben der Größe des Fensters bzw. der Glasflächen, der Lage des Fensters in der Wand und zur Himmelsrichtung, die Beleuchtung des Raumes mit Tageslicht, die Durchlässigkeit von Wärmeenergie und die optische Verbindung zwischen Innen- und Außenraum.

Bei der Auswahl einer geeigneten Verglasung sollte deshalb beachtet werden:

1. der erwünschte oder anzustrebende Wärmeschutz,
2. die Anforderungen an die Lichtung- bzw. Strahlungsdurchlässigkeit unter Berücksichtigung evtl. Blend-, Einsichts- und/oder Sonnenschutzmaßnahmen,
3. die beabsichtigte gestalterische Wirkung,
4. die geforderte Fehlerfreiheit und Qualität des Glases,
5. die mögliche Scheibengröße in Abhängigkeit von Scheibendicke, Befestigungsmöglichkeiten im Rahmen und dessen Verwindungssteifigkeit,
6. die Einbau-, Abdichtungs-, Befestigungs- und Verklotzungsmöglichkeiten in den Rahmen während des Bauablaufes und bei Reparaturverglasungen,
7. die erprobte Dauerhaltbarkeit, Beschlagfreiheit und Reaktionsfähigkeit, besonders bei Spezialverglasungen (z. B. Isolierverglasungen),
8. der erwünschte Schall-, Einbruch- und Feuerschutz,
9. die Kosten in Relation zum erstrebten Effekt,
10. Oberflächenstruktur und Reinigungsmöglichkeiten,
11. die Kombination von Glas, Dichtstoff und Rahmen muß eine langzeitigen Beanspruchungen gewachsene schlagregendichte und spannungsfreie Verbindung ermöglichen.

Als derzeitiger Erkenntnisstand ist anzusehen:

4.1.2. Allgemeine Eigenschaften des Glases

Glas ist — nach Henjes [94] — physikalisch gesehen kein fester Körper, sondern eine unterkühlte Flüssigkeit von unendlich großer Zähigkeit. Es hat keine Dehnungszone. Elastizitäts- und Bruchgrenze fallen — im Gegensatz zu Metallen — zusammen.

Je nach dem Formgebungsverfahren unterscheidet man zwischen Ziehglas (z. B. Fensterglas, Dickglas, Milchglas), gewalztem Gußglas (z. B. Spiegelglas, Drahtglas, Ornament- und Kathedralglas etc.) und Preßglas (i. d. R. Hohlglas z. B. Flaschenglas, Glasbausteine etc.).

Als hervorstechende Eigenschaft ist die weitgehende Durchlässigkeit der Licht- und Wärmestrahlung im Spektralbereich von 0,3 bis 2,8 μm (Abb. 6) zu nennen. Sie hängt wesentlich vom Einfallwinkel ab (größte Durchlässigkeit bei 0°), von der Strahlungsreflexion (höchste Reflexion bei 90°) und von der Wärmeabsorption (komplementär zur Durchlässigkeit und Reflexion).

Um die Auswirkung der Verglasung auf die raumklimatischen Verhältnisse im Sommer zu kennzeichnen, wurde eine neue Kennzahl, der Glaskennwert G (Tab. 13, Abb. 7) eingeführt.

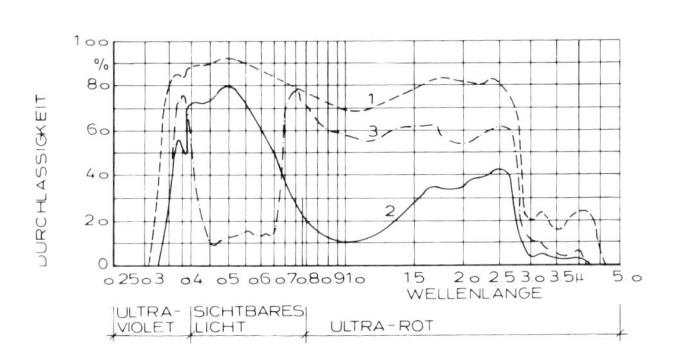

Abb. 6.1: Durchlässigkeit verschiedener Gläser für Strahlen in Abhängigkeit von der Wellenlänge [138]
1 Tafelglas, 6 mm dick; 2 wärmeabsorbierendes Glas; 3 Blendschutzglas

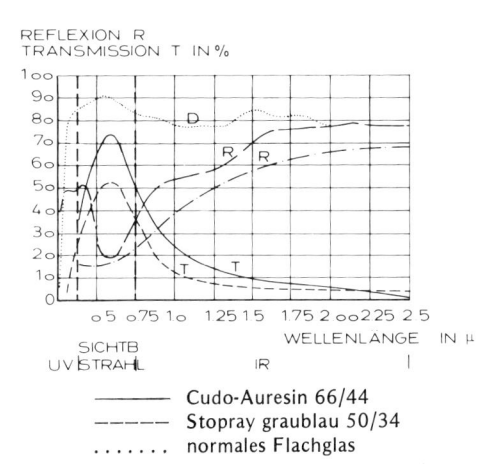

——— Cudo-Auresin 66/44
– – – – Stopray graublau 50/34
.... normales Flachglas

Abb. 6.2: Durchlässigkeit, Reflexion und Transmission verschiedener Gläser

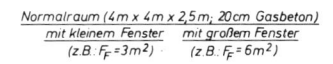

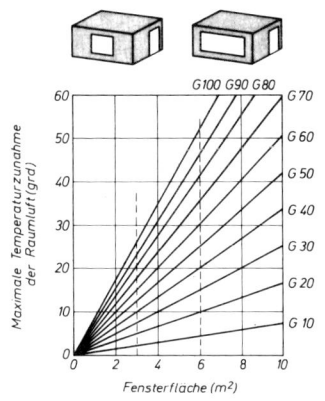

Abb. 7: Maximale Temperaturzunahme der Raumluft bei verschiedener Glasart in Abhängigkeit von der Fenstergröße. (Fensterorientierung nach Süden, Sonneneinstrahlung am Tag der Tag- und Nachtgleiche [76]
F_F: Fensterfläche

Fensterkonstruktion	G-Wert-Bereich
Einfaches Klarglas	G 80–G 90
Zweifach-Verglasungen aus Klarglas	G 60–G 80
Dreifach-Verglasungen aus Klarglas	G 50–G 75
Zweifach-Verglasungen aus Klarglas mit hellem Vorhang oder innenliegender Sonnenschutzvorrichtung	G 45–G 65
Sonnenschutzgläser (Doppelscheiben; Innenscheibe Klarglas, Außenscheibe Spezialglas) absorbierend	G 20–G 30
reflektierend	G 35–G 50
Einfaches Klarglas mit Sonnenschutzfolie	G 25–G 40
Einfach- und Mehrfachverglasungen mit außenliegender Sonnenschutzvorrichtung	G 10–G 25

Die G-Werte spezieller Fensterkonstruktionen sollen durch ein Prüfzeugnis belegt werden.

Tabelle 13: Zusammenstellung der Glaskennwerte (G-Werte) verschiedener Fensterkonstruktionen („Deutsches Architektenblatt NW", 1972)

	Anzahl der Scheiben	Luftzwischenraum mm	K-Wert kcal/m²n°C	Glasdicken in mm	mittlere Schalldämmzahl (dB)	Durchlässigkeit Gesamtstrahlung % (Energiedurchlässigkeit)	Lichtdurchlässigkeit %	Selektivitätskennzahl	Optimale Scheibenabmessung cm
1. Tafelglas	1		5,09–4,90	2–7		78	92	1,18	j. n. Dicke u. Glasart 300/500
2. Thermopane	2	1 x 12	2,7	2 x 3,8		76	80	1,05	500/300
3. Thermopane	3	2 x 12	1,8						175/255
4. Cudo	2	1 x 10	2,75	2 x 8	28				250/370
5. Cudo	2	1 x 12	2,7	4 x 12	32	76	80	1,06	250/370
6. Cudo	3	2 x 4	2,2						100/180
7. Cudo	3	2 x 12	1,8						100/180
8. Cudo	2	1 x 7	3,0	2 x 2, 8/3,8	28				120/150
9. Thermopane Parsol o. Delog	2	1 x 12	2,7	6	28	j. n. Farbe u. Dicke 69–49	j. n. Farbe u. Dicke 27–65		j. n. Art
				8	30				450/249
				10	32				600/249
				12	33,5				
10. Thermopane Parsol grau A	2	1 x 12	2,7			j. n. Art 29–41	22–37	0,9–0,76	j. n. Art 150/260–220/343
11. Katacolor						j. n. Farbe u. Dicke 50–70		1,25	450/240
12. Glasverbel Grauglas A	2	1 x 12		2 x 6		47	59	1,25	333/130
13. Cudo Gold 40/26 R	2	1 x 12	1,75		28	26	40	1,54	240/340
14. Cudo Auresin 66/44 R	2	1 x 12	1,75		28	44	66	1,50	235/320
15. Thermopane Stopray R	2	1 x 12	1,75		28	j. n. Typ 26–40	40–55	1,54–1,38	j. n. Art 285/400
16. Calorex	2	1 x 12	2,7		b. Einf. glas 28	j. n. Art 36–62	30–58	0,84–0,94	315/210
17. Thermolux	2	1,5 Glasg. einlage	3,75				60		
18. Thermolux	2	1 x 3 cm	2,12						
19. Thermolux	2	3 mm		2 x 3	31 (100–3000 Hz)				
		Glasgesp. Einl.			40 (500–3000 Hz)				
20. Thermex			5,0	1 x 4	31–25				
				1 x 12	39–34	in dieser Form nicht vergleichbar			

Tabelle 14: K-Werte, Schalldämmzahlen und Strahlungsdurchlässigkeit verschiedener Isolierverglasungen (nach Angaben der Herstellerwerke)

Der Wärmedämmwert und die Wärmekapazität einer Glasscheibe ist wegen der geringen Dicke praktisch bedeutungslos. Die Wärmeleitzahl liegt bei 0,6 bis 0,7 Kcal/m h°C, die Wärmedurchgangszahl k von Kristallspiegelglas (gem. N. N. [170]) beträgt bei

$d = 4$ mm = 5,1 Kcal/m² h °C
$d = 8$ mm = 4,95 Kcal/m² h °C
$d = 12$ mm = 4,83 Kcal/m² h °C

Die in der Literatur anzutreffenden Werte zeigen z. T. Abweichungen.

Zur Verbesserung des Wärmeschutzes im Winter und zur Abminderung der Strahlungsdurchlässigkeit im Sommer wurden Sonder- und Verbundgläser (Abschnitt 4.1.4., 4.1.5.) entwickelt.
Die üblichen Glasarten, technischen Eigenschaften, Scheibendicken und Abmessungen und Verglasungsanweisungen sind bis auf die Glaskennwerte in „Glas im Bau" zusammengesellt.

4.1.3. Flachgläser

Als Flachglas wird maschinell gezogenes Tafelglas (Fensterglas, Dickglas) sowie gewalztes Gußglas (Kristallspiegelglas, aber auch eine Reihe von thermisch nachbehandelten Sicherheitsgläsern sowie farbiges Kristallspiegelglas) angesprochen.
Die allgemeinen technischen Daten sind hinreichend bekannt und gesichert.

4.1.4. Mehrscheiben-Isolierverglasungen

Bei Mehrscheiben-Isolierverglasungen — von Eichler [52] auch Thermoverglasungen genannt — werden zwei oder mehr Scheiben nach verschiedenen Verfahren starr oder elastisch, i. d. R. luftdicht miteinander verbunden.
Wesentliche Unterschiede ergeben sich bei den verschiedenen Isolierverglasungen aus der Art der Scheibenverbindungen und dem Scheibenabstand.

Neben den Fenster- und Kristallspiegelglasarten eignen sich auch Verbundgläser und andere ebenflächige Sondergläser für Isolierverglasungen.

4.1.4.1. Scheibengrößen

Je nach der Art der Fertigung und der Scheibenverbindung bestehen gewisse Grenzen in den Scheibenabmessungen und den Verwendungsmöglichkeiten. Eine Übersicht der Scheibengrößen wurde in Tab. 14 zusammengestellt.
Mit zunehmender Scheibengröße wächst die Beanspruchung der Kantenverbindung aus den Verformungen (Dehnungen, Schwingungen) der Scheiben. Nach dem derzeitigen Erkenntnisstand ist deshalb die Lebensdauer von Isolierverglasungen i. d. R. um so größer, je kleiner die Scheiben sind, je mehr sich die Scheibe der quadratischen Form nähert und je elastischer die Verbindung von Flügel und Rahmen erfolgt.

4.1.4.2. Wärmeschutz

Die Wärmeschutzwirkung eines Fensters wird wesentlich vom Flächenanteil Glas/Blendrahmen und den konstruktionsabhängigen Werkstoffdaten bestimmt. Eichler [52] wertet die meßtechnischen Untersuchungen von Caemmerer und anderen Wissenschaftlern und kommt zu den in Tab. 15 berichteten und gegenüber denen der DIN 4701 und anderen Verfassern erheblich abweichenden Werten. Die Diskrepanz zwischen diesen Werten läßt sich durch die nicht näher definierten Vergleichskriterien und den Verwendungszweck der Norm, die Berechnung des Wärmebedarfs begründen. Aus anderen Untersuchungen — von Schüle [224], Eichler [52] u. a. veröffentlicht — (Abb. 8) ergibt sich, daß der Wärmedurchlaßwiderstand bei einem lichten Scheibenabstand von 20 bis 30 mm sein Maximum hat, aber bereits ab ca. 12 bis 15 mm keine nennenswerte Verbesserung mehr eintritt. Bei Seifert [233] (Abb. 9.1) liegen demgegenüber die Maximalwerte in Abhängigkeit von der Temperaturdifferenz zwischen außen und innen bei Glasabständen zwischen 45 und 90 mm. Wie die Untersuchungen von Christie [35] (Abb. 9.2) zeigen, wurde von

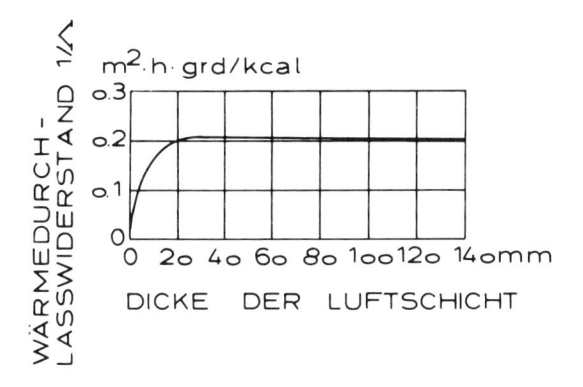

Abb. 8.1: Wärmedurchlaßwiderstand $1/\Lambda$ einer vertikalen, beidseitig von Glas begrenzten Luftschicht, abhängig von ihrer Dicke (mittlere Temperatur der Schicht 5° C) [224]

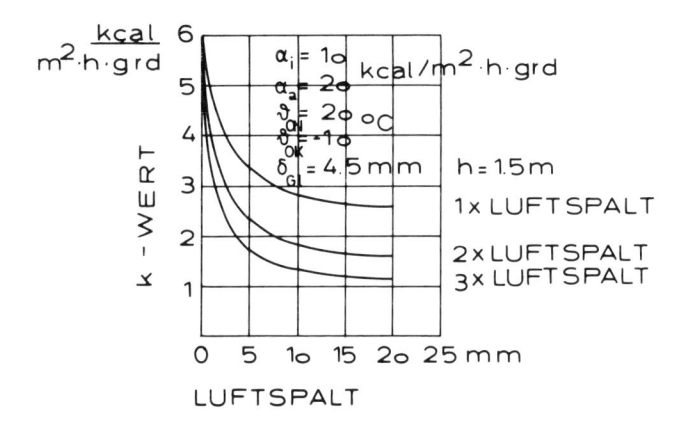

Abb. 8.2: Wärmedurchgangszahl in Abhängigkeit von der Luftspaltbreite [288]

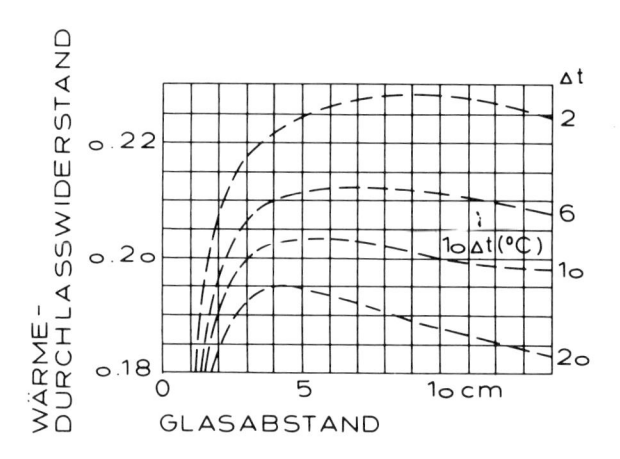

Abb. 9.1: Wärmedurchlaßwiderstand von verschiedenen Scheibenabständen [233]

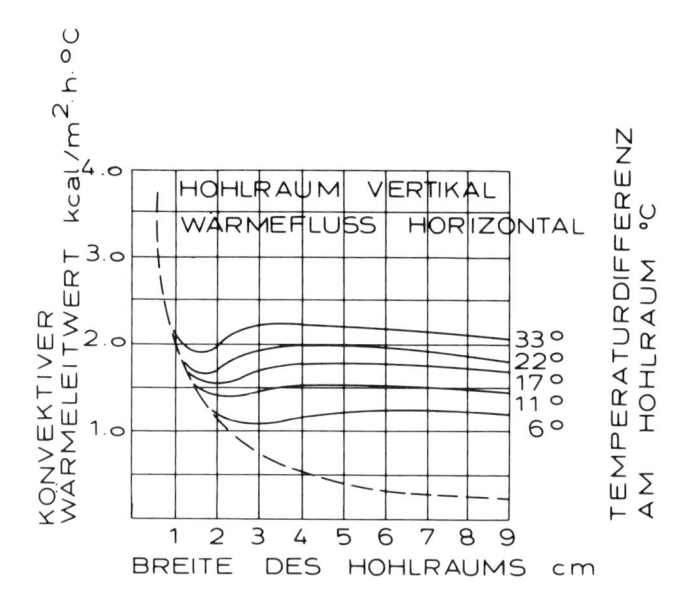

Abb. 9.2: Durch die Luftkonvektion bedingter Leitwert eines vertikal liegenden Hohlraumes in Abhängigkeit von der Breite des Luftspaltes [35]

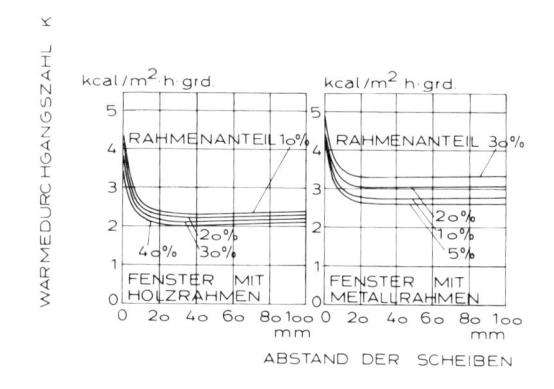

Abb. 10: Wärmedurchgangszahl k doppelt verglaster Fenster, abhängig vom Abstand der Scheiben bei verschiedenem Flächenanteil der Fensterrahmen an der gesamten Fensterfläche [224]

Bauart	Ausführung	k-Wert [kcal/h m² grd]
1. Holzeinfachfenster	1 Scheibe	4,50
	2 Scheiben, Abstand 6 mm	3,20
	2 Scheiben, Abstand 12 mm	2,70
2. Holzverbundfenster	2 Scheiben, Abstand 35 mm	2,30
3. Holzdoppelfenster	2 Scheiben, Abstand 100 mm	2,00
4. Thermoverglasung	2 Scheiben, Abstand 6 mm	3,00
	2 Scheiben, Abstand 12 mm	2,50
	3 Scheiben, Abstand je 6 mm	2,10
	3 Scheiben, Abstand je 12 mm	1,80
5. Blendschutzgläser (System Stop-Ray)	2 Scheiben, Abstand 12 mm	1,92
	3 Scheiben, Abstand je 12 mm	1,83
	4 Scheiben, Abstand je 6 mm Glasdicke 6 mm	1,62
6. Stahleinfachfenster	1 Scheibe	5,00
	2 Scheiben, Abstand 6 mm	3,50
	2 Scheiben, Abstand 12 mm	3,10
7. Stahlverbundfenster	2 Scheiben, Abstand 25 mm	3,00
8. Stahldoppelfenster	2 Scheiben	2,80
9. Schaufensterscheibe	1 Scheibe	5,00
10. Betonrahmenfenster	1 Scheibe	5,00
	2 Scheiben	3,50
11. Hohlglasbausteine		2,00
12. U-Profile (Copi-Glas)	einfach, Fugen gedichtet	5,00
	doppelt, Fugen gedichtet	2,80

Tabelle 15: Wärmedurchgangsrechenwerte (k-Werte) für Verglasungen verschiedener Ausführung [52]

	Holz	Stahl	Aluminium	Verhältnis
Wärmeleitfähigkeit des Materials	0,12	45	175	1:375:1460
Wärmedurchlaßwiderstand des Fensterrahmens	0,500	0,009	0,0023	217:4:1
Wärmedurchgangswiderstand des Fensterrahmens	0,693	0,202	0,195	3,50:1,04:1
Wärmedurchgangszahl des Fensterrahmens	1,45	4,9	5,1	1:3,4:3,5
Wärmedurchgangszahl für Fenster mit Isolierverglasung	2,55	3,04	3,07	1:1,19:1,21

Tabelle 16: Zusammenstellung verschiedener wärmetechnischer Werkstoffdaten (aus ‚Bauen mit Aluminium' 1969)

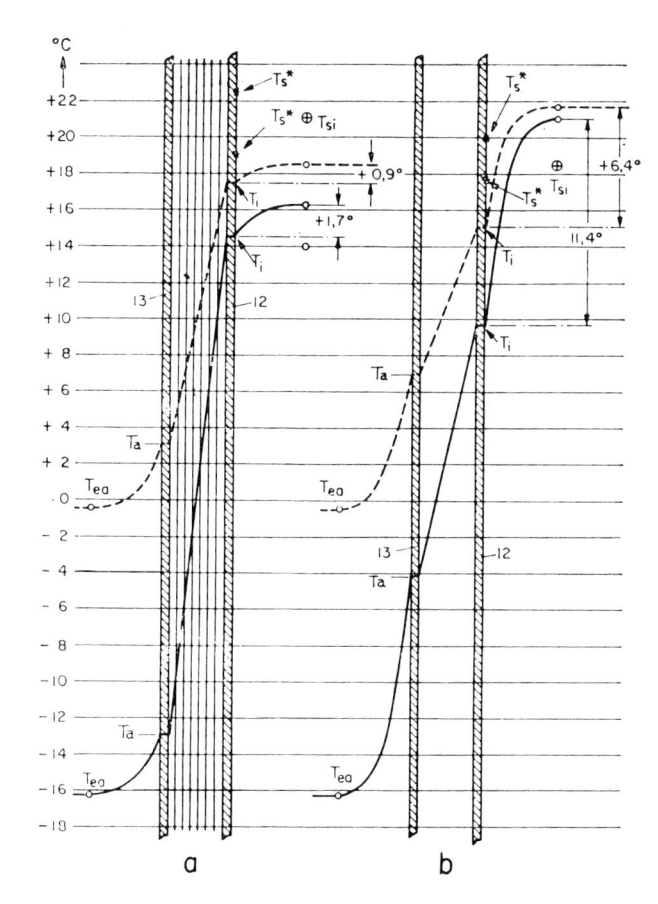

Abb. 11: Verlauf der wahren Temperatur ——— ———, Höhe der Lufttemperaturen ○, der effektiven Strahlungstemperaturen der inneren Fensterscheibe * (T_s*) und der Strahlungstemperatur des Raumes T_{si}
a) beim Mehrfolien-Verbundfenster des strahlungsklimatisierten Testraumes
b) bei einem normalen Doppelfenster eines radiatorbeheizten Raumes

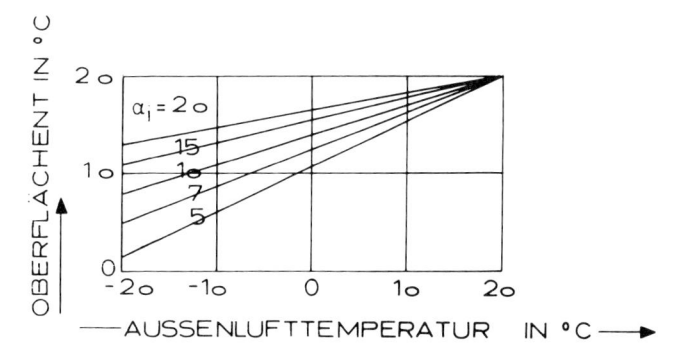

Abb. 12: Raumseitige Oberflächentemperatur einer Isolierglas-Doppelscheibe ($1/\Delta = 0,18$ m² h grd/kcal) bei verschiedenen Werten der inneren Wärmeübergangszahl in Abhängigkeit von der Außenlufttemperatur bei einer Lufttemperatur in Raummitte von 20° C [139]

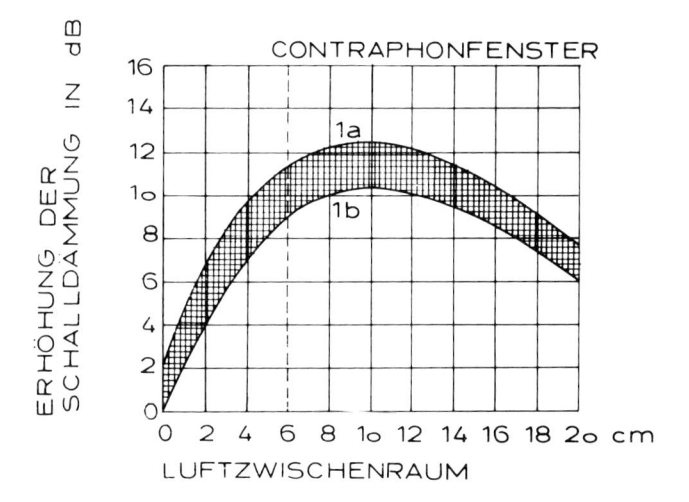

Abb. 13: Einfluß des Luftabstandes auf die mittlere Schalldämmung bei Doppelplatten — 1a + 1b [32]

Seifert die Wirkung der Konvektion, die praktisch schon bei Spaltbreiten von 10 bis 18 mm wirksam wird und die mit zunehmender Temperaturdifferenz zwischen innen und außen zunimmt, vernachlässigt. Es kann deshalb als gesichert angesehen werden, daß eine Vergrößerung des heute üblichen Scheibenabstandes von 12 mm zwar bis 20 mm noch eine gewisse Verbesserung bringt, sich wärmetechnisch aber nicht lohnt.

Die Bedeutung des Rahmenanteils für die Wärmedurchgangszahl in Abhängigkeit vom Rahmenwerkstoff (Abb. 10, Tab. 16) läßt erkennen, daß sich bei Metallfenstern die Fenstergrößen und Fensteraufteilung und in Abhängigkeit hiervon der Flächenanteil des Rahmens nachteiliger auswirken als in den Durchschnittswerten der Tab. 16 berücksichtigt wurde.

Eine wesentliche Verbesserung läßt sich demgegenüber durch die Vergrößerung der Zahl der Luftschichten erzielen (Abb. 8.2, 11). Bei den von Lueder [150] entwickelten Verbundverglasungen mit Klarsichtfolien aus Polyäthylen-Therphtalat sind wegen der strahlungsmäßig und thermisch unvermeidlichen unterschiedlichen Beanspruchungen, Beeinträchtigungen der Klarsicht mit Sicherheit nie ganz auszuschließen.

4.1.4.3. Oberflächentemperatur

Die innere Oberflächentemperatur von Glas und Rahmen hängt von deren Wärmedämmwert ab. Sie beeinflußt die Tauwasserbildung und durch die erhöhte einseitig verstärkte Wärmeabstrahlung des menschlichen Körpers Raumklima und Wohlbefinden des Menschen.

In Abb. 11, 12 u. Tab. 17, 18 wurden verschiedene rechnerisch wie auch versuchsmäßig gewonnene Werte zusammengestellt. Hierbei fällt auf, daß besonders bei Isolierscheibenverglasungen Wärmedämmwert und Oberflächentemperatur des Glases von den angenommenen Wärmeübergangszahlen bestimmt werden. Die durch Heizkörper im Brüstungsbereich verursachte Erhöhung der Temperatur fensternaher Luftschichten und die Wirkung von Vorhangstores wurden bei den Darstellungen nicht berücksichtigt.

Folgerung: Erst bei 3fach-Verglasungen sind am Glas innere Oberflächentemperaturen zu erzielen, die denen der Außenwände bei Mindestwärmeschutz entsprechen.

A	B	C	D	E	F	Δt	W
−20	−15,0	−14,5	+ 5,3	+ 5,9	+ 20	40	99
−15	−10,7	−10,2	+ 7,1	+ 7,7	+ 20	35	86,5
−10	− 6,3	− 5,9	+ 9,0	+ 9,4	+ 20	30	74,3
− 5	− 1,9	− 1,6	+10,9	+11,1	+ 20	25	62
0	+ 2,5	+ 2,8	+12,7	+12,9	+ 20	20	49,5
+ 5	+ 6,9	+ 7,1	+14,5	+14,7	+ 20	15	37,2
+10	+11,2	+11,4	+16,3	+16,5	+ 20	10	24,8
+15	+15,6	+15,7	+18,2	+18,2	+ 20	5	12,4

k = 2,48 kcal/m²h °C; d_1 und d_2 = 4 mm; z = 20 mm; Temperaturen A bis F in °C; Wärmedurchgang W in kcal/m²h.

A	G	H	F	Δt	W
−20	−10	− 8,9	+ 20	40	201
−15	− 6,3	− 5,5	+ 20	35	176
−10	− 2,5	− 1,7	+ 20	30	151
− 5	+ 1,3	+ 2,0	+ 20	25	126
0	+ 5	+ 5,6	+ 20	20	100
+ 5	+ 8,8	+ 9,2	+ 20	15	75
+10	+12,5	+12,8	+ 20	10	50
+15	+16,3	+16,4	+ 20	5	25

k = 5,08 kcal/m²h °C; d = 4 mm; Temperaturen A bis F in °C; Wärmedurchgang W in kcal/m²h.

Tabelle 17: Temperaturverlauf bei Zweischeibenverbundfenstern und Einfachverglasung („Glaswelt" 1970)

Bauteil		Innere Oberflächentemperatur in °C im Wärmedämmgebiet		
		I	II	III
Außenwand		13,4	13,4	13,3
Fenster	Verglasung			
	1fach	−1	−5	−9
	2fach	7	5	3
	3fach	13,2	12,0	10,9

Tabelle 18: Innere Oberflächentemperaturen von Glasflächen [30]

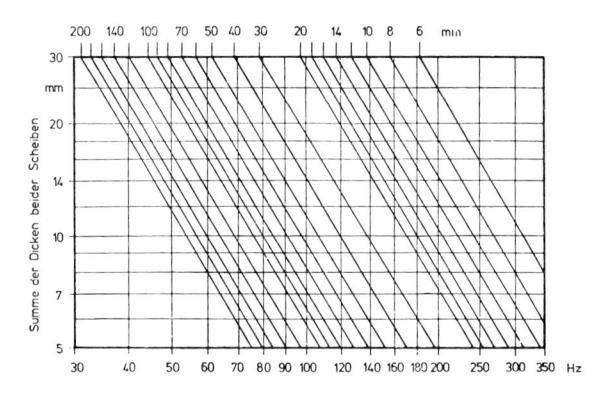

Abb. 14: Resonanzfrequenz von Doppelverglasungen in Abhängigkeit von Scheibenabstand und Scheibendicken [232] Scheibenabstand/Resonanzfrequenz

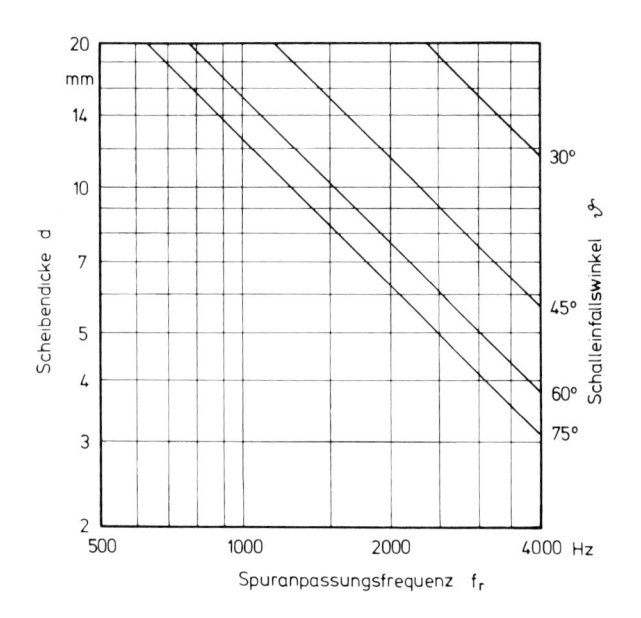

Abb. 15: Spuranpassungsfrequenz von Glasscheiben in Abhängigkeit von Scheibendicke und Schalleinfallswinkel [232]

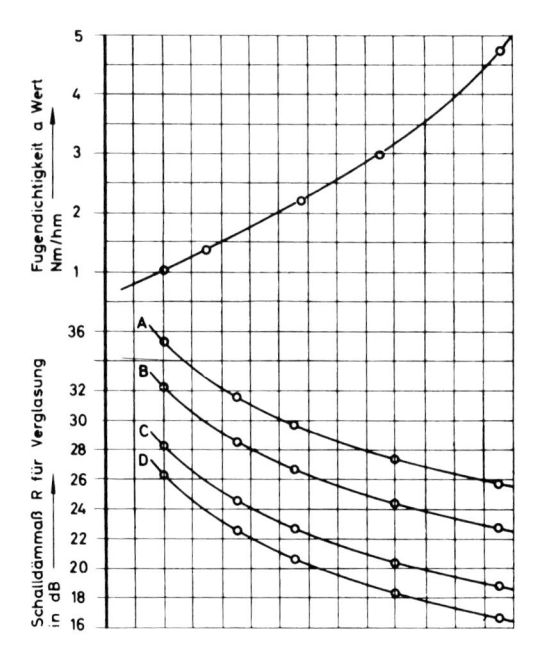

Abb. 16: Abhängigkeit des Schalldämmaßes von der Fugendurchlässigkeit [232]

① $R'_m = 26$ dB
② $R'_m = 28$ dB
③ $R'_m = 33$ dB

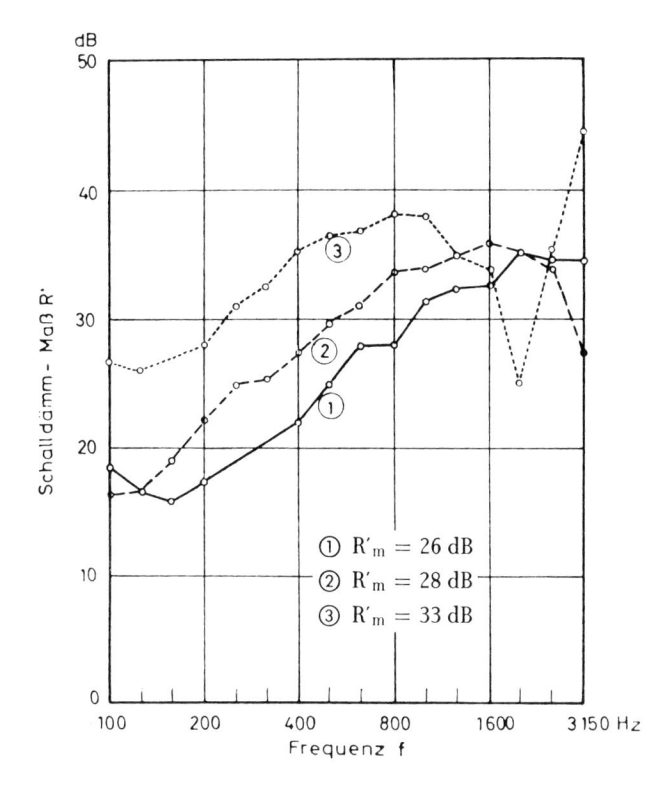

1 MD, 7 kg/m², d = 2,8 mm, R'_m = 26 dB
2 Dickglas, 15 kg/m², d = 6 mm, R'_m = 28 dB
3 Dickglas, 30 kg/m², d = 12 mm, R'_m = 33 dB

Abb. 17.1: Schalldämmung von Glasscheiben verschiedener Dicke [51]

4.1.4.4. Schallschutz

Die VDI-Richtlinie 2719(E) empfiehlt die Bewertung von Fenstern entweder nach dem mittleren Schalldämmwert R oder besser nach dem Schallisolationsindex I_a.
Die Grundeinheit R_0 wird nach Seifert [232] am Fenster aus der Glasdicke, der Rahmenabmessung und dem Scheibenabstand gebildet. Mindernd würden sich hierbei die Resonanzfrequenz Abb. 14 (bei 2schaligen Teilen), die Spurenpassungsfrequenz (Abb. 15) die Fugendurchlässigkeit zwischen Flügel-Blendrahmen und Blendrahmen/Wand (Abb. 16) sowie Schallbrüchen aus.
Die Zusammenhänge können als hinreichend gesichert angesehen werden.
Es ergibt sich hieraus, daß bei zweischaligen Konstruktionsteilen (z. B. Isolierverglasung) der Einfluß der Eigenfrequenz als Resonanzerscheinung auftritt, wobei beide Schalen, gefedert durch das Luftpolster mit größter Amplitude, gegeneinander schwingen. Der Dämmeffekt des Luftzwischenraumes – von Caemmerer und Dürhammer [32] (Abb. 13) untersucht – beträgt demnach bei 12 mm Scheibenabstand 3 bis 5 dB und erreicht bei 100 mm mit 10,2 bis 12,3 dB ein Maximum.

Ein Vergleich der Schalldämmung von Einfach- und Doppelscheibenverglasungen (Abb. 17, 18) nach Eisenberg [51] läßt erkennen, daß nur im Frequenzbereich zwischen 800 und ca. 2300 Hz Isolierglasscheiben eine Verbesserung der Schalldämmung bringen und unter 800 Hz Einfachscheiben selbst bei geringem Flächengewicht den Doppelscheiben überlegen sein können.

4.1.4.5. Konstruktive Lösungen der Scheibenverbindung

Als Kriterien der Randverbindung sind anzusetzen:

Die mechanische Festigkeit gegenüber Transportbeanspruchung, Luftvolumenänderungen, Scheibenschwingungen, -erschütterungen und -durchbiegung,
die Punktbelastung durch Verklotzung,
die chemische Beständigkeit gegenüber Reinigungsmitteln und im Regen gelösten Luftverunreinigungen,
der dauerhaft luft- und wasserdampfdichte Abschluß des Scheibenzwischenraumes.
Die Randverbindung läßt sich durch Verlötung, durch Verklebung, Verkittung und Verschmelzung herstellen (Abb. 19). Wissenschaftliche Untersuchungen über die Beanspruchbarkeit der verschiedenen Randverbindungen liegen nicht vor oder wurden nicht veröffentlicht.
Die Entwicklung der letzten Jahre hat gezeigt, daß bei gelöteten Isolierglaseinheiten wegen der starren Verbindung häufig Schäden aufgetreten sind, daß verschmolzene Isolierglasscheiben nur in geringen Abmessungen lieferbar sind und geklebte oder gekittete Isolierglaseinheiten die anderen Systeme weitgehend verdrängt haben. Die Elastizität der Kleber bzw. der elastischen Versiegelungsmassen macht die Verbindung weniger empfindlich gegen Durchbiegung. Die Frage, ob die eingesetzten Kleber bzw. Dichtstoffe einen dauerhaft luft- und wasserdampfdichten Abschluß gewährleisten, wurde bis heute noch nicht abschließend beantwortet.
Die Luft zwischen den Scheiben wird während der Herstellung der Randverbindung gleichzeitig entstaubt und getrocknet oder nachträglich durch Adsorptionsmittel (Silica-Gel oder Molekularsieb) getrocknet. Die Trocknungsmethoden müssen – nach Mann [153] – den Systemeigenarten wie Dichtigkeit, Plazierungsmöglichkeiten und Zusammensetzung des Dichtstoffes angepaßt sein.
Bei verschmolzenen und gelöteten Systemen wird der Luftzwischenraum mit trockenem Gas bis zur Erreichung eines bestimmten Mischungstrockengrades zwischen Gas und Restfeuchtigkeit gespült. Die Beschlagsfreiheit wird hierbei ausschließlich von der Dauerdichtigkeit der Randverbindung bestimmt.
Bei geklebten oder gekitteten Scheiben wird eine im Überschuß bemessene Trockenmittelmenge in den nach innen hin perforierten Abstandhaltern deponiert. Der Überschuß des Trockenmittels dient als Reserve und ermöglicht so selbst bei Undichtigkeiten eine hohe Lebensdauer. Es wird hier eine Kondensatfreiheit bis zu −70 °C erzielt. Bestimmte Vorschriften über den Umfang der Kondensatfreiheit bestehen z. Z. nicht, sind aber für korrekte Qualitätsvergleiche unerläßlich.

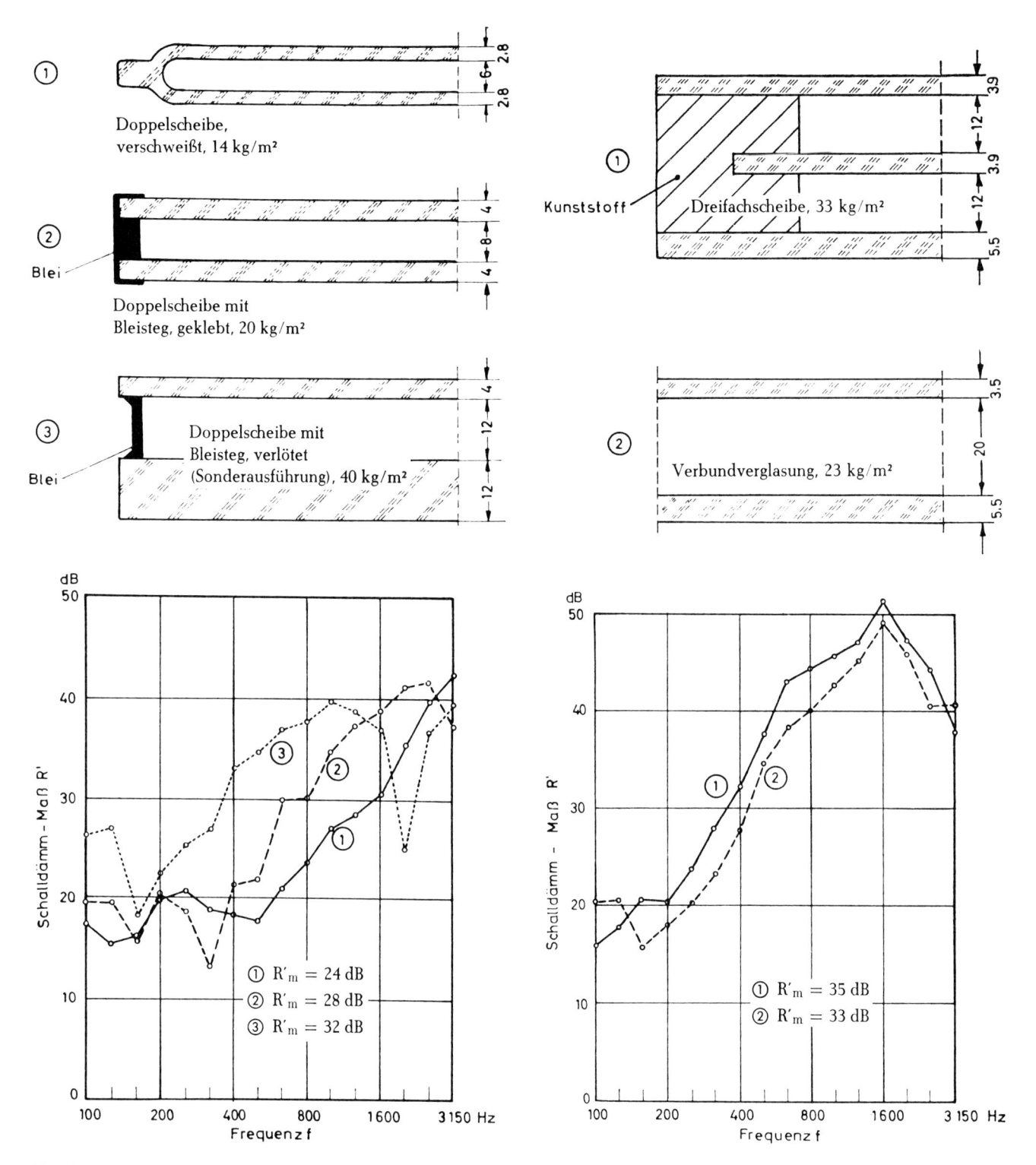

Abb. 17.2: Schalldämmung von Doppelscheiben verschiedener Dicke [51]

Abb. 17.3: Schalldämmung einer Dreifachscheibe und einer Verbundverglasung [51]

4.1.5. Sonnenschutzgläser

Das Gebiet der Sonnenschutzgläser hat in den letzten Jahren eine bedeutende Ausweitung erfahren. Neben die traditionellen Wärmeabsorptionsgläser sind vor allem die Reflexionsgläser mit verbesserten Sonnenschutzeigenschaften getreten. Aus Tab. 14 ergeben sich die wichtigsten Eigenschaften der heute gebräuchlichen Sonnenschutzgläser. Wegen der Bedeutung der Sonnenschutzgläser und der nur unzulänglichen Verbreitung des derzeitigen Erkenntnisstandes werden nachfolgend die wesentlichen Einzelheiten dargestellt.

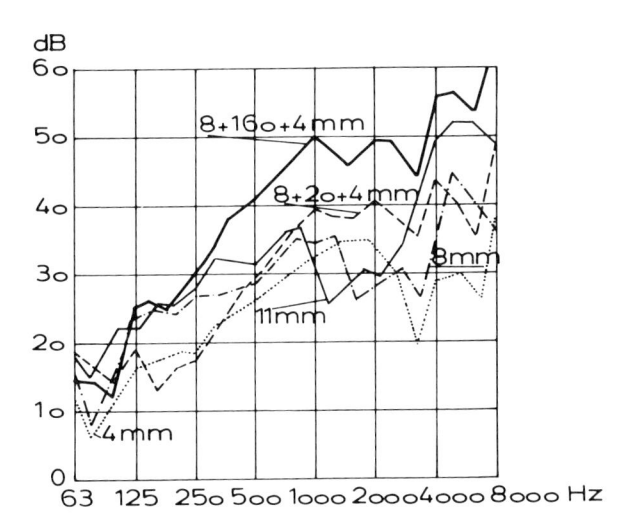

Abb. 18: Vergleich der Dämmfähigkeit verschieden starker Glasscheiben, z. T. mit einem Luftzwischenraum, bei einem Einfallswinkel des Störschalls von 45° (Alco-Contraphon-Herstellerveröffentlichung)

4.1.5.1. Wärmeabsorptionsglas

Die Eigenart der Absorptionsgläser, einen wesentlichen Teil der eingestrahlten Energie zu absorbieren, führt zur Erwärmung und damit Ausdehnung des Glases.

Nach Persson [183] gelangt in Abhängigkeit von Farbe und Dicke des Glases sowie vom Auftreffwinkel im Wellenbereich von 350 bis 300 μm ca.

41 % der Gesamtstrahlung durch Transmission in das Rauminnere,
8 % wird reflektiert,
51 % wird absorbiert und in der Folge als Sekundärstrahlung zu 2/3 an die Außenluft, zu 1/3 an den Innenraum abgegeben.

Der in den Raum gelangende Strahlungsanteil beträgt demnach

$$41 + \frac{51}{3} = 58\,\%$$

Bei Isolierverglasung und außen eingesetzter Absorptionsscheibe vergrößert sich der Strahlungsschutz um ca. 10 bis 15 %.
Nach Firmenangaben läßt sich mit marktüblichen Sonnenschutz-Absorptionsgläsern die Gesamtstrahlungsdurchlässigkeit je nach Glasart auf 29 bis 47 % reduzieren.
Von Fall zu Fall sind konkrete Einzelberechnungen unerläßlich. Bei Absorptionsgläsern werden Farbstoffe der Glasschmelze beigemengt. Hierzu werden i. d. R. Eisenoxid, Nickel-, Kobalt- oder Kupferoxid verwendet. Sie erhalten durch Walzen, Schleifen und Polieren nach dem Guß fast planparallele Oberflächen. Durchsicht und Reflexion sind deshalb verzerrungsfrei.
Fensterfronten wirken entsprechend der gewählten Glasfärbung farbig getönt. Die Art der Glaseinfärbung bestimmt die Filterwirkung für verschiedene Spektralfarben.
Die Fensterkonstruktion muß den Eigenschaften des Absorptionsglases entsprechen und eine konvektive Wärmeabgabe an die Außenluft bei außenseitigem Einbau in Isolierglaseinheiten ermöglichen. Die größere Erwärmung durch die Strahlungsabsorption führt zu entsprechend größeren Wärmebewegungen, Spannungen und bei Bewegungsbehinderungen zur Bruchgefahr. Dies gilt vor allem für Holzrahmenkonstruktionen, bei denen thermische Längenänderungen praktisch nicht auftreten und bei fachgerechter Klotzung Spannungen und damit eine Bruchgefahr mit Sicherheit nicht auszuschließen sind.

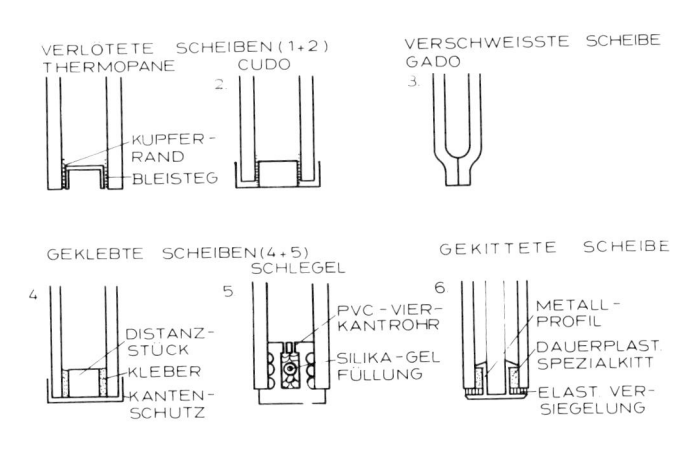

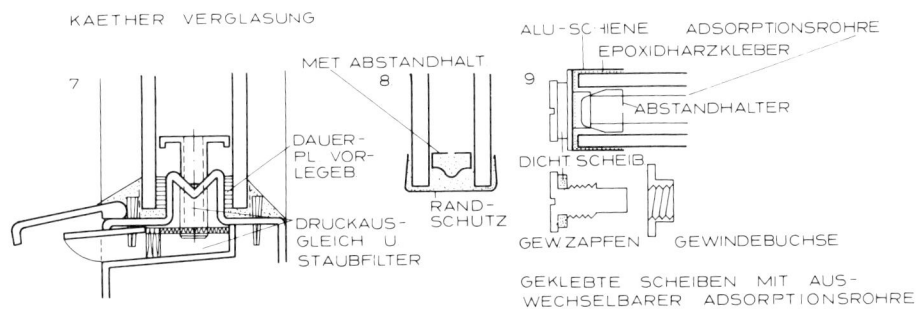

Abb. 19: Verbindungsarten von Isolierverglasungen

4.1.5.2. Wärmestrahlen reflektierende Gläser

Der Umfang der reflektierten Strahlungsenergie (R) hängt vom Brechungsindex des Glases und von der Wellenlänge des auftreffenden Lichtes ab. Sie errechnet sich nach der Fresuelschen Formel

$$R = \left(\frac{u - (-1)}{u + 1}\right)2$$

u = Brechungsindex bei vorgegebener Wellenlänge

Reflexionsgläser werden – nach Schröder [223] – mit metallischen, dielektrischen und halbleitenden Substanzen beschichtet. Diese Substanzen unterscheiden sich in der Art ihrer strahlenbeeinflussenden Wirkung, ihrer Herstellungstechnik und Anwendbarkeit. Gleiche Materialien, die nach verschiedenen Verfahren niedergeschlagen sind, zeigen oft nicht dieselben Eigenschaften.

1. Belegungen mit Metallschichten

wurden früher durch reduktive Abscheidung von Edelmetallen aus ihren Lösungen vorgenommen. Heute sind Vakuum-Methoden weit verbreitet. Die Notwendigkeit, wegen der einheitlichen Farbwirkung eine gleiche Schichtdicke zu erzielen, läßt sich mit der abgewandelten Methode der Ionenzerstäubung – Schröder [223] – besser erreichen. Inzwischen wurden neue Methoden zur chemischen Ausscheidung von Metallschichten entwickelt, mit denen es gelingt, Metalle der Eisen- und Platingruppe, insbes. Nickel, als festhaftende Filme auf Glas gleichmäßig niederzuschlagen.

Bei den meisten Metallen steigt der spektrale Reflexionsgrad R vom sichtbaren Bereich nach längeren Wellen hin in teildurchlässigen Schichten nur langsam an. Lediglich Kupfer und Gold zeigen ein relativ schnelles Anwachsen von R_λ. Deshalb wird Gold als selektiv IR-reflektierendes Schichtmaterial bevorzugt. Die störende Grünfärbung des durchgehenden Lichts läßt sich durch Einbettung der Goldschichten – aber auch anderer Metallschichten – in Interferenzschichten hoher Brechung (ZuS, Bi_2O_3, CeO_2, TiO_2) merklich vermindern und zugleich die Lichtdurchlässigkeit durch Reflexionsverminderung selektiv erhöhen. Die thermische Abstrahlung in das Rauminnere ist dabei wegen des niedrigen Emissionskoeffizienten der metallisierten Oberfläche relativ schwach.

Wegen der geringen Abriebfestigkeit der Metallschichten können sie bei Bauglas i. d. R. nur auf den Innenflächen von Isolierdoppelscheiben eingesetzt werden.

Beschichtungen mit anderen Metallen werden wegen der Schwierigkeit, gleichmäßige Schichtdicken zu erzielen, bei Bauglas selten angewendet. Auch geben sehr dünne Goldfilme bei gleicher IR-Durchlässigkeit gegenüber Ni/Cr-Filmen annähernd die doppelte Helligkeit. Sie sind daher aber sowohl in Durchsicht als auch Aufsicht nicht farbfrei.

Die Metallbelegung vergrößert zugleich den Wärmeschutz im Winter durch Reduktion der Abstrahlung aus dem Innenraum (Schröder [223]). Der von der Metallschicht absorbierte Anteil der IR-Strahlung entspricht dem reflektierten Anteil oder ist größer als dieser. Die dünnen Schichten müssen sich bei Bestrahlung nicht unbeträchtlich erwärmen. Diesbezügliche Temperaturmessungen wurden noch nicht veröffentlicht. Die aufgenommene Wärmeenergie wird z. T. durch das Glas nach außen, z. T. nach innen weitergegeben. Die nach innen abgegebene Strahlungsenergie (ca. 25 % der absorbierten Energie) muß deshalb der globalen Transmission für direkte Strahlung hinzugerechnet werden.

2. Dielektrische Interferenzschichten und kombinierte Systeme

Nach Schröder [223] läßt sich die Reflexion einer Glasplatte mittels dielektrischer Schichten durch optische Interferenz selektiv auf das 5 bis 6fache steigern, wenn die Brechzahl hinreichend groß ist und die optische Dicke 1/4, 3/4 oder ein höheres ungradzahliges Vielfaches der Wellenlänge beträgt. Es handelt sich hierbei um absorptionsarme hochbrechende Stoffe die gegenüber den Metallbelegungen den Vorzug der Verlustfreiheit haben.

Die Lage des Reflexionsmaximums, Farblosigkeit etc. läßt sich nach Wunsch bestimmen. Durch die Kombination zweier Scheiben läßt sich eine weitere Dämpfung der solaren Strahlen erzielen.

Mit mehrfachen Schichten unterschiedlicher Brechung kann man die selektive Reflexion wesentlich verstärken. Die Lichtdurchlässigkeit läßt sich hierbei auf 80 % und mehr einstellen. Dielektrische Schichten erzielt man durch den Niederschlag oxidischer Stoffe aus Lösungen oder Aerosolen. Zur Erzielung hoher Brechung verwendet man TiO_2, ThO_2 Bi_2O_3, sowie Mischungen derselben, für niedrige Brechung SiO_2 sowie Silizium-organische Verbindungen.

Durch die doppelseitige Belegung der Glasflächen im Tauchverfahren läßt sich eine hohe Gleichmäßigkeit und eine erhebliche Verstärkung des Reflexionsgrades erzielen. Schröder [223] weist im einzelnen die Reflexionsverstärkung nach.

Der Einbrennprozeß der einzelnen Schichten, bei dem eine unmittelbare Bindung der gebildeten Oxide mit den freiwerdenden SiO-Gruppen der Glasoberfläche erfolgt sowie die chemisch wenig reaktionsfähige Natur der Oxide, gewährleisten eine gute mechanische und atmosphärische Beständigkeit. TiO_2 verleiht dem Glas sogar eine beträchtlich höhere Verwitterungsbeständigkeit. Es kann auch als Einfachverglasung angewendet werden.

3. Halbleitende Überzüge

Es gibt eine Reihe halbleitender Verbindungen, die ein hohes selektives Reflexionsvermögen im IR-Bereich bei guter Lichtdurchlässigkeit besitzen. Die Oxide verschiedener mehrwertiger Metalle können dabei bei Anwendung bestimmter Präparations- und Niederschlagsverfahren als mikrokristalline Schichten mit hoher Störstellenkonzentration auf Glasoberflächen aufgebracht werden.

Der Transmissions- und Reflexionsgrad der auftreffenden Gesamtstrahlung dieser Gläser liegt bei 25 bis 30 % bzw. 14 bis 20 %. Der relativ hohe Absorptionsanteil (50 %) in den Schichten wird dadurch in der Wirkung abgeschwächt, daß sie auf der freien Außenseite aufgebracht werden –

Schröder [223] –, während auf der Innenseite ein zweiter ähnlicher Oxidbelag von niedrigem Emissionsgrad (hohem R) für die von der erwärmten Scheibe ausgehende langwellige Sekundärstrahlung vorgesehen ist. Damit sinkt der Anteil der absorbierten Strahlungsenergie auf knapp ein Drittel. Die Aufdampftechnik gestattet verhältnismäßig leicht, künstliche Halbleiter durch gleichzeitiges Ineinanderdampfen von Metallen und Metallverbindungen herzustellen. Die Reflexionseigenschaften solcher Mischsysteme sind noch wenig untersucht. Ihre Anwendung erscheint aber – nach Schröder [223] – aussichtsreich. Im Kalttauchverfahren wurden für metallische Überzüge hohe Reflexionswerte im IR-Bereich noch nicht beobachtet.

4. Phototropes Fensterglas

vermag bei Bestrahlung mit genügend kurzwelligem Licht fast momentan in einen Zustand mehr oder minder stark verminderter Lichtdurchlässigkeit überzugehen. Nach Abschaltung der Belichtung kehrt die ursprüngliche Lichtdurchlässigkeit wieder zurück.

Dieser Effekt läßt sich bei transparenten Substanzen bestimmter Zusammensetzung – wobei meist winzige Silberhalogenid-Kriställchen die lichtempfindlichen Zentren bilden – ohne Ermüdungserscheinungen beliebig oft reproduzieren. Die dabei auftretende Extinktion, die auf der Bildung metastabiler Silberatome durch Elektronenübergang beruht, erstreckt sich nach Schröder [222] nur auf das sichtbare Licht. IR-Strahlung geht nahezu ungeschwächt durch. Nach Smith [255] bewirkt bei anderen Glassorten die UV-Strahlung die Schwärzung des Glases und langwelligere Licht- und Wärmestrahlen die Aufhellung. Thermex-Verbundglas mit einer Zwischenschicht aus Spezialkunststoff trübt sich bei eingestrahlter Licht- und Wärmeenergie, d. h. bei Überschreitung einer bestimmten Temperatur (Umschlagpunkt z. B. bei 10°, 30°, 50 °C) durch Thermokoagulation reversibel durch Phasentrennung. Hierbei tritt auch ein schwacher Effekt im IR-Bereich ein. Die spektrale Strahlungsdurchlässigkeit und die Auswirkung des Umschlagens ergibt sich aus Abb. 20. Trotz 8jähriger guter Erfahrungen wurde inzwischen die Produktion wieder eingestellt, da die Herstellungskosten zu hoch liegen.

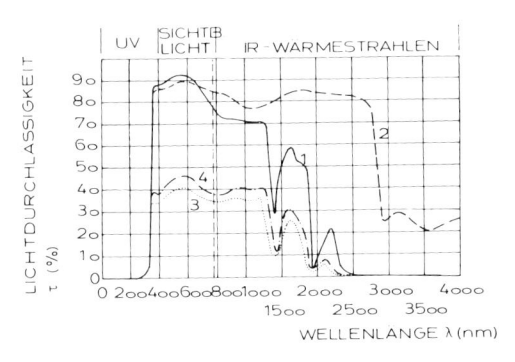

1 THERMEX „KLAR"
2 SILIKAT - GLAS
3 THERMEX „TRÜB" BEI 50 °C
4 THERMEX „TRÜB" BEI 30 °C

Abb. 20: Spektrale Lichtdurchlässigkeit von Thermex (Herst. Inf.)

Bei Verwendung von wärmeabsorbierendem Deckglas (z. B. Contracolor oder Katacolor-Glas) läßt sich die Wärmeschutzwirkung wegen der raschen Eintrübung verstärken.

4.1.6. Sonstige transparente Werkstoffe

4.1.6.1. Verbundglas

Von einem Glashersteller wurde ein 35 mm dickes Isolierverbundglas mit 12 mm Luftschicht und je einem 10 und 12 mm dicken Verbundglas mit je zwei Kunststoffeinlagen, mit einer Schallschutzwirkung von 38 dB bei einer Eigenfrequenz um 150 Hz entwickelt. Prüfzeugnisse über die ebenfalls verbesserten Wärmeschutzeigenschaften liegen z. Z. nicht vor.

4.1.6.2. Makrolon-Scheiben (Herstellerbezeichnung: Owomak)

sind hitzebeständige, schlagfeste Kunststoff-Scheiben, die von der Kriminalpolizei gegen Einbrüche empfohlen werden. Dessins: klar, milchig, gerillt. Ihr Einbau erfolgt auf der Innenseite üblicher Verglasungen. Der Einbau in Geländerbrüstungen ist möglich.

4.1.7. Normung, Vorschriften, Ausführungsrichtlinien

DIN 18 361 (XII/58)	Verglasungsarbeiten
DIN 18 056 (VI/69)	Fensterwände
DIN 1 249 (VIII/52)	Tafelglas

In der DIN 18 361 (VOB) Verglasungsarbeiten (XII.58) werden viele wesentliche Einzelheiten festgelegt, ohne daß an entscheidenden Stellen klare Definitionen gegeben werden.

Die Forderung der DIN 18 361 (2.27), nach der Isolierglasscheiben weder beschlagen noch verschmutzen dürfen, ist im Hinblick auf die 2jährige VOB-Gewährleistung unzureichend.

In der DIN 18 056, Bild 3 und Pkt. 6.12, ermöglicht ein Diagramm die Dickenwahl der Verglasungen, da ein auf anerkannte amtliche Versuchsergebnisse gestütztes Bemessungsverfahren noch nicht vorliegt. Damit wurde nur für großflächige Verglasung von Gebäuden aller Höhen eine Bemessungsgrundlage geschaffen, nicht aber für kleinflächigere Scheiben z. B. in Gebäuden in windexponierter Lage.

Vermißt wird insbesondere ein allgemeingültiges und für alle Scheibengrößen und Gebäudehöhen anwendbares Bemessungsverfahren für Glasscheiben und eine klare Aussage, bis zu welchen Temperaturen für welche Zeit eine Beschlagfreiheit gewährleistet werden muß,
welchen Durchbiegungen die verschiedenen Isolierverglasungen ausgesetzt werden dürfen,
mit welchen Wärmebewegungen bei Sonnenschutzgläsern zu rechnen ist.

4.1.8. Literaturwertung und Folgerungen

In Literatur und Fachzeitschriften werden Verglasungen nur vereinzelt aufgegriffen. Die Veröffentlichungen namhafter Wissenschaftler — wie Schröder [222], Persson [183] — sind dem Architekten i. d. R. nicht zugänglich und könnten wegen der fehlenden Spezialkenntnisse auch nur bedingt verwertet werden. Die für den Einsatz am Bau erforderlichen Kenndaten, wie Wärmedurchgangszahlen, Energie- und Lichtdurchlässigkeit, divergieren z. T. erheblich. Die Firmenangaben der Energiedurchlässigkeit lassen sich nur in vergleichbaren graphischen Schaubildern in ihrer relativen Wirksamkeit ablesen.

Der tatsächliche Energietransport durch Glasscheiben läßt sich bei Kenntnis der anfallenden integrierten Außenstrahlung unter Benutzung der Glaskennzahl überschlägig bestimmen. Die Ermittlung der Auswirkungen auf das Raumklima erfordert jedoch auch die Berücksichtigung der anderen Komponenten des Raumklimas. Wegen der Vielzahl variabler Größen wird der Einfluß der Energieeinstrahlung üblicherweise nicht berücksichtigt. Als Folge hiervon ist auch heute noch raumklimatisches Unbehagen in Fensternähe unvermeidlich und nur durch zusätzliche Maßnahmen, z. B. Sonnenschutzlamellen im Sommer, Warmluftführung an Glasscheiben im Winter etc., abzumindern. Glasarten oder Verbundkonstruktionen, mit denen sich ein verbesserter Wärmedämmwert und damit eine der Wandoberfläche angenäherte Temperatur erzielen läßt, sind z. Z. im Handel nicht erhältlich — z. B. das Folienverbundglas nach Lueder, oder es haben sich wie z. B. 3 bis 4scheibiges Isolierglas wegen der hohen Kosten, des großen Gewichtes oder der Elemtdicke nicht durchgesetzt.

Isoliergläser sind aus mehreren Ausgangsstoffen kombinierte Bauelemente, deren ständige Beanspruchung und Bewegung die Elementverbindung und die Verbindung mit der tragenden Rahmenkonstruktion stark belastet.
Mit zunehmender Scheibendicke verringern sich die Schwingungen. Die Kräfte, die hierbei und bei den thermischen Längenänderungen übertragen werden, vergrößern sich entsprechend.
Sonnenschutzgläser sollten grundsätzlich als Außenscheibe von Isolierverglasungen eingesetzt werden, um die Sekundärstrahlung zum Raum abzumindern und eine mechanische Beschädigung der Beschichtung auszuschließen.
Reflexionsgläser bieten gegenüber Absorptionsgläsern geringe Vorteile in der Strahlungsdurchlässigkeit. Die hohe Energieabsorption der Absorptionsgläser führt jedoch zu erheblich größeren Wärmedehnungen und damit Durchbiegungen des Verglasungselements sowie zu Längenänderungen des Verbundelementes. Bei den Reflexionsgläsern zeigen solche mit dielektrischen Interferentschichten eine günstigere mechanische und atmosphärische Beständigkeit, so daß ihr Einsatz auch als Einfachverglasung möglich ist.
Verglasungssysteme mit halbleitenden Überzügen lassen — sobald ihre Reflexionseigenschaften erforscht sind — eine große Verbreitung erwarten.

4.2. Dichtzonen und Fensteranschlag

4.2.1. Problemstellung

Neben den großflächigen Verglasungen hat die Verwendung neuer Werkstoffe und der Zug zur Bauentflechtung und zu Fertigteilbauweisen die Dichtzonen

1. zwischen Glas und Fensterflügel,
2. zwischen Fensterflügel und Blendrahmen sowie
3. zwischen Blendrahmen und Wand bzw. Fassade zu besonderen Problembereichen werden lassen.

Funktionen der Dichtzonen:

Abdichtung unterschiedlicher Funktionsteile des Gebäudes gegen Wind, Regen, Schnee, Schall und Gerüche,
elastische Verbindung zur Vermeidung von mechanischen oder chemischen Beschädigungen sowie Spannungen als Folge von Verformungen einzelner Teile,
spaltenfreier Ausgleich mikroskopischen Unebenheiten der zu verbindenden Teile.

4.2.2. Dichtstoffe im Fensterbereich

Glasdichtstoffe haben nicht der Befestigung zu dienen. Sie haben die elastische und dichte Verbindung unterschiedlicher Funktionsteile (Glas — Flügel — Rahmen — Wand bzw. Fassade) herbeizuführen.

Dichtungsstoffe unterscheidet man

nach ihren *Eigenschaften* in erhärtende Kitte und plastisch bis elastisch bleibende Dichtstoffe,
nach ihrer *Mischung* in Ein- und Zweikomponentenmaterialien etc.,
nach ihrem *Zustand* beim Einbau in vorgefertigte bandartige Profile und plastisch spritzbare bzw. zu verarbeitende Dichtungsmassen,
nach ihren *Grundstoffen* in *plastisch* bleibende Dichtstoffe mit Bindemitteln aus pflanzlichen und sonstigen Ölen auf der Basis kombinierter Öl- und Kunststoffmassen (Butyl, Opanol, Acryl etc. und auf bituminöser Basis),
in *elastoplatische* Massen auf der Basis von Acryl-, Elastomer-, Polysobutylen-, Polyurethan-, Siliconkautschuk- und Polysulfidmassen unterschiedlicher Zusammensetzung,
in *plastoelastische* Massen auf der Basis von Acryl-, Polysobutylen-, Butylkautschuk- und Polyvinylmassen unterschiedlicher Mischung,
in *elastisch* bleibende Dichtstoffe auf der Basis von Polysulfid, Epoxidharz und Polysulfid, Polyurethan, Siliconkautschuk,
in *vorgeformte elastisch* bleibende Dichtprofile aus Gummi, Polychloroprene oder PVC,
in *erhärtende* Kitte auf Leinölbasis.

Eine klare Definition der Fugenmassen in plastisch, plastoelastisch, elastoplastisch und elastisch ist bis heute noch nicht erfolgt. Der von Holzapel (zitiert in [78]) in

Ablehnung an die DBV-Richtlinien des Deutschen Betonvereins entwickelte Normvorschlag für eine Klassifizierung nach der für eine Dehnung in bestimmten Zeitabschnitten aufgewendeten Kraft, hat sich bis heute nicht durchgesetzt. Die Frage „plastisch" oder „elastisch" läßt sich nur aus den Spannungszuständen innerhalb der Massen und der Art der Verformung (bes. hinsichtlich der Rückstellfähigkeit) bestimmen.

In den letzten Jahren ist eine Vielzahl von Dichtstoffen auf den Markt gekommen, für die Grunau [78] einen Überblick über die Alterung, verschiedene technische Daten, die praktische Dehnung und die thermischen Anwendungsbedingungen der einzelnen Grundstofftypen gibt.

Die Qualität der gebräuchlichen Dichtstoffe ergibt sich aus der praktischen Dehnung als integraler Wert für Grenzflächenhaftung, Alterung, Einreißfestigkeit, Kerbfestigkeit und die Minderung der Kohäsion. Sie muß eine langzeitig luft- und feuchtigkeitsundurchlässige Verbindung von Bauteilen oder -stoffen gewährleisten.

4.2.2.1. Geforderte Eigenschaften der Dichtstoffe

Entsprechend ihrem Einsatz am Fenster müssen Abdichtungen ganz oder teilweise die folgenden Eigenschaften aufweisen:

Hohes Dehnungs- und Kontraktionsvermögen, um thermische und mechanische Einflüsse dauerhaft abfangen oder ausgleichen zu können;
gute Haftfestigkeit an den zu verbindenden Werkstoffen;
Dauerelastizität, Formbeständigkeit und gutes Rückstellungsvermögen im Bereich von − 30 °C bis + 70 °C;
Beständigkeit gegen Sonneneinstrahlung, Ozon, Wasser jeder Art, Öle, verschiedene Lösungs- und Reinigungsmittel, Fäulnis und Insekten und Witterungseinflüsse,
die Shore-Härte (nach DIN 53 505) sollte i. d. R. zwischen 20 und 25° liegen;
lange Lebensdauer (Alterungsbeständigkeit) mit geringem oder keinem Pflegeaufwand, ohne Versprödung, Rißbildung, Einsacken, Auslaufen oder chemischen Abbau;
geringe Dampfdurchlässigkeit — sie sollte z. B. in 24 Stunden bei 20 °C und 100 % relativer Luftfeuchte höchstens 0,003 g/m Doppelscheibenrand, bei 60 °C und 100 % relativer Luftfeuchte höchstens 0,015 g/m Doppelscheibenrand betragen;
große Dämpfung der Erregerschwingungen.

Die Dichtstoffe dürfen weder durch Einwirkungen aus den angrenzenden Werkstoffen noch die Werkstoffe durch die Dichtstoffe verändert oder zerstört werden (z. B. Weichmacherwanderung, Anätzung von Aluminium-Profilen etc.). Dichtstoffe sollten ein hohes Standvermögen besitzen, d. h. die Kohäsionskräfte müssen größer sein als die wirksamen Adhäsionskräfte.

4.2.2.2. Art und Einsatzmöglichkeiten gebräuchlicher Dichtstoffe

Art und Zusammensetzung der für Dichtungszwecke eingesetzten Werkstoffe bestimmt deren Wirkung und damit die Einsatzmöglichkeiten. Wegen der häufig falsch eingesetzten Dichtstoffe soll nachfolgend der derzeitige Stand technisch-wissenschaftlicher Erkenntnisse dargestellt werden.

1. Unelastische Abdichtungen

Der mit Mörtel geschlossene Anschluß zwischen Mauerwerk und (Holz) Fenster führte bei konventionellen Bauten dennoch zu keinen Durchfeuchtungsschäden, weil die Wandöffnung durch Fensterüberdachungen, kleinere Fensterabmessungen, geringere Gebäudehöhen, Lage des Fensters in der Leibung zurückliegend etc. weniger gefährdet war und die größeren Wanddicken eine höhere Wasserspeicherfähigkeit besaßen.

Mörtel sind nach dem Abbinden weder elastisch noch plastisch. Die in einer Wandöffnung zwischen Fenster und Fensterleibung gegeneinander wirkenden Wärmebewegungen führen an den Berührungsstellen zu Zu-, Druck- und Scherspannungen, denen ein Mörtel nicht gewachsen ist. Es bilden sich Abrisse, durch die Regen eindringen kann.

Durch die Abgabe des Anmachwassers, das in seinem plastischen Verarbeitungszustand ein Volumenbestandteil ist, schwindet außerdem jeder Mörtel. Dabei entstehen großkapillare Abrisse, die begierig Wasser aufnehmen.
Übliche Mörtel sind — nach Schlegel [217] — weder als Dichtungsmittel gegen Wasser und Feuchtigkeit noch als Differenz- und Toleranzausgleichsmittel für Maßabweichungen zwischen elastisch verformten Bauteilen, z. B. Fenster und Wand, geeignet.
Mörtel hat durch das herausdiffundierte Wasser seine charakteristische Kapillarstruktur. Werden die Kapillarporen oberflächlich verschlossen, so baut sich im Kapillargefüge ein mehr oder weniger großer Dampfdruck auf, der die Verschlußmasse abstößt. Deshalb ist die Haftung von Dichtstoffen an porösen oder kapillaren Stoffen nur bedingt gegeben.

2. Leinölkitte

Glaserkitt haftet in plastischem Zustand an allen Werkstoffen homogener und kapillarfreier Struktur gut. Durch die streichende und massierende Bewegung beim Kitten wird die Luft zwischen Werkstoffoberfläche und Kitt herausgepreßt. Die Oberflächenspannungen oberflächenglatter Werkstoffe und des Kittstranges können dadurch in unmittelbare Wechselwirkung treten.

Glaserkitt, ursprünglich aus Leinöl und Kreide hergestellt, ist ebenso wie Lehm nur in seinem Anfangsstadium plastisch, weil das Leinöl als Träger der Plastizität entweder in das Holz abwandert, oder — nach Schlegel [217] — im Laufe der Zeit oxidiert, verharzt und damit in den festen Zustand übergeht. Das Erhärten des Kittes, Rissebildungen und Bröckeligwerden, d. h. der Verlust seiner dichtenden Eigenschaften, sind die naturgesetzliche Folge.
Durch den Zusatz von Bleimennige, von Kalium-Oelaten und von polymerisierten Mineralölen (Firnalen) kann man den Zeitpunkt der Verharzung bzw. Versprödung hinausschieben, nicht aber verhindern.
Bei dem im Wohnungsbau heute gestellten Anforderungen

ist nach Auffassung des Verfassers auch bei Beanspruchungsgruppe 1 und 2 der Einsatz von Leinölkitten nicht mehr zu vertreten.

3. Überwiegend plastische Dichtstoffe

sind gekennzeichnet durch eine gute Verformbarkeit über einen längeren Zeitraum, aber fehlende Rückstellvermögen der Masse nach der Verformung.

Sie wurden von der Kunststoffindustrie mit Hilfe neuer Grundstoffe entwickelt, um den Fensterkitt zu ersetzen und um verbesserte Abdichtungsmittel für Fugen und Spalten zu schaffen.

Ob ein Dauerplastikum eine dauerhafte Abdichtung ermöglicht, ist weniger eine Frage der chemischen Zusammensetzung, sondern eine überwiegend physikalische Frage. Im Bereich von Wandöffnungen gebräuchliche plastische Fugenmassen sind Produkte, die aus einem plastomeren Kunststoff als Bindemittel, ausgesuchten Füllstoffen, Pigmenten, Weichmachern, Haftvermittlern und z. T. geringen Mengen Lösungsmittel bestehen. Geringe Anteile von lufttrocknenden Ölen ergeben durch Luftoxidation eine dünne klebefreie Haut. Da auch Weichmacher und Lösungsmittel – nach Schlegel [217] – mit der Zeit abdunsten, verstärkt sich die von der Oberfläche ausgehende unvermeidliche Hautbildung (Versprödung) bei gleichzeitiger Schrumpfung (0,2 bis 30 %). Nach Maempel [152] beträgt die Dauerdehnbarkeit etwa 5 bis 7 %, nach Grunau 1,5 bis 5 %. Der plastische Zustand läßt sich durch Zusatz von Weichmachern einstellen. Das breite Register dieser Dichtstoffe wurde u. a. von Grunau sowie in „Bauen mit Kunststoffen", Heft 3/72, aufgezeigt.

Die Entwicklung der Dauerplaste beruht – nach Schlegel [217] – auf einem Mißverständnis, denn alle Bewegungsvorgänge an Gebäuden, die durch Dehnungen und Schwingungen ausgelöst werden, sind elastischer Natur, die niemals mit plastischen, sondern nur mit hochelastischen Dichtstoffen ausgeglichen werden können.

Die Wirkung wiederholter Dehnungen auf dauerplastische Fugendichtungen (Kaugummieffekt) ist bekannt. Die Frage, ob bei einer Fuge die Adhäsionsspannungen oder die Kohäsionsspannungen überwiegen, hängt von der Fugenbreite und der eingebrachten Dichtungsmasse ab. Mit zunehmender Fugenbreite überwiegen die Kohäsionsspannungen. Die Schwerkraft wird wirksam. Die Verfugung rutscht ab. Schwingungen von Glasscheiben (Winddruck/Sog, Schallwellen, Erschütterungen) erregen die Massepartikel der Dauerplaste und führen zu den typischen Schwingungsfigurationen, die stets im Winkel von 45° (Schlegel [216]) abwärts zeigen. Diese Schwingungen beanspruchen besonders die Oberflächenbereiche. Die Dichtstoffe lösen sich durch die oberflächliche Filmbildung in zunehmendem Maße von den Fugenflanken. Der Dichtungseffekt nimmt progressiv ab.

Durch plasto-elastische Einstellungen der Dichtstoffe lassen sich die Materialeigenschaften wohl verbessern, nicht aber grundlegend ändern.

Die in der Praxis gelegentlich verwendeten plastischen Vorlegebänder gehen wegen der oberflächlichen Filmbildung vor dem Einbau keine haftschlüssige Verbindung mit den angrenzenden Bauteilen ein und sind im Fensterbau nur im Zusammenhang mit Versiegelungen anwendbar und als Unterfüllmaterial unentbehrlich.

Im Gegensatz zu [232] betrachtet der Verfasser die Verwendung dauerplastischer Dichtstoffe bis zu Beanspruchungsgruppe 4 am unteren Glasanschluß und in Schalen allseitig als ungeeignet, weil sich hierdurch ein dauerhaft regendichter Anschluß nicht erzielen läßt und durch Kinder der Dichtstoff häufig entfernt wird. Hier sollten grundsätzlich elastische Dichtstoffe eingesetzt werden.

4. Spritzbare, überwiegend elastische Dichtstoffe

Elastische Dichtstoffe sind Reaktionskunststoffe, die in pastöser Form verarbeitet werden und hiernach durch chemische Reaktionen ihren elastischen Endzustand erreichen.

Sie lassen sich unter Einwirkung äußerer Kräfte reversibel verformen.

Bei den *Zwei-Komponenten-Materialen* muß die Komponente A (Basisharz) mit der Komponente B (Oxidationsmittel) intensiv vermischt werden. Die chemischen Umsetzungen vollziehen sich in einer begrenzten Zeit (Topfzeit) und erfordern eine unmittelbare Verarbeitung. Nach der Aushärtung haben diese Stoffe einen gummiähnlichen Charakter.

Bei den *Ein-Komponenten-Dichtstoffen* sind die beiden reaktiven Komponenten quasi miteinander vermischt. Dichtungsmassen auf Silicon-Basis bestehen – nach Maempel [152] – im wesentlichen aus einem hochmolekularen, linear aufgebauten Polysilixan mit endständigen OH-Gruppen und einem Vernetzer, der über die Reaktion mit Luftfeuchtigkeit in Freiheit gesetzt wird. Es wird hierbei bei einer Type Essigsäure abgespalten (Korrosionsgefahr an den Fugenflanken von Aluminium). In der BRD werden jedoch vorwiegend unschädliche Typen eingesetzt. Bei Polysulfidmassen werden als Oxidationsmittel meist anorganische Peroxide verwendet. Durch Hydrolyse der Peroxide entsteht Wasserstoffsuperoxid, welches die Oxidation und damit die Kettenverlängerung vornimmt.

Versiegelungen aus Siliconkautschuk sind im Gegensatz zu Dichtstoffen aus Thiokol-Basis nicht haltbar überlackierbar. An der Grenzzone zwischen Lack und Versiegelung vermag Regen den Lack zu unterwandern und zur beschleunigten Abwitterung der Decklackschicht führen.

Wird Siliconmaterial beim Versiegeln auf noch zu streichende Flächen geschmiert, geht der folgende Lackanstrich keine Verbindung mit dem darunterliegenden Anstrich ein.

Polyurethan-Fugenmassen werden in der BRD kaum, in den USA jedoch in zunehmendem Maße eingesetzt.

Die Reaktion tritt bei den Dichtstoffen erst ein, wenn das Dichtungsmaterial mit Luftfeuchtigkeit in Berührung kommt. Die Aushärtungszeit wird vom Feuchtigkeitsgehalt der Luft bestimmt. Das Material muß deshalb vor der Verarbeitung gegen Feuchtigkeit geschützt werden.

Bei starken Beanspruchungen der Fugenabdichtung sind die elastische Dauerdehnfähigkeit – sie wird von den Her-

stellern mit 10 bis 25 % angegeben — und die Haftfestigkeit des Dichtstoffes an den Fugenflanken sowie die Struktur und Eigenfestigkeit der Fugenflanken zu berücksichtigen.
Die Gestalt und Abmessung der Fuge sowie das Dichtstoffprofil bestimmen außerdem die Qualität der Fugenabdichtung. Die Fugenabmessungen lassen sich aus der praktischen Dehnung ermitteln.
Die Haftfestigkeit läßt sich durch Zusatz einiger Harztypen und Vorstreichen mit geeigneten Haftvermittlern (Primern) verbessern. Bei Polysulfidmassen verwendet man reaktive Primer auf Isocyanataddukt-Basis, bei Silicon-Massen Zwei-Komponenten-Epoxydharz-Primer für Holz und sedimentäre Baustoffe. Bei glatten Oberflächen (Glas, Kunststoff, Metall) werden spezielle Primer — z. B. auf Silan-Basis — eingesetzt. Durch die Kapillarität von Holz, Beton etc. und den unvermeidlichen Feuchtigkeitsgehalt ist die Haftung festigkeitsmäßig und zeitlich begrenzt. Wissenschaftlich wertbare Forschungsergebnisse wurden bis heute noch nicht veröffentlicht.
Als Vergleichswerte für elastische Dichtstoffe können weitere — je nach Mischung — unterschiedliche und von den Herstellerwerken von Fall zu Fall durch Prüfzeugnisse belegte Materialeigenschaften, z. B. Shore-Härte, Lichtechtheit, Beständigkeit gegen Chemikalien etc., angesehen werden.

Ein-Komponenten-Materialien werden wegen der leichten Handhabung, der ausgezeichneten Witterungs- und Chemikalienbeständkeit und des verhältnismäßig großen Farbsortiments vor allem für Verglasungsarbeiten eingesetzt.

Zwei-Komponenten-Materialien werden vor allem aus preislichen Gründen und wegen der allgemein besseren Adhäsion zu sedimentären Baustoffen für die Abdichtung zwischen Fenster und Wand bevorzugt.

5. Vorgeformte elastische Dichtungsstreifen, -bänder und -schnüre

Am Fenster werden sowohl selbstklebende Dichtungsstreifen aus Kunstschaum oder Weichgummi als auch profilierte oder schlauchförmige Dichtungsschnüre und -bänder aus PVC, Chloroprene-Kautschuk etc. verwendet. Profilierte Dichtungsschnüre gliedern sich nach Grunau [82] in Bandprofile, U-Profile, Klemmprofile und evakuierbare Profile. Sie finden vor allem im Metall- und Kunststoff-Fensterbau Anwendung.
Neben der Beständigkeit der Dichtungsprofile gegen die verschiedenen Einflüsse dürfen vor allem an Ecken und Stößen durch Schrumpf- und Schwunderscheinungen, Vorspannung beim Einbau oder Altersrückstellungen keine Verkürzungen und damit Spaltenbildungen auftreten, durch welche die Dichtwirkung aufgehoben würde. Altersrückstellungen sind bei extrudierten oder gepreßten Profilen bei Wärmeeinwirkungen — nach Schlegel [217] — nie vollständig zu vermeiden.

Dichtungsstreifen aus Kunstschaum

können als Vorlegebänder für Verglasungen, zur Abdichtung zwischen Flügel und Rahmen sowie zwischen Rahmen bzw. Zarge und Wand eingesetzt werden. Entsprechend ihrer Funktion sollte — nach Scholz [220] — zwischen Vorlegebändern und Dichtungsstreifen unterschieden werden. Um die Stauchhärte des Materials zu verringern, wird i. d. R. aufgeschäumtes Material mit Bitumen oder Paraffin-Kunststofftränkung verwendet. Es gibt unterschiedliche Typen von Dichtungsstreifen, die sich entweder selbst verfärben, die darauf aufgebrachten Versiegelungsmassen durch Pigmentaustausch, Weichmacherwanderung, Reaktion von Alterschutzmitteln dunkel bis braun verfärben, oder aber es wird das viskose Tränkemittel (z. B. Bitumen) aus dem Porengerüst herausgewaschen. UV-Strahlung und Ozonwirkung führen auch bei Neoprene (nach Scholz [220]) zu relativ rascher Alterung.

Dichtungsstreifen können — nach Scholz [220] — aus folgenden Materialien bestehen:
Aus expandierten Natur- oder Kunstkautschuk (Zellgummi auf Naturkautschuk- oder Chloroprene-Kautschuk-Basis — z. B. Baypren oder Neoprene-Zellgummi); Polyurethanschaum (z. B. aus Moltoprene — als Hannoband bekannt), der unter Wärme- und Druckbehandlung so hoch erhitzt wird, daß die Dichte erheblich herabgesetzt wird; aus Polyäthylenschaum sowie aus mehr oder weniger geschlossenzelligen PVC-Schaum.

Versuche mit anderen Werkstoffen haben bislang zu keinen brauchbaren Ergebnissen geführt, da die Shore-Härte zu groß und damit das Material zu hart war oder bei weicherer Einstellung die Bänder zu schnell in den plastischen Bereich gerieten und damit ihre Rückstellkraft verlieren.
Vorlegebänder aus Schaumstoffen werden heute mehr nach Gefühl als nach konkreten Materialeigenschaften ausgesucht und eingesetzt. Die Wasserdichtheit offenzelliger Schäume ist eine Funktion seiner Kompression. Der Querschnitt der zusammengepreßten Poren darf dabei nicht größer als die kleinsten Wasserkugelite sein. Deshalb ist eine — je nach Porengerüst unterschiedliche — Kompression auf 1/3 bis 1/5 der ursprünglichen Dicke notwendig. Die dafür benötigte Kraft zur Komprimierung des Bandes um je 10 % sollte dabei — nach Scholz [220] — nicht größer als 0,25 kp/cm^2 sein. Bei Dichtungsstreifen mit aufgeschmolzener Kunststoffhaut muß das Profil in Längsrichtung gespalten werden, um ein Entweichen der Luft bei der Kompression zu ermöglichen.
Als Vorteil der Zellgummi-Vorlegebänder ist die einfachere Verarbeitung ohne Verschmutzung der Profile und der im Vergleich zu Lippendichtungen und elastischen Versiegelungen günstigere Preis.
Als Nachteil ist anzusehen, daß bei ungenügender Kompression das Dichtungsband zum Schwamm wird, der das Wasser lange festhält und angrenzende Bauteile (Holz) durchfeuchtet.
Die Abdichtung im Eckbereich bringt wegen unvermeidlicher Überlappungen oder Stoßspalten gewisse verarbeitungstechnische Probleme.

Profilierte Dichtungsbänder und -schnüre

werden für die Abdichtung zwischen Glas und Flügel, Flügel und Blendrahmen sowie z. B. in Form der Klemmprofile zur Verbindung einzelner Elemente verwendet.

Die Profile werden aus PVC — weich, Chloroprene-Kautschuk oder verschiedenen anderen Elastomeren extrudiert. Die Zugfestigkeit der meisten Chloroprene-Erzeugnisse liegt zwischen 70 bis 175 kp/cm², die Bruchdehnung beträgt 200 bis 600 %, die Shore-A-Härte liegt zwischen 40 bis 95°. Wegen der unvermeidlichen Verfärbung hellerer Farben sind Chloroprene-Profile i. d. R. schwarz. Die Beständigkeit des Chloroprens gegenüber Witterungseinflüssen, UV-Strahlung, Wärme und Kälte, Ölen, Lösungsmitteln und sonstigen Chemikalien ist nach Angaben des Grundstoffherstellers besser als die anderer Kunststoffe. Aus diesem Grunde werden PVC-Profile mehr und mehr von Chloroprene- und artverwandten Profilen verdrängt. Die Neigung der Polychloroprene zur Kristallisation und damit zur Verhärtung — einer bei ansteigenden Temperaturen reversiblen Erscheinung — wurde nach Angaben der Herstellerwerke überwunden, so daß bei diesen Profilen kaum noch irgendwelche Schwierigkeiten auftreten.

Die Lebensdauer wird mit mindestens 10 Jahren, häufig mit „unbegrenzt haltbar" angegeben. Sichere, wissenschaftlich wertbare Aussagen fehlen bis heute.

Wegen der mitunter geringen Profilabmessungen lassen sich Eckverbindungen häufig nicht spaltenfrei herstellen.

4.2.2.3. Literaturwertung und Folgerungen

Mit zunehmender Gebäudehöhe und Scheibenfläche ergeben sich höhere Anforderungen an Fensterkonstruktion, Verglasung und Abdichtung. Während bei herkömmlichen Konstruktionen mit relativ kleinen Glasflächen noch härtende oder nicht härtende Leinölkitte verwendet wurden, müssen bei zeitgemäßen Fensterkonstruktionen dauerplastische oder dauerelastische Abdichtsysteme eingesetzt werden.

Verschiedene Verfasser — vor allem Grunau [78, 82], Maempel [152], Holzapel (zitiert in [78]) u. a. — sowie Veröffentlichungen verschiedener Zeitschriften, z. B. Bauen mit Kunststoffen, haben mit unterschiedlichem Erfolg versucht, Qualität, Beanspruchungen und Einsatzmöglichkeiten aufzuzeigen und abzugrenzen. Das Verständnis um die grundlegenden, komplizierten chemischen und ausführungstechnischen Zusammenhänge und bauphysikalischen Gegebenheiten reicht bis heute jedoch nicht aus, um eine im Durchschnitt mängelfreie Anwendung und Verarbeitung zu gewährleisten.

Der Vergleich verschiedener Veröffentlichungen (Abb. 21) läßt erkennen,

daß pauschalierte Angaben von Richtwerten für die praktische Dehnung von Fugenmassen unzureichend sind, da die rezeptiv unterschiedliche Mischung gleicher Grundstoffe durch verschiedene Herstellerwerke unterschiedliche Ergebnisse bringen muß,

der Temperaturfaktor (Abb. 21) das Zug-Dehnungs-Verhalten entscheidend beeinflußt,

hohe Reißdehnungswerte bedeutungslos sind, wenn hierdurch die praktische Dehnbarkeit für langzeitige Beanspruchung nicht zugleich erhöht wird,

wenn Verarbeitungstemperatur und Aushärtezeit nicht bekannt sind, durch die Schrumpferscheinungen beim Aushärten, die nach Grunau [78] zwischen 2 und 30 % liegen können, die möglichen Zugspannungen der Fugenmasse ohne zusätzliche Dehnung bereits überschritten werden,

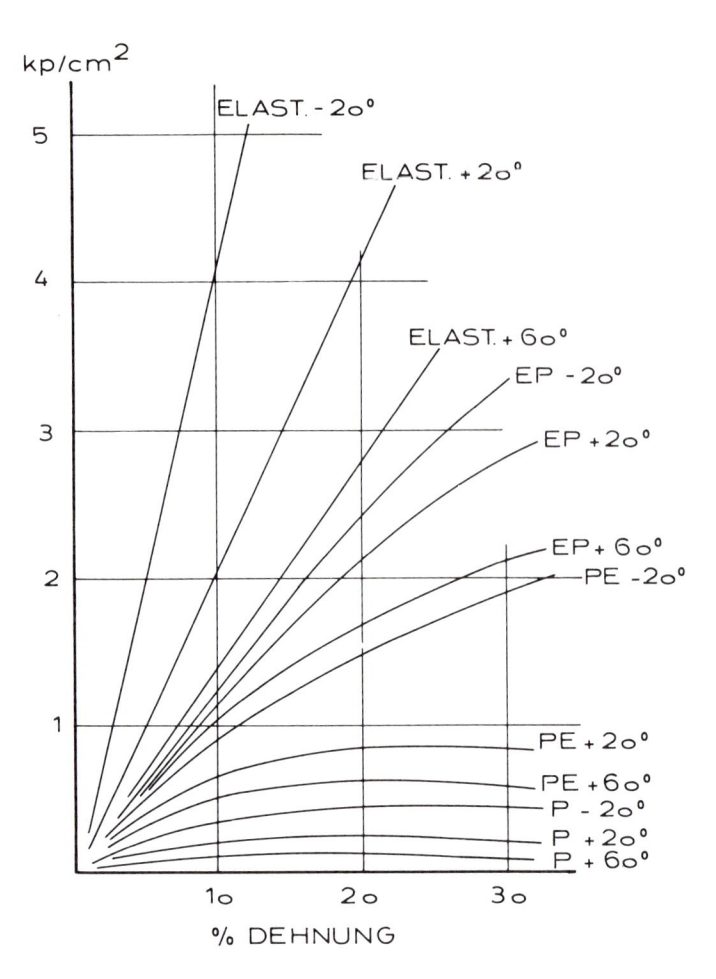

Abb. 21: Zugspannungsdehnungsdiagramm; Verhalten der Dichtungsmassen in Abhängigkeit von der Temperatur (Bostik)

wenn im Laufe der Zeit eine Alterung, eine Verhärtung oder gelegentlich sogar ein Abbau der Dichtstoffe erfolgt und hierdurch die plastischen oder elastischen Eigenschaften verloren gehen,

wenn der Zeitraum, in dem die Fugenmassen die offerierten Eigenschaften besitzen, nicht bekannt ist,

wenn die Einsatzmöglichkeiten unter Hinweis auf die Beanspruchungsgrenzen der zu verbindenden Bauteile nicht aufgezeigt werden.

Keine der bekannten Zusammenstellungen erfaßt die vorgenannten Kriterien, weil genaue Werte nicht bekannt sind oder nicht veröffentlicht werden. Ein gesicherter Einsatz und Vergleich der Dichtstoffe ist bis heute nicht möglich, da Prüfzeugnisse über alle Materialeigenschaften nur selten vorgelegt werden können.

Umfang und Qualität der geforderten Werkstoffeigenschaften können von Architekten und Handwerkern weder übersehen noch überprüft werden. Von der Dichtstoffindustrie werden dem Praktiker oft eingehende Informationsmittel überlassen. Bei der Vielzahl unterschiedlicher

Erzeugnisse verwirren diese oft mehr, weil die Produktinformation zu Lasten der Anwendungsbezogenheit überbetont wird und die Zielsetzung firmeninterner wissenschaftlicher Grundsatzuntersuchungen i. d. R. umsatzorientiert und nur selten sachbezogen ist.

Die Abhängigkeit der Abdichtung von der zuverlässigen, den Angaben des Herstellerwerkes entsprechenden Verarbeitung ist i. d. R. für die Haltbarkeit der Abdichtung wesentlicher als extreme Dichtstoffeigenschaften. Bei der ständig sinkenden Arbeitsqualität und den nicht vorausprogrammierbaren Witterungsverhältnissen ist eine fehlerfreie Ausführung mit Sicherheit nicht zu erzielen. Die Einsatzmöglichkeiten von Dichtungsstreifen, -bändern und -schnüren im Fensterbau werden in Fachkreisen unterbewertet. Es läßt sich hierdurch eine gleichmäßigere Qualität, eine raschere und weitgehend von Witterungseinflüssen unabhängige und billigere Verarbeitung erzielen. Lediglich im Metall- und Kunststoff-Fensterbau hat sich die Verwendung dieser Dichtstoffe zumindest teilweise durchgesetzt.

In Fachzeitschriften sind Veröffentlichungen über Abdichtungen aus vorgeformten Dichtungsstreifen, Bändern etc. kaum anzutreffen. Die von einzelnen Herstellerwerken herausgegebenen Informationen basieren nur teilweise auf wissenschaftlich erhärteten bzw. nachprüfbaren Erkenntnissen.

4.2.3. Befestigung und Abdichtung des Glases im Flügelrahmen

4.2.3.1. Funktion und Beanspruchungen

Die Verbindung zwischen Glas und Rahmen ist ein entscheidendes Kriterium jeder Fensterkonstruktion.

Neben den unter 4.2.1 aufgeführten Funktionen muß im Glas-Flügel-Anschlußbereich der feste, zugleich elastische und unverschiebbare Sitz der Glasscheibe im Rahmen gewährleistet sein. Die Beanspruchungen können hierbei kurzzeitig, stoßweise sowie langdauernd periodisch oder stochastisch auftreten.

Besondere Beanspruchungen ergeben sich nach W. Grün (zitiert in [81]) auch durch Windkräfte, die neben den statisch schwierig exakt erfaßbaren Belastungen, Spontandruckbewegungen, periodische Bewegungen (Pumpen der Scheibe) wie auch hochfrequente Flatterbewegungen erzeugen. Derartige Beanspruchungen treten i. d. R. erst bei Gebäuden ab drei Vollgeschossen in windexponierter Lage auf.

Schallbelastungen können als Infraschallbelastungen, als Vibrieren der Scheibe bei tiefen Frequenzen hoher Intensität und beim Schallknall in Nähe von Flugplätzen auftreten. Der Druck-Sog-Knall (Doppelknall) ist dabei gefährlicher als der einfache Druck-Knall.

Wirksam werden außerdem Erschütterungen durch Kraftverkehr und aus Gewerbebetrieben, Gebäudebewegungen, Temperaturwechselspannungen, Längenänderungen und sonstige mechanische Einflüsse.

Da das Glas alle Bewegungsimpulse an die Dichtungsmasse weitergibt, muß der verwendete Dichtstoff gut an Glasfläche und Falzfläche haften und die Kohäsion der Dichtungsmasse eine ausreichende Elastizität besitzen.

Nach Seifert/Schmid [232] sind folgende Verglasungssysteme zu unterscheiden:

Verglasung mit freiliegender Kittphase,
Verglasung mit Glashalteleisten (mit spritzbarem Kitt oder mit Band),
Druckverglasungen mit vorgeformten Dichtungsprofilen.

Die Art der zu wählenden Verglasungssysteme richtet sich nach den besonderen Beanspruchungen und den örtlichen Einbaubedingungen (Tab. 3).

4.2.3.2. Besondere Kriterien für den Glasanschluß

Die örtlichen Einbaubedingungen aus dem Zusammenwirken von Verglasung, Dichtstoff und Rahmenkonstruktion mit den Befestigungselementen sollen wegen ihrer Schadenshäufigkeit näher untersucht werden. Verglasung und Dichtstoffe wurden in diesem Abschnitt bereits behandelt.

Bei den Rahmenkonstruktionen ist der Einfluß von Werkstoff, Rahmenfarbe, Glasfalzausbildung, der eigentlichen Abdichtung, der Befestigung und der Klotzung zu untersuchen.

Besonderheiten werden unter 5 bei den verschiedenen Fenstersystemen dargestellt.

4.2.3.2.1. Rahmenkonstruktionen

Verglasungen werden in bewegliche oder feststehende Rahmenteile eingebaut. Jeder bewegliche Teil am Fenster ist — nach W. Grün [85] — störanfälliger als unbewegliche Teile.

Wegen der unterschiedlichen thermischen Bewegung von Glas und Rahmen sind die mechanischen Bewegungen im Bereich der Abdichtungszone so klein wie möglich zu halten und die Rahmenprofile unter Berücksichtigung der aufgezeigten statischen und dynamischen Beanspruchungen zu dimensionieren.

Forderungen:

ausreichende Tragfähigkeit in der Fensterebene, senkrecht zur Fensterebene und bei Torsionsbeanspruchungen,
rasche Ableitung des angeregneten oder in den Glasfalz eingedrungenen Wassers,
ausreichender Wärmeschutz durch Werkstoffauswahl und Profilgebung, um Tauwasserbildung an der Oberfläche und unbehagliche Wärmeabstrahlungen zu vermeiden,
sinnvolle Profilierung, um eine sichere und regendichte Befestigung des Glases und der Beschläge und einen spaltenfreien Anschluß an den Blendrahmen zu ermöglichen.

4.2.3.2.2. Farbe des Fensterrahmens

Die farbige Behandlung von Fensterkonstruktionen bringt — von Seifert [242] an Holzfenstern untersucht — durch die unterschiedliche Reflexion und Absorption von Wärmestrahlen im Tagesablauf eine unterschiedliche Erwärmung

RAL-Farbton Nr.	Farbton	max. Oberflächentemperatur (°C)
1004	gelb	50
1007	chromgelb	51–55
1015	hellelfenbein	49
2002	blutorange	55–61
3000	feuerrot	55–63
3003	rubinrot	67
5007	brillantblau	75
5010	enzianblau	67–72
6011	resedagrün	61–70
7001	silbergrau	61–70
7011	eisengrau	68–71
7031	blaugrau	61–76
8003	siena	63–74
9001	weiß	40
9005	tiefschwarz	77–80

Tabelle 19.1: Maximale Oberflächentemperatur, Anstrichträger Holz, deckender Anstrich auf Holz [242]

Farbton	max. Oberflächentemperatur (°C)
natur	49
hellbraun	58
mittelrot	65
mittelbraun	69
eiche	61–70
teak	68–71
olivgrün	71
nuß	66–73
dunkelbraun	74
anthrazit	78

Tabelle 19.2: Maximale Oberflächentemperatur, Anstrichträger Holz, Lasuranstrich auf Kiefer [242]

Farbe	23° TF (°C)
Weiß	36–37
Gelb	38–39
Creme	39–40
Rot	42–44
Braun	43–51
Blau	44–45
Grün	45–51
Grau	50–55
Schwarz	63

Tabelle 20: Erwärmung von Rolläden verschiedener Farben beim Bestrahlen [15]
Umgebungstemperatur = 23 °C., Schwarzblechtemperatur = 65 °C.

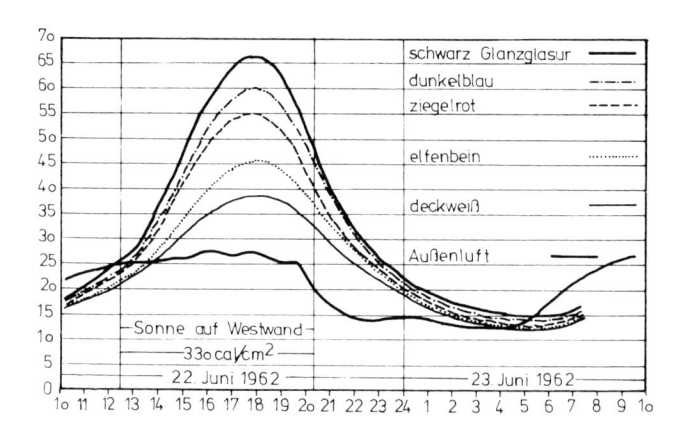

Abb. 22: Verlauf der Oberflächentemperatur von keramischen Spaltplattenbekleidungen unterschiedlicher Farbe. Versuche des Instituts für Technische Physik der Fraunhofergesellschaft, Stuttgart

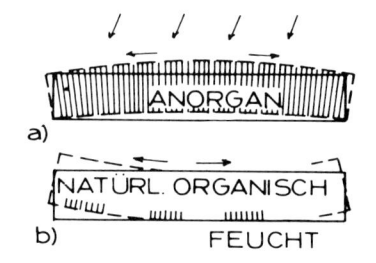

Abb. 23: Einfluß einseitiger Erwärmung auf anorganische und natürliche organische Platten
a) anorganische Platten dehnen sich an der erwärmten Oberseite
b) natürliche organische Platten schwinden innerhalb der erwärmten Zone [242]

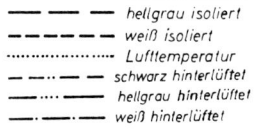

Abb. 24: Temperaturverlauf in Hostalit Z – Platten 3–4 mm dick, bei Sonneneinstrahlung, am 18. 7. 1967, max. Lufttemperatur 36° C [38]

Temperaturverlauf in Hostalit Z – Platten 3–4 mm dick, bei Sonneneinstrahlung, am 18.7.1967, max. Lufttemperatur 36°C

schwarz isoliert
hellgrau isoliert
weiß isoliert
Lufttemperatur
schwarz hinterlüftet
hellgrau hinterlüftet
weiß hinterlüftet

(Tab. 19, Abb. 22) und damit zusätzliche Belastungen bzw. Formänderungen der Bauteile (Abb. 23), die bisher bei der Konstruktion und Auswahl der Werkstoffe nicht berücksichtigt wurden. Es kommt hierbei nicht auf die Farbgebung, sondern auch auf die Pigmentierung bzw. die Art der Einfärbung an. Nach Kraus [132] und Seifert [249] soll bei dunklem Rahmenmaterial (Dunkelstufe 5 oder größer nach DIN 6164, Beiblatt 25) sowie bei Fensterwänden und Fassaden die Einstufung mindestens in Beanspruchungsgruppe 3 erfolgen.
Für Metallfenster fehlen derartige Untersuchungen vollständig, für Kunststoff-Fenster weitgehend. Die Untersuchungen von Binder [15], Tab. 20, beziehen sich auf Rolläden, die von Delekat [13], Abb. 24, beziehen sich auf 3 mm dicke PVC-Platten Typ 641. Bei beiden Abbildungen wirkt sich der bei der Fensterprofilgebung unvermeidliche Wärmestau nicht aus.
Durch die oberflächliche Farbgebung wird der Umfang der thermischen Längendehnungen und damit die Neigung zu Undichtigkeiten im Anschlußbereich Glas/Flügel und Flügel/Blendrahmen sowie das Entstehen zusätzlicher Spannungen in Glas oder Rahmen beeinflußt. Die Temperaturverhältnisse beim Einbau können sich je nach Rahmenwerkstoff nachteilig auswirken.

Forderungen:

helle Farben und hohes Reflexionsvermögen der Flügel- bzw. Rahmenoberfläche.

4.2.3.2.3. Falzabmessungen

Die Mindest-Abmessungen der Glasfalze ergeben sich aus DIN 18 361, der Verglasungsart und den Scheibenabmessungen. Sie schwanken — nach Seifert/Schmid [232] — in Abhängigkeit von der größten Kantenlänge der Scheibe zwischen 10 und 20 mm. Bei Isolier- und Sonderverglasungen sind die Angaben der Herstellerwerke zu beachten. Der Glasfalz muß so bemessen sein, daß neben den Glasdicken die erforderlichen Mindestbreiten für Abdichtung bzw. Versiegelung oder Verkittung untergebracht werden und eine ausreichende Befestigungsbreite der Befestigungselemente (Glasleisten etc.) vorhanden ist. Bei Holzfenstern ist der Eckbereich wegen der Eckspaltenbildung durch Tauwasser und Schlagregen besonders gefährdet.

Forderung:

Die Vorschriften der DIN 18 361 und der DIN 68 121 sowie der Isolierglashersteller sind zu beachten, eine 3 bis 4 mm breite Phase für Dichtstoffe ist je nach Scheibengröße zu berücksichtigen.

4.2.3.2.4. Vorbehandlung von Glasfalz und Fensterrahmen bei plastischen und elastischen Dichtstoffen

Der Literatur sind lediglich für Holzfenster mit deckenden Anstrichen die nötigen Angaben zu entnehmen.

Forderungen:

Bei *Holzfenstern* muß der Anstrich jeweils entsprechend den neuesten Erkenntnissen und Empfehlungen lacktechnisch richtig aufgebaut sein, und vor der Verglasung muß mindestens der erste Zwischenanstrich bzw. eine feuchtigkeitssperrende Falz- und Glasleistengrundierung aufgebracht sein.
Bei offenporig behandelten Exoten-Holzfenstern muß — nach Seewald [228] — vor der Verglasung im Falz und an den Haftflächen ein sperrender Lackanstrich ausgeführt werden.
Bei erhärtenden reinen Leinölkitten nach RAL dürfen Glasfalze nicht sperrend gestrichen werden. Bei offenporigen Anstrichsystemen (Lasuren) empfiehlt sich eine Rückfrage beim Kitthersteller über die notwendige zusätzliche Behandlung des Glasfalzes. Der Feuchtigkeitsgehalt der Holzteile darf die zulässigen Werte nicht überschreiten.

Bei *Stahlfenstern* muß ein gesunder Lackaufbau auf gut haftendem Rostschutzmittel gegeben sein. Bei verzinkten Stahlrahmen sind die Vorschriften der Dichtstoffhersteller zu beachten.

Bei *Fenstern aus rostfreiem Stahl* ist der Verbund mit dem Haftgrund nur bei entsprechender Vorbehandlung sicher gegeben. Ein enger Kontakt zwischen Verarbeiter und Dichtstoffhersteller ist unerläßlich.

Bei *Aluminium-Fenstern* muß die Oberflächenbehandlung bekannt (spezielle Verdichtung, Alu-Protekt etc.) und diese mit dem Dichtstoffhersteller abgestimmt sein. Dies gilt besonders dann, wenn auf dem Aluminium Kunststoff-Beschichtungen aufgebracht sind. Ein Vorstreichen der Glasfalze mit Haftvermittlern ist — nach Messmer [158] — überall dort, wo der Dichtstoffhersteller nicht ausdrücklich schriftlich verzichtet, erforderlich.

Bei *Kunststoff-Fenstern* gibt es je nach Rahmenmaterial unterschiedliche Erfahrungen. Beim Extrudieren werden, fertigungstechnisch bedingt, Gleitmittel verwendet, die im Bereich des Glasfalzes entfernt werden müssen.
Die einwandfreie Verbindung zwischen Dichtstoff und modifiziertem PVC-Rahmen wird entscheidend von einer richtigen Vorbehandlung (Haftbrücke) bestimmt. Eine geringfügige Änderung im Grundmaterial oder im Extrusionsverfahren — kann nach Seewald [228] — Ursache für eine Unverträglichkeit oder nicht mehr gegebene Verbindung zwischen Rahmenmaterial und Versiegelung sein.
Bei PVC-weich-Rahmenmaterial ist die Frage des Verbundes Dichtstoffrahmen wegen der geringen Stabilität der Konstruktion und der verwendeten Weichmacher noch kritischer zu werten.

4.2.3.3. Abdichtung der Scheiben

Bei der Wahl der richtigen Dichtstoffe sind zumindest die vom Institut für Fenstertechnik entwickelten Beanspruchungsgruppen (Tab. 3) zu berücksichtigen. Der Literatur ist folgender Erkenntnisstand zu entnehmen:

1. Verglasungen mit *freiliegenden Kittphasen* sind nur noch ausnahmsweise bei Fenstern der Beanspruchungsgruppen 1 und 2 und vor allem bei Altbauten und im Industriebau — hier unter Verwendung von Spezialkitten — anzutreffen.

Abb. 25: Glashalteprofile

Abb. 25.1

Abb. 25.2

Abb. 25.3

Abb. 25.4

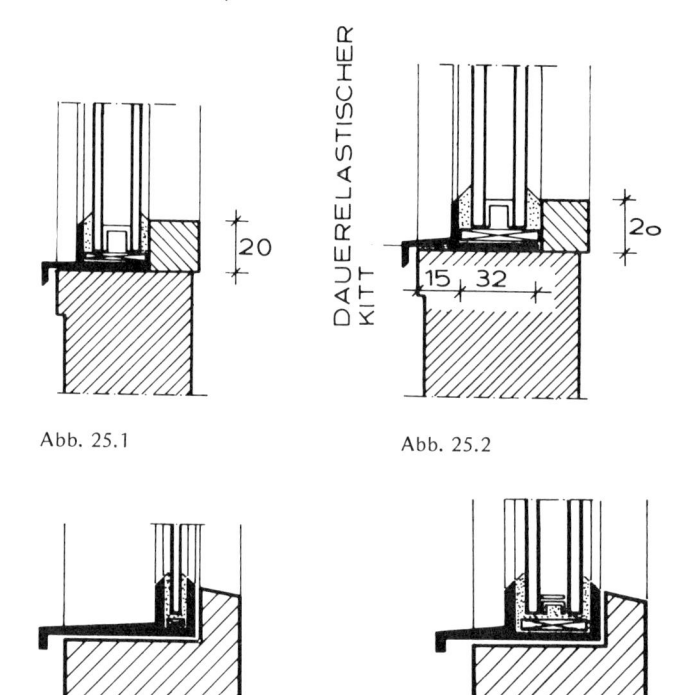

Die Problematik üblicher Leinöl-Kittphasen und der hierbei unvermeidlichen Rissebildung, durch die Tauwasser bzw. Schlagregen in den Kittfalz gelangt, wurde aufgezeigt. Um die Scheibe festzuhalten, ist eine besondere Verstiftung etc. unerläßlich.

2. Verglasungen mit *Glasleisten* können mit spritzbaren Dichtstoffen oder bandförmigen Kunststoffen abgedichtet werden. Für den unteren Anschluß bei Holzfenstern werden außerdem Aluminium-Glashalte-Profile (Abb. 25) angeboten. Durch diese Profile kann bei seitlichem Aufkanten die Feuchtigkeitsgefährdung des unteren Fensterfalzes abgemindert werden. Die thermischen Bewegungen erfordern jedoch seitlich einen schwierig abzudichtenden Anschluß.

Nach Seifert [232] müssen Glashalteleisten bei Holzfenstern raumseitig angebracht und mit Schrauben oder Nägeln befestigt werden (a höchstens 20 cm). Bei Metall- oder Kunststoff-Fenstern erfolgt die Anbringung ebenfalls raumseitig. Bei außenseitiger Anbringung kommt es bei Holzglasleisten durch Klimaeinwirkungen häufig zum Aufreißen der Eckfügung (Gehrung) sowie allgemein zu Verwerfungen zwischen den Befestigungspunkten und, entsprechend den Druck- und Sogkräften, zu einer unterschiedlichen Beanspruchung der Dichtstoffe und damit zu Abrissen bzw. Spaltenbildungen zwischen Dichtstoff und Glasleiste sowie Glashalteleiste und Rahmen.

Bei Metall- und Kunststoff-Fenstern wäre wegen der unvermeidlichen Paßtoleranzen ein Regendurchgang unvermeidlich. Durch solche Abrisse und durch Eckstöße kann Regen in die Konstruktion eindringen und bei Holzleisten die Holzzerstörung, ansonsten den Wasserdurchgang, bewirken.

Die witterungsseitige Glashalteleiste hat nach Auffassung verschiedener Dichtstoff-Hersteller den Vorteil, daß bei Winddruck das stabilere Rahmenprofil belastet wird und eine Auswechslung von beschädigten Scheiben bei Wind von außen leichter möglich ist.

Forderungen:

Durch Art und Abstand der Glasleistenbefestigung muß die sichere und abfederungsfreie Befestigung der Glasscheiben bei allen möglichen Öffnungsstellungen der Flügelrahmen, sowie die dauerhafte Abdichtung gewährleistet werden. Glasleisten sollten grundsätzlich innen eingebaut werden.

4.2.3.3.1. Abdichtungen mit plastisch eingebrachten Dichtstoffen

Eine sichere Abdichtung erfordert die Einhaltung bestimmter Mindestabstände zwischen Glas und Rahmenteil.

Bei der Wahl der richtigen Dichtstoffe sind zumindest die vom Institut für Fenstertechnik entwickelten Beanspruchungsgruppen (Tab. 3) zu berücksichtigen.

Bei der Neubearbeitung der DIN 18 361 und nach Angaben der Technischen Beratungsstelle des Glaserhandwerks (Dichtstoffe für Verglasungen) soll ein Mindestabstand zwischen Glas und Rahmen von 3 mm berücksichtigt werden. Bei PVC-Fenstern und Fenstern ab 4 qm Größe und 2,5 m Kantenlänge wird dieser Wert auf 4 mm vergrößert. Nach Seewald [228] ist ab Beanspruchungsgruppe 4 ein Abstand von 5 mm empfehlenswert. Die Abmessungen werden dabei wesentlich von den Eigenschaften der verwendeten Dichtstoffe bestimmt. Als gesichert kann lediglich angesehen werden, daß Abstände zwischen Scheibe und Rahmen von weniger als 3 mm keine sichere Abdichtung gestatten.

Die Tiefe der Versiegelungsphase sollte – nach Kraus [132] – 6 mm nicht unterschreiten. Bei Aluminium- und Kunststoff-Profilen ist oft nur eine Haftfläche von 2 mm am Profil vorhanden. Die Überbrückung dieser unzureichenden Haftbreiten mit Dreieckphasen ergibt keine dauerhafte Versiegelung.

Zur Erzielung eines möglichst gleichbreiten Zwischenraumes zwischen Glas und Rahmen und zur Verhinderung der Verschmierung der Versiegelungshaftflächen sollten nach Auffassung des Verfassers die Glasscheiben mit selbstklebenden Vorlegebändern eingelegt und mit Glasleisten angepreßt werden. Der Dichtungsstreifen muß dabei der Form und Abmessung des Rahmens und der Glasdicke entsprechen.

Vor allem großflächige Scheiben und Sonnenschutzgläser sind elastisch zu fassen und in keinem Fall starr einzuspannen.

Vorlegebänder aus Zellgummi mit oberflächlicher Versiegelung haben sich hier bewährt. Während plastische Füllstoffe bei Winddruck weggedrückt werden und die Versiegelung den Druckausgleich allein zu übernehmen hat, beteiligen sich Zellgummi-Dichtungsbänder an der Lastübertragung und verhindern so die Überbeanspruchung der Versiegelung (Abb. 26).

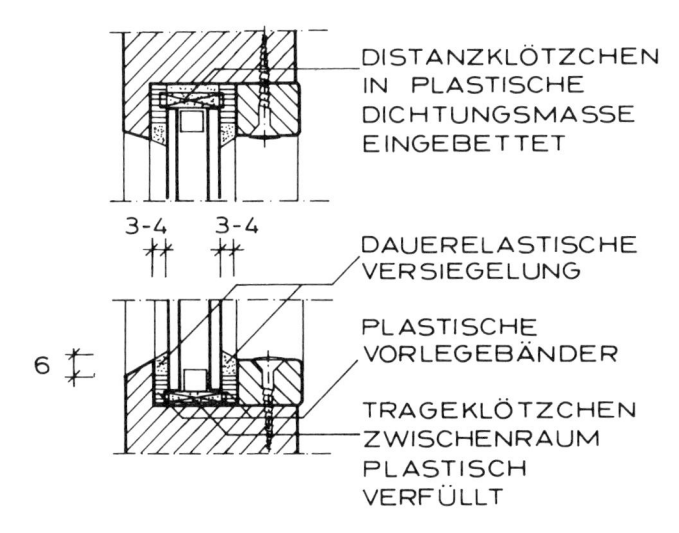

Abb. 26: Glasfalzabdichtung

(Beschriftung: DISTANZKLÖTZCHEN IN PLASTISCHE DICHTUNGSMASSE EINGEBETTET; DAUERELASTISCHE VERSIEGELUNG; PLASTISCHE VORLEGEBÄNDER; TRAGEKLÖTZCHEN; ZWISCHENRAUM PLASTISCH VERFÜLLT)

4.2.3.3.3. Druckverglasungen

Die Nachteile der in Abschnitt 1 und 2 dargestellten Abdichtungen und die bei hohen oder exponiert gelegenen Gebäuden im Kantenbereich auftretenden Wind- und Schlagregenbeanspruchungen haben die Entwicklung von Druckverglasungen begünstigt.

Durch den kontrollierbaren Anpreßdruck läßt sich die absolute Dichtigkeit von Glas- und Brüstungsplattenanschlüssen erzielen. Zum Ausgleich der natürlichen Altersrückstellung ist eine Nachregulierung des Anpreßdruckes möglich. Druckverglasungen lassen sich weitgehend unabhängig von der Witterung, der Sauberkeit der Profile etc. einsetzen. Druckverglasungen sind bis jetzt nur an Holz- und Metallfenstern und deren Kombinationen unter Verwendung vorgefertigter Dichtungsbänder und -profile anwendbar.

Auf dem deutschen Markt sind vier Druckverglasungssysteme gebräuchlich:

mittels *Spannschrauben* (Abb. 27), mit *Verzahnungen* (Abb. 28), mit *Spannfeder* (Abb. 29), mit *Excenter* (Abb. 30), mit *Verkeilungen* (Abb. 31).

Abb. 27: Druckverglasungen mit Spannschraube (27.1 bis 27.7) und mit Kippleiste (27.8) [186]

4.2.3.3.2. Abdichtungen mit vorgefertigten Dichtungsprofilen

Die Anwendung von vorgefertigten Dichtungsbändern, Profilen etc. erfolgt vor allem bei Aluminium- und Kunststoff-Fenstern und wurde aus dem Schiffs-, Flugzeug- und Eisenbahnbau übernommen. Die Verglasung erfolgt hierbei — im Gegensatz zu „Druckverglasungen" — drucklos.

Drucklos eingebaute Lippendichtungen gewährleisten — nach Scholz [219] — zumindest bei Beanspruchungsgruppen 4 und 5 keine ausreichende Dichtigkeit. Bei Winddruck oder Sog sind Spaltenbildungen und hierdurch Schlagregendurchgänge nicht zu vermeiden.

Eine zusätzliche elastische Versiegelung ist bei geringen Windlasten nicht erforderlich. Nach le Plat [187] ist eine derartige Verglasungsart fachgerecht und bei Tür- und Fensterkonstruktionen anwendbar, die nicht direkt dem Schlagregen ausgesetzt sind. Unter Schlagregenbeanspruchung gibt selbst die Verwendung von äußeren vulkanisierten Rahmen auf die Dauer nicht die Gewähr der Wasserdichtigkeit. Die Toleranzen von Isolierscheiben und Chloroprene-Profilen sind zu groß (z. T. ± 2 mm). Die Profile liegen dadurch nicht gleichmäßig dicht an und durch Ermüdungserscheinungen (molekulare Umwandlungen, auch als Alterung bezeichnet) läßt der ohnehin geringe Anpreßdruck nach. Bei nicht vulkanisierten Ecken ist eine Regendichtigkeit ohne zusätzliche Vorkehrungen nicht zu erzielen. Bei der Verwendung derartiger Profile ist eine Klotzung i. d. R. ausgeschlossen.

Forderungen:

Verwendung nur in nicht schlagregengefährdeten Gebäudeteilen oder
wirksame, windstaugeschützte Glasfalzenentwässerung, wobei durch die Profilgestaltung ein Wasserablauf zwischen Flügel und Glasleiste ausgeschlossen wird,
Einbau mit möglichst lang wirksamer Vorspannung.

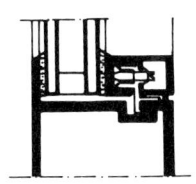

Abb. 27.1

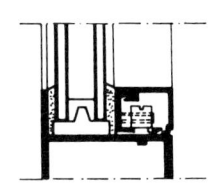

Abb. 27.2

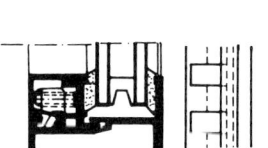

Abb. 27.3

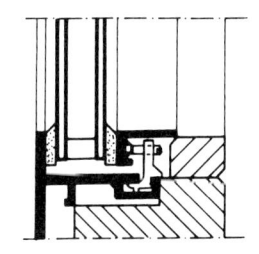

Abb. 27.4

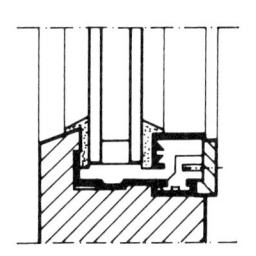

Abb. 27.5

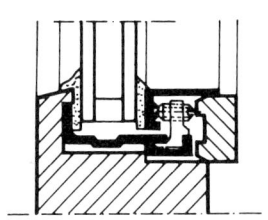

Abb. 27.6

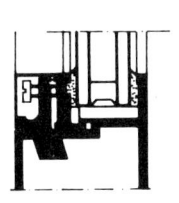

Abb. 27.7

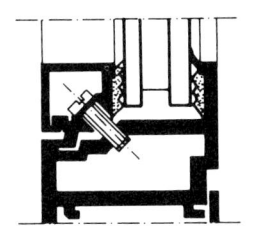

Abb. 27.8

Abb. 28: Druckverglasung mit Verzahnungen [186]

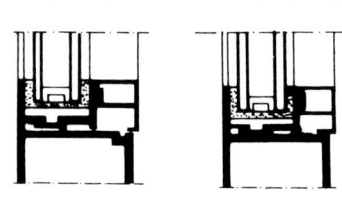

Abb. 28.1   Abb. 28.2

Abb. 30: Druckverglasung mittels Excenterschraube

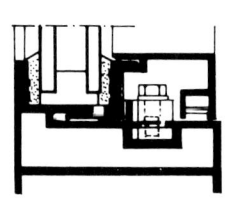

Abb. 30.1: Nach J. le Plat

Abb. 29: Druckverglasung mit Spannfeder [99]

SPANNFEDER

SPANNFEDER

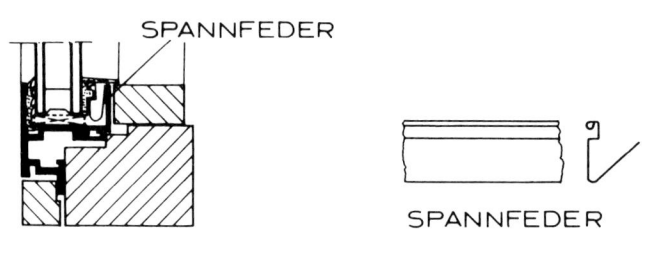

Abb. 29.1: Holz-Aluminium-Konstruktion, System Isal, mit Druckverglasung, gekennzeichnet durch den Anpreßdruck des Neopreneprofils durch eine ringsumlaufende rostfreie Edelstahlfeder. Dieses System gewährleistet eine ständige Anpassung des Preßdrucks an Profil und Scheibe. Es bedarf somit keiner Nachstellmöglichkeit.

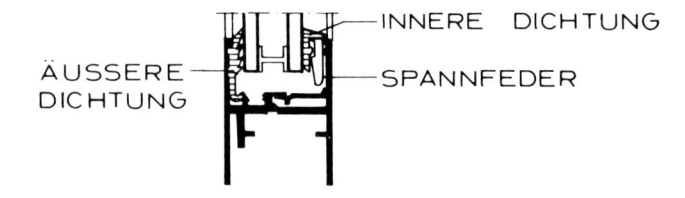

ÄUSSERE DICHTUNG — INNERE DICHTUNG — SPANNFEDER

Abb. 29.2: Druckverglasung mit der Eltrovit-Feder bei Aluminium-Fenstern

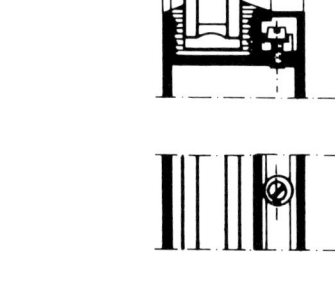

Abb. 30.2: Aluminium-Fenster mit Druckverglasung, System Gartner, gekennzeichnet dadurch, daß der Anpreßdruck über die Druckleiste mittels Excenterschrauben hergestellt wird. Diese Art des Anpreßdruckes wird über Drehmomentschlüssel eingestellt; es wird eine punktweise Befestigung der Druckleiste erreicht („Glaswelt" 1969)

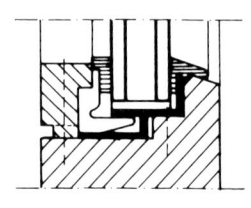

Abb. 29.3: Druckverglasung bei Holzfenstern

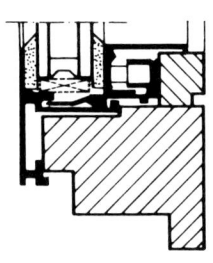

Abb. 31: Druckverglasung mit Keilverbindung. Holz-Aluminium-Konstruktion, System Steiner, gekennzeichnet durch den Anpreßdruck, der durch die Mittel-Keilverbindung hergestellt wird. Mit dieser Verbindung wird ein gleichmäßiger, nachstellbarer Druck über eine Druckleiste auf die eingesetzten Profile erreicht („Glaswelt" 1969)

Als Sonderkonstruktion wäre die Druckverglasung bei Holzfenstern — nach Schlegel [217] — unter Verwendung von Compri-Band als Dichtstoff zu erwähnen.

Druckverglasungen mit *Spannschrauben* gewährleisten eine vielfältige Anpassung an die verschiedensten Fenstersysteme. Mit Drehmomentenschlüssel läßt sich mühelos jeder gewünschte Anpreßdruck handwerklich sicher einstellen. Der vom Fensterhersteller vorgeschriebene Abstand der Widerlager ist jedoch sorgfältig einzuhalten.

Bei Druckverglasungen mit *Verzahnungen* läßt sich ein gleichmäßiger Anpreßdruck nicht mit Sicherheit herbeiführen.

Spannfedern werden i. d. R. innen angeordnet. Sie ergeben — nach Hugentobler [99] — und im Gegensatz zu anderen Spannvorrichtungen in ganzer Länge eine gleichmäßige Dichtkraft ohne störende Punktbelastung, ohne Überlastungen bei der Montage. Die Reibung, Toleranzen, die Oberflächenbeschaffenheit etc., die bei den anderen Systemen zu einem unterschiedlichen Verlauf der Dichtkraft und dabei im Extremfall zum Springen der Verglasung führen, scheiden hier als Störungsfaktoren aus. Als Nachteil der Spannfedern wird das Zurückweichen der Scheibe bei Winddruck (bei innerer Spannfederung), bzw. bei Windsog (bei äußerer Spannfederung) angesehen. Die Vertreter des Spannfedersystems weisen einen hinreichenden Federwiderstand und eine ausreichende Dauerfestigkeit ohne Ermüdungserscheinungen nach [99].

Excenter- und keilförmige Verbindungen können sich durch Erschütterungen und Vibrationen auf die Dauer gesehen — nach Scheller [210] — lockern. Der Excenter sitzt nur in seinem stabilen Totpunkt sicher. Eine Regulierung des Anpreßdruckes ist nicht unverschieblich möglich.

Die Sonderkonstruktion von Schlegel eignet sich für Holzfenster und ist leicht herstellbar. Ein gleichmäßiger Anpreßdruck ist hierbei nicht mit Sicherheit zu erzielen, ein Nachstellen ist praktisch ausgeschlossen.

Nach dem Stand derzeitiger empirischer Erfahrungswerte sind in der BRD Druckverglasungen mit Spannschrauben oder Spannfedern wegen der eindeutigen Garantie eines konstanten und kontrollierbaren Anpreßdruckes technisch-konstruktiv so gut entwickelt, daß selbst extreme Beanspruchungen ohne Dichtigkeitsverluste bei Holz- oder Metallfensterrahmen zu keinen Schäden bzw. Undichtigkeiten im Anschlußbereich führen.
Die Diskussion über die günstigste Art der Spannvorrichtung ist nicht abgeschlossen.
Allen Systemen gemeinsam ist die Wassereindringmöglichkeit im Bereich der Spannprofile. Eine Glasfalzenentwässerung ist unerläßlich und nach Messner [176] konstruktions- und materialabhängig. Eine Außenentwässerung ist hierbei zu vermeiden. Bei Holzfenstern sollten Druckverglasungen nur dort angewendet werden, wo keine Tauwasserbildung an der Glasscheibe zu erwarten ist (z. B. bei Isolierverglasung).
In Fachzeitschriften werden Erfahrungen von Praktikern zusammengestellt, deren Einzelaussagen sich nicht in allen Fällen wissenschaftlich begründen lassen oder durch eine ausreichende Anzahl von Untersuchungsreihen gesichert erscheinen. Lediglich Hugentobler [99] bringt den wissenschaftlich nachprüfbaren Nachweis der Druckverglasung mit Spannfedern.
Als Ursache für Schäden bei Druckverglasungen ist — nach Messner [176] — je nach Konstruktion das Fehlen einer einwandfreien Entwässerung, die nicht richtige Verglasung, die falsche Anwendung richtiger Profile und der ungleiche, zu starke oder zu geringe Anpreßdruck anzusehen.

Anforderungen an Druckverglasungen:

geeignete Flügelrahmenprofile (Werkstoff, Profilgebung, Profilbreite), die in sich so steif sind, daß es auch unter Temperatureinwirkungen zu keinen Verformungen kommt. Ein kontrollierbarer Anpreßdruck (z. B. durch Drehmomentenschlüssel) von mindestens 0,9 kp/cm und höchstens 2,0 kp/cm bei den üblichen Isolierverglasungen (höchstens 5,0 kp/cm bei Erzeugnissen der DETAG). Der Anpreßdruck muß entsprechend den Angaben der Isolierglashersteller variiert werden können. Er soll flächenhaft und nicht punktförmig wirken. Auch bei Windeinwirkungen (Druck oder Sog) im Bereich der Widerlager bzw. Zwischenräume und durch temperaturbedingte Änderungen der Shore-Härte der Dichtungen dürfen die zulässigen Grenzwerte nicht über- bzw. unterschritten werden. Das Dichtungsprofil muß dabei selbst etwa um 15 % verdichtet werden. Der Anpreßdruck muß immer so groß bleiben, daß die Kapillarkräfte ein Durchdringen der Feuchtigkeit nicht erzwingen können. Der erforderliche Anpreßdruck und das zu verwendende Druckverglasungssystem muß vom Profilhersteller im Einvernehmen mit dem Isolierglashersteller festgelegt werden. Die Druckleiste sollte parallel verschiebbar sein und sich bei Einwirkung von Druck- und Sogkraft nicht verkannten können. Die Widerlager sollten einen vorgegebenen Zwischenabstand zur Begrenzung der Durchbiegung — entsprechend dem Widerstandsmoment der Druckleiste — garantieren. Berechnungsmethoden unter Einbeziehung der Temperatureinwirkungen zeigt Hugentobler [99] auf. Das Flächenträgheitsmoment der Anpreßleiste muß dabei so gewählt werden, daß zwischen den Spannstellen ein Pressungsabfall von weniger als 15 % eintritt.
Eine Toleranzaufnahme von ± 2 mm — nach le Plat [187] — zwischen Glas und Dichtungsprofil muß gewährleistet sein. I. d. R. wird eine Dickentoleranz von ± 1 mm — Hugentobler [99] — ohne weiteres bei einem Anpreßdruckabfall von 15,% aufgenommen.
Für die Dichtungsprofile sollte eine Shore-Härte von 50° ± 5° erreicht werden. (Übliche dauerelastische Versiegelungen haben — je nach Einstellung — eine Shore-Härte von 20 bis 26°.)
Die Rahmenecken des Dichtungsprofiles werden am stärksten beansprucht. Deshalb müssen zumindest die äußeren Dichtungsprofile an den Ecken zu einem geschlossenen Rahmen vulkanisiert sein. Sie sollten auf der Glasseite mindestens fünf sägenartige Zähne aufweisen und an der Gegenseite eine Dichtungslippe haben, die den Rahmenanschluß überdeckt, um hier jeden Wassereintritt zu vermeiden.

Bei erhöhten Temperaturbeanspruchungen muß nach Hugentobler [99] das elastische Dichtungsmaterial gute Krieeigenschaften aufweisen.

Die Spannvorrichtungen dürfen sich beim Schwingen der Scheiben etc. nicht selbst lösen. Die Dichtungsprofile müssen gute Dämpfungseigenschaften besitzen, um Erregerschwingungen (Schall, Erschütterungen etc.) schnell zu vernichten.

Der vorgesehene Anpreßdruck muß in handwerklicher Fertigung sicher erzielbar sein. Der Befestigungsabstand darf nicht der Wahl der Monteure überlassen werden.

Besondere Anforderungen an die Sauberkeit des Glasfalzes werden nur insofern gestellt, als keine Unregelmäßigkeiten oder Unebenheiten in der Flächenausbildung zu Undichtigkeiten führen dürfen.

Im Rahmen weitergehender Betrachtungen ist der zulässige Höchstdruck, den Isolierglasscheiben in häufigen Wiederholungen auszuhalten vermögen, der mögliche Winddruck, bei dem sich noch keine Regendurchlässigkeit ergibt und die Größenordnung des zulässigen Anpreßdruckabfalles zu untersuchen.

4.2.3.4. Klotzung

Das Klotzen der Glasscheiben hat die Aufgabe, das Gewicht der Scheibe im Rahmen so zu verteilen bzw. auszugleichen, daß der Rahmen die Scheibe trägt, der Rahmen unverändert in seiner richtigen Lage bleibt, die ungehemmte Gängigkeit erhalten wird, die Scheibenkanten an keiner Stelle den Rahmen berühren und die Glasscheibe keine tragende Funktion übernimmt.

Durch eine unsachgemäße Verklotzung können bei den heute üblichen Fensterflügelgrößen die Fensterteile Belastungen erfahren, die zu Verformungen, Beschädigungen oder zur Zerstörung von Flügelrahmen oder Glas führen können. Aus diesem Grund wird gem. DIN 18 361 (3.15) eine fachgerechte Verklotzung gefordert. Als fachgerecht ist eine Verklotzung anzusehen, wenn sie nach den von der Technischen Beratungsstelle des Glaserhandwerks im Jahre 1964 herausgegebenen „Klotzungsrichtlinien für ebene Glasscheiben" erfolgt.

Die Lage der Klotzung gem. Klotzungsrichtlinien für Holz-, Stahl- und Metallfenster kann als bekannt angesehen werden.

In diesen Richtlinien wird u. a. darauf hingewiesen, daß Abweichungen je nach Verglasungsobjekt bzw. Spezial-Rahmenkonstruktion möglich und notwendig sind. Sie sind von Fall zu Fall zwischen Glaser und Rahmenhersteller festzulegen.

Von den Herstellern von Kunststoff-Fenstern werden eigene Verklotzungsrichtlinien gefordert, nach denen die Verglasungseinheit zur Aussteifung des Rahmens herangezogen werden darf.

Wertung:

In der Literatur und in Fachzeitschriften wird der Problembereich Verklotzung praktisch nicht angesprochen.

Die emprisch entwickelten Klotzungsrichtlinien halten einer wissenschaftlichen Überprüfung nicht stand.

Da nach Auffassung der Technischen Beratungsstelle die Einbettung der Trage- und Distanzklötze in Kitt weder möglich noch sinnvoll sei, ergibt sich – je nach Dicke der eingelegten Klötze – eine mehr oder weniger große Paßgenauigkeit und damit – je nach Werkstoff, Erwärmung und Verformung – eine gegenseitige Verspannung zwischen Glas und Flügelrahmen. Diese Verspannungen werden an den Klotzungspunkten jeweils übertragen und können z. B. bei Isolierverglasungen zu Beschädigungen der Glasverbindung, ansonsten zur Zerstörung des jeweils schwächeren Bauteils – Glas oder Rahmen – führen. In der Praxis hat sich erwiesen, daß bei Holz- und Stahlrahmen und Normalverglasung i. d. R. keine nachteiligen Verspannungen entstehen. Bei Sonnenschutzgläsern mit entsprechend höherer Wärmeabsorption sind Schäden jedoch wegen der unterschiedlichen Ausdehnungskoeffizienten und Erwärmung von Glas und Flügelrahmen nicht auszuschließen. Bei Aluminium- und stärker bei Kunststoff-Fensterrahmen können wegen des hohen Ausdehnungskoeffizienten Spannungen im Winter auftreten, wenn die Verglasung bei höheren Außentemperaturen mit strammer Klotzung erfolgte.

Nach Auffassung des Verfassers sollten deshalb die Distanzklötzchen gem. Abb. 26 in plastischem Dichtstoff verlegt werden. Anstelle der Abstandshalter können heute vorteilhafter vorgefertigte elastische oder plastische Vorlegebänder verwendet werden.

4.2.3.5. Befestigung der Glasscheiben

Für die verschiedenen Verglasungsarten (mit offenliegender Kittphase, mit Glashalteleisten und bei Druckverglasungen) erfolgt die Fixierung der Scheibe jeweils in unterschiedlicher Weise. Bei Fenstern mit einer Kittphase oder eingeklipsten Glasleisten ist die Verwendung entsprechender Stifte, Haltewinkel gem. DIN 18 361 (3.213) etc. zur mechanischen Sicherung der Scheibe gegen das Herausfallen vorgeschrieben.

Werden Glasleisten verwendet, die senkrecht zur Glasfläche belastet werden können, so kann auf eine zusätzliche Befestigung der Glasscheibe verzichtet werden. Bei Verschraubungen muß – je nach Leistenmaterial und Querschnitt – der Befestigungsabstand so gewählt werden, daß keine unzulässigen Durchbiegungen entstehen. In der Literatur wird gelegentlich ein Verschraubungsabstand von weniger als 15–20 cm als Ergebnis empirischer Erfahrungen gefordert. Die Glasscheiben müssen dabei allseitig in Dichtstoff gebettet sein.

Deshalb ist es nach Auffassung des Verfassers auch bei kleineren Scheibenabmessungen als von Seifert/Schmid [232] gefordert, anzustreben, eine allseitig elastische Versiegelung auszuführen.

4.2.3.6. Normung, Vorschriften, Ausführungsrichtlinien

DIN 18 056 (VI/69) Fensterwände
DIN 18 361 (XII/58) Verglasungsarbeiten
DIN 68 121 Bl. 1 (XII/68) Holzfensterprofile

RAL 849 B 2 Reiner Leinölkitt

Tabelle zur Ermittlung von Beanspruchungsgruppen [232], Tab. 3,
  ausgearbeitet vom Institut für Fenstertechnik e. V., Rosenheim (1969)

Klotzungsrichtlinien für ebene Glasscheiben,
  herausgegeben von der Technischen Beratungsstelle des Glaserhandwerks Karlsruhe (1964).

Die geringe Zahl, das Alter und der begrenzte Inhalt vorliegender Normen, Vorschriften und Richtlinien veranschaulicht die Unsicherheit in diesem Teilbereich des Fensterbaues.

Die Festlegungen der DIN 18 361 sind in den Abschnitten 2.3. (Kitt), 2.5. (Dichtungsstreifen), 3.1. (allgemeine Ausführung), 3.2. (Verglasung), 3.3. (großflächige Verglasung) zu ungenau, z. T. überholt und unzureichend und der Abschluß der derzeitigen Überarbeitung ist dringend geboten. (In der neuen DIN 18 361 soll der von den Dichtstoffherstellern schon seit Jahren geforderte Mindestabstand (3 bis 4 mm) zwischen Glas und Rahmen übernommen werden.)

Selbst die Empfehlungen zur Bestimmung des erforderlichen Verglasungssystems (Seifert/Schmid [232]) sind für die Beanspruchungsgruppen 1 bis 4 wegen der unvermeidlichen Erhärtung, Versprödung und Spaltenbildung an Glas bzw. Flügelrahmen bereits nach 3 bis 4 Jahren, d. h. nach Ablauf der VOB Gewährleistung bzw. der unzureichenden mechanischen Festigkeit plastischer Dichtstoffe, unzureichend.

Die Klotzungsrichtlinien wurden unter 4.2.3.4. behandelt. Eine wissenschaftliche und praktikable Klassifizierung und Definierung der Dichtstoffe, deren Einsatzmöglichkeiten und Lebensdauer fehlt bis heute.

4.2.3.7. Literaturwertung und Folgerungen

Es gibt eine Vielzahl von Beiträgen in Fachzeitschriften und z. T. in Fachbüchern, die sich überwiegend mit der exemplarischen Darstellung des Erkenntnisstandes beschäftigen und dem fachlichen Meinungsaustausch dienen. Wissenschaftlich wertbare und vergleichbare Untersuchungsergebnisse finden sich jedoch nur gelegentlich bei Grunau [81, 78], Hugentobler [99], Seewald [228], Scholz [220], Seifert [242, 249] u. a., wobei sich auch hier aus Einzelaussagen z. T. nur ausnahmsweise allgemeingültige Ergebnisse ableiten lassen.

Da elastische Bewegungen nur von elastischen Dichtstoffen langzeitig schadensfrei aufgenommen werden können, sind erhärtende oder versprödende Dichtstoffe vollkommen ungeeignet. Plastische Dichtstoffe sind bei geringen Beanspruchungen, besonders aber als Unterfüllmaterial einsetzbar. Eine Versiegelung bewirkt die oberflächliche Abdichtung. Sie kann ihre Funktion nur erfüllen, wenn eine den Bewegungen gemäße Fugendimensionierung vorhanden ist, wenn zwischen Glas und und Rahmen ein guter Verbund durch saubere und gut vorbereitete Haftflächen zustande kommt,

die Haftflächen genügend breit sind (mind. 6 mm), sich möglichst parallel gegenüberliegen (quadratische oder rechteckige Form der Versiegelung mit oberer Anschrägung, wenn die vorhandene Versiegelungsphase gut ausgefüllt wird,

wenn die klimatischen Verhältnisse beim Verglasen berücksichtigt werden (Regen, Temperatur);

wenn in kritischen Fragen eine Zusammenarbeit aller Beteiligten bereits bei der Planung vor Ausführung der Verglasung gegeben ist.

Die Vorprüfung des Adhäsionsverhaltens von Dichtstoff und Rahmen — und damit eine Zusammenarbeit zwischen Dichtstoff-Hersteller, Rahmen-Hersteller und Verglaser — ist vor allem bei Aluminium- und Kunststofffenstern unerläßlich. Die einmalige positive Prüfung und Praxisbewährung eines Dichtstoff-Fabrikates gestattet kein Pauschal-Urteil für den Versiegelungs-Grundtyp. Der Einbau von Brüstungselementen in Rahmenkonstruktionen erfordert wegen der in der Regel größeren Beanspruchungen — nach Kraus [132] — immer eine dauerelastische Abdichtung.

Die Versiegelung sollte unmittelbar nach dem Einsetzen der Scheiben erfolgen, da die Fugen sonst verschmutzen bzw. feucht werden und sich dadurch eine einwandfreie Verbindung der Versiegelungsmasse mit Glas und Rahmen nicht mit Sicherheit erzielen läßt.

Die Verträglichkeit zwischen Versiegelung, Vorlageband, Unterfüllkitt und Rahmenwerkstoff bzw. Oberflächenbehandlung muß gegeben sein. Wird die Abdichtung zwischen Glas und Rahmen bzw. Füllung und Rahmen durch vorgeformte elastische Dichtungsbänder, Profile und Schnüre vorgenommen, so ist ein dauerhaft spaltenfreier Eckstoß und ein ausreichender Anpreßdruck unerläßlich, um eine dauerhafte Abdichtung zu gewährleisten. Durch atmosphärische Einflüsse und innere Feuchtigkeitsbelastung ist der Fenstereckpunkt die schwächste Stelle der Fensterkonstruktion. Eine Glasfalzentwässerung ist empfehlenswert.

Die derzeitigen Ecklösungen, die Vulkanisierung der Gehrungsecken und die Anvulkanisierung vorgeformter Eckstücke kann wegen der unvermeidlichen Verarbeitungstoleranzen nicht befriedigen. Bei Trockenverglasungen lassen sich Scheiben mit abgerundeten Ecken günstiger abdichten.

Ein schlagregendichter und elastischer Anschluß erfordert die Berücksichtigung folgender Faktoren:

Die Art des Rahmen- bzw. Flügelwerkstoffes und dessen Profilgebung,

die Art der Glasbefestigung und der Dauerhaftigkeit und Gleichmäßigkeit des Anpreßdruckes,

die Art und dauerhaft elastischen Eigenschaften der gewählten Dichtstoffe und deren Adhäsion an zu verbindenden Teilen,

die Beständigkeit der Dichtstoffe gegen Atmosphärilien, Luftverunreinigungen und Reinigungsmittel,

die homogene Dichtwirkung vor allem an den Scheibenecken,

die Abmessung der Dichtzone,

das Vorhandensein einer Glasfalzenentwässerung bei verschiedenen Fenster- und Dichtsystemen (vor allem bei trocken verglasten Kunststoff-Fenstern),

eine fachgerechte Klotzung unter Vermeidung gegenseitiger Verspannungen.

4.2.4. Anschlag und Dichtung zwischen Flügel und Blendrahmen

4.2.4.1. Funktionen und Wirkung

Durch die Abdichtung des Flügelanschlagbereiches soll entsprechend den Bedürfnissen oder Wünschen der Gebäudebenutzer das Eindringen von Kaltluft, Gerüchen, Staub, Regen und Schallwellen möglichst weitgehend unterbunden werden, ohne daß hierdurch andere Funktionen, z. B. die Betätigungsmöglichkeiten des Flügels, erschwert werden. Art und Qualität der konstruktiven Ausbildung des Berührungsbereiches von Flügel und Blendrahmen beeinflussen die Fugendurchlässigkeit, Schlagregendichtigkeit und Schalldurchlässigkeit (Abb. 16). Während Regendurchlässe im Bereich des unteren Fensteranschlages gegebenenfalls zu Schäden bzw. zur Zerstörung der dort eingesetzten Werkstoffe führen können, wirken Zugerscheinungen und Schallimmissionen direkt auf das Wohlbefinden des Menschen.

4.2.4.2. Beanspruchungen

Art und Umfang der erforderlichen Dichtungsmaßnahmen werden von den unter 2.1. aufgezeigten Beanspruchungen, insbesondere der von Fall zu Fall unterschiedlichen wind- und regenexponierten Stellung des Gebäudes, seiner Höhe und dem Vorhandensein von Schallemissionen etc. bestimmt. Die Schlagregensicherheit wird darüber hinaus von den baulichen Gegebenheiten des Gebäudes – z. B. Dachüberstand, Lage des Fensters in der Leibung etc. – beeinflußt. Durch die Arbeit von Seifert [232], Keller [111] u. a. wurden die Voraussetzungen für eine Klassifizierung der Fugendurchlässigkeit und Schlagregensicherheit nach Beanspruchungsgruppen als Funktion des Windstaudruckes in der DIN 18 055, Bl 2 E vom IV/71 geschaffen.

Die Anschlagdichtung selbst wird durch Temperatureinwirkung, Temperaturdehnung, Komprimierung, Schwinden, Witterungseinflüsse, UV-Strahlung, Werkstoffalterung etc. beansprucht.

4.2.4.3. Gestaltungsmöglichkeiten

Während bei Holzfenstern normaler Größe und Gebäuden unter vier Vollgeschossen nach Messner [158] der Anpreßdruck zwischen Flügel und Blendrahmen eine ausreichende Dichtigkeit gegen Wind und Schlagregen in den meisten Fällen gewährleistet, ist bei großen und übergroßen Fenstern, Hochhäusern und bei Fensterkonstruktionen aus Metall oder Kunststoff der Einbau ringsumlaufender Dichtungsprofile erforderlich, um die geforderte Fugendichtigkeit auch bei Flügeldurchbiegungen zu gewährleisten.

Nach Küffner [136] läßt sich die Flügelblendrahmenabdichtung auf drei Grundtypen und deren Kombination zurückführen:

die Außenanschlagdichtung,
die Innenanschlagdichtung,
die Mitteldichtung.

Als gebräuchlichste Dichtsysteme sind die Nur-Außen-Dichtung, die Außen- und Innendichtung und die Mitteldichtung zu nennen.

Die Dichtigkeit zwischen Flügel und Blendrahmen wird, wie Beck-Richter [10] nachweist, von der Falzhöhe oder der Länge des Luftweges zwischen den Fälzen nur wenig beeinflußt. Entscheidend wirkt sich hier der im geschlossenen Zustand vorhandene Abstand zwischen Flügel und Blendrahmen aus, der durch Verschmutzungen, Fertigungstoleranzen, undichte Ecken, nicht richtig eingestellte Verriegelungen, verwundene oder verkantete Flügel, Flügeldurchbiegungen unter Windlast sowie durch Fehlstellen, Ausnehmungen im Dichtbereich, z. B. für die Anbringung verdeckt liegender Beschläge oder Wasserablaufaufschlitze, beeinflußt wird.

Zur Abminderung der Schlagregendurchlässigkeit erhalten die Flügel auch heute noch gelegentlich Wetterschenkel, Abtropfkanten und der Blendrahmen zumindest im Brüstungsbereich eine Wasserkammer mit möglichst windstaugeschützten Wasserablaufbohrungen.

Durch Wetterschenkel ohne seitliche Aufkantung ergibt sich eine Verstärkung der Regenbeanspruchung der i. d. R. nicht einwandfrei abgedichteten Fensterrahmenecken.

1. Kriterien

die Profilgestaltung,
Art, Lage und Toleranzen des Fensterbeschlages,
Querschnitt und Qualität der Dichtungsprofile,
die Qualität der Verarbeitung,
die Lage des Dichtungsprofils im Profilquerschnitt.

2. Anforderungen

Profilgestaltung

Die Fensterprofile sollten eine ausreichende Rahmensteifigkeit zur Verringerung von Durchbiegungen, die vom Dichtungsprofil nicht mehr abgedeckt werden können, haben.

Da ein absolut schlagregensicherer Abschluß zwischen Flügel und Blendrahmen mit Sicherheit nicht zu erzielen ist, sollte im Bereich des unteren Rahmenteils eine möglichst tiefe und ausreichend breite Wassersammelrinne, die nicht durch das Dichtungsprofil begrenzt sein darf, liegen, die nach außen windstaugeschützt zu entwässern ist. Eine permanente drucklose Entwässerung ist zu bevorzugen. Der Fensterflügel sollte eine windgeschützte scharfkantige Tropfnase aufweisen.

Fensterbeschlag

Verriegelung und Bänder müssen einen gleichmäßigen Anpreßdruck mit möglichst geringen Abfederungen und möglichst geringen Toleranzen gewährleisten. Eine Unterbrechung der Dichtzonen durch Beschlagsbefestigungen etc. ist zu vermeiden.

Dichtungsprofil

Die Dichtung sollte nicht in der bewitterten Zone liegen (UV-Strahlung, Anfrieren/Vereisen im Winter). Da auch die besten Profile durch UV-Strahlung und Witterungseinflüsse vorzeitig altern, gehören die Dichtungen – nach Klindt [123], Seifert [235] u. a. – möglichst nicht in die bewitterten oder mechanischen Beschädigungen ausgesetzte Zone. Die elastischen Dichtungen müssen rundumlaufen, in einer Ebene liegen, auswechselbar sein und langzeitig elastisch bleiben. Lage und Querschnitt der Dichtungsprofile sollten so gewählt werden, daß auch bei Abfederung des Flügelrahmens durch Windeinwirkung keine Spaltenbildung eintritt bzw. das Dichtungsprofil an das Gegenprofil gepreßt wird. Der Querschnitt muß eine dauerhafte Eckverbindung gewährleisten.

Als Dichtungsprofile haben Chloroprene-Erzeugnisse (Neoprene, Baypren etc.) andere Werkstoffe – wie PVC weich – weitgehend verdrängt. Wegen ihres günstigeren Toleranzausgleichs wird man selbstklebenden Zellgummibändern an Stelle der bisherigen Lippendichtungen, die keine besonderen Profilnuten erfordern, künftig eine wachsende Bedeutung zugestehen müssen.

Das besondere Kriterium aller Dichtungsprofile ist die Eckausbildung. Die Verklebung mit verschiedenen Spezialklebern gewährleistet bis heute keine dauerhafte Verbindung. Als sichere Verbindung ist z. Z. allein der vulkanisierte Eckstoß oder das anvulkanisierte Eckstück anzusehen, soweit hier eine toleranzlose Verbindung möglich ist. Wegen der geringen Abmessungen der Profile und der relativ hohen Kosten wird diese Art der Eckverbindung selten angewendet.

Mit Lippendichtungen lassen sich a-Werte erzielen, die theoretisch bis zu 0,05 Nm^3/hm gehen. Wegen Ausführungsungenauigkeiten, Entwässerungsschlitzen der Kammer und Verformungen der Profile unter Wind und Wärmeeinfluß werden a-Werte unter 0,25 Nm^3/hm selten erreicht.

Qualität der Verarbeitung

Die Paßgenauigkeit der Beschläge ohne zu große Toleranzen, der Einbau der Dichtungsprofile unter Spannung und deren spätere Rückstellung beeinflussen die Dichtigkeit entscheidend. Bei nicht verklebten Dichtungsprofil-, Flügel- und Blendrahmenecken ergibt sich ein zusätzlicher Regendurchlaß. Durch nicht waagerechten Fenstereinbau werden Entwässerungsbohrungen bei zu flachen Wassersammelnuten wirkungslos. Bei längeren Fensterbändern mit senkrechten Zwischenstücken erfordern umlaufende Dichtungsprofile zusätzliche manuelle Nacharbeit.

4.2.4.4. Wertung der Dichtungsmöglichkeiten bei Metall- und Kunststoff-Fenstern

In der vorliegenden Literatur werden die hier aufgezeigten Kriterien nur vereinzelt und unvollständig angesprochen. Wesentliche Beiträge wurden u. a. von Küffner [136], Messner [158] geleistet. Eine qualitative Wertung der verschiedenen Einflußgrößen auf die Dichtigkeit des Fensters ist in absoluter Form nicht möglich. Die Fugendichtigkeit und Schlagregendurchlässigkeit läßt sich nur an Fensterprüfständen messen. Die dort simulierten Beanspruchungen entsprechen jedoch nur teilweise den am Gebäude tatsächlich gegebenen Bedingungen. Die Lage der Undichtigkeiten läßt sich am Einbauort u. a. mit Ultraschall-Meßgeräten nachweisen.

1. Außenanschlagdichtung (Abb. 32)

Der gesamte Druckunterschied muß von einer i. d. R. unterdimensionierten Dichtung bewältigt werden. Fehlstellen, z. B. durch Wasserablaufschlitze, führen – wie Küffner [136] nachweist – zu beträchtlichen Undichtigkeiten.

Bei einem 1,5 x 1,5 m großen Fenster mit zwei 20 x 5 mm großen Wasserablaufschlitzen und einem Druckunterschied von 1 mm WS verschlechtert sich der a-Wert um 0,24 Nm^3/hm. Eine weitere, zahlenmäßig ähnlich große Verschlechterung können an Eckstößen aufgegangene Abdichtungen bringen. In die Wasserkammer eingedrungenes Wasser kann erst ablaufen, wenn der äußere Staudruck nachgelassen hat. Es kommt zu einer zyklischen Füllung und Entleerung der Wasserkammer.
Erst dann, wenn der äußere Staudruck kleiner ist als die Wasserhöhe, entweicht das Wasser nach außen.

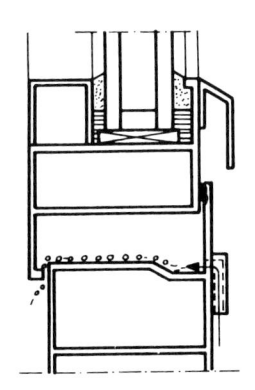

Abb. 32: Außendichtung mit unzureichender Wassersammelrinne [136]

Bei sehr flachen Wasserkammern erreicht die einströmende Luft – nach Küffner [136] – eine so hohe Geschwindigkeit, daß angesammeltes Wasser in den hinteren Kammerbereich geblasen wird und nach innen austritt.

Wegen der geringen Abmessungen der Dichtungsprofile ist eine dichte Eckverbindung i. d. R. nicht zu erzielen. Ein Angefrieren der Dichtung, deren Vereisung, die frühzeitige Versprödung durch Einfluß von UV-Strahlung ist mit Sicherheit nicht zu vermeiden. Bei Fehlstellen im Dichtungsbereich und durch Entwässerungsöffnungen ergibt sich eine starke Windgeräuschbelästigung.

Die einfache Außenanschlagdichtung ist für wenig beanspruchte Bauelemente an 1- bis 2geschossigen Gebäuden anwendbar.

2. Mitteldichtung (Abb. 33)

Die hohe Qualität von Fenstern mit Mitteldichtung wird von der vor der Mitteldichtungsebene angeordneten Beruhigungs- und Druckausgleichskammer bestimmt. In diese vermag Regen ungehindert einzudringen und ungehindert durch Entwässerungsbohrungen wieder abzufließen, da in der Vorkammer der gleiche Druck herrscht wie an der Außenseite des Fensters.

Die äußere Wasserkammer sollte durch einen Metallsteg und nicht durch das an den Ecken vulkanisierte Dichtungsprofil abgegrenzt werden. Die vom Fensterprofil geformte Wasserkammer funktioniert unabhängig von der Dichtigkeit des

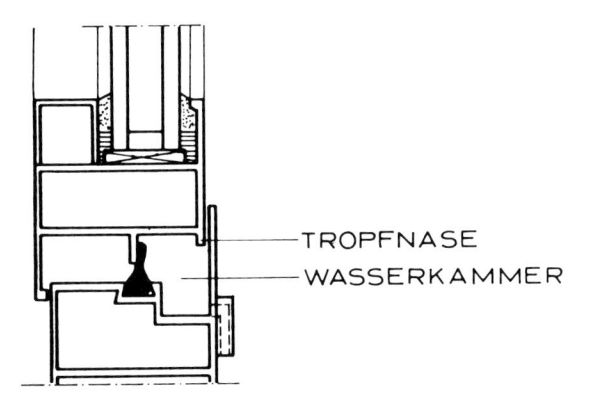

Abb. 33: Mitteldichtung, gute Lösung [136]

Dichtungsprofils. Das Dichtungsprofil wird durch den Winddruck oder durch entsprechende Vorspannung gegen den Materialsteg der Wasserkammer gepreßt. Bei einer an keiner Stelle durchbrochenen Dichtungsebene läßt sich über einen großen Staudruckbereich ein konstant guter a-Wert und in Verbindung mit einer gut entwässerten Beruhigungskammer eine hohe Schlagregensicherheit erreichen. Bei verschiedenen Profilsystemen dient die Innenkammer zugleich der Tauwassersammlung. Die außenseitige Regensammelrinne ist jedoch häufig unzureichend bemessen. Die Mitteldichtung stellt bei nicht unterbrochener Dichtzone die optimale Lösung für Bauelemente höchster Beanspruchung dar.

3. Innendichtung

Die Innendichtung entspricht qualitativ nicht ganz der Qualität der Mitteldichtung, da das Profil für eine sichere Eckverbindung der Dichtung zu klein ist und durch den Windstaudruck eine zusätzliche Anpressung des Dichtungsprofils nicht eintritt.

4. Außen- und Innenanschlagdichtung (Abb. 34)

Die Außen- und Innenanschlagdichtung ergibt eine wesentliche Verbesserung des a-Wertes und der Schlagregensicherheit gegenüber der nur-Außendichtung. Der Grad der Verbesserung hängt entscheidend von der Qualität der inneren Abdichtung ab. Bei vielen Fenstersystemen muß die innere Abdichtung im Band-, Ecklagen- und Griffhebelbereich unterbrochen werden.

Die zusätzliche Innendichtung ermöglicht bei Windbelastung den Aufbau eines Gegendruckes im Kammersystem. Dieser bewirkt, daß durch die Undichtigkeiten im äußeren Dichtbereich weniger Luft einströmt. Der a-Wert wird kleiner. Die Innendichtung verbessert bei vorhandener Wasserkammer zugleich die Schlagregendichtigkeit. Bei den häufig anzutreffenden Windboen (wechselnde Drücke) drückt der Kammerdruck das eingedrungene Wasser durch die Ablaufschlitze nach außen.

Küffner [136] zeigt einen Weg zur rechnerischen Abschätzung der Dichtungswirkung von Außen- und Innendichtung. Es ergibt sich hieraus, daß selbst bei Undichtigkeiten der inneren Abdichtung noch eine wesentliche Verbesserung des Gesamt-a-Wertes eintritt.

Die kombinierte Außen- und Innenanschlagdichtung ist die häufigst angewendete Dichtung. Sie kann bei gut abgestimmten und nicht unterbrochenen Dichtzonen auch an Hochhäusern eingesetzt werden.

4.2.4.5. Abdichtung von Holzfenstern

Holzfenster zeigen in vielen Fällen auch ohne zusätzliche Dichtungen eine ausreichende Fugendichtigkeit. Mit zunehmenden Flügelabmessungen führt eine Verwerfung der Holzteile durch unterschiedliche Schwindspannungen zu Undichtigkeiten, die größer sind als bei Fenstern anderer Werkstoffe ohne zusätzliche Abdichtung. Zur Erzielung einer ausreichenden Schlagregensicherheit sind im Brüstungsbereich zusätzliche Schutzmaßnahmen zum Druckausgleich und zur sicheren Regenableitung unerläßlich (Abb. 35–37). Regendurchlässe verursachen neben Durchfeuchtungen auch die Zerstörung der Holzteile.

Gebräuchlich sind Wetterschutzschienen aus Aluminium, verzinktem Stahl und Kunststoff. Es handelt sich in allen Fällen um Fremdstoffe, zu deren Befestigung der Oberflächenschutz des Holzes stellenweise zerstört werden muß und Unterhaltungsanstriche nicht regelmäßig aufgebracht werden. Im Berührungsbereich zwischen Holz und Regenschutzschiene entsteht wegen der unvermeidlichen unterschiedlichen Bewegung und Oberflächentoleranzen eine unkontrollierbare Kapillarspalte, in die ablaufendes Regenwasser wegen seiner hohen Oberflächenspannungen auch beim Vorhandensein üblicher Wassernasen eindringen kann. Da dieser Bereich üblicherweise 1 bis 2 Anstriche weniger erhält, ist das Holz hier besonders feuchtigkeitsgefährdet. Kunststoff hat sich wegen seiner hohen thermischen Verformung nicht bewährt. Regenschutzschienen, welche die ganze Rahmentiefe erfassen und auch außen das Rahmenholz überdecken (Abb. 38), sind anderen Systemen vorzuziehen.

Sofern die Wetterschutzschienen seitlich nicht abgeschlossen sind, wird der Regen in die ohnehin häufig Spalten und Paßungenauigkeiten aufweisende Eckverbindung geleitet. Bei genauer Einpassung der Schienen werden diese bei Wärmeeinwirkung verformt und/oder in die angrenzenden Holzzellen gepreßt. Die unterschiedlichen Bewegungsvorgänge führen zugleich zu einer Lockerung der Schienenbefestigung. Dadurch ergeben sich neue Eindringmöglichkeiten für Wasser und Pilzsporen.

Besondere Kriterien für die Dichtigkeit von Holzfenstern:

die Länge der einzelnen Fensterteile,

die erforderlichen Ausnehmungen für verdeckt liegende Beschläge (im Falzbereich),

der paßgenaue Einbau von Fensterbänken, Verriegelungen etc. unter Berücksichtigung eines ausreichenden Anpreßdruckes im gestrichenen Zustand,

Art und seitlicher Abschluß der Wetterschutzschienen.

Die Verwendung von Wetterschutzschienen mit angeformten Fußstück bzw. angeformter oder untergeschobener

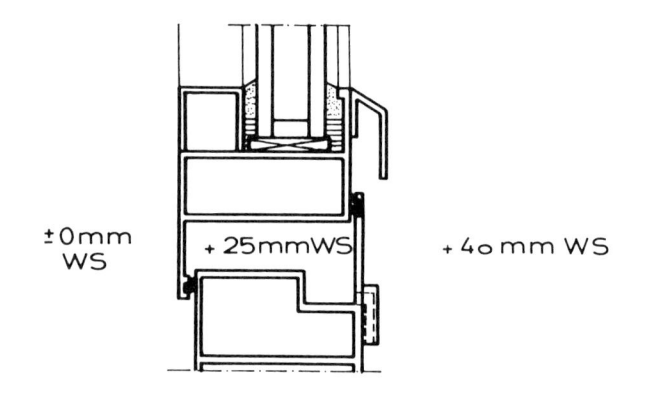

Abb. 34: Außen- und Innendichtung mit Druckgefälle von außen nach innen [136]

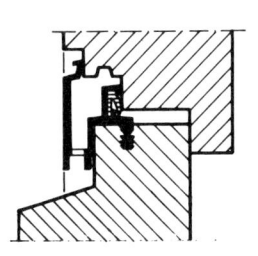

Abb. 35: Regenschutzschiene mit Dichtungsprofil (Fa. BUG)

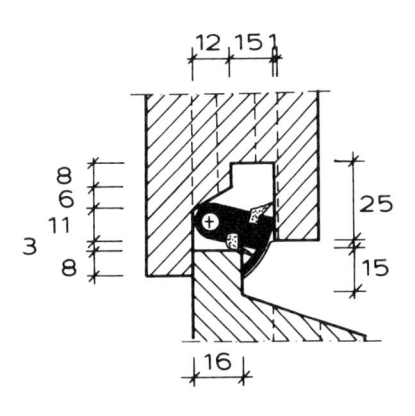

Abb. 37: Regenabwehrsystem 70 (Fa. Schultheiß)

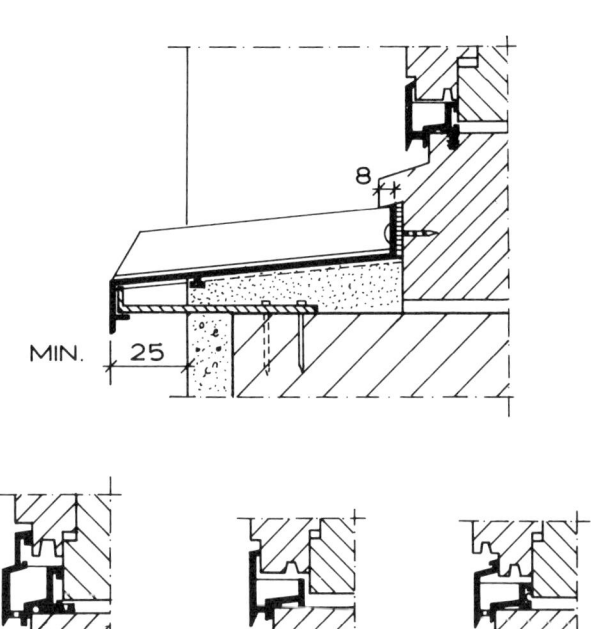

Abb. 36: Verschiedene Regenschutzschienen mit/ohne Dichtungsprofil

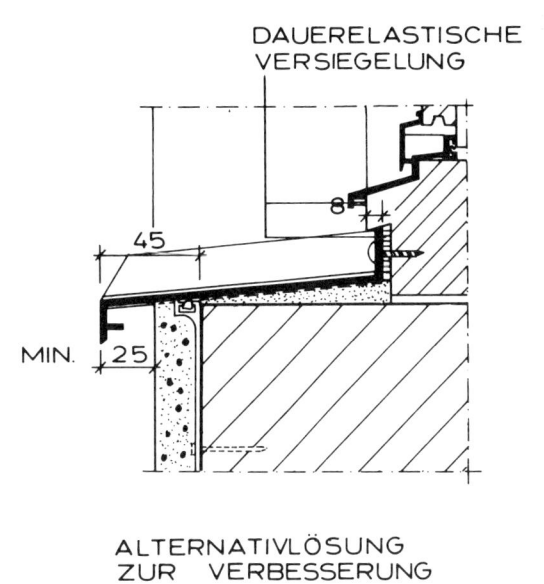

Abb. 38: Regenschutzschiene mit angeformten Fußstück

Fensterbank ist z. Z. als Optimallösung anzusehen. Die Bemühungen und Ausführungsempfehlungen des Instituts für Fenstertechnik e. V. Rosenheim haben eine wesentliche Verbesserung in Form und Einbau der Wetterschutzschienen gebracht. Die einzelnen Maßnahmen reichen aber noch nicht aus, die o. a. Mängel zu beheben.

4.2.4.6. Abdichtung von Fenstern in Sonderkonstruktion

Bei Schiebefenstern ist die Abdichtung trotz verbesserter Dichtstoffe und Fensterkonstruktionen wegen des für die Betätigung unerläßlichen Spielraumes noch immer problematisch. Bürstendichtungen sind als alleinige Abdichtung ungeeignet. Die beste Abdichtung läßt sich bei Hebeschiebefenstern und -türen erzielen. Bei guten Konstruktionen und sauberer Paßarbeit sind nach vorliegenden Prüfzeugnissen auch hier a-Werte unter $1,0 Nm^3/hm$ erreichbar.

Bei Schwing- oder Wendeflügeln sind die Abdichtungen im Bereich der Drehlager und eine umlaufende Verriegelung der Fensterlängsseiten (z. B. 6-Punkte-Verriegelung) als besondere Kriterien anzusehen.

4.2.4.7. Normen, Vorschriften, Richtlinien

DIN 18 361 (XII/58) Verglasungsarbeiten
DIN 18 055 (IV/71) E Bl. 2 Fenster, Fugendurchlässigkeit und Schlagregensicherheit

Tabelle zur Ermittlung der Beanspruchungsgruppen zur Verglasung von Fenstern (1969),

> herausgegeben vom Institut für Fenstertechnik e. V., Rosenheim – aus (1) – (Tab. 3).

Die vorgenannten Einzelheiten beziehen sich vornehmlich auf den Anschluß von Glas- und Flügel und Flügel und Blendrahmen. Die DIN 18 055 Bl. 2 ist in der vorliegenden Form nur für spezialisierte Fensterhersteller praktikabel. Bestimmte konstruktive Kriterien, die dem Einzelfensterhersteller eine Hilfe sein könnten, werden nicht aufgezeigt.

4.2.4.8. Literaturwertung und Folgerungen

In Literatur und Veröffentlichungen wird diese Dichtzone nur sporadisch behandelt und i. d. R. unterbewertet. Seifert/Schmid [232] zeigen die wesentlichen Einzelheiten, die nicht nur für Holzfenster gelten, auf. Die Diskussion, in welchem Umfang eine Fugendurchlässigkeit akzeptabel sei, wurde noch nicht beendet. Die DIN 18 055 Bl. 2 gestattet in Abhängigkeit vom Windstaudruck eine spezifische Fugendurchlässigkeit von 1 bis 20 Nm^3/hm. Für die Schlagregensicherheit wird demgegenüber gefordert, daß an keiner Stelle Wasser in das Gebäude und in die Rahmenkonstruktion dringen darf, das dort zu Schäden führen kann. Fugendurchlässigkeit und Schlagregensicherheit beziehen sich primär auf den Verbindungsbereich von Flügel und Blendrahmen.

Als gesichert kann angesehen werden,

daß Schlagregensicherheit und Fugendurchlässigkeit ein Kriterium für Konstruktion und Fertigung des Fensters darstellen und die Lüftungswärmeverluste bei der Wärmebedarfsberechnung berücksichtigt werden müssen,

daß die Fugendurchlässigkeit zwar ein Qualitätsmerkmal darstellt, aber nicht als primäres Kriterium der Funktionsfähigkeit anzusehen ist,

daß zwischen Fugendurchlässigkeit und Schlagregensicherheit kein Zusammenhang besteht, die Fugendurchlässigkeit die Schalldurchlässigkeit eines Fensters aber gem. Abb. 16 beeinflußt,

daß eine normenmäßig definierte Schlagregensicherheit gefordert werden muß,

daß eine gegen O gehende Fugendichtigkeit nur bei Räumen mit Vollklimatisation angestrebt werden sollte,

daß in allen anderen Fällen eine der Norm entsprechende Fugendurchlässigkeit nicht als Nachteil anzusehen ist, sofern schallschutztechnische Bedenken nicht bestehen,

daß die Dichtigkeitseigenschaften, über größere Zeiträume betrachtet, nachlassen,

daß einmalige Prüfzeugnisse über die Dichtigkeit von Fenstern bestimmter Profilserien keine Gewähr für eine bestimmte Fensterqualität bieten und nur eine ständige Kontrolle der Gesamtproduktion eine gleichbleibende Qualität sichert,

daß sich die derzeitigen Vorschriften vom Einzelfensterhersteller bis heute nicht sinnvoll anwenden oder nachprüfen lassen.

Im Flügel/Blendrahmenbereich erfordert

ein ausreichender *Schlagregenschutz* bei allen Fenstersystemen eine Regenschutzschiene (bei Holzfenstern) bzw. eine entsprechende Profilierung (bei Stahl-, Metall- und Kunststoff-Fenstern) jeweils mit seitlichem Abschluß, einer möglichst auch bei Windstau wirksamen Entwässerung und scharfkantigen Abtropfzonen am Flügelrahmen.

Die *Fugendichtigkeit* erfordert je nach den Ansprüchen der Bauherrschaft bei Holz- und Stahlfenstern i. d. R. bei größeren Flügelabmessungen (über 1,50 m Kantenlänge) bei Metall- und Kunststoff-Fenstern in allen Fällen zusätzliche Abdichtungen im Kammerbereich. Mitteldichtungen haben sich hierbei am besten bewährt.

Werden besondere Anforderungen an den *Schallschutz* gestellt, so sind bei allen Fenstersystemen und Flügelgrößen zusätzliche Falzdichtungen unerläßlich.

4.2.5. Anschluß zwischen Blendrahmen und Wand

4.2.5.1. Beanspruchungen und Anforderungen

Die Vielzahl üblicher Wand- und Fensterkonstruktionen und Einbaumöglichkeiten erfordert Lösungen, bei denen gewisse Grundforderungen trotz unterschiedlicher Gegebenheiten hinreichend berücksichtigt werden.

Die Art des Fensteranschlages an Wand bzw. Fassade und deren Abdichtung wird von den unter 2.1. dargestellten Beanspruchungen, der wind- und regenexponierten Stellung des Gebäudes, von Schallwellen und Erschütterungen, dem zu erwartenden Umfang thermischer und sonstiger Verformungen von Fenster und Wand, den mechanischen Beanspruchungen aus dem Fenster, der Feuchtigkeitsbelastung aus Wand und Raum und den chemischen Einwirkungen der Wandbaustoffe beeinflußt.

Der Einbau des Fensters muß rationell und unkompliziert vorgenommen, dabei elastisch und sicher befestigt werden können. Die Anschlußfuge muß risikolos und dauerhaft gegen Wind und Feuchtigkeit abgedichtet werden können, eine rasche, vollständige und sichere Regenabführung muß gewährleistet sein. Der Anschluß muß eine ausreichende Schall- und Wärmedämmung aufweisen. Ein Toleranzausgleich zwischen Rohbau und Fensterelement muß möglich sein. <u>Der Anschluß muß einen angemessenen Ausgleich gegenläufiger Bewegungen von Fenster und Wand</u> (Temperatur, Feuchtigkeit, Erschütterungen) <u>ohne Zwängungen gestatten.</u> Der Übergangsbereich der verbundenen Bauteile soll auch ansprechend gestaltet sein. Die nachträgliche Auswechslung der Fenster ohne Stemm- und Beiputzarbeiten sollte ermöglicht werden.

Die grundsätzlichen Anschlagmöglichkeiten wurden unter 4.2.5.2. zusammengefaßt.

4.2.5.2. Seitlicher Fensteranschlag

1. Problemstellung und Anforderungen

Die Art und Lage des Fensteranschlages bestimmt Einbaumöglichkeiten, Dichtigkeit und den natürlichen Witterungsschutz des Fensters. Unterschiedliche Einbaubedingungen ergeben sich bei innerem und äußerem Anschlag oder bei fehlendem massiven Anschlag mit/ohne besonderer Anschlagzarge, bei einschaligem verputzten Mauerwerk oder Betonbauten, bei zwei- und mehrschaligen vorgefertigten oder traditionellen Wandkonstruktionen mit und ohne Luftschicht, mit leichter vorgehängter Fassade aus Leichtmetall, Edelstahl, Asbestzement, Holz, Kunststoff oder schwerer Verblendung (Verblendmauerwerk, Waschbetonplatten etc.), bei Skelett- und Gerippebauten aus Stahlbeton, Stahl, Leichtmetall und Holz.

Bei stumpf in der Leibung sitzenden Fenstern sind i. d. R. Wärmebrücken und damit Tauwasser- und Schimmelbildungen nicht auszuschließen, wenn zugleich der aufsteigende Warmluftstrom durch eine unzweckmäßige innere Fensterbank in den Raum und nicht zum Fenster gelenkt wird.

Der seitliche Anschlag ergibt sich aus den aus Brüstungs- und Sturzzone bedingten Vorgaben. Eine sichere Befestigung erfordert Befestigungs- und Abdichtungselemente, die eine gleitfähige Verbindung zur Wand herzustellen haben. Neben der schlagregen-, schall- und winddichten Ausbildung des Anschlusses zwischen Wandöffnung und Fenster ist die mechanische Festigkeit und die wärmedämmende Eigenschaft von Wandbaustoffen für die Fensterbefestigung bzw. zur Vermeidung von Wärmebrücken von Bedeutung.

Die Vorschriften der DIN 1053, wonach bei Verblendmauerwerk alle Berührungsstellen mit anderen Bauteilen abzudichten sind, gelten besonders für den Fensteranschluß. Nach DIN 18 056 soll der Abstand der Verankerungsstellen 80 cm nicht überschreiten. Jede Seite der Fensterwand muß dabei an mindestens zwei Stellen mit dem Mauerwerk verbunden werden. Art und Einbau der Verankerung sind bei der Planung festzulegen. Die Verankerung darf die Tragfähigkeit der angrenzenden Bauteile nicht beeinträchtigen.

2. Konstruktive Lösungen

Die in der Forschungsarbeit von Mittag (in [212]) über Nachteile und wirtschaftliche Vorteile der anschlaglosen Fensterbauart dargestellten Lösungen waren von verschiedenen Forschern und Firmen, besonders von Schlegel [212, 213], mit unterschiedlichen Ergebnissen weiterentwickelt worden. Die Baupraxis hinkt indes den technischen Erkenntnissen hinterher. Es ist zwischen folgenden Anschlagmöglichkeiten zu unterscheiden:

Nach Lage des Fensters im Wandquerschnitt:

a) Innenanschlag;
b) Außenanschlag;
c) anschlagloser Fenstereinbau.

Nach Art und Zeitpunkt der Ausführung:

d) Bauverflochtener Anschlag ohne besondere zusätzliche Dichtungsmaßnahmen;
e) teilweise bauentflochtener Anschlag bei Wandkonstruktionen mit und ohne Luftschicht;
f) vollständig bauentflochtener Anschlag bei Wandkonstruktionen mit und ohne Luftschicht.

Der konstruktive Aufbau der Wand und die Berücksichtigung besonderer Einrichtungen (Rolläden, Sonnenjalousetten etc.) wird von Fall zu Fall die eine oder andere der vorstehenden Lösungsmöglichkeiten begünstigen.

3. Fenster mit Innenanschlag

Es handelt sich hierbei um Lösungen, bei denen das Fenster mehr oder weniger weit gegenüber der Außenseite der Wand zurückspringt. Es handelt sich um die auch heute noch häufigst angewendete Anschlagart bei bauverflochtener Ausführung.

Problembereiche und Anforderungen

Bei nichtsaugenden, oberflächenglatten Wand- bzw. Fassadenoberflächen erfordern schlagregengefährdete Konstruktionen (exponierte Lage des Gebäudes, in Hochhäusern und bei großen Fenstern) sorgfältige und sinnvoll abgestimmte Dichtsysteme.

Bei breiten Fensteranlagen und besonders bei Aluminium- und Kunststoff-Fenstern wirken sich thermische Dehnungen und Durchbiegungen aus Windbelastung verstärkt aus. Eine gleitfähige Befestigung und eine elastische Abdichtung sind unerläßlich.

Bei den marktüblichen Konstruktionen handelt es sich i. d. R. um bauverflochtene Lösungen (6.) mit federnder Befestigung (Abb. 46), jedoch ohne elastische Abdichtung. Die gelegentlich anzutreffenden elastischen Dichtungen mit dreiecksphasenartigem Auftrag sind vom Querschnitt her nur für kleinere Dehnungen geeignet, i. d. R. zu stramm, d. h. mit zu hoher Shore-Härte eingestellt und häufig nicht in der Dichtungsebene der Außenhaut eingebracht. Auf die Vorbehandlung des Haftgrundes wird häufig verzichtet.

4. Fenster mit Außenanschlag

Es handelt sich hierbei um Lösungen, bei denen das Fenster nur wenig gegenüber der Außenfassade zurückspringt. Fenster mit Außenanschlag werden wegen der nachstehenden Nachteile heute praktisch nicht mehr angewendet.

Problembereiche

Es sind große Blendrahmenbreiten nötig, um bei dem heute überwiegenden Innenaufschlag der Flügel die erforderlichen Beschläge unterzubringen. Der Blendrahmen wird dabei optimal den Witterungseinwirkungen ausgesetzt. Die Sturzzone ist schlecht abzudichten und besonders gefährdet. Die heute gängigen Fenstersysteme erfordern zusätzliche Ergänzungsprofile.

5. Das anschlaglose Fenster

Stumpf in der Leibung sitzende Fenster können je nach konstruktiver Konzeption mehr oder weniger tief in der Leibung sitzen oder fassadenbündig eingesetzt werden (Abb. 47). Der Fenstereinbau kann hierbei bauverflochten, teilbauentflochten oder total bauentflochten ausgeführt werden.

Problembereiche

Je weiter das Fenster in Richtung Außenfassade rückt, um so größer werden die Beanspruchungen, die sich aus der Wind- und Schlagregenbelastung ergeben. Wie Eichler [52] und Beck-Richter [10] nachweisen, ist die Wärmebrückenwirkung um so größer, je weiter das Fenster nach innen verlegt wird.

Bei außenbündigem Einbau ergibt sich bei Verblendmauerwerk die Gefahr der Feuchtigkeitshinterwanderung (Abb. 47).

Die Ausbildung der Dichtzonen erfordert wegen der räumlichen Beschränktheit sorgfältigste Arbeit. Werden Fensterelemente preß in die Fensteröffnung bzw. eine Plattenbekleidung gesetzt, so ergeben sich Zwängungskräfte, die zu Ausbeulungen der Fenster und/oder Abschererscheinungen von Plattenbekleidungen führen.

Bei Plattenbekleidungen ergibt sich die Notwendigkeit zu höchster Arbeitsgenauigkeit für alle beteiligten Gewerke.

6. Der total bauverflochtene Anschlag (Abb. 46)

Es handelt sich hierbei um den traditionellen Fensteranschlag, bei dessen Ausführung eine Vielzahl von Gewerken (Schreiner, Putzer, Marmorfirma etc.) z. T. in mehreren Arbeitsgängen hintereinander den Fensteranschluß herstellen. Er ist vor allem im Wohnhaus und Industriebau bei Holz-, Stahl- und Kunststoff-Fenstern überwiegend anzutreffen.

Der traditionelle Hanfstrick wird als Folge häufiger Durchfeuchtungen und Bauschäden mehr und mehr durch plastische bis elastische Spritzdichtungen und Vorlegebänder ersetzt. Die Erkenntnis, daß die Teile des Fensters einer ständigen Verformung und Bewegung unterliegen und nicht starr, sondern elastisch mit den umgebenden Bauteilen verbunden werden müssen, wirkt sich auf die Art der Befestigung am Mauerwerk aus (Abb. 46).

Konstruktive Problembereiche

Holzfenster erfahren beim Einbau, besonders vor oder während der Innenputzarbeiten, eine beachtliche Feuchtigkeitsanreicherung, die in der Folge zu der Eckspaltenbildung und darüber hinaus zum Pilzbefall und zur Holzzerstörung führt.

Aluminium-Fenster werden bei ungenügendem Schutz vor Alkalien angeätzt, solange und soweit feuchte Medien im Kontraktbereich vorhanden sind. Die Beschichtung von Alu-Teilen mit Abziehlack als wirkungsvolle Schutzmaßnahme wird wegen ihres zusätzlichen Aufwandes bis heute nur sporadisch eingesetzt.

Eine Verschmutzung der Fensterprofile und Beschläge beeinträchtigt bei allen Fenstersystemen die Funktionsfähigkeit und das Aussehen.

Der bauverflochtene Fensteranschlag ist nach dem Stand der technischen Erkenntnisse und aus rationalen Überlegungen — zumindest bei mittelgroßen bis großen Bauvorhaben — als überholt anzusehen.

7. Der teilweise bauentflochtene Fensteranschlag

Es handelt sich hierbei um Konstruktionen, bei denen die Zarge als Anschlaghilfe einen Innenanschlag ersetzt. Die Abmessungen des Fensters werden zugleich fixiert. Fenster und Zarge müssen in getrennten Arbeitsgängen eingesetzt werden. Gem. Abb. 48, 49 wird eine verzinkte Stahlblechzarge bzw. -rahmen in das rohbaufertige Gebäude eingesetzt und ausgerichtet. In einem zweiten Arbeitsgang wird der Hohlraum mit Zementmörtel ausgeworfen. Je nach Art der Zarge dient diese zugleich als Lehre für die Putzarbeiten. Erst nach Fertigstellung der Putz-, Bekleidungsarbeiten etc. wird das fertig verglaste und bis auf den Schlußanstrich fertige Fenster eingesetzt.

Es gelten hier auch die unter 5. dargestellten Kriterien.

Zu unterscheiden ist zwischen Zargen,

a) die einen praktisch außenbündigen Fenstereinbau bedingen (Abb. 48, 49);
b) die nur innerhalb der Leibung eingesetzt werden können (Abb. 50);
c) die an jeder Stelle der Leibung angeschlagen werden können (Abb. 51);
sich in diesem Fall jedoch nur für Metallfenster eignen;
d) die sich nur für den Einbau bei hinterlüfteten Fassaden eignen (Abb. 52, 53).

Problembereiche

Die teilweise Verflechtung der Arbeitsgänge, der gelegentlich windschiefe und mit der Fugenteilung von Plattenbekleidungen oft nicht übereinstimmende Einbau der Fenster und der nur durch eine zusätzliche elastoplastische Spritzdichtung schlagregendichte Anschluß an Außenputz oder Verblendung sind als wesentliche Nachteile anzusehen. Der unelastische Mörtelauswurf erfolgt Wochen oder Monate vor Anbringung des Außenputzes oder entsprechender Plattenbekleidungen. Die Verstaubung des Anschlußbereiches und das zeitlich verschiedene Schwinden des Außenputzes führt zu Haftanschlußrissen, durch die Schlagregen zumindest bei exponierten Lagen eindringen kann. Die mechanische Beanspruchung des Fensters und die mindestens doppelt so große Wärmeausdehnung der oft dunkel gestrichenen Stahlblechzarge (im Vergleich zu HLZ-Mauerwerk) beansprucht den Anschluß zusätzlich.

Die bei Aluminium-Fenstern (Abb. 51) häufig anzutreffenden Zargen und Rahmenprofile gestatten i. d. R. eine einwandfreie mechanische Befestigung des Fensters. Die Abdichtung gegen Wind und Feuchtigkeit bringt oft unkontrollierbare Verbindungen mit dreiecksförmigen und unzweckmäßigen Dichtstoff-Phasen.

Bei vorgehängten leichten Fassadenkonstruktionen — z. B. Asbestzementplatten — übersteigen die Rohbautoleranzen in Gebäudehöhe oft den praktisch möglichen Toleranzausgleich. Der obere Anschluß an das Gebäude ist dabei kompliziert, erfordert zusätzliche Folienabdichtungen und ist nicht in allen Fällen regensicher (Abb. 52, 53). Bei Verblendmauerwerk erfassen die Stahlblechzargen nicht die Tiefe der Verblendung.

Der teilweise bauentflochtene Fensteranschlag ist als wesentliche Verbesserung des bauverflochtenen Anschlages anzusehen. Wegen der zumindest bei Gebäuden ab drei Vollgeschossen und in exponierter Lage unerläßlichen zusätzlichen äußeren manuell vorzunehmenden Abdichtung kann diese Lösung jedoch nicht voll befriedigen.

8. Vollständig bauentflochtener Anschlag (Abb. 54–59)

Es handelt sich hierbei um Ausführungen, bei denen das fertige Fenster mit oder ohne Zarge in Wandöffnungen mit Innenanschlag oder ohne Anschlag nach vollständiger Fertigstellung der Fensteröffnung nachträglich in einem Arbeitsgang eingesetzt wird.

Im Bauwesen hat sich bis jetzt nur die von Schlegel [212, 213] entwickelte „Essener Anschlagzarge" in der Praxis bewährt. Zarge und Fenster werden nach Fertigstellung des Außenputzes bzw. der Bekleidung mit Hilfe von Zellgummi-Dichtungen, federnden Toleranzkeilen und eingedübelten Ring- bzw. Hakenschrauben in einfacher und sicherer Form eingesetzt. Die „Essener Anschlagzarge" eignet sich für alle Fenstersysteme.

Problembereiche

Als Nachteil der Fenster mit der Essener Anschlagzarge ist die bisher begrenzte Anwendbarkeit für Fenster ohne Rolladen und das Vorhandensein eines Wandmaterials, das den Einsatz der Dübel für die Ringschraube gestattet, anzusehen. In abgewandelter Form ist diese Art des Anschlages auch bei Verblendmauerwerk mit Luftschicht [213], nicht aber bei leichten Fassadenbekleidungen möglich.

Als weiteres Problem ist die richtige Lage der Abdichtungsebenen zu sehen. Der kapillare Putz ermöglicht in vielen Fällen keine zuverlässige Dichtung. Es gibt weder Spaltplattenbekleidungen, noch Verblendmauerwerk, das vollkommen schlagregendicht ist. Selbst bei vorgehängten Fassaden muß man mit Regendurchlässen rechnen.

Die von Messner [158], anderen Verfassern und in Firmenprospekten gegebene Empfehlung, bei allen Anschlagarten eine Abdichtung zwischen Blendrahmen und Hintermauerung anzubringen, ist unzweckmäßig, weil diese Wandbaustoffe nicht feuchtigkeitssperrend sind.

Nach den bisherigen Veröffentlichungen scheint es – außer der Essener Anschlagzarge – keine in die Zukunft weisende Entwicklung zu geben.

Das Gebiet der gleitenden Abdichtung zwischen Umrahmung und Fenster wird wegen verschiedener Fensterbaustoffe mit hohem Wärmeausdehnungskoeffizienten zunehmende Beachtung erfordern. Weitere Entwicklungsarbeit ist hier jedoch unerläßlich, um einen sicheren Einsatz bei den verschiedenartigen Wand- und Fensterkonstruktionen zu ermöglichen.

4.2.5.3. Konstruktive Ausbildung des Fenstersturzes

Die konstruktiven Probleme des Fenstersturzes ergeben sich aus der konstruktiven Durchbildung der äußeren Sichtfläche. Die besondere Feuchtigkeitsbeanspruchung durch Adhäsion und Kapillarsog erfordert dabei Konstruktionen, die eine rasche und aufenthaltslose Regenableitung gestatten. Der Wärmeschutz der Sturzzone führt zu einem Wärmestau und zu verstärkten Wärmebewegungen und – so diese behindert werden – zu Rissebildung in homogen aufgebrachten Außenputzen und Plattenbelägen und als Folge zur Durchfeuchtung der Wärmedämmung. Besondere Putzträger verbessern die Haftung des Mörtels im Sturzbereich. Die Rissebildung wird dadurch nicht verhindert, sondern nur verlagert. Bei Verblendmauerwerk bereitet die materialgerechte Abfangung des darüber liegenden Mauerwerks besonders bei größeren Fensterbreiten Schwierigkeiten. Die Abdichtung der äußeren und inneren Schale im Berührungsbereich weist häufige Mängel auf. Die Verwendung von Wärmedämmstoffen anderer Werkstoffstruktur als bei der angrenzenden Wand vorhanden, ergibt bei üblichen Ausführungen bearbeitungstechnisch und verfärbungsmäßig Probleme, deren Auswirkungen oft übersehen werden.

Durch die statische Verformung des Sturzes können im Sturz-Decken-Mauer-Werksanschluß zusätzlich Risse entstehen. Durch die homogene Verbindung von Sturz- und Stahlbetondecke und den hochwertigen Wärmedämmstoffen auf der Sturzaußenseite wird bei üblichen Mauerwerksbauten der Sturz zum Festpunkt in einer Wand, die im Jahres- und Tagesablauf durch den instationären Temperaturverlauf in ständiger Bewegung ist. Durch das von den Oberflächenspannungen um die Sturzecke gezogene Regenwasser ergibt sich eine besondere Mängelanfälligkeit.

Anforderungen:

Der Sturz sollte sich als Teil der Wand unabhängig von den Geschoßdecken mit der Wand bewegen können. Durch eine gewisse Überdimensionierung sollte der Umfang statischer Verformungen herabgesetzt werden. Es sollte möglichst aus den gleichen oder ähnlichen Werkstoffen wie die Wand bestehen.

Der Wärmeschutz sollte die nach DIN 4108 geforderten Mindestwerte wesentlich übersteigen, damit innenseitig Oberflächentemperaturen erreicht werden, die über dem Taupunkt liegen. Dies gilt besonders für Öffnungen in Nähe von Raumecken.

Die äußere Sichtfläche sollte so gestaltet sein, daß eine aufenthaltslose Regenableitung möglich ist und Risse in der Feuchtigkeitssperre nicht auftreten bzw. nicht zu Durchfeuchtungen führen können. Wasserabtropfkanten im Sinne Schlegels Regentropfenschiene [213] verbessern die Wasserableitung ohne zusätzliche Feuchtigkeitsbelastung des Fensters, sind aber ästhetisch unbefriedigend. Bei verputzten Stürzen ergibt bei außen liegender Wärmedämmung auch ein Vorspritzen der Wärmedämmung mit Zementschlämme und das Aufbringen eines geeigneten Putzträgers keine mängelfreie Lösung.

Gestaltungsmöglichkeiten

1. Ortbetonausführung einteilig, mit außen vorgesetzter und verputzter Wärmedämmung. Der Sturz wird meist im Verbund mit Massivdecken ausgeführt.
2. Fertigteilelemente mit außenseitiger oder dreiseitiger Wärmedämmung. Möglich i. d. R. nur für Öffnungsbreiten bis zu 1,50 m. Sonderformen: Sichtbeton, bewehrte oder vorgespannte Ziegelstürze, Stürze aus Leichtbetontrogsteinen etc.;

3. Gemauerte scheitrechte Bögen;
4. Mehrteilige Stürze, innenseitig im Verbund mit der Decke bzw. außenseitig, z. B. bei Verblendmauerwerk, aus Fertigteilen (mit Wärmedämmung) ausgeführt;
5. Kombinationssysteme aus 1 bis 4 in Verbindung mit vorgehängten leichten oder schweren Verblendungen.

Je nach Werkstoff der Wände und der Art des außenseitigen Witterungsschutzes werden unterschiedliche Lösungen zu bevorzugen sein. Bei außen verputzten Außenwänden gestatten nur wandwerkstoffhomogene Sturzkonstruktionen auf lange Sicht mängelfreie Lösungen. Bei Verblendmauerwerk sind werkstoffhomogene Lösungen nur soweit möglich, als diese sich wölbungstechnisch ausführen lassen.

Als konstruktiv günstigste Lösung sind hinterlüftete Außenbekleidungen anzusehen, bei denen kein eigener Sturz erforderlich ist, und die einen schlagregendichten Fensteranschluß ermöglichen.

4.2.5.4. Konstruktive Ausbildung des Rolladenkastens

Der Einsatz, die Bedeutung, Kriterien, Funktionen und konstruktiven Lösungsmöglichkeiten für Rolläden werden in dieser Arbeit nicht näher untersucht. Rolläden kommen überwiegend nur im gehobenen Wohnungsbau und in Gebäuden bis zu 6 Geschossen zum Einsatz.

1. Kriterien

Die Unterbringung und der Einbau von Rolladenkästen stellt einen besonderen Problembereich dar. Die Kriterien und konstruktiven Konsequenzen des Fenstersturzes gelten hier weitgehend.

Zu ergänzen ist jedoch:
Die Ausbildung örtlich hergestellter, massiver äußerer Sichtflächen (Verputz, Verblendung etc.) sowie die Herstellung eines ausreichenden Deckenauflagers bereitet i. d. R. Schwierigkeiten. Nicht in allen Fällen ist ein ausreichender Wärmeschutz zum Innenraum oder ein homogener Putzträger für den Außenputz oder eine homogene Verbindung mit dem darüberliegenden Stahlbetonsturz gegeben, eine vorsprungfreie Unterbringung ist erst bei Wanddicken ab 30 cm möglich.

Der erforderliche Ballen- und Gurtscheibendurchmesser, der Platzbedarf für den Rolladenkasten, das Gurtwellenauflager, die Notwendigkeit, für den Bedienungsgurt Öffnungen und einen Gurtroller einbauen zu müssen, sowie der Wärme-, Wind- und schalldichte Abschluß des Rolladenkastens zum Innenraum, insbesondere im Bereich der Revisionsöffnung, muß bei der Rohbaukonstruktion direkt berücksichtigt werden.

Ein Wärmeschutz der äußeren Blende ist bauphysikalisch gesehen nur bedingt erforderlich, da durch den nach außen offenen Rolladenschlitz ohnehin Kaltluft eindringen kann. Bei Fenstern über 1,5 m Breite ist eine obere Befestigung des Blendrahmens am Sturz wegen des Rolladenkastens nicht möglich oder zu labil.

Bei Fensterbändern mit gemauerten Zwischenpfeilern bestimmt i. d. R. die Auflagenbreite des Rolladenkastens im Hinblick auf eine sinnvolle Gurtführung bei geringem Reibungsverschleiß die Pfeilerbreite. Die erforderliche Auflagenbreite (6 bis 18 cm) hängt außerdem von der Art des Rolladenkastens ab.

Bei Eckfenstern ohne oder mit Eckpfeilern in Wanddicke können Rolladen entweder nicht oder nur unter Verwendung von Sonderkonstruktionen eingebaut werden. Zur Vermeidung nachträglicher Stemmarbeiten ist die Verwendung von Beton-Gurtrollkästen, die direkt in die Leibung eingemauert werden, sinnvoll.

Übliche Konstruktionen

Anforderungen

Auflagerungsmöglichkeit für Deckenplatten bzw. Unterbringung eines Fenstersturzes,
ausreichender Wärmeschutz im Sturz/Deckenbereich,
ausreichender Wärmeschutz im Bereich des Rolladenkastens,
zugdichter Abschluß des Rolladenkastens zum Innenraum hin,
risse- und komplikationsfreie Ausbildung der äußeren Rolladenschürze trotz Wärmestau, Wärmebewegungen, Erschütterungen und Schwingungen, bei größeren Fensterbreiten muß eine ein- oder mehrfache Befestigung des Fensterblendrahmens möglich sein,
es muß ausreichend Platz für Ballen- und Gurtscheibe vorhanden sein, ohne daß der Rolladen über die Innenwandfläche übersteht,
in ganzer Länge der Rolladen muß eine mindestens 7 bis 11 cm breite Revisionsöffnung vorhanden sein,
der Rolladen darf keine Schallbrücke darstellen,
am Rolladenpanzer dürfen keine Schleifspuren, am Gurt kein ungleichmäßiger Abrieb und damit Verschleiß auftreten.

Konstruktionsbeispiele (Abb. 39)

1. Die Rolladenschürze wird mit dem Sturz betoniert, die innere Abdeckung wird nach Fenstereinbau angebracht;
2. Fertigteil, zugleich statisch tragend, innere Abdeckung wird mitgeliefert oder getrennt angefertigt und nach Innenputz eingebaut;
3. Fertigteil, nicht tragend, aus organischen/anorganischen Werkstoffen, innere Abdeckung wird mitgeliefert/örtlich gefertigt und nach Innenputz eingebaut;
4. Rolladenkasten wird nachträglich außen vor dem Fenster oder auf der Innenseite des Fensters eingesetzt;
5. Kombinationen sind möglich, z. Z. in Form vorgefertigter Rolladenkästen, die zusammen mit dem Sturz ausgegossen werden.

Eine Wertung verschiedener üblicher Rolladensysteme zeigt, daß die Lösung 4a allen anderen Ausführungsmöglichkeiten überlegen ist und Lösung 3b am wenigsten zu empfehlen ist.

Gestaltungsvorschläge

Durch den Einbau von Rolläden lassen sich die genannten Optimallösungen selten erfüllen.

Abb. 39: Grundsätzliche Gestaltungsmöglichkeiten für Rolladenkästen und deren Wertung

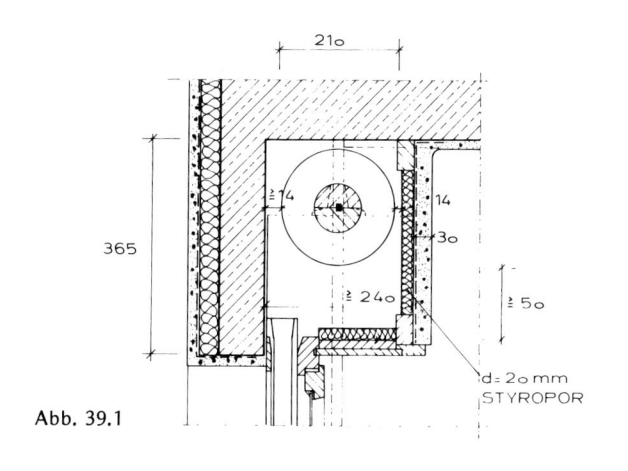

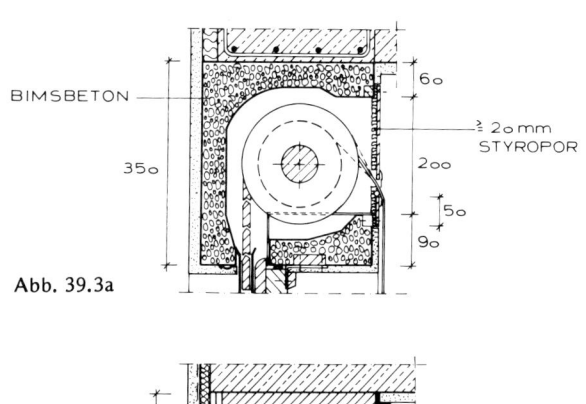

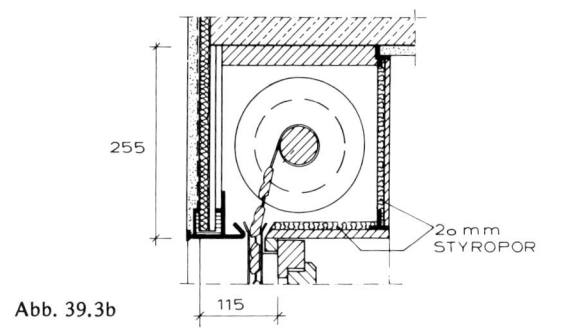

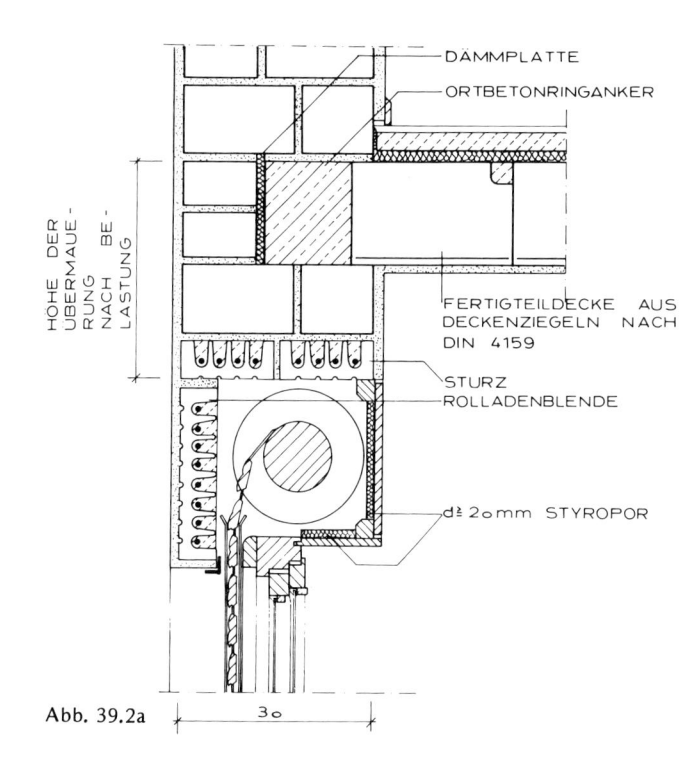

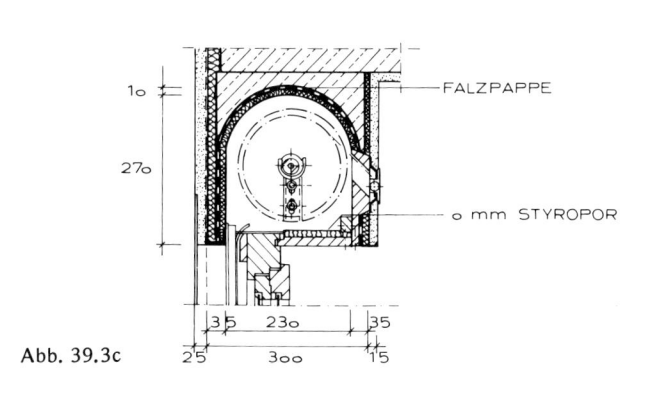

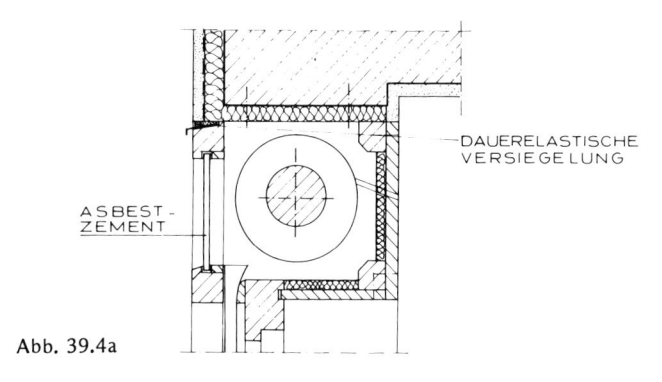

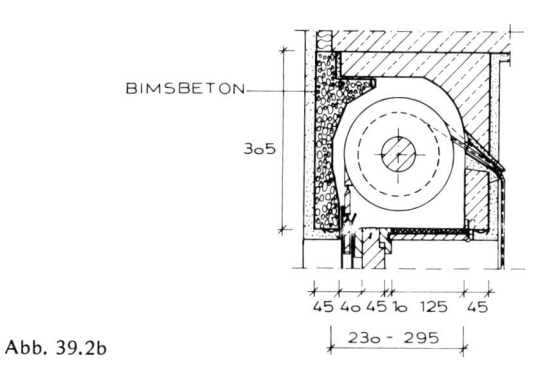

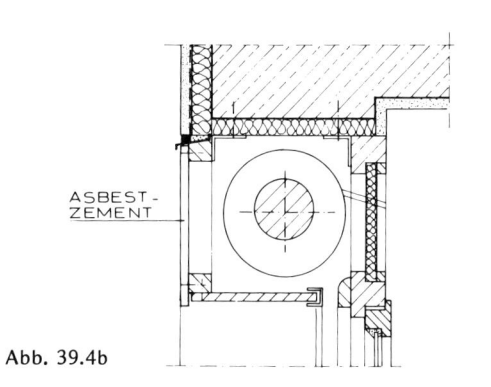

Abb. 39.5

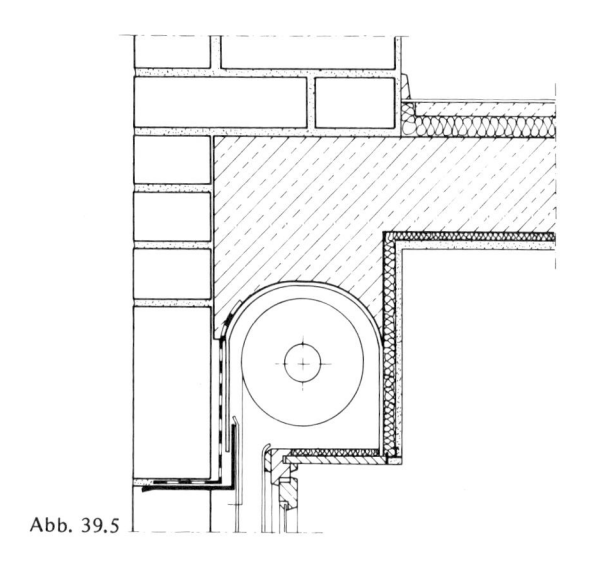

Abb. 39.6: Wertung verschiedener Einzelheiten von Rolladen
(Abb. 39.1 bis 39.5)

	1	2a	2b	3a	3b	3c	4a	4b	5
Deckenauflager	3	8	6	3	3	4	6	6	5
Wärmeschutz Sturz/ Deckenanschluß	2	2	4	6	3	7	6	6	6
Wärmeschutz Rolladenkasten/ Raum	4	2	2	2	2	7	6	6	8
Schallbrücke durch Rolladenkasten	2	4	2	2	2	4	2	7	4
Rissefreie Außenhaut Wärmestau mechanische Verformungen	4	4	6	4	2	4	8	8	6
Befestigung/Aussteifungsmöglichkeiten für Blendrahmen	3	6	3	10	3	3	3	8	3
Rolladenkasten ist dicker als Wand	4	4	4	4	4	4	7	7	4
Schleifspuren am Rolladen	8	8	8	8	4	8	8	8	8
	30	38	35	39	23	41	46	56	44

Der Vergleich läßt erkennen, daß die Lösung mit außenliegendem Rolladenkasten den anderen Systemen überlegen ist.

Konstruktiv günstigste Lösungen ergeben sich bei Anordnung des Rolladens außerhalb des Fensters. Das Fenster mit allen Schutzfunktionen kann bis an den Sturz herangeführt, und dort befestigt und abgedichtet werden.
Problematisch ist hierbei jedoch die Unterbringung der Gurtscheibe (oben seitlich und des Gurtrollers (unten).
Bei sturzlos vorgehängten Bekleidungen lassen sich praktisch alle Lösungen realisieren, wobei jedoch ein ausreichender Schallschutz nicht in allen Fällen zu erzielen ist.

4.2.5.5. Konstruktive Ausbildung des Fensterbrüstungsbereiches

1. Fensterbrüstung

Begriff und Funktionen

Die Fensterbrüstung umfaßt den Bereich zwischen Unterkante Fenster und Oberkante Fußboden. Sie wird bei gemauerten oder betonierten Brüstungen nach oben i. d. R. durch eine äußere bzw. innere Fensterbank abgedeckt und
— je nach Art der Raumlufterwärmung — zur Anbringung von Heizflächen bzw. Zuluftöffnungen bei Klimaanlagen und Schallschutzfenstern und zur Querverteilung von Installationsleitungen benutzt. Sie dienen bauaufsichtlich zugleich als Absturzsicherung.
Bei Bauwerken aus vorgefertigten Elementen und bei Vorhangfassaden lassen sich die nach unten verlängerten Brüstungselemente zugleich als Sturzbekleidungen oder als Rolladenschürzen verwenden.

Kriterien der Fensterbrüstung

Bei Mauerwerksbauten mit Heizkörpernischen erfährt der Wandquerschnitt eine Querschnittsschwächung. Bei den im Jahreslauf unterschiedlichen Temperaturverhältnissen in Wand und Brüstung ergeben sich dabei Spannungen, die im Bereich des Überganges von Normalmauerwerk zur Brüstung i. d. R. zu Rissebildungen führen.
Durchgehende Fensterbänke und fehlende Wärmedämmstreifen unterhalb der Fensterbank und Heizkörperkonsolen ergeben oft Wärmebrücken, Tauwasserniederschlag und Schimmelbildung. Durch eine ungeeignete äußere Fensterbankabdeckung dringt Regen in den Brüstungsbereich. Die nach innen auskragenden Fensterbänke üblicher Konstruktionen verhindern das Aufsteigen der Warmluft entlang der Glasflächen. Außen überstehende Fenstersohlbänke bewirken, daß der Regen Staubablagerungen des Außenputzes unterhalb der vorspringenden Fensterbank nicht abwaschen kann.
Auch bei Wasch- oder Sichtbetonbrüstungen vermag, wenn keine wasserdichte Sohlbank vorhanden ist, Regen in den Beton einzudringen und zu entsprechenden Kalkfahnen und Kalkabtropfungen zu führen.
Die Bauverflechtung der Brüstungsausführung, der Heizflächenmontage und des Fenstereinbaues sind umständlich und kostenintensiv.
Bei geschoßhohen Fensterelementen erfordert die Anbringung von Heizflächen besondere Konsolen oder Ständerkonstruktionen. Durch die Wärmestrahlung können sich Schäden an den Brüstungsflächen besonders dann ergeben, wenn geschoßhohe Verglasungen eingesetzt werden. Durch die elektrostatische Aufladung können sich bei kunststoffbeschichteten Blechen zusätzliche potentialbedingte Blasenbildungen, bei eingefärbten Leichtmetalleloxierungen Farbintensitätsunterschiede, bei starr eingesetzten dünnwandigen Elementen aus Blechen, Kunststoffen etc. Verwerfungen mit unterschiedlichem Lichtreflex (Knittereffekt) ergeben.

Anforderungen

Die Brüstungen müssen den gleichen Anforderungen wie die Wandflächen entsprechen und einen ausreichenden Wärme- und Schallschutz sowie einen Schutz gegen Tauwasserbildung aufweisen und den Brandschutzvorschriften entsprechen. Sie sollten in Werkstoff und Dicke mit der Außenwand homogen oder mit eindeutigen Trennfugen zwischen Brüstung bzw. Fenster und Wand hergestellt werden.

Von den verwendeten Materialien und deren Oberflächenstruktur hängt es ab, wie weit durch Wind und Regen eine Selbstreinigung erfolgt, eine Witterungs- und Korrosionsbeständigkeit, Feuerbeständigkeit, Stoßfestigkeit, Lichtechtheit etc. gegeben ist. Brüstungsplatten sind nach ähnlichen Gesichtspunkten wie Glasscheiben einzusetzen. Je nach der Art der dampfdichten Verbindung der beiden Deckflächen und der ungleich höheren Aufheizung dunkler oder starkfarbiger Oberflächen wird eine dauerelastische Versiegelung auch bei kleineren Flächen unerläßlich.

Gem. § 16 I. DV der Bau. O. NW müssen Fensterbrüstungen bis zum 4. Vollgeschoß mindestens 80 cm, über dem 4. Vollgeschoß mindestens 90 cm hoch sein. Geringere Brüstungshöhen sind zulässig, wenn die vorgeschriebenen Mindesthöhen durch andere Vorrichtungen, z. B. Geländer, eingehalten werden.

Konstruktive Lösungsmöglichkeiten

Als grundsätzliche Lösungsmöglichkeiten (Abb. 40) sind anzusehen:

1. Brüstungen aus dem gleichen Werkstoff wie die Wand in gleicher Dicke oder mit abgeminderter Dicke und zusätzlicher Wärmedämmung ausgeführt;
2. Brüstungen, die als i. d. R. massives Fertigteil mit zusätzlicher Wärmedämmung eingesetzt werden;
3. geschoßhohe Fensterwandelemente, bei denen im Brüstungsbereich wandstrukturfremde Elemente eingesetzt werden;
4. Vorhangfassaden, die in ganzer Gebäudehöhe vor einer tragenden Konstruktion mit/ohne dahinterliegenden massiven Brüstungen angebracht werden. Vorhangfassaden werden in dieser Arbeit nicht behandelt.

Die Berücksichtigung der unvermeidlichen Beanspruchungen verbietet zumindest bei gehobenen Ansprüchen Lösungsmöglichkeit 1. Lösung 2 und 3 lassen sich in zahlreichen Variationen mit und ohne Hinterlüftung ausführen. Bei geschoßhohen Fensterelementen können in die Fensterkonstruktion Brüstungsplatten unterschiedlichen Aussehens, aus unterschiedlichen Werkstoffen und unterschiedlichen Eigenschaften (Glas, Bleche, Asbestzement, Holz, Kunststoff, mit und ohne Wärmedämmung) eingesetzt werden.

Die Brüstungselemente müssen auf der Innenseite einen möglichst dampfdichten Mantel, einen äußeren Witterungsschutz und eine dem jeweiligen Einsatzort angepaßte, ausreichend steife und wärmedämmende Füllung aufweisen. Außen- und Innenschalen sollten miteinander dampf- und wasserdicht verbunden sein. Bei hinterlüfteten Konstruktionen dient die äußere Schale dem Wetterschutz und der

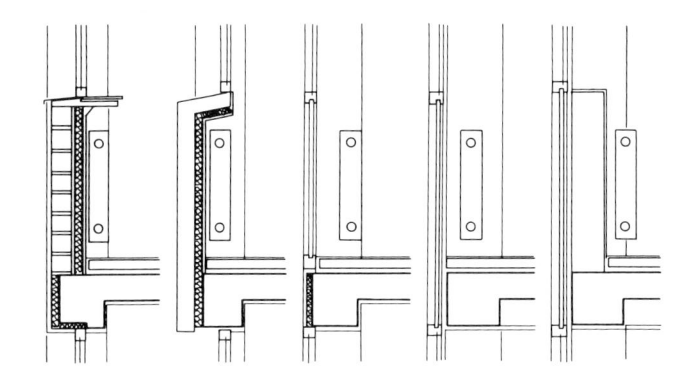

Abb. 40: Ausbildung üblicher Fensterbrüstungen

architektonischen Gestaltung. Sie muß zugleich eine ausreichende Festigkeit gegen mechanische Einwirkungen haben und oben regengeschützte Entlüftungsöffnungen, unten Zuluft- und Entwässerungsöffnungen haben.

Brüstungselemente müssen den als gesichert anzusehenden bauphysikalischen Erkenntnissen entsprechen.

Bei Fensterelementen mit verglasten Brüstungen sind Lösungen mit einem horizontalen Brüstungsriegel zur Lokalisierung thermischer Spannungen (vor Heizflächen) unerläßlich.

Bei gemauerten Brüstungen sind wegen der Rissegefährdung Konstruktionen mit äußerer hinterlüfteter Regenschutzschale zu bevorzugen.

2. Brüstungsabdeckung

Die Außenfensterbank hat die Aufgabe, das von den Fensterflächen abrinnende und vom Wind auf der Fensterbank aufgestaute Regenwasser nicht in den Brüstungsbereich oder das Gebäudeinnere eindringen zu lassen und so schnell wie möglich abzuleiten.

Kriterien

Die rasche und vollständige Ableitung des aufgeregneten Wassers. Bei gemauerten Abdeckungen (Rollschicht) dringt zumindest durch die Fugen Wasser ein. Fehlende seitliche und rückwärtige Aufkantungen begünstigen das Eindringen von Regenwasser und erfordern nur begrenzt wirksame elastische Abdeckungen. Thermische Einflüsse führen zu Abrissen zum Brüstungsmauerwerk und zu verputzten Leibungen hin.

Holz- und Stahlfenster können im Anschlußbereich zur Fensterbank nicht die erforderlichen Unterhaltungsanstriche erhalten.

Bei Fenstern mit Rolladen läßt sich der Führungsschienenanschluß nicht immer einwandfrei abdichten.

Bei Verblendmauerwerk und Fertigteilbauweisen sitzt die Fensterbank oft stumpf in der Leibung und ermöglicht nicht immer einwandfreie Abdichtungen.

Durch Fensterbanküberstände entstehen unter der Fensterbank regengeschützte Zonen und damit unschöne Verschmutzungen.

Anforderungen

Die Fensterbank muß einen regendichten Anschluß zur seitlichen Fensterleibung zum darunterliegenden Brüstungsbereich und zum Fenster herstellen. Es bedarf einer homogenen wasserundurchlässigen Sohlbank mit seitlicher und rückwärtiger Aufkantung, die an den Ecken lückenlos abgedichtet ist, sowie einer vorderen Abkantung, durch die der abrinnende Wasserfilm daran gehindert wird, in Putz oder Mauerwerk zu dringen.

Die thermischen Längenänderungen müssen ohne Beeinflussung der Regendichtigkeit und Haftfestigkeit der Abdeckung sich ausgleichen können. Bei Holz- und Stahlfenstern darf durch den Anschluß der Außenfensterbank keine unkontrollierbare, nicht mehr streichbare, dabei der Feuchtigkeit ausgesetzte Zone entstehen. Dauerelastische Abdichtungen sind wegen ihrer zeitlich begrenzten Haltbarkeit, der wasserdampfdichten Wirkung und ihrer verarbeitungsbedingten Mängelanfälligkeit ungünstig.

Lösungsmöglichkeiten

1. Gleitfähig gehaltene Abdeckungen (Aluminium, Zinkblech, Kunststoff) mit angeformter rückwärtiger und aufgeschobener seitlicher Aufkantung und vorderer Abkantung (Abb. 41).
2. Natur- oder Kunststeinfensterbänke mit oder ohne seitlicher und rückwärtiger Aufkantung und vorderer Tropfnase, in Mörtel verlegt (Abb. 42, 43).
3. Aus einzelnen Teilen gefügte Abdeckung (z. B. Klinkerrollschicht).
4. Verbundelemente aus metallischen Abdeckungen und Beton oder Kunststoffunterbau in Mörtel verlegt (Abb. 44).

Die Fenstersohlbänke vergangener Jahrhunderte haben den naturgesetzlichen Einwirkungen bei wesentlich geringeren Fensterabmessungen entsprochen.

Fensterbankabdeckungen mit Ziegelrollschichten sind wegen des kapillaren Gefüges des Mörtels und gegebenenfalls der Steine sowie fehlender seitlicher und rückwärtiger Aufkantungen und vorderer Abkantungen heute nicht mehr geeignet. Ebenflächige Natur-, Kunststein- oder Asbestzementabdeckungen (Abb. 42) sind in sich wasserdicht. Die fehlende seitliche und/oder rückwärtige Aufkantung und die fehlende vordere Abkantung erfordert selbst bei eingefrästen Abtropfrillen etc. dauerelastische Abdichtungen. Bei dunklen Werkstoffen sind zusätzlich beträchtliche Wärmebewegungen, die zu einem Lösen von der Unterkonstruktion führen, unvermeidlich.

Metall-Beton- bzw. Metall-Polyurethan-Fensterbänke sind weit verbreitet und haben sich bewährt. Bei größeren Fensterbreiten ergeben sich jedoch wegen der behinderten Wärmedehnung Verbeulungen des Metalls.

Aluminium-Fensterbänke lassen bei Halterungen, die ein Gleiten der Fensterbank entsprechend den Wärmebewegungen gestattet, einwandfreie Lösungen zu. Für alle Anschlüsse müssen die entsprechenden Formstücke verwendet und z. B. seitliche Abschlußprofile und Längsstöße elastisch eingedichtet sein.

Auch handwerklich fachgerecht gefertigte Zinkblech- und Kupferabdeckungen ermöglichen wasserdichte Lösungen.

Kunststoff-Fensterbänke haben sich wegen der starken thermischen Verformung nur bedingt bewährt.

3. Innenfensterbänke

als oberer Abschluß der Fensterbrüstungen, die tiefer sind als die eigentliche Fensterkonstruktion (Abb. 42) haben

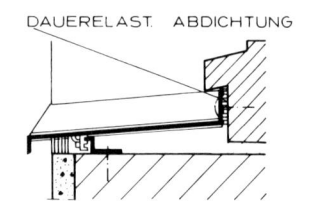

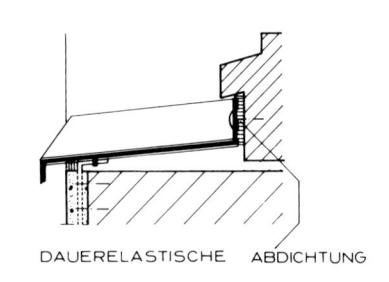

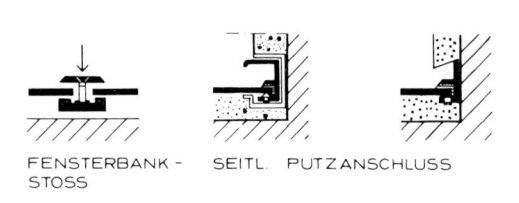

Abb. 41: Brüstungsabdeckung aus Aluminium

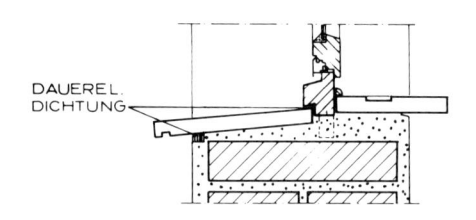

Abb. 42: Brüstungsabdeckung aus Asbestzement (Fulgurit)

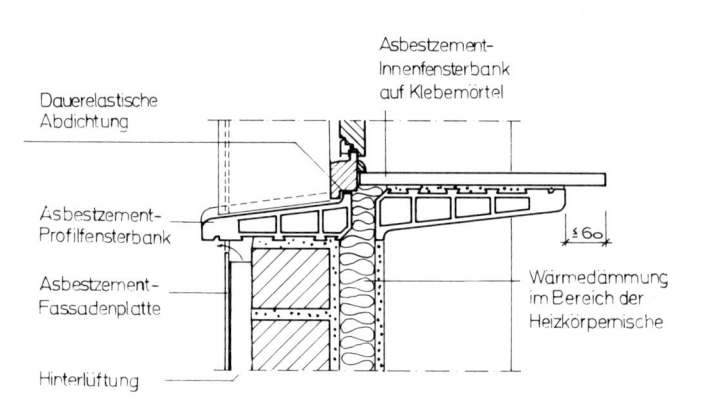

Abb. 43: Brüstungsabdeckung aus Asbestzement (Eternit)

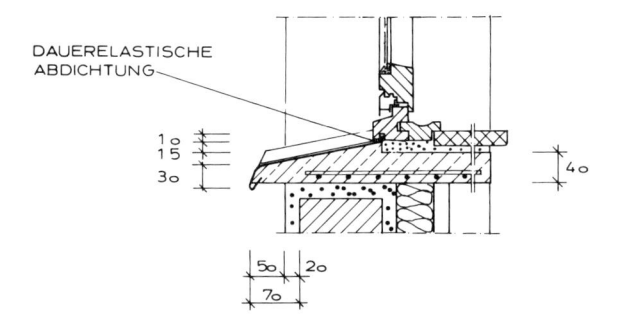

Abb. 44: Brüstungsabdeckung aus Alu-Beton bzw. Alu-Polyurethanschaum (Risse)

Abb. 45: Falsche und richtige Gestaltung des Fensterbrüstungsbereichs [54]

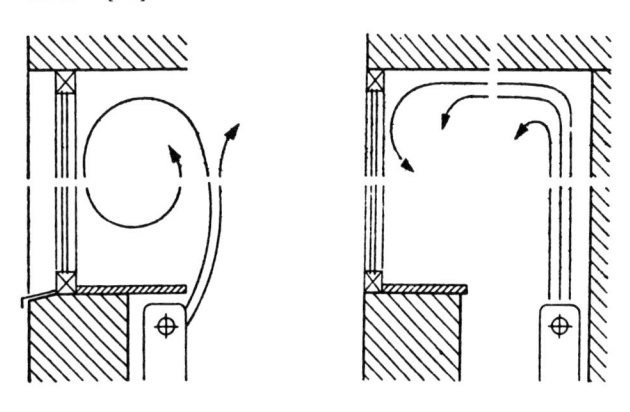

Falsche Heizkörperanordnung: Bei einer mittleren Raumtemperatur von + 20° C wird die Luft an der kalten Scheibe unter dem Taupunkt (+ 4° C bei 35 % rel. Luftfeuchtigkeit) abgekühlt. Die Scheibe beschlägt bereits bei einer Temperatur von −7° C.

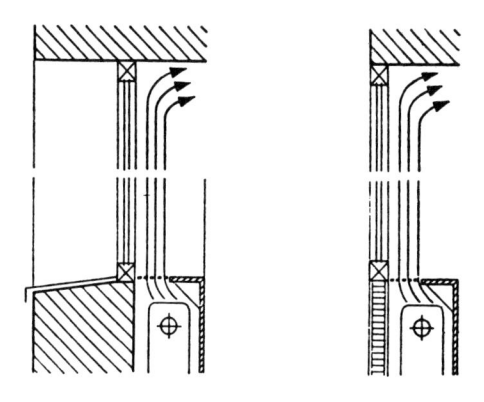

ihre ursprüngliche Bedeutung überall dort verloren, wo Heizflächen im Brüstungsbereich in Heizkörpernischen eingebaut werden. Sie dienen nur bei genügender Breite (20 cm) zum Abstellen von Blumen oder anderen Gegenständen.

Nach den derzeitigen Erkenntnissen sind die Wachstumsbedingungen, Wärme von unten während der winterlichen Ruhezeit, für die meisten Pflanzen naturwidrig.

Gestaltungsmöglichkeiten

1. Abdeckung mit Naturstein (Marmor o. ä.), Kunststein, Asbestzementplatten, seltener Holz auf gemauerter Brüstung oder Betonunterkonstruktion, vom Fenster bis über die Innenoberfläche Wand vorstehend.
2. Verlegung der vorstehenden Bekleidungen auf Konsolen oder anderen Unterkonstruktionen, mit Luftschlitzen entlang dem Fenster.
3. Auf Konsolen oder Winkeleisenrahmen werden Gitterroste o. ä. aufgelegt.
4. Es wird auf jede Abdeckung verzichtet.

Bei durchgehenden inneren Fensterbänken (Abb. 43, 44) ergeben sich wegen der Umleitung des Warmluftstromes (Abb. 45) beträchtliche raumklimatische Nachteile (Tauwasserbildung an Aluminium-Profilen, zu kalte Glasoberfläche). Bei durchgehender Unterkonstruktion aus Beton (Abb. 44) ergibt sich außerdem eine Kältebrücke. Zweiteilige Konstruktionen (Abb. 43) oder bewehrte Unterkonstruktionen aus Polyurethan-Schaum ergeben keine Kältebrücken, doch lassen sich hier nicht in allen Fällen Warmluftschlitze in entsprechender Breite einbauen.

Richtige Heizkörperanordnung: Die vom Heizkörper erhitzte Luft wird an der kalten Scheibe nicht bis zum Taupunkt abgekühlt (+ 4° C bei 35 % rel. Luftfeuchtigkeit). Die Scheibe beschlägt nicht bei einer Außentemperatur bis zu −22° C.

Durch Verlegung von Fensterbankabdeckungen auf Konsolen lassen sich durchgehende Schlitze schaffen.
In allen Fällen, in denen im Brüstungsbereich Heizflächen angeordnet sind, ergeben Warmluftöffnungen zwischen Fenster und innerer Fensterbank wärmere Glas- und Rahmenoberflächen und damit ein angenehmeres Raumklima.

Abb. 46: Rahmenbefestigungsmöglichkeiten

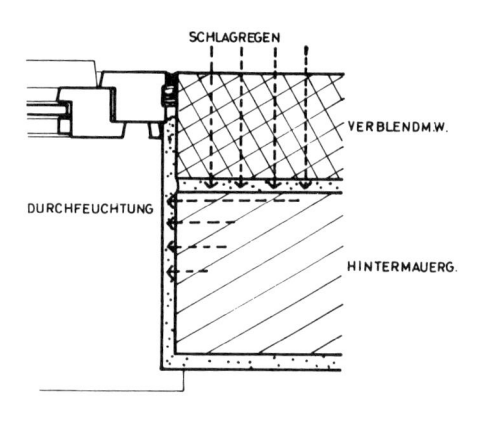

RICHTIG — FALSCH

SCHAUMSTOFF

TEERSTRICK

Abb. 46.1 Abb. 46.2

Abb. 47: Hinterwanderung der Dichtzone bei Verblendmauerwerk

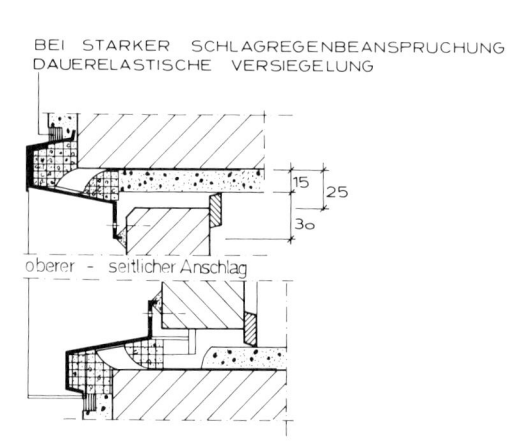

Abb. 48: Teilbauentflochtener Fensteranschlag (Monza)

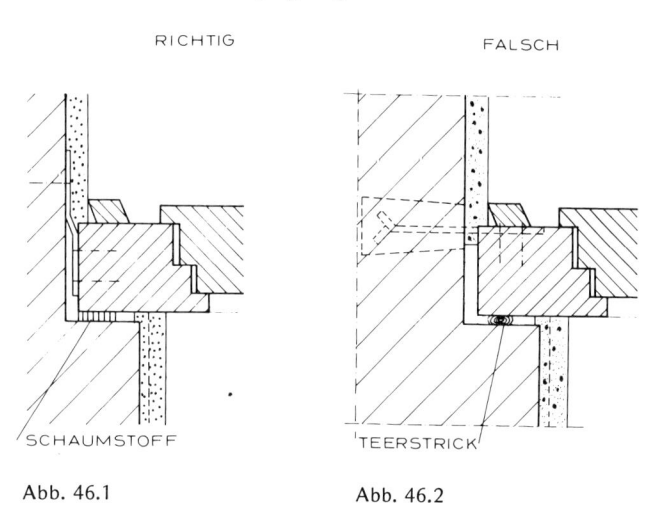

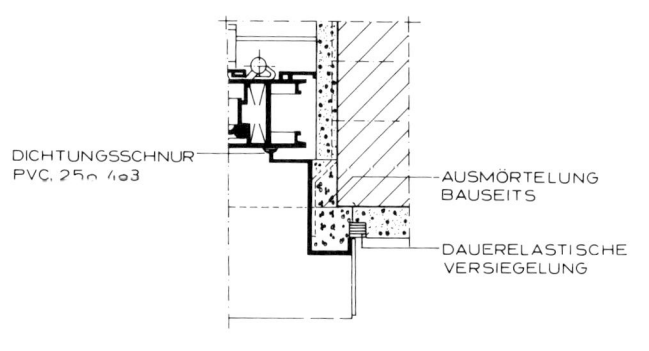

Abb. 49: Teilentflochtener Anschlag (Stahl-Schanz)

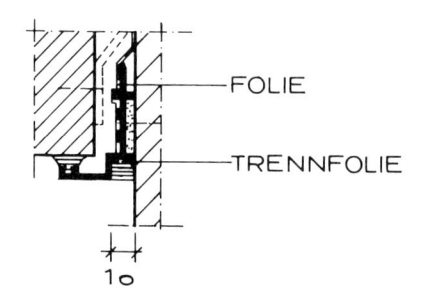

Abb. 50.1: Teilbauentflochtener Fensteranschlag (Seifert/Schmid)

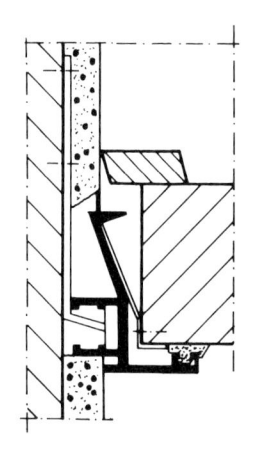

Abb. 50.2: Teilbauentflochtener Fensteranschlag (BUG)

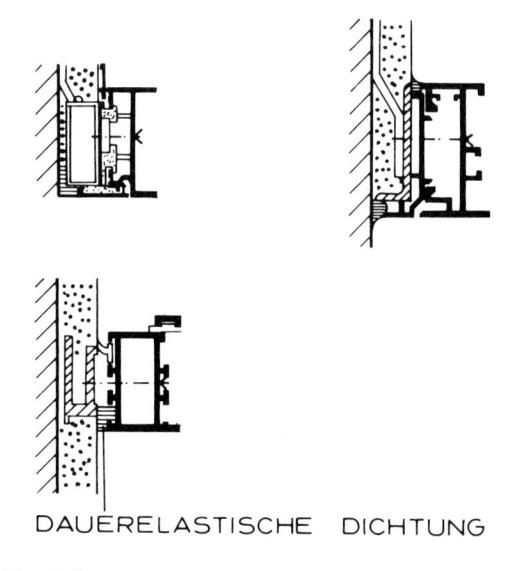

DAUERELASTISCHE DICHTUNG

Abb. 51: Teilbauentflochtener Fensteranschlag für Aluminium-Fenster (aus „Bauen mit Aluminium" 1972)

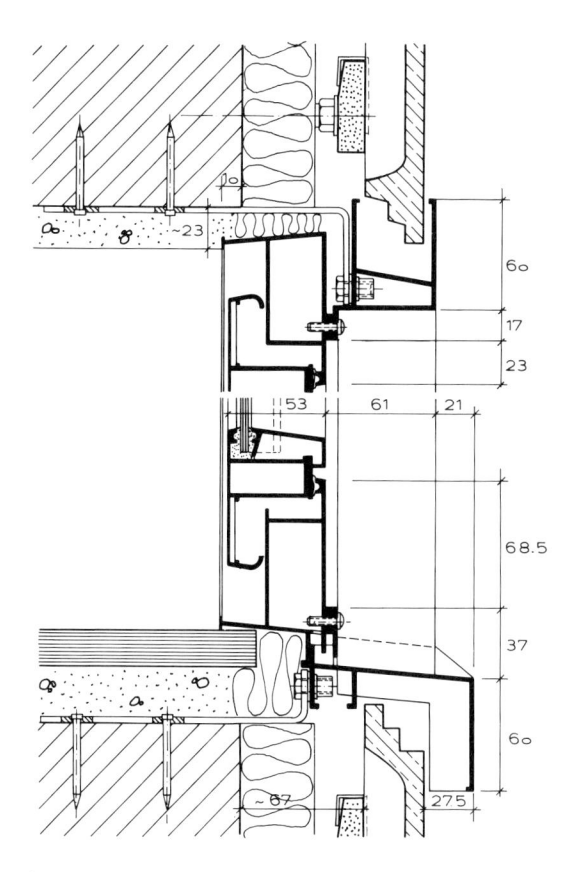

Abb. 52: Anschlagzarge für hinterlüftete Betonsteinverkleidung (Braas)

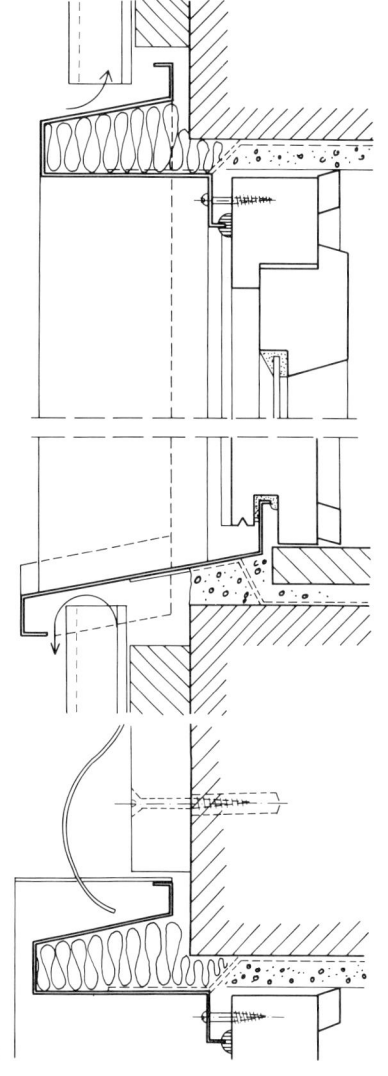

Abb. 53: Teilbauentflochtener Anschlag für Well-Asbestzementverkleidung

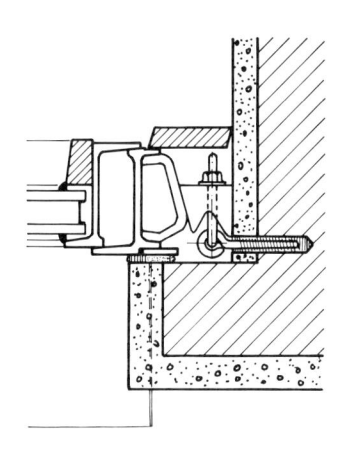

Abb. 54: Essener Anschlag für Stahlfenster [212]

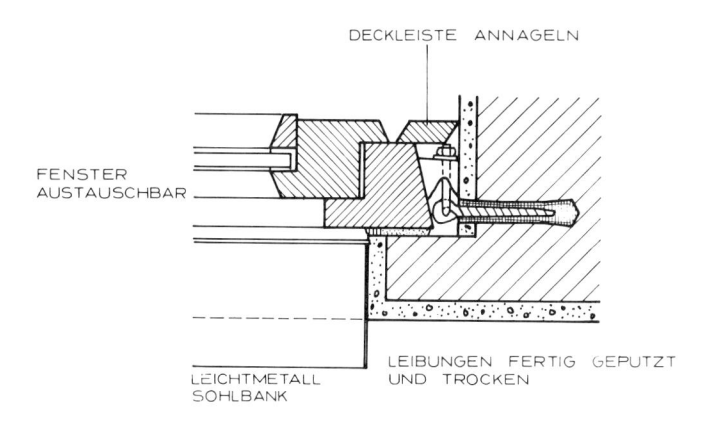

Abb. 55: Essener Anschlag für Holzfenster [213]

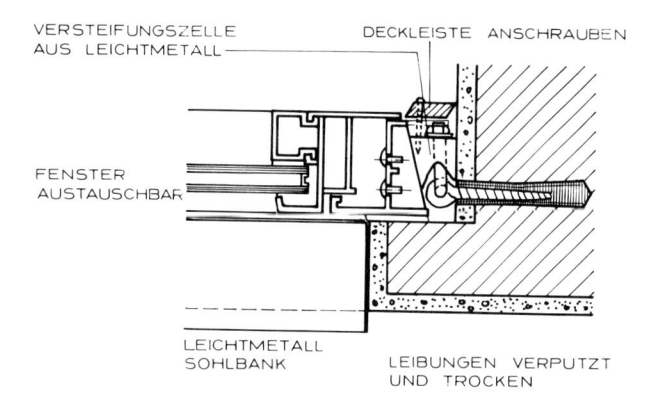

Abb. 56: Essener Anschlag für Aluminium-Fenster [217]

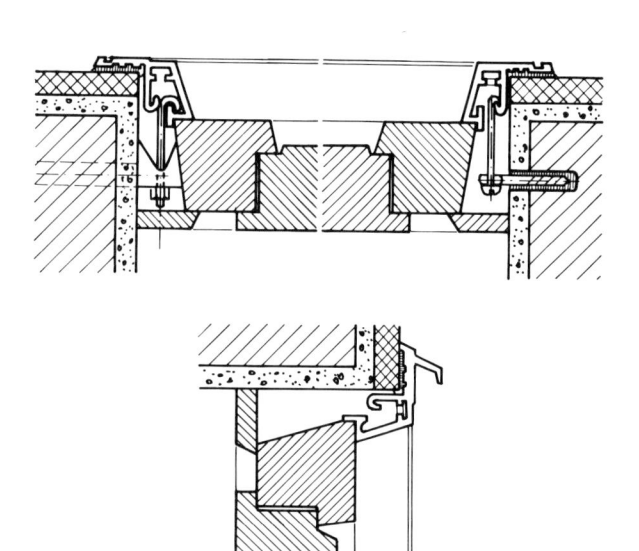

Abb. 57: Essener Anschlag mit Zarge für Holzfenster [217]

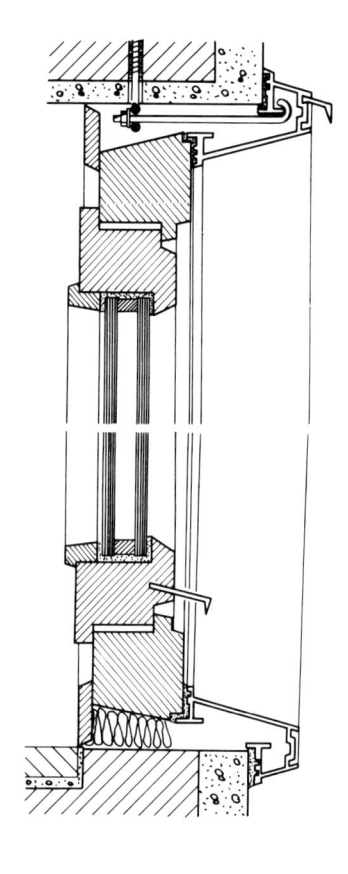

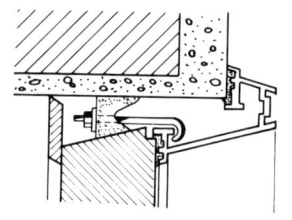

Abb. 58: Essener Anschlag mit Zarge für Holzfenster [213]

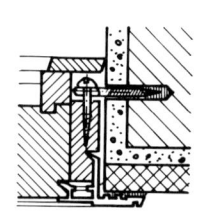

Abb. 59: Essener Anschlag mit Zarge ohne Toleranz-Ausgleichkeil [213]

4.2.5.6. Wertung und Zusammenfassung

Eine Wertung der verschiedenen Anschlagsarten wurde in Abb. 60 und Tab. 21 zusammengestellt.

Als Beurteilungskriterien wurden zugrundegelegt:

ein 2,0 m x 1,375 m großes Fenster aus Holz, Stahl, Aluminium, Kunststoff, bei sechs verschiedenen Anschlagarten, die gleitfähigen Befestigungs- und Verbindungsmöglichkeiten mit der Wand, den erforderlichen zusätzlichen Abdichtungen und der Schwierigkeitsgrad der Dichtungsarbeiten, die Schlagregengefährdung der Anschläge, besonders des Sturzes und feuchtigkeitsempfindlicher Bauteile, das Maß der Einwirkungsmöglichkeiten aus der Wand (Feuchtigkeit, chem. Einflüsse), die Eignung des Anschlages für den Einbau von Rolläden, die Sicherheit der Abdichtung seitl. Fensterbankanschlüsse, der Umfang der Unterhaltungsanstrichen entzogenen Fensterteile, das Vorhandensein von Kältebrücken und die Auswechselbarkeit des Fensters ohne Wandbeschädigung.

Es ergibt sich hieraus,

daß der total bauentflochtene Anschlag dem teilentflochtenen Anschlag und dieser dem bauverflochtenen Anschlag überlegen ist und dem stumpfen Anschlag und dem Außenanschlag hoch überlegen ist.

Die besonderen Anschlagkriterien der einzelnen Fenstersysteme werden im Abschnitt 5 aufgezeigt.

Ein sicherer Rahmen-, Wand- bzw. Fassaden-Anschluß wird von folgenden Faktoren beeinflußt:

Von den Werkstoffen und der Abmessung der zu verbindenden Bauteile;
Von der Lage der Anschlußdichtung, um jegliche Verformungen spannungsfrei ausgleichen und einen schlagregendichten Anschluß gewährleisten zu können;
von der Zahl und Lage der Befestigungspunkte und deren partieller Elastizität;
vom Grad der Bauentflechtung des Anschlages und des Fenstereinbaues;
vom Grad des möglichen Toleranzausgleiches bzw. des verbleibenden Bewegungsraumes bei Unregelmäßigkeiten der Fassade bzw. Wand.

4.2.5.7. Normung, Vorschriften, Richtlinien

Der Bereich der Fenster/Wandanschlüsse wird weder in Normen noch in sonstigen Vorschriften oder Maßnahmen zur Gütesicherung erfaßt.

Abb. 60: Darstellung der verschiedenen grundsätzlichen Anschlagmöglichkeiten mit vergleichender Wertung

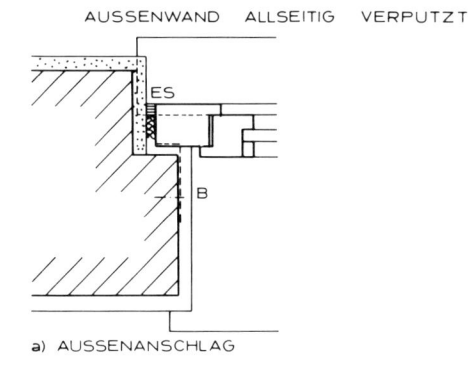

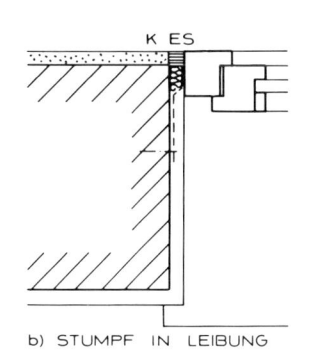

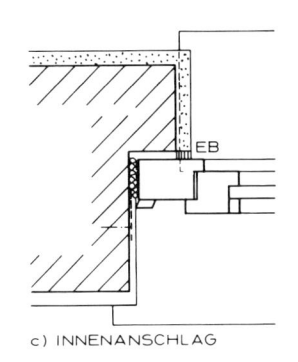

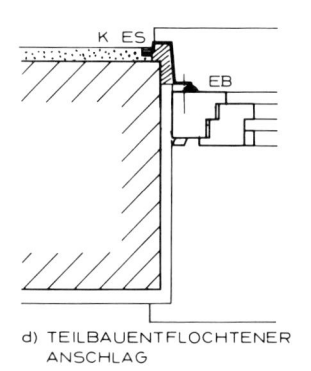

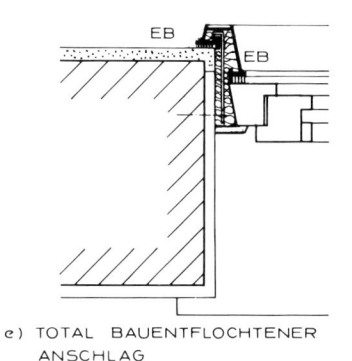

a) AUSSENANSCHLAG

b) STUMPF IN LEIBUNG

c) INNENANSCHLAG

d) TEILBAUENTFLOCHTENER ANSCHLAG

e) TOTAL BAUENTFLOCHTENER ANSCHLAG

```
---     FOLIENDICHTUNG
====    SPERRPUTZ
ES      ELAST. SPRITZDICHTUNG
EB      ELAST. BANDDICHTUNG
////    ZEMENTMÖRTEL 1:3
///     HINTERMAUERUNG
\\\     VERBLENDMAUERWERK
XXX     BETONFERTIGTEIL
A       ASBESTZEMENTPLATTEN
B       BEFESTIGUNGSELEMENT
P       PUTZTRÄGER
K       KRIT. PUNKT
SP      SPALTPLATTEN
≈≈≈     WÄRMEDÄMMUNG
Z       ZARG. LEIBUNGSBEKLDG.
```

Abb. 60.1

AUSSENSEITIG MIT SPALTPLATTENBEKLEIDUNG

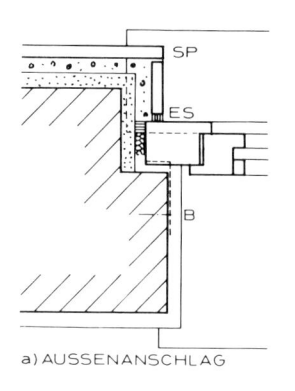

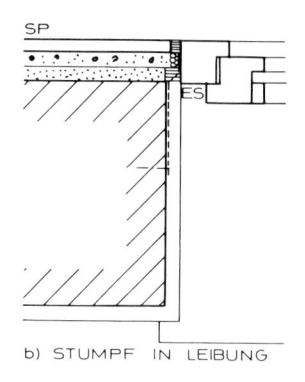

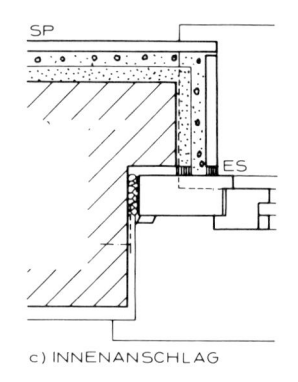

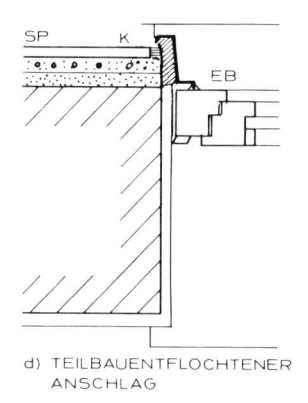

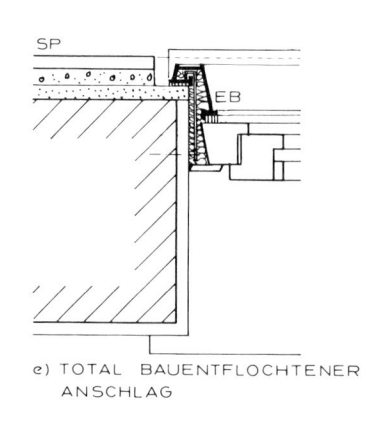

a) AUSSENANSCHLAG

b) STUMPF IN LEIBUNG

c) INNENANSCHLAG

d) TEILBAUENTFLOCHTENER ANSCHLAG

e) TOTAL BAUENTFLOCHTENER ANSCHLAG

--- FOLIENDICHTUNG
▨▨▨ SPERRPUTZ
ES ELAST. SPRITZDICHTUNG
EB ELAST. BANDDICHTUNG
▨▨▨ ZEMENTMÖRTEL 1:3
▨▨▨ HINTERMAUERUNG
▨▨▨ VERBLENDMAUERWERK
▨▨▨ BETONFERTIGTEIL
A   ASBESTZEMENTPLATTEN
B   BEFESTIGUNGSELEMENT
P   PUTZTRÄGER
K   KRIT. PUNKT
SP SPALTPLATTEN
▨▨▨ WÄRMEDÄMMUNG
Z   ZARG. LEIBUNGSBEKLDG.

Abb. 60.2

VERBLENDMAUERWERK OHNE LUFTSCHICHT

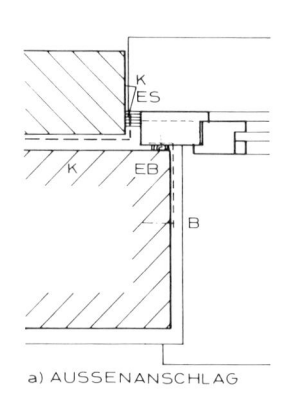

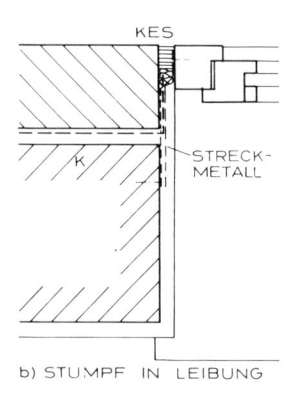

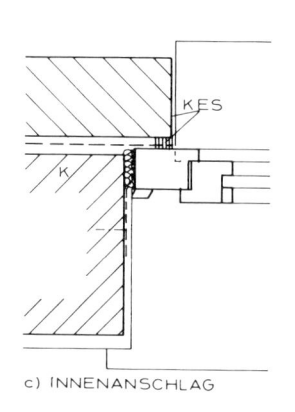

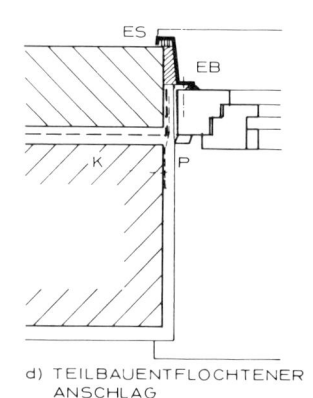

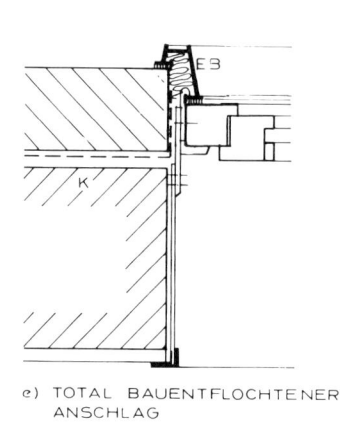

a) AUSSENANSCHLAG

b) STUMPF IN LEIBUNG — STRECKMETALL

c) INNENANSCHLAG

d) TEILBAUENTFLOCHTENER ANSCHLAG

e) TOTAL BAUENTFLOCHTENER ANSCHLAG

--- FOLIENDICHTUNG
▨▨▨ SPERRPUTZ
ES ELAST. SPRITZDICHTUNG
EB ELAST. BANDDICHTUNG
▨▨▨ ZEMENTMÖRTEL 1:3
▨▨▨ HINTERMAUERUNG
▨▨▨ VERBLENDMAUERWERK
▨▨▨ BETONFERTIGTEIL
A   ASBESTZEMENTPLATTEN
B   BEFESTIGUNGSELEMENT
P   PUTZTRÄGER
K   KRIT. PUNKT
SP SPALTPLATTEN
▨▨▨ WÄRMEDÄMMUNG
Z   ZARG. LEIBUNGSBEKLDG.

Abb. 60.3

AUSSENWAND MIT HINTERLÜFTETER LEICHTER PLATTENBEKLEIDUNG

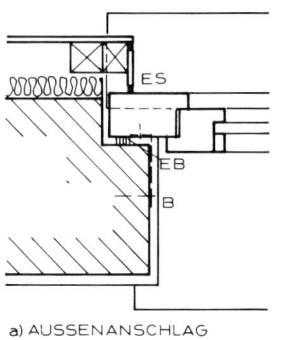

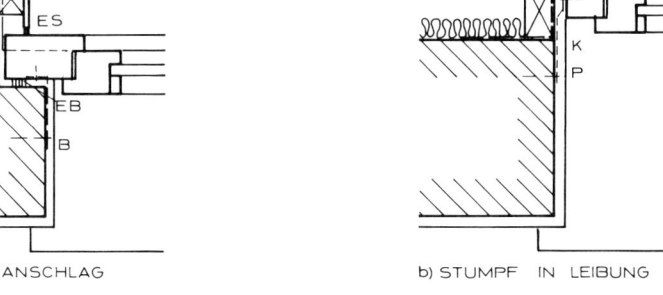

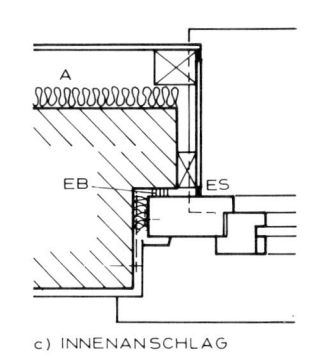

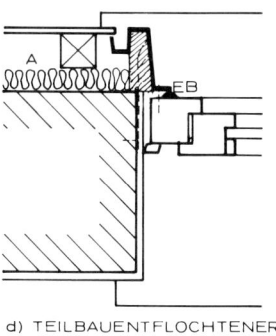

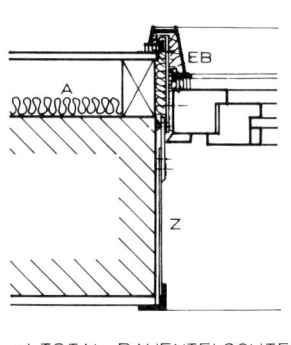

a) AUSSENANSCHLAG

b) STUMPF IN LEIBUNG

c) INNENANSCHLAG

d) TEILBAUENTFLOCHTENER ANSCHLAG

e) TOTAL BAUENTFLOCHTENER ANSCHLAG

```
---  FOLIENDICHTUNG
≋≋≋  SPERRPUTZ
ES   ELAST. SPRITZDICHTUNG
EB   ELAST. BANDDICHTUNG
▨▨▨  ZEMENTMÖRTEL 1:3
▨▨▨  HINTERMAUERUNG
▨▨▨  VERBLENDMAUERWERK
▨▨▨  BETONFERTIGTEIL
A    ASBESTZEMENTPLATTEN
B    BEFESTIGUNGSELEMENT
P    PUTZTRÄGER
K    KRIT. PUNKT
SP   SPALTPLATTEN
▨▨▨  WÄRMEDÄMMUNG
Z    ZARG. LEIBUNGSBEKLDG.
```

Abb. 60.4

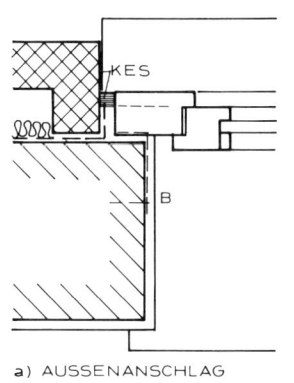

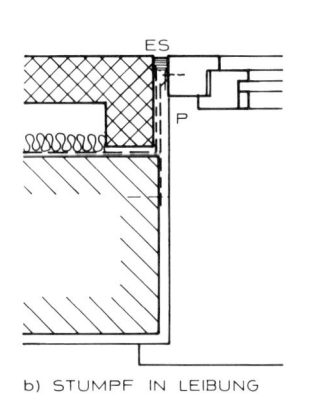

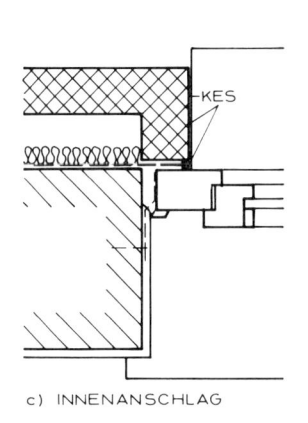

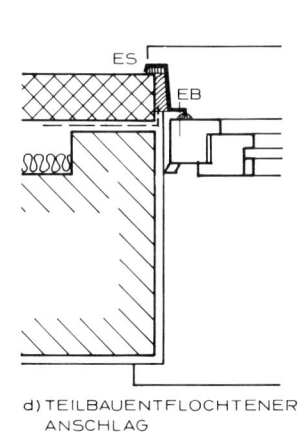

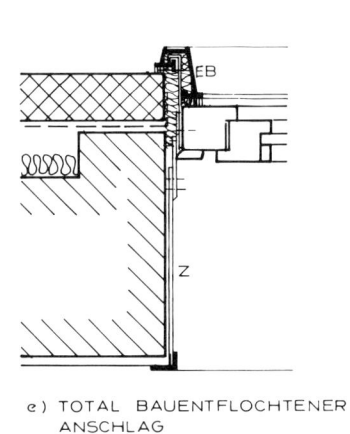

AUSSENWAND MIT HINTERLÜFTETEN BETONFERTIGTEILEN

a) AUSSENANSCHLAG

b) STUMPF IN LEIBUNG

c) INNENANSCHLAG

d) TEILBAUENTFLOCHTENER ANSCHLAG

e) TOTAL BAUENTFLOCHTENER ANSCHLAG

```
---  FOLIENDICHTUNG
≋≋≋  SPERRPUTZ
ES   ELAST. SPRITZDICHTUNG
EB   ELAST. BANDDICHTUNG
▨▨▨  ZEMENTMÖRTEL 1:3
▨▨▨  HINTERMAUERUNG
▨▨▨  VERBLENDMAUERWERK
▨▨▨  BETONFERTIGTEIL
A    ASBESTZEMENTPLATTEN
B    BEFESTIGUNGSELEMENT
P    PUTZTRÄGER
K    KRIT. PUNKT
SP   SPALTPLATTEN
▨▨▨  WÄRMEDÄMMUNG
Z    ZARG. LEIBUNGSBEKLDG.
```

Abb. 60.5

Art des Anschlages	Ausführung der Außenwände						Summe der verschiedenen Fenstersysteme
	verputzt	Spaltplatten	Fertigteilwand	Verblendmauerwerk	schwere Vorsatzschale	leichte Vorsatzschale	
mit Außenanschlag[3])							
Holzfenster	58	50	58	50	59	60	335
Stahl/Edelstahl-Fenster	58	50	57	50	58	60	333
Aluminium-Fenster[1])	60	52	61	52	62	62	349
Kunststoff-Fenster[1])	63	55	61	55	63	65	361
							1378
stumpf in Leibung[2])[3])							
Holzfenster	51	46	49	43	49	54	292
Stahl/Edelstahl-Fenster	53	47	50	45	50	56	301
Aluminium-Fenster	56	48	51	48	51	59	313
Kunststoff-Fenster[1])	58	51	52	50	52	61	324
							1230
mit Innenanschlag[3])							
Holzfenster	72	80	83	71	75	74	455
Stahl/Edelstahl-Fenster	72	80	79	70	75	74	440
Aluminium-Fenster	67	75	76	67	70	79	434
Kunststoff-Fenster	68	76	74	65	71	70	424
							1753
teilentflochten							
Holzfenster	76	76	76	72	79	80	459
Stahl/Edelstahl-Fenster[1])	75	75	75	71	78	79	453
Aluminium-Fenster	75	75	75	71	78	79	453
Kunststoff-Fenster[1])	72	72	72	68	75	76	435
							1800
total entflochten							
Holzfenster	88	82	92	84	85	86	517
Stahl/Edelstahl-Fenster	88	82	92	84	85	86	517
Aluminium-Fenster[1])	88	82	92	84	85	86	517
Kunststoff-Fenster[1])	86	80	90	82	83	84	505
							2056

Das Maß der Eignung steigt mit zunehmender Größe der Zahl
Der total bauentflochtene Anschlag stellt die günstigste Form des Anschlages, das stumpf, außenbündig und bauverflochten eingebaute Fenster die ungünstigste Lösung dar.
[1]) bis heute noch kein derartiges System bekannt oder eingesetzt
[2]) außenbündig eingebaut [3]
[3]) bauverflochten eingesetzt

Tabelle 21: Wertung der verschiedenen Anschlagmöglichkeiten (seitlich/oben/unten)

4.2.5.8. Wertung der Literatur

In der Literatur finden sich außer bei Schlegel [212, 213] kaum erwähnenswerte Beiträge, die sich mit den Problemen des Fensteranschlages auseinandersetzen. Nur von Schlegel wird die gesamtheitliche Wirkung von Fassade und Wand untersucht, und es werden die wichtigsten Probleme der Inhomogenität und Oberflächenspannungen im Sturzbereich, der Staubfahnen im Brüstungsbereich und der Notwendigkeit eines möglichst weitgehend bauentflochtenen Fenstereinbaues aufgezeigt.
Von den Fachverbänden der Ziegelindustrie wird das Problem des wandbaustoffhomogenen, wärmegedämmten Sturzes aus vorgespannten Fertigteilen, vor allem aus dem Gesichtspunkt der Baurationalisierung, aufgegriffen.
Für den Bereich der Brüstungsplatten liegen eine Reihe von Veröffentlichungen von Schaal [200], Eichler [52], Eschke [59] u. a. vor, deren Aussagen, soweit sie in diesem Zusammenhang von Bedeutung sind und als gesichert angesehen werden können, aufgegriffen wurden.
Vom Verfasser wurde der derzeitige Stand der Erkenntnisse, fußend auf eigenen Erfahrungen und Kenntnissen, soweit er als gesichert angesehen wird, dargestellt.

4.3. Lüftungseinrichtungen

4.3.1. Bedeutung

Die Raumluft und damit die Lufttemperatur, die Luftzusammensetzung und die Luftbewegung sind als Komponenten des Raumklimas anzusehen. Durch die Raumlüftung, die in diesem Zusammenhang allein angesprochen wird, werden diese Faktoren beeinflußt.
Es ist die Aufgabe der Raumlüftung, durch Vermeidung von Zugerscheinungen und Temperaturabfall die Behaglichkeit in geschlossenen Räumen zu erhalten bzw. schnell wiederherzustellen.
Die qualitative und quantitative Frischluftzufuhr bei raumlufttemperaturabhängigen Luftgeschwindigkeiten (kleiner als 0,1 m/sec) bestimmt das Wohlbefinden, die Lern- und Arbeitsleistung des Menschen.
Die Raumlüftung wird auch noch in absehbarer Zeit überwiegend durch das Fenster erfolgen.

4.3.2. Wirkungsweise der Raumlüftung

Wenn zwischen Innen- und Außenraum Luftdruckunterschiede bestehen, setzt ein Druckausgleich durch alle vorhandenen Poren, Spalten und Öffnungen eines Bauwerks ein.
Der Umfang des natürlichen Luftwechsels je Zeiteinheit ergibt sich aus den allgemein nicht beeinflußbaren, temperaturbedingten Druckdifferenzen und den i. d. R. wesentlich größeren windbedingten, aber nur zeitweise auftretenden Druckunterschieden, die sich nur begrenzt erfassen und praktisch nicht steuern lassen. Wegen der turbulenten Strömungsverhältnisse in bebauten Gebieten vermögen Jahresmitteltemperaturen, bevorzugte Windrichtungen und Windstärken keine für den praktischen Gebrauch geeigneten Werte zu liefern.
Die Wirkung von Winddruck und Sog auf die Lüftung des Raumes ist wegen der stark wechselnden Windgeschwindigkeiten und Windrichtungen eine nicht exakt abgrenzbare Einflußgröße.
Nach den die Luftbewegung auslösenden Faktoren wird zwischen Schwerkraft- (oder Temperatur-) Lüftung, Windlüftung und Zwangslüftung, nach dem Weg, auf dem sich der Luftaustausch vollzieht, zwischen Wandlüftung, Fugenlüftung, Fensterlüftung und (künstlicher) Schachtlüftung,

nach der Wirkungsweise der Lüftung zwischen Dauer-, Stoß- und Selbstlüftung unterschieden.

4.3.3. Einflußgrößen für die Lüftungswirkung

Die Lüftungswirkung des Fensters wird beeinflußt

von den aerodynamischen Bedingungen des Gebäudes, den jeweiligen Winddruck-, Sog- und Temperaturverhältnissen in der (Stadt)-Landschaft;
von der Lage des Raumes zur Himmelsrichtung und zu anderen, durch Türen etc. verbundenen lüftbaren Räumen,
von der Konstruktion und Gestaltung des Fensters, seiner Lage in der Wandfläche, von der Größe des jeweiligen Lüftungsquerschnittes, von der Form und Höhenlage der Lüftungsöffnungen, von der wirksamen Höhe der Lüftungsöffnung, von der Höhe des Über- bzw. Unterdruckes, von der Öffnungsdauer der Lüftungseinrichtung, von den bewegten Luftmengen und der zeitlichen Änderung der Raumlufttemperatur, vom Vorhandensein und der Wirkungsweise eventueller zusätzlicher Lüftungseinrichtungen (Walzenlüfter etc.).

4.3.4. Lüftungssysteme im Bereich des Fensters

Im Bereich des Fensters kann sich der Luftaustausch durch die Fensterfugen (Selbstlüftung), durch ganz oder teilweises Öffnen der Fensterflügel (Stoß- bis Dauerlüftung), durch besonders regulierbare Zu- und Abluftöffnungen (Dauerlüftung), durch Einbau von Ventilatoren oder Walzenlüftern (Zwangslüftung) vollziehen. Eine Kombination dieser Lüftungssysteme untereinander sowie mit künstlicher oder natürlicher Schachtlüftung ist möglich.
Neben der Fensterlüftung kann durch besondere Einrichtungen die zusätzliche oder alleinige Versorgung mit Frischluft erreicht werden.

Als besondere Lüftungseinrichtungen sind hierbei anzusehen:

Dauerlüftungen,
Lüftungsklappen innerhalb der Glasfläche,
Lamellenfenster,
Walzenlüfter,
Ventilatoren.

4.3.5. Stand der Erkenntnisse

Die Verteilung des Luftdruckes im Gebäude (Abb. 61) und im Raum (Abb. 62 bis 67) verläuft nach Arntzen [5] bei Vernachlässigung der Druckunterschiede aus Temperaturdifferenzen linear, unter Berücksichtigung der Temperaturschichtung in gekrümmten Kurven (Abb. 63, 64). In halber Höhe der Lüftungsöffnung bildet sich eine neutrale Zone (Druckgleichheit). In jedem Fenster liegt nach Koch [127] und Arntzen [5] eine neutrale Zone, oberhalb der Luft nach außen und unterhalb der kalte Luft nach innen strömt (Abb. 68).
Während für Dreh-, Schwing- und Wendeflügel die neutrale Achse in jeweils halber Flügelhöhe angenommen werden kann, verändert sich diese bei Kippflügeln gem. Abb. 69, 70 mit dem Neigungswinkel.
Bei getrennten Zu- und Abluftöffnungen verschiebt sich die neutrale Zone entsprechend Höhenlage und Lüftungsquerschnitt.
Drückt Wind auf das Fenster bzw. Lüftungsöffnung, so kann bei kleinen Höhen der Lüftungsflächen ein Austritt der Raumluft verhindert werden. Die Druckkurve verschiebt sich dann nach rechts, die neutrale Achse rückt höher, die Kaltluftgeschwindigkeit und ihre Wirkung wächst; bei Windsog auf der Fensterseite ergeben sich keine Zugluftstörungen, da sich die Druckkurve nach links verschiebt und kaum noch Kaltluft in das Rauminnere gelangt.
Nach Arntzen [5] werden die Teile des Raumes, die oberhalb der Oberkante bzw. unterhalb der Unterkante der Lüftungsöffnungen liegen, nur bei großer Strömungsgeschwindigkeit mit erfaßt. An warmen, schwülen Tagen verbleibt hier ein Sumpf verbrauchter Luft.
Stoßlüftungen erfordern größtmögliche Lüftungsflächen und ergeben kurzzeitig optimale Zugerscheinungen. Die Luftgeschwindigkeit reduziert sich mit zunehmender Öffnungszahl und abnehmender Öffnungsgröße.
Mit zunehmendem Höhenabstand der Lüftungsöffnungen

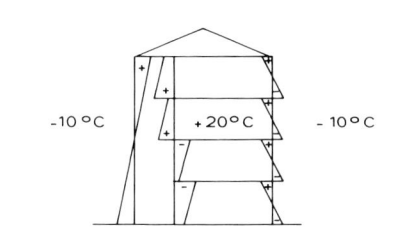

+ erwärmte Luft vom Innen- zum Außenraum
− kalte Luft vom Außen- zum Innenraum

Abb. 61: Verteilung des Luftdrucks im Gebäude (nach Recknagel-Sprenger)

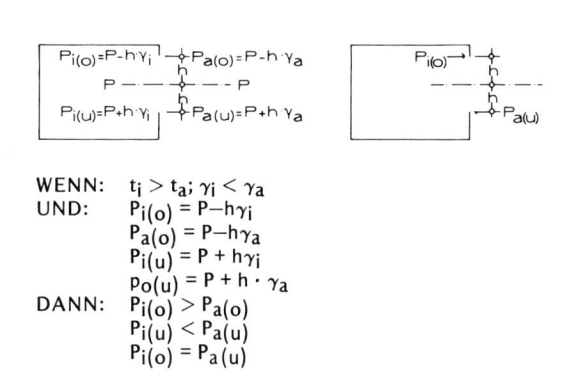

WENN: $t_i > t_a; \gamma_i < \gamma_a$
UND: $P_{i(o)} = P - h\gamma_i$
$P_{a(o)} = P - h\gamma_a$
$P_{i(u)} = P + h\gamma_i$
$p_{o(u)} = P + h \cdot \gamma_a$
DANN: $P_{i(o)} > P_{a(o)}$
$P_{i(u)} < P_{a(u)}$
$P_{i(o)} = P_{a(u)}$

Abb. 62: Druckunterschied zwischen Innen- und Freiraum bei $t_i > t_a$ [5]

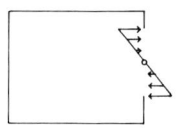

Abb. 63: Druckverteilung am Fenster bei $t_i > t_a$ [5]

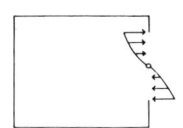

Abb. 64: Druckverteilung am Fenster bei $t_i > t_a$ und Berücksichtigung der Temperaturschichtung im Raum [5]

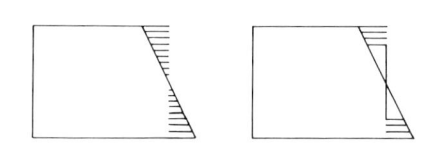

Abb. 65: Lüftung durch geschoßhohe Fenster und Lüftungsöffnungen an der Ober- und Unterseite der Außenwand [5]

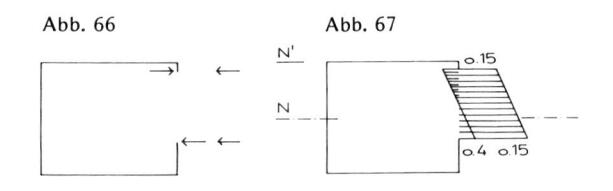

Abb. 66 u. 67: Druckverteilung bei Lüftung durch Wind und Temperaturunterschied [5]

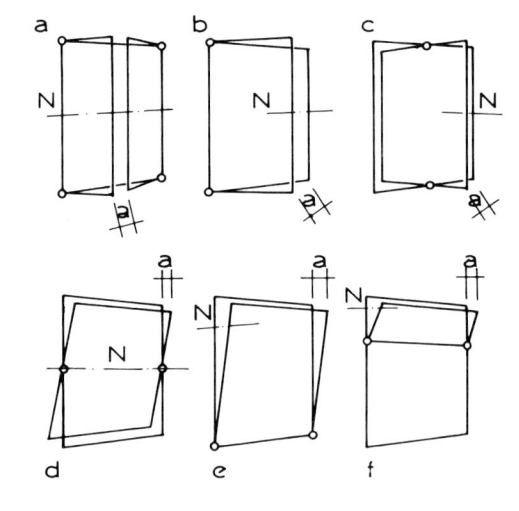

Abb. 68: Fenstersysteme [127]

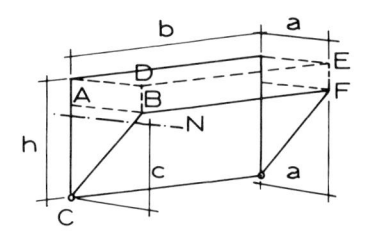

Abb. 69: Lüftungswirkung von Kippflügeln (allg. Daten) [127]

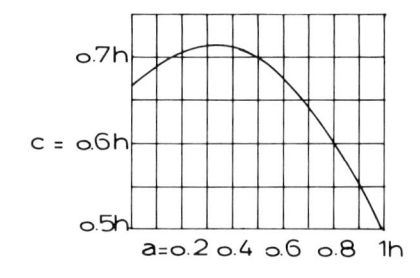

Abb. 70: Lüftungswirkung von Kippflügeln, Wirkung der Öffnungsbreite [127]

kann bei Temperaturlüftungen der Querschnitt der Lüftungsöffnungen reduziert werden.
Arntzen [5] weist an zwei Beispielen – a) = 75 cm und b) = 1,20 m Abstand der Lüftungsöffnung von der neutralen Zone – nach, daß bei sonst gleichen Annahmen bei – 20 °C Außentemperatur in Fall a) 113 cm², in Fall b) 90 cm², bei + 15 °C Außentemperatur in beiden Fällen 284 cm² benötigt werden und bei Temperaturgleichheit (20 °C) keine Temperaturlüftung mehr gegeben ist. Seine weitere Folgerung, daß je eine schmale Öffnung im Brüstungs- und Sturzbereich fast so wirksam lüften wie ganze Fenster, ist aus dem Bereich der Schachtlüftungen bekannt. Bei gleichen Außen- und Innentemperaturen oder hohen Außentemperaturen versagt die Temperaturlüftung im Gegensatz zur Windlüftung vollständig.
Für Windlüftung muß die Größe von Lüftungsöffnungen in Abhängigkeit von der Windgeschwindigkeit verändert werden können.
Nach Arntzen [5] ist ein regulierbarer Lüftungsquerschnitt von mind. 130 cm²/Wohnraum erforderlich, um eine ausreichende Windlüftung zu ermöglichen.
Das Druckgefälle zwischen einer vom Wind angeströmten Gebäudeseite und der im Windschatten liegenden Rückfront ergibt sich aus Abb. 91.

Bau-art	Luftmenge L allgemein; kp/s	Luftmenge bei Δt = 10 °C; kp/h
a	Zwei um senkrechte, seitlich liegende Achsen drehbare Flügel	$0{,}315 \sqrt{\gamma_a - \gamma_i}$	244
b	Ein um eine außenliegende senkrechte Achse drehbarer Flügel	$0{,}315 \sqrt{\gamma_a - \gamma_i}$	244
c	Ein um die senkrechte Symmetrieachse drehbarer Flügel	$0{,}63 \sqrt{\gamma_a - \gamma_i}$	468
d	Ein um die waagerechte Symmetrieachse drehbarer Flügel	$0{,}446 \sqrt{\gamma_a - \gamma_i}$	346
e	Ein um die untenliegende waagerechte Achse kippbarer Flügel	$0{,}449 \sqrt{\gamma_a - \gamma_i}$	348
f	Waagerechte Achse in 2/3 der Fensterhöhe liegend	$0{,}068 \sqrt{\gamma_a - \gamma_i}$	53
	Voll geöffnetes Fenster der Bauart a	$1{,}51 \sqrt{\gamma_a - \gamma_i}$	1170

Tabelle 22: Lüftungswirkung verschiedener Flügelarten [127]

h cm	t_i °C	t_a °C	$P_a - P_i$ kg/m²	Luft-geschwindigkeit cm/sec	Zuluft-, Abluftöffnung ~ cm²
75	+20	−20	0,14	150	113
75	+20	−15	0,12	140	121
75	+20	0	0,07	110	154
75	+20	+15	0,02	60	284
75	+20	+20	0	0	—

Tabelle 23: Erforderliche Lüftungsöffnungen für Lüftung durch Temperaturunterschied [5]

h cm	t_i °C	t_a °C	$P_a - P_i$ kg/m²	Luft-geschwindigkeit cm/sec	Zuluft-, Abluftöffnung ~ cm²
120	+20	−20	0,23	190	90
120	+20	−15	0,20	180	94
120	+20	0	0,11	140	121
120	+20	+15	0,02	60	284
120	+20	+20	0	0	—

Tabelle 24: Erforderliche Lüftungsöffnungen für Lüftung durch Temperaturunterschied [5]

Der Luftdruckunterschied Δp zwischen Außenluft und Raumluft errechnet sich gemäß Arntzen [5] nach der Gleichung

$$\Delta p = h \times (\gamma_a - \gamma_i) \text{ (in kp/m}^2\text{)}$$

h = Höhe, für die der Luftdruckunterschied wirksam wird (z. B. Fensterhöhe) (m)
γ_a = Gewicht der Außenluft (kp/m³)
γ_i = Gewicht der Innenluft (kp/m³)

und das Gewicht der Luft bei ϑ °C = $\dfrac{1{,}239}{1+\dfrac{\vartheta}{273}}$ kp/m³ bei 760 mm Hg

Die Höhe der neutralen Zone läßt sich nach Koch [127] gem. Abb. 69, 70 ermitteln. Es wurde hierbei von einer lichten Öffnungshöhe von 1 m ausgegangen. Die Kurve verläuft bei anderen Öffnungshöhen ähnlich.

Die Strömungsgeschwindigkeit an den unteren Kanten der Lüftungsflächen errechnet sich nach Koch [127] nach der Formel

$$V = \mu \sqrt{\frac{2 g c}{\gamma} \cdot (\gamma_a - \gamma_i)} \text{ (m/s)}$$

und die bei Windstille ein- und ausströmende Luftmenge (Tab. 22)

$$D_L = \mu b \sqrt{2 g \gamma y (\gamma_a - \gamma_i)} \, dy \text{ (kp/s)}$$

C = in h (Abb. 78)
g = Erdbeschleunigung m/s
γ = spez. Luftwichte (1,293 kp/m³)
γ_a = spez. äußere Raumluftwichte (kp/m³)
γ_i = spez. innere Raumluftwichte (kp/m³)
μ = Verlust durch Reibung, Umlenkung bzw. Strahlkontraktion (liegt zwischen 0,5 und 0,6)

Die Werte $\gamma_a - \gamma_i$ kann man näherungsweise mit Δt bei ca. 50 % rel. Luftfeuchtigkeit gleichsetzen (Abb. 71). Maximale Geschwindigkeiten treten dort auf, wo der Abstand von der neutralen Achse am größten ist.

Es ergibt sich hieraus, daß bei Δt = 10° bereits Geschwindigkeiten erreicht werden, die über 0,1 m/s liegen und als Zugbelästigung wahrgenommen werden (Tab. 23, 24).

Die tabellarisch gegebenen Näherungswerte sind in der Luftmengenangabe L in kp/s ungebräuchlich und unpraktisch, und eine Umrechnung durch Multiplikation mit $\dfrac{1}{1293}$ (=0,773) ist unerläßlich. Es wird hierbei von der unrealistischen Annahme ausgegangen, daß die Temperaturdifferenz während der Lüftungszeit von den angenommenen

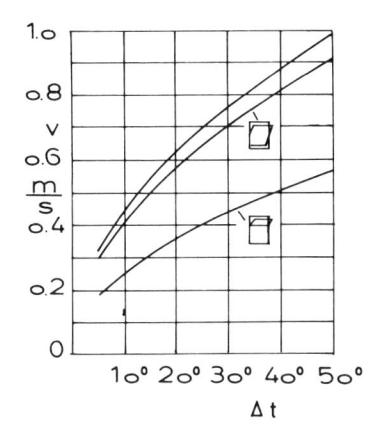

Abb. 71: Luftgeschwindigkeit bei verschiedenen Temperaturdifferenzen [127]

Durchschnittswerten nur wenig abweicht. Ein häufigeres Öffnen und Schließen der Fenster ist deshalb in der Praxis unerläßlich.

4.3.6. Anforderungen und Voraussetzungen

Eine gute Raumlüftung wird gekennzeichnet durch einen genügend sicheren Luftwechsel, einen Luftwechsel ohne lästige Zugerscheinungen, eine differenzierte Regulierbarkeit, einen Luftwechsel unabhängig vom Witterungsgeschehen (Schlagregen), bequeme Bedienbarkeit, Verkehrssicherheit auch in geöffnetem Zustand, leichte und gefahrlose Reinigungsmöglichkeit der Fenster.

Windlüftung erfordert Lüftungsöffnungen an gegenüberliegenden Außenwänden, gegebenenfalls auch an Innenwänden (Querlüftung).

Temperaturlüftung erfordert Öffnungen im oberen – bzw. unteren Bereich von Fenstern bzw. Räumen.

Die aus der Luftzusammensetzung sich ergebenden störenden Einflußgrößen auf das Raumklima lassen sich durch eine angemessene Lufterneuerung berücksichtigen. Neben einer ausreichenden Frischluftzufuhr muß dabei jedem Menschen aus hygienischen Gründen ein Mindestanteil am Raumvolumen zugestanden werden (Tab. 26). Die Luftwechselzahlen werden weiterhin von der zumutbaren Belästigung durch Verunreinigungen (z. B. Gerüchen, bestehendem Rauchverbot etc.) bestimmt. Sie ergeben sich aus Tab. 27. Nach K. Gertis [76] beeinflußt auch die Art der Baustoffe der Raumumschließungsflächen, insbesondere der Fenster sowie Art und Zeitpunkt der Belüftung die erf. Luftwechselzahlen (Abb. 90). Die Lüftungseinrichtungen sollten ein bequemes Öffnen und Feststellen beliebig kleiner Lüftungsspalten ermöglichen (Dauerlüftung). Durch konvektive Heizflächen in der Fensterbrüstung wird die Wirksamkeit der Dauerlüftung in Frage gestellt.

Um der Wind- und Temperaturlüftung volle Wirksamkeit zu geben, sind unterschiedliche und regulierbare Lüftungseinrichtungen anzustreben. Der Luftstrom sollte möglichst hoch geführt werden, um den Körper nicht zu berühren.

Tiefliegende Lüftungsöffnungen ermöglichen wegen der unvermeidlichen Zugerscheinungen an heißen Tagen eine angenehme Kühlung. Bereits bei Luftgeschwindigkeiten von mehr als 0,1 m/s kann eine Störung des behaglichen Raumklimas einsetzen. Bei gleichen Luftdruckverhältnissen außen und innen kommt die Temperaturlüftung zum Stillstand.
Nur bei der Verwendung von Zwangslüftungen (Ventilatoren, Walzenlüftern etc.) ist eine quantitative Dosierung des Luftaustausches, bei Klimaanlagen eine qualitative und quantitative Bestimmung des Luftaustausches möglich.
Als Voraussetzungen für eine wirksame Fensterlüftung sind nach Spielhagen [257] für Schulen normale Außenluftverhältnisse, keine Außenlärmbelästigung (Lärmpegel unter 45 DIN-Phon), normale Nutzung und Besetzung (bis 45 Schüler), Durchlüftung während der Pausen, Dauerlüftung während des Unterrichtes, ausreichende Raumhöhe, die strömungstechnisch günstige Verteilung von Zu- und Abluftöffnungen im Raum, eine lüftungstechnisch günstige Raum- und Gebäudeform und Grundrißgestaltung und normale Geschoßzahl anzusehen. Die hierbei aufgezeigten Grundsätze gelten sinngemäß auch für andere Gebäude- und Raumnutzungen.
Der Wert der einzelnen Lüftungsanlagen wird bestimmt von

der Witterungsabhängigkeit der Wirksamkeit,
den erforderlichen zusätzlichen Hilfsmitteln zur Luftumwälzung,
der lüftungstechnisch richtigen Lage und Bemessung,
der Einbaufähigkeit in die jeweils gewählten Fenstersysteme,
der Kombinationsfähigkeit mit anderen Maßnahmen (Schallschutz etc.).

4.3.7. Gebräuchliche konstruktive Systeme

Als Lüftungssysteme sollen in diesem Zusammenhang die freie Fensterlüftung, Dauerlüftungen, Lamellenfenster, Schachtlüftungen und die wichtigsten Formen der Zwangslüftung entsprechend dem Stand der technischen Entwicklung untersucht werden.

Druckunterschied in mm WS = kg/m²		0,1	0,2	0,5	1,0	5,0
entsprechende Windgeschwindigkeit in km/h		4,5	6,3	10	14	32
UD	66	46	60	91	125	235
UD	100	88	118	195	280	595
PL	100	40	53	82	102	205
PL	140	82	109	184	245	550

Im Jahresdurchschnitt kann nach Angaben verschiedener Forschungsinstitute mit einer Druckdifferenz von ca. 1 mm WS zwischen Raum- und Außenluft gerechnet werden. Bei Fliegengittern verringert sich der Luftdurchgang um 20 %.

Tabelle 25: Luftdurchgangswerte für Dauerlüftung (Gretsch-Unitas)

Raumart	spezifisches Raumvolumen in m³/Person	
	Mindestwert	empfohlener Wert
Gewöhnliche Aufenthaltsräume Büros, Wohnräume	10	15
Schlafräume	12	15
Krankenräume	20	30
Unterrichtsräume	6	10
Versammlungsräume Theater, Kinos u. a.	4	4

Tabelle 26: Richtwerte für verschiedene Raumvolumen [191]

Raumart	Frischluftrate m³/h, Person	Luftwechselzahl n-fach/h	Bemerkung
1. Allgemeine Aufenthaltsräume			
Versammlungsräume (Kinos, Theater u. ä.)	bei Rauchverbot 20 bis 30 ohne Rauchverbot 30 bis 50	~ 5 bis 8 8 bis 12	in Anlehnung an VDI-Lüftungs- regeln DIN 1946
Kasinos, Kantinen		6 bis 8	
Verkaufsläden		4 bis 8	
große Warenhäuser		6 bis 8	
Büros, private	~ 30	5 bis 7	bei mehrköpfiger Besetzung, wie
öffentliche	~ 40	5 bis 10	Versammlungsräume zu behandeln!
Schulen	15 bis 50	3 bis 8	s. DIN 1946 Bl. 5
Schutzräume	Normallüftung 9 Schutzlüftung 1,8		
2. Krankenanstalten und Bäderäume			
Operationsräume		5 bis 10	s. Richtlinie VDI 2054
Therapieräume und allgemeine Chirurgie	bis 75	5 bis 10	
Entbindungs-Stationen	100	5 bis 8	
Isolierstationen (Seuchen, Infektionen)	bis 170	bis 10	
Kinderstationen	30 bis 40	bis 4	
Zahnkliniken		~ 6	
medizinische Baderäume	150 bis 200 m³/h je Bad bzw. Dusche		
allgemeine Wannenbäder	150 bis 200 m³/h je Bad	bei hoher Luftfeuchte 10 bis 15	
Dampfbäder, Heißluftbäder		3 bis 5	
Schwimmhallen		1 bis 2	
Warte-, Umkleideräume	30	8 bis 10	
3. Arbeitsräume			
allgemeine Werkstätten		3 bis 6 bei Luftheizung 6 bis 8	dieser LW auch bei Arbeiten mit Rauch- und Staubentwicklung notwendig
Montagehallen	20 bis 50	4 bis 8	
Spritzkabinen, Lackiererei		20 bis 250	Absaugung mit möglichst großem Quer- schnitt und einer Luftgeschwindigkeit von 0,5 m/s; Zuluft über Lochdecke günstig
Metallbeizereien		5 bis 15	
Maschinenräume		10 bis 40	je nach Wärmeentwicklung!
Waschanstalten			
Wäschereien		15 bis 25	
Bügel-, Mangelräume		10 bis 15	
Färbereien		10 bis 20	
Gießereien		8 bis 15	
Härtereien		bis 100	je nach Wärmeentwicklung!
4. Sonstiges			
Garagen, Groß- Klein-	~ 12 m³/h je Kfz	5 bis 8	s. Richtlinie VDI 2053
Straßen-, Auto-Tunnel		rd. 40	s. Richtlinie VDI 2053
Eisenbahnen, Straßenbahnen, Busse		15 bis 40 im Mittel 25	s. DIN 1946 Bl. 3

Tabelle 27: Luftwechselzahlen für Räume unterschiedlicher Nutzung [191]

4.3.7.1. Freie Fensterlüftung

Bei der Fensterlüftung bestimmen die Art und die Abmessungen der Fensteröffnung die Lüftungswirkung.
Koch [127] kommt zu dem Schluß, daß die verschiedenen Fensterarten (Abb. 68) lüftungstechnisch nicht gleichwertig sind, Wendeflügel den schnellsten Luftwechsel bei großer Zugluftgefährdung bringen, Schwingflügel (in der kalten Jahreszeit) die größte Kaltluftmenge in den Fußbodenbereich des Raumes führen, Kippflügel im oberen Fensterdrittel als bevorzugte, empirisch entwickelte Lüftungsfläche gelten, wenn in Fensternähe Arbeitsplätze angeordnet werden. Bei Dreh-, Schwing- und Wendeflügeln ergeben sich größere Maximalgeschwindigkeiten als 0,1 m/s. Der Umfang der Zugluft wird von der Luftgeschwindigkeit in den Öffnungsquerschnitten der Fenster, der Verteilung der strömenden Luftmengen im Querschnitt und der Richtung des Luftstromes bestimmt.
Die von den Heizkörpern aufsteigende Warmluft lenkt die einfallende Kaltluft je nach Flügelart unterschiedlich ab.

Die Kaltluft wird dann gezwungen, schräg in den Raum zu strömen. Nur bei Wendeflügeln wird — nach Koch [127] — der Mischweg günstig beeinflußt. Bei Dreh-, Wende- und Schwingflügeln dringen die größten Kaltluftmengen unmittelbar über dem Fensterbrett in den Raum und kühlen den Unterkörper dort tätiger Personen ab. Die Verteilung der Lüftungsöffnungen auf mehrere kleinere Öffnungen verringert die Zugerscheinungen. Bei starken Immissionen (Lärm, Gerüche, Staub) sind Fensterlüftungen ungeeignet und besondere Maßnahmen (Klimatisierung, Klimaschildverfahren etc.) unerläßlich.

Bei Hochhäusern wird durch Windverhältnisse, senkrechte Warmluftströmungen an sonnenbestrahlten Fassaden, starkem Verkehrslärm, Industrie- und Verkehrsimmissionen etc. eine normale Fensterlüftung auszuschließen sein. Bei Fensterlüftung oder starker Fugendurchlässigkeit der Fenster stellen sich schon bei üblichen Türspalten unangenehme Zugerscheinungen ein.

Eine Raumlüftung durch Schwingflügel ist wegen der Einleitung an der Fassade aufsteigender Warmluft bei 2- und mehrgeschossigen Gebäuden wenig geeignet. Desgleichen führen vorspringende kompakte Bauteile (Balkone, Dachüberstände) zu Warmluftstau und bei geöffneten Fenstern zur Einleitung dieser Warmluft in den Raum.

Als lüftungstechnisch günstige Lösung im Schulbetrieb hat sich — nach Roedler [193] — das Kastenkippflügelfenster, jedoch mit unterer Zuluft, mit unterem und oberem Kippflügel sowie das Parallel-Oberlichtfenster erwiesen. Querlüftungen mit tiefliegenden Zuluftöffnungen auf der Winddruckseite und hochgelegene Abluftöffnungen auf der Sogseite seien besonders wirkungsvoll, doch nicht zugfrei.

4.3.7.2. Dauerlüftungen im Fensterbereich

Bei der Wahl geeigneter Dauerlüftungssysteme sollten neben einer ausreichenden Lüftungswirkung auch die nachhaltige Abdichtbarkeit in geschlossenem Zustand und die Vermeidung von Tauwasserbildung auf der inneren Oberfläche der Lüftungsanlage berücksichtigt werden. Dauerlüftungen wirken nach den gleichen Prinzipien wie die Fensterlüftung.

Wegen der geringen Lüftungsquerschnitte und dem Einbau i. d. R. nur im oberen Bereich der Fenster lassen sich sichere Aussagen über die Wirkungsweise derartiger Anlagen nicht machen.

Neben den unter 4.3.3. aufgeführten Einflußgrößen wird die Lüftungswirkung auch von dem Lüftermodell beeinflußt.

Die Anordnung von je einem Dauerlüfter im oberen und unteren Teil des Flügels erhöht die Lüftungswirkung wesentlich.

Von einem der Herstellerwerke werden die in Tab. 25 angegebenen Werte benannt. Hierzu wurden jedoch weder Prüfzeugnisse vorgelegt noch die näheren Prüf- oder Ausführungsbedingungen genannt. Die Zunahme des Luftdurchgangswertes wächst nicht proportional zum Druckunterschied, sondern nimmt etwa im gleichen Maß wie die Windgeschwindigkeit zu.

Nach vorgelegten Prüfzeugnissen anderer Dauerlüftungen (aus 1960) ergibt sich, daß in geöffnetem Zustand die Lüftungswirkung ohne Fliegengitter und Schutzabdeckun-

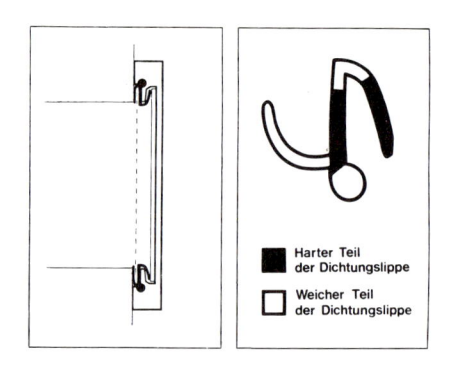

Abb. 72: Zusätzliche Abdichtung für Dauerlüftung (Fa. Gretsch-Unitas)

gen günstiger ist als mit diesen Einrichtungen, daß die Fugendurchlässigkeit in geschlossenem Zustand mit Windabdeckungen oder Wetterschutzprofilen, je nach Ausführung, erheblich geringer sein kann als ohne diese Einrichtungen.

Ein Prüfzeugnis (1971) weist aus, daß sich bei 40 mm WS-Staudruck bei 10 cm hohen Profilen Fugendurchlässigkeiten von 1,6 Nm^3/hm, bei 6,6 cm hohen Profilen von 0,5 Nm^3/hm erzielen lassen und bis 90 mm WS kein Wassereintritt festzustellen war. Es handelt sich hierbei um Ausführungen mit umlaufender Spezialdichtung (Abb. 72).

Es ergibt sich hieraus, daß Einrichtungen, die eine Abschirmung der Lüftungsöffnungen darstellen, zugleich die Fugendurchlässigkeit abmindern.

Bei Schieberlüftungen ist eine gewisse Fugendurchlässigkeit bei geschlossener Lüftung auch bei umlaufenden elastischen Dichtungsschnüren nicht ganz zu vermeiden. Nach vorliegenden Prüfzeugnissen können auch ohne Fugendichtung a-Werte von 0,3 bei gleichzeitiger Schlagregensicherheit erreicht werden.

Für Holzfenster-Blendrahmen (oben und/oder unten) wurden Schlitzklapplüfter (Elles-Lüfter Fa. Gretsch & Co., Abb. 73), Rohrlüfter (Wino-Rohrlüfter, Abb. 74, Spaltlüfter (Sial-Lüfter, Abb. 75), Aero-Dreh-Lüfter (Fa. Sulo, Abb. 76) sowie Dauerlüfter (Gretsch-Unitas-Dauerlüfter, Typ HA, Abb. 77) und (Gretsch-Unitas-Permamentlüfter Typ Ha, Abb. 78) entwickelt.

Die Gretsch-Unitas-Beschläge eignen sich auch für den Einbau in Metall- und Kunststoff-Fenster.

Einige dieser Dauerlüftungen können auch in den Flügelrahmen bzw. Glasfalz (Gretsch-Unitas-Dauerlüftung, Typ F, HA oder H, Abb. 79) und (Gretsch-Unitas-Permanentlüftung, Typ HA) eingesetzt werden. Die Betätigung der Dauerlüftungen kann mittels Schiebeknöpfen oder Handhebel und aufgesetztem oder verdeckt liegendem Zuggestänge, Drehknopf, durch Schlüssel und durch Ketten oder Schnurzug erfolgen.

Der äußere Wetterschutz wird durch besonders profilierte Wetterschenkel (Abb. 80) bewirkt. Üblicherweise erhalten derartige Lüftungen auch Fliegengitter. Mit zunehmender Überlappungshöhe der Lamellen steigt die Schlagregensicherheit und sinkt die Lüftungswirkung bei Temperaturlüftung.

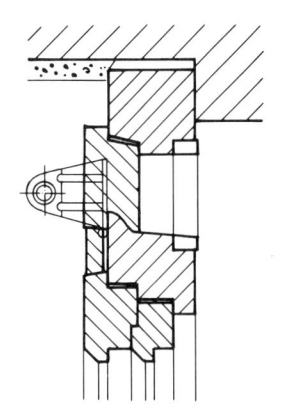

Abb. 73: Elles-Spaltlüfter (Baubeschlag-Taschenbuch 1963)

Abb. 77–80: Dauer- und Permanentlüftungen mit unterschiedlichen Einbaubedingungen (Fa. Gretsch-Unitas)

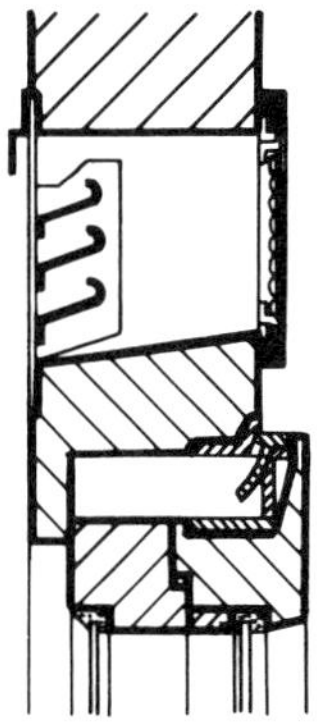

Abb. 77 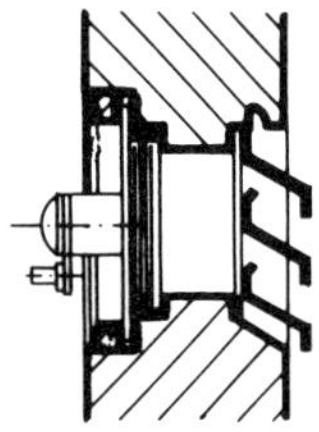   Abb. 78 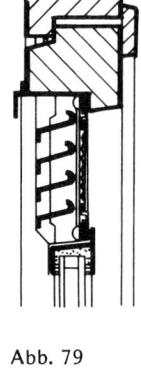   Abb. 79

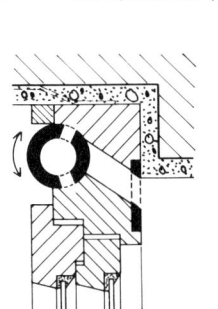

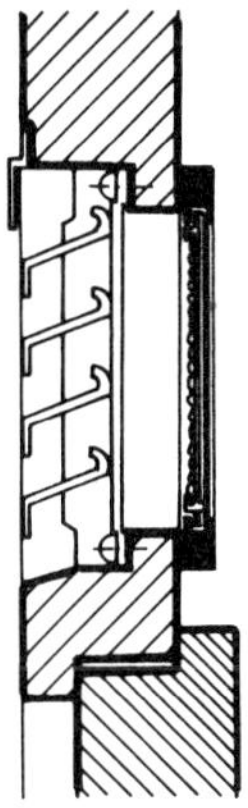

Abb. 74: Wino-Rohrlüfter (Baubeschlag-Taschenbuch 1963)

Abb. 75: Sial-Spaltlüfter (Fa. Siegenia)

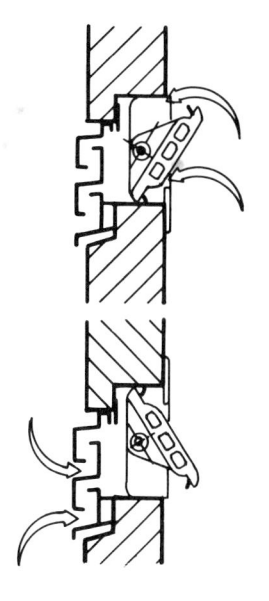

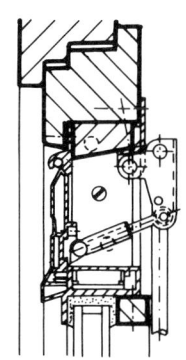

Abb. 80.1 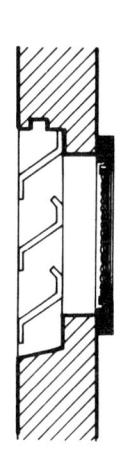   Abb. 80.2

Abb. 75.1:
in Blendrahmen eingebaut

Abb. 75.2:
in Glasöffnung eingebaut

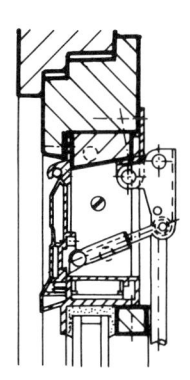

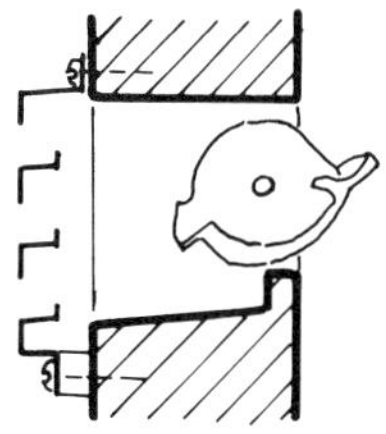

Abb. 76: Aero-Drehlüfter
(Baubeschlag-Taschenbuch 1963)

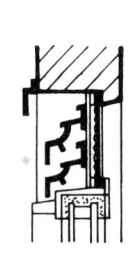

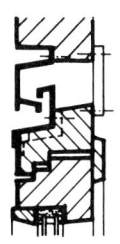

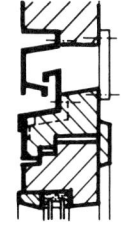

Abb 80.3   Abb. 80.4 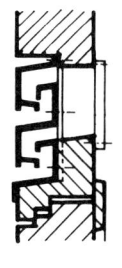   Abb. 80.5

97

4.3.7.3. Lamellenfenster (Abb. 81)

ermöglichen eine regulierbare Be- und Entlüftung ohne Lichtflächenverlust. Ihr Einsatz beschränkt sich jedoch auf untergeordnete Räume (Toiletten-, Garderoben-, Betriebsräume), die einen regelmäßigen hohen Lüftungsbedarf haben, ohne daß zusätzliche Zwangslüftungen gewünscht werden und eine besondere fugen- oder schalldichte Ausführung nicht gefordert wird.

Nach vorliegenden Prüfzeugnissen liegt die Fugendurchlässigkeit mit 52 Nm^3/h etwa doppelt so hoch wie bei einem durchschnittlichen einfach verglasten Holzfenster.

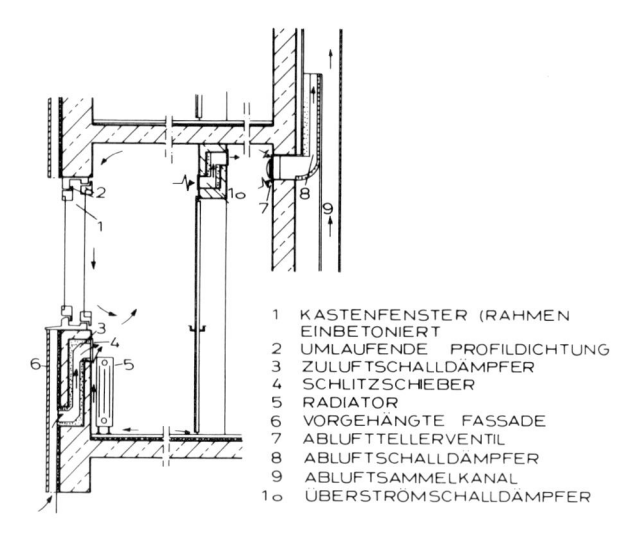

1 KASTENFENSTER (RAHMEN EINBETONIERT)
2 UMLAUFENDE PROFILDICHTUNG
3 ZULUFTSCHALLDÄMPFER
4 SCHLITZSCHIEBER
5 RADIATOR
6 VORGEHÄNGTE FASSADE
7 ABLUFTTELLERVENTIL
8 ABLUFTSCHALLDÄMPFER
9 ABLUFTSAMMELKANAL
10 ÜBERSTROMSCHALLDÄMPFER

Abb. 82: Schallschutzfenster mit mechanischer Lüftung [34]

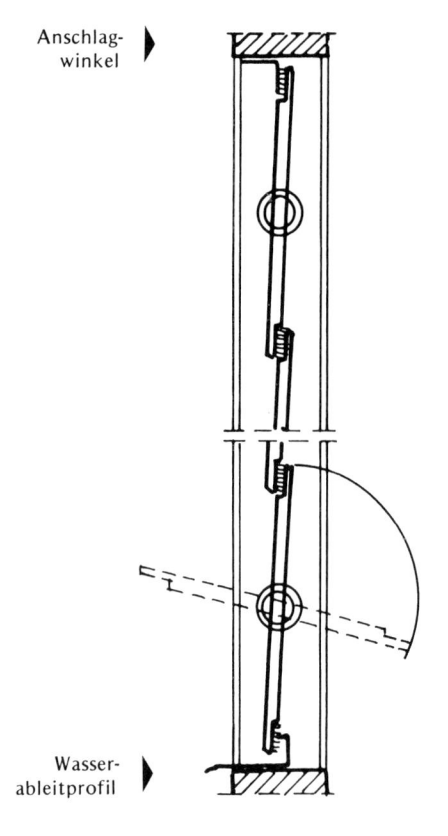

Abb. 81: Hahn-Lamellenfenster (Fa. Hahn)

4.3.7.4. Schachtlüftung

Müssen Fenster aus Schallschutzgründen geschlossen bleiben, so sind andere Wege der Be- und Entlüftung nicht zu umgehen. Von Fensterindustrie und Erfindern wurden schalldämmende Lüftungsfenster entwickelt.

Die Zu- oder Abluft kann dabei durch schallgedämmte Schächte in den Raum geleitet werden. Derartige Anlagen sind für innenliegende Bäder (als Kölner-, Hamburger-, Berliner-Lüftung) bekannt und haben sich bewährt.

Bei dem von Carroux [34] gem. Abb. 82 entwickelten Lüftungssystem werden im Fensterbrüstungsbereich nur Zuluftschalldämpfer vorgesehen. Die verbrauchte Luft muß anderweitig, z. B. durch die Abluftschächte von Küchen und Bädern, abgeführt werden. Der Abluftkanal muß hierbei ausreichend dimensioniert sein und zum Schutz gegen Überhören von Wohnung zu Wohnung mit einer Schalldämmstrecke versehen werden. Wegen der witterungsabhängigen Lüftungswirkung natürlicher Schwerkraftanlagen sollte auf jedem Kanal ein Abluftventilator installiert werden. Die Abluftöffnungen in den Wohnungen können — ebenso die Zuluftöffnungen — durch Tellerventile und durch Klappen nach Bedarf manuell reguliert werden. Die Schallübertragung von Raum zu Raum kann durch schallgedämmte Überstromöffnungen vermindert werden. Bei Schallschutzfenstern muß der Schalldämpfer so ausgelegt werden, daß die Mindest-Dämmung des Fensters erreicht wird und die lüftungstechnisch errechnete Luftmenge unter Einhaltung der vorgeschriebenen notwendigen geringen Luftgeschwindigkeiten gewährleistet ist. Zur Vorwärmung der Zuluft ist diese gegen Heizflächen zu leiten. Die Wirksamkeit der Schachtlüftung wächst entsprechend der unter 4.3.5. aufgezeigten Gesetzmäßigkeiten mit zunehmender Schachthöhe.

Durch kombinierte Systeme aus Fenster- und Schachtlüftung läßt sich bei geringen Mehraufwendungen bereits eine ausreichende Verbesserung der Luft- bzw. Behaglichkeitsverhältnisse in Aufenthaltsräumen erzielen.

4.3.7.5. Zwangslüftungen

Soll die Lufterneuerung unabhängig von außenklimatischen Einflüssen nach Bedarf oder Berechnung gesteuert werden können, so wird Zu- und/oder Abluft durch Einschaltung mechanischer Hilfsmittel vorgenommen. Es handelt sich hierbei um Propellerventilatoren, Walzenlüfter, Gegenstromgebläse etc. unterschiedlicher Leistung:

Als Kriterien sind der von der Lüftungsanlage selbst erzeugte Lärm, die selbsttätige Einschaltung im Bedarfsfall und die Unterbringung im Bereich des Fensters anzusehen.

Um die Lautstärke der Lüftungsanlage so gering wie möglich zu halten, ist der Förderdruck des Aggregats so gering wie möglich zu halten, die Kanalquerschnitte sind reichlich zu bemessen, Formstücke sind strömungsgerecht auszuführen, Querschnittsverengungen sind zu vermeiden. Es sind geräuscharme Kugellager sowie statisch und dynamisch ausgewuchtete Flügelräder zu verwenden, flexible Verbindungsstutzen und Schwingungsdämpfer vorzusehen.

Aus der Zahl der eingebauten zusätzlichen Lüftungseinrichtungen ist zu ersehen, daß durch die ungünstige Lage und/oder die gewählte Öffnungsart der Flügel eine ausreichende natürliche Raumlüftung nicht gewährleistet wird. Zum Schutz gegen störende Immissionen können derartige Lüftungsmaßnahmen unerläßlich werden.

1. Walzenlüfter

sind elektrisch betriebene Zwangslüftungen mit vollautomatisch gesteuerter Öffnung und Schließung. Je nach dem System wird mit der Entlüftung auch das Nachströmen gefilterter und/oder vorgewärmter Frischluft möglich. Der Einbau kann im oberen Teil des feststehenden Fensters oder Sturzes, in der Brüstung und überall dort, wo eine Be- und Entlüftung erforderlich ist, erfolgen. Der Luftaustausch läßt sich je nach Bedarf durch den baukastenmäßigen Einbau einer entsprechenden Zahl von Lüftern bzw. Profillänge und eine stufenlose Regelung einstellen. Derartige Systeme eignen sich auch zur Verwendung bei Schallschutzfenstern in den Lüftungsschalldämpfschleusen. Einbaubeispiele werden in Abb. 83 dargestellt.

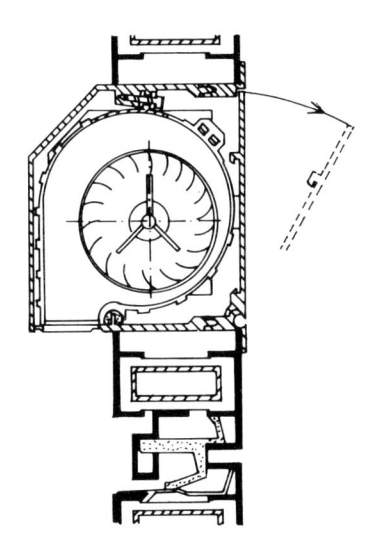

Abb. 83: Walzenlüfter (nach Hersteller-Informationen)

2. Ventilatoren

werden in verschiedenen Variationen geliefert und je nach System in die Glasscheibe, in den Rolladenkasten, in die Wand oder den Blendrahmen eingebaut. Besondere Beachtung verdient in diesem Zusammenhang Lueders [150] push-pull-Kapillargebläse (Abb. 84), bei dem die Frischluft im Gegenstromverfahren mit 95 % Wirkungsgrad ohne zusätzliche Energiezufuhr aufgeheizt wird. Die Entwicklung für den Einsatz im Fensterbau ist hier jedoch noch nicht abgeschlossen.

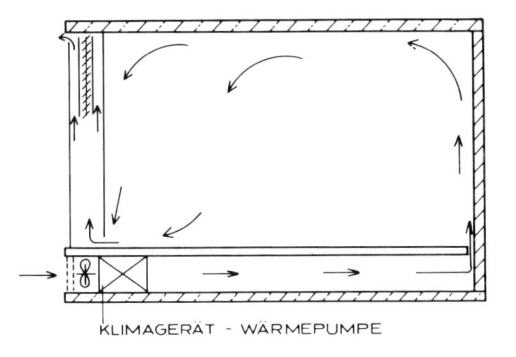

Abb. 84: Container – mit Klimaschildfenster [277]

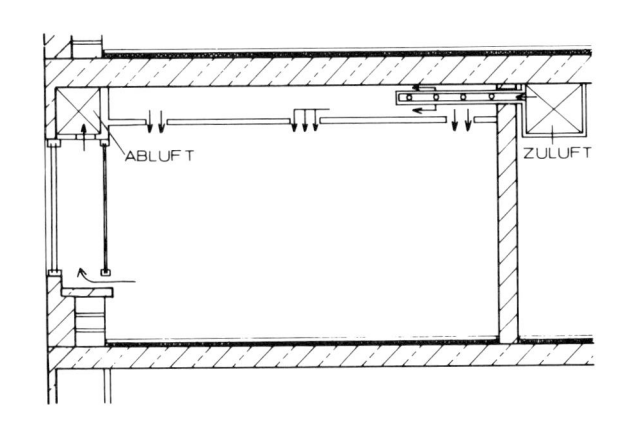

Abb. 85: Raumentlüftung durch Fensterkamin [150]

3. Klimaschildverfahren

Mit den verstärkten Forderungen nach einem verbesserten Schallschutz wird die Entwicklung neuer oder der weitere Ausbau bewährter Lüftungssysteme weiter vorangetrieben. Es wird hierbei um das ganze Gebäude – gem. Abb. 87–89 (Hamann [88]) – oder im Fenster- bzw. Außenwandbereich einzelner Räume nach Wallmeier/Knop [277] Abb. 86 und Lueder [150] Abb. 85, 86.1 eine Lüftungszone gelegt, in der sich zugleich Sonnenschutzeinrichtungen etc. unterbringen lassen.

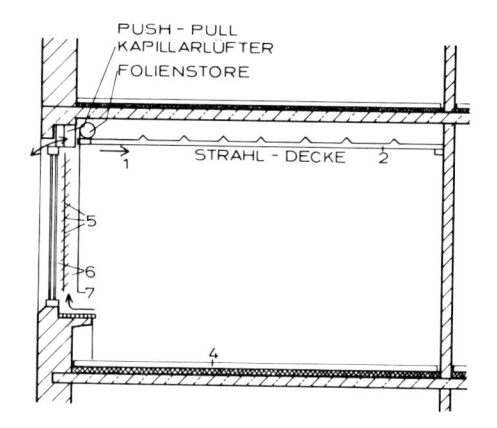

Abb. 86.1: Raumentlüftung durch Fensterkamin mit push-pull-Kapillarlüfter [150]
Herstellung eines ausgeglichenen Strahlungsklimas mit kühlem, tangentialem Frischluftstrom 1 an einer gekühlten, mit Wärmestrahlung reflektierender Tapete 2 versehenen Decke, einem Klarsicht-Folienstore, der mit einer Wickelrolle hochgezogen werden kann, einem Wärmestrahlung emittierenden, künstlich temperierten Fußboden 4 und einem mit Lamellenstore 5 versehenen Fensterkamin 6, aus dem die bei 7 eintretende Abluft mit Hilfe eines push-pull-Kapillargebläses abgesaugt wird.

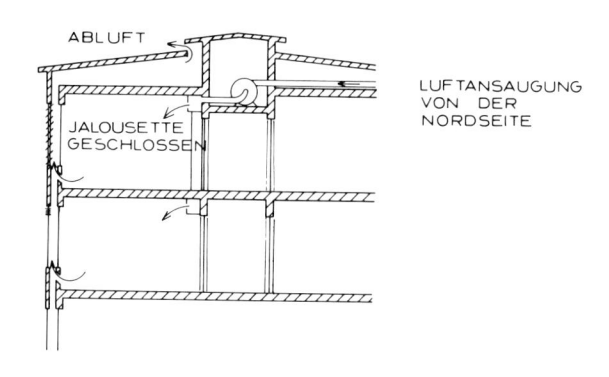

Abb. 87: Klimaschildverfahren 1: Geringer Überdruck in Fassade und Innenräume [88]

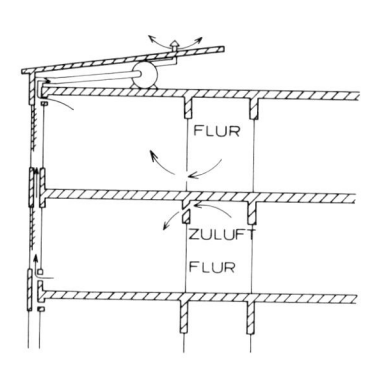

Abb. 88: Klimaschildverfahren 1: Unterdruck in der Fassade und den belüfteten Räumen [88]

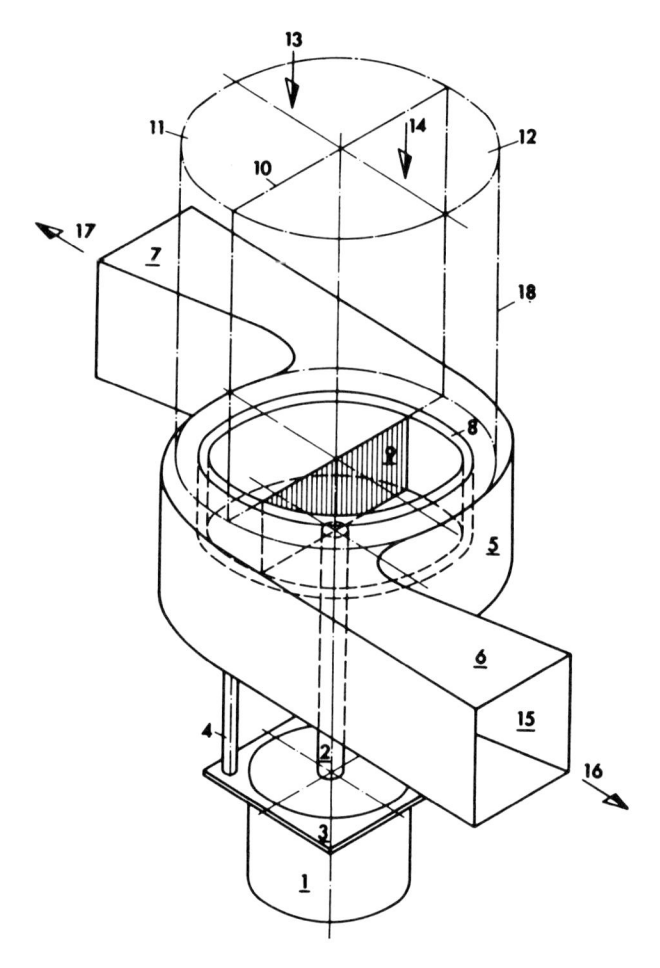

Abb. 86.2: push-pull-Kapillargebläse [150]
Schematische, perspektivische Darstellung eines push-pull-Kapillargebläses mit vom Elektromotor 1 über die Achse 2 in Rotation versetzten Filterkorb 8, gemeinsamer, feststehender Trennwand 10 von Frischluftkanal 11 und Abluftkanal 12, die mit einem Teil 9 in den rotierenden Filter hineinragt, und dem zweiteiligen Schneckengehäuse 5 mit Diffusor 6 für den Zuluftstrom 16 der bei 13 angesaugten Frischluft und Diffusor 7 für den Fortluftstrom 17 der bei 14 angesaugten Abluft.

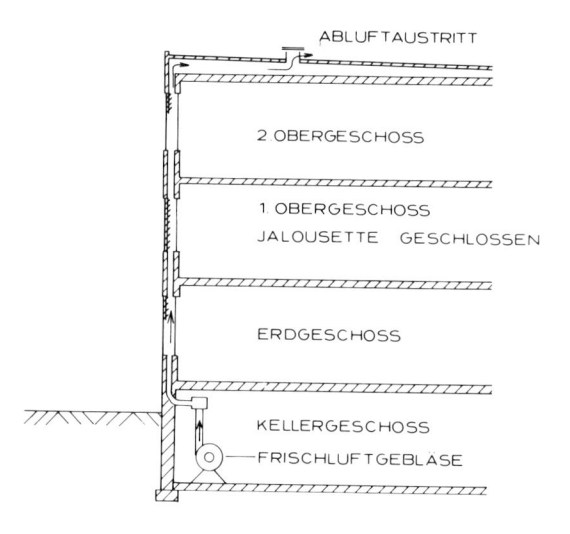

Abb. 89: Klimaschildverfahren 2: Doppelschalenbelüftung. Innenraumbelüftung durch Fensterlüftung oder besondere Lüftungsanlage [88]

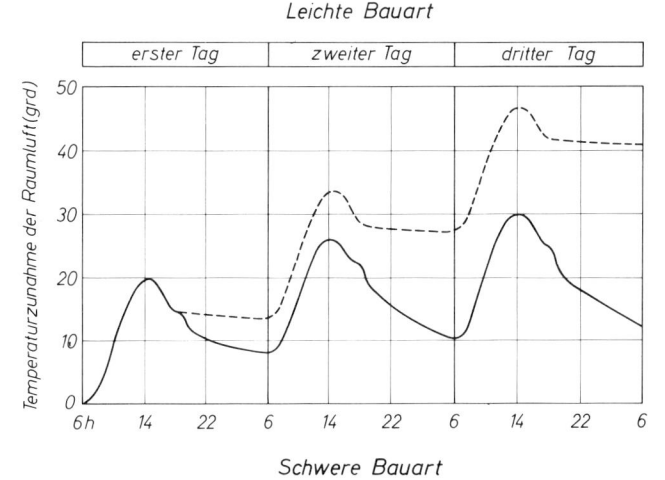

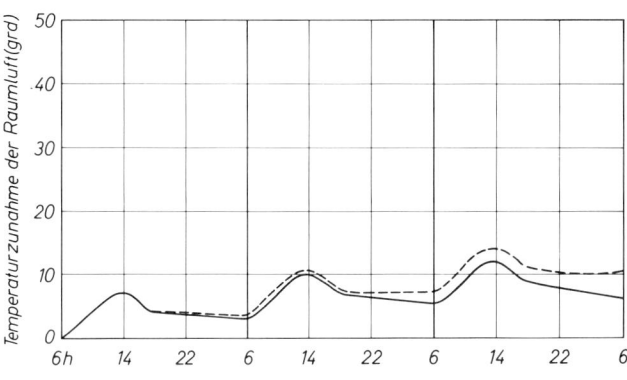

──────── ungelüftet
─────────── gelüftet; Luftwechselzahl 4 h⁻¹
Lüftung jeweils von 19.00 bis 6.00 Uhr
Leichte Bauart: 20 cm Gasbeton
Schwere Bauart: 15 cm Schwerbeton
Raumgröße: 4 x 4 x 2,5 m (Raum inmitten eines Gebäudekomplexes)
Glasfläche: 4 m² (nach Süden orientiert)
Glasart: Isolierglas (Doppelscheiben) G 57

Abb. 90: Zeitlicher Verlauf der Lufttemperaturzunahmen in ungelüfteten und über Nacht gelüfteten Räumen [76]

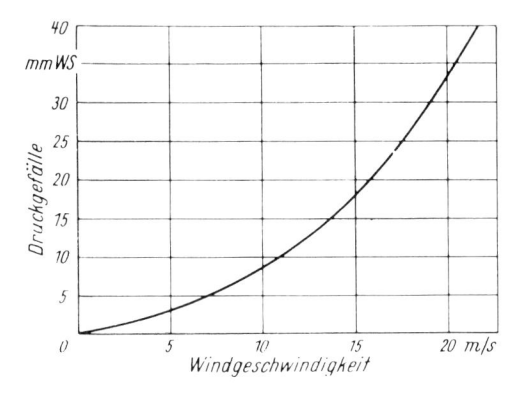

Abb. 91: Druckgefälle zwischen einer vom Wind angeströmten Gebäudefront und einer Gebäuderückseite [191]

4.3.8 Normen, Richtlinien und sonstige Vorschriften

4.3.8.1. Gültige Normen, Richtlinien, Vorschriften

DIN 1946	(IV/60)	Bl. 1	Lüftungstechnische Anlagen (E)
	(IV/60)	Bl. 2	Lüftung von Versammlungsräumen
	(II/71)	Bl. 2	Lüftung von Versammlungsräumen
	(V/63)	Bl. 4	Lüftung von Krankenanstalten
	(VIII/67)	Bl. 5	Lüftung von Schulen
DIN 18 017			Lüftungen von Bändern und Spülaborten ohne Außenfenster durch Schächte und Kanäle ohne Motorkraft
	(III/60)	Bl. 1	Einzelschachtanlagen
	(VIII/61)	Bl. 2	Sammelschachtanlagen
DIN 18 031	(X/63)		Hygiene im Schulbau
DIN 18 610	(X/59)		Luftschächte, Luftkanäle und Lüftungszentralen für Gebäude, Richtlinien für die Anordnung und Ausbildung,

Richtlinien für Heizungs-, Lüftungs- und Warmwasserbereitungsanlagen für Schulen in NW (XII/1969) Min.Blatt NW Ausg. A 13 (1960) Nr. 3 S. 45, VDI Lüftungsregeln 2086, 2053, 2052, 2051, 2080, 2087

NW Schulbaurichtlinien
NW Richtlinien für Gewerbehygiene, Forderungen bei der Gestaltung von Arbeits- und Sozialräumen (Min.Bl. f. d. Land NW Nr. 75 v. 30. 6. 64)

4.3.8.2. Wertung

Die Forderungen der DIN 1946 (Bl. 2) sind, wie Netz [168] dargestellt hat, überholt. Die Arbeits- und Sozialraumrichtlinien NW entsprechen demgegenüber den heutigen Anforderungen besser. Die in Normen und Richtlinien enthaltenen Einzelheiten sind als Mindestforderungen zu berücksichtigen. Sie sind z. T. technisch wie auch inhaltlich durch weitergehende Richtlinien überholt.

Die Anzahl der Vorschriften etc. zeigt, daß die Frage der Raumlüftung zumindest klimatechnisch hinreichend gewürdigt wurde. Für die Mehrzahl der Gebäude und Aufenthaltsräume fehlen normative Festlegungen zur Sicherstellung eines ausreichenden Luftaustausches überall dort, wo Lüftungs- und Klimaanlagen nicht erforderlich und feststehende Verglasungen reinigungstechnisch möglich sind.

4.3.9. Wertung der Veröffentlichungen

Die in den Abschnitten 4.3.5. bis 4.3.7. dargestellten Einzelheiten und Zusammenhänge sind als derzeitiger Stand der technischen Erkenntnisse anzusehen.
Über die Raumlüftung und deren Komponenten liegen eine Vielzahl wertvoller und weitgehend wissenschaftlich fundierter Veröffentlichungen vor.
Über die Luftströmungen im Raum liegen demgegenüber keine wissenschaftlich hinreichend gesicherten Untersuchungen vor. Es vermag nur soviel Außenluft in den Raum zu dringen, als auch an anderen Stellen entweicht.

Arntzen [5] zeigt in einer umfassenden Betrachtung wesentliche Zusammenhänge wissenschaftlich auf. Bei seinen theoretischen Überlegungen über die Wirkung von Dauerlüftungen werden jedoch die Störungsverhältnisse im Raum im Hinblick auf konvektiv wirkende Heizflächen im Brüstungsbereich und die hierdurch bedingte Lufterneuerung unterbewertet und die Bedingungen, unter denen hochliegende Dauerlüftungen wirksam werden können, nur ungenügend aufgezeigt.

Becker [11] setzt sich mit den Faktoren zur Erzielung einer zugfreien Frischluftverteilung auseinander. Seine Berechnungsmethoden lassen sich auf die Fensterlüftung nicht anwenden.

Merkle [156] untersucht auf der Grundlage der DIN 1946 (Bl. 4) die Lüftungsverhältnisse im Krankenhausbau ohne nähere wissenschaftliche Begründung. Seine Folgerung, daß bereits bei Normalgebäuden einwandfreie raumklimatische Verhältnisse durch Fensterlüftung nicht mehr zu erzielen sind, läßt sich z. Z. noch regional bzw. nach der Art der Immissionen beschränken.

Roedler [193] betrachtet auf der Basis der DIN 1946 und DIN 18 031 sowie raumklimatischer und gesundheitshygienischer Gesichtspunkte den Spezialfall der Schullüftung, ohne den näheren wissenschaftlichen Nachweis zu erbringen. Seine Forderung im Hinblick auf störende Immissionen getrennte Zu- und Abluftwege, möglichst in Querlüftung unter Vermeidung von Staubablagerungen und Zugluft anzuordnen, ist jedoch bis heute wegen der benötigten großen Frischluftrate nicht zu realisieren.

Stiglbauer [260] fordert — ohne hierfür den wissenschaftlichen Nachweis zu erbringen — mechanische Lüftungsanlagen zum Ersatz der unzureichenden Fensterlüftung.

Spillhagen [257] betrachtet ohne nähere wissenschaftlich wertbare Begründung die natürliche Lüftung und hierfür die Dauerlüftung auf der Grundlage der Schulbaurichtlinien NW (1963) und der DIN 18 031 als ausreichend. Seine Empfehlungen wurden durch die Entwicklung z. T. überholt.

Koch [127] untersucht die Möglichkeiten der Fensterlüftung und zeigt verschiedene grundlegende Berechnungsmöglichkeiten unter Annahme verschiedener Vereinfachungen. Seine z. T. unpraktische und wissenschaftlich nicht näher abgeleitete Methode gestattet die Abschätzung der Temperaturlüftungswirkung.

Netz [168] zeigt auf der Grundlage der VDI Lüftungsregeln eine Reihe wesentlicher raumklimatischer Zusammenhänge für Arbeits- und Betriebsräume und Berechnungsmöglichkeiten auf. Er bemängelt die Festlegungen der DIN 1946 (Bl. 2), jedoch ohne zugleich eine wissenschaftlich wertbare Begründung zu geben. Die von anderen Verfassern hoch bewertete Frage der noch behaglichen Luftbewegung im Raum wird praktisch nicht behandelt.

Lueder [150] versucht, den Lüftungswärmeverlust durch Weiterentwicklung des Kapillargebläses von Sprenger und de Fries zum push-pull-Kapillargebläse weitgehend abzubauen. Weitergehende Versuchsreihen zur Verwendung im Fensterbereich sind jedoch notwendig, um diese bedeutsame Erfindung bautechnisch gesichert verwerten zu können.

Die von den Lüftungselementherstellern herausgegebenen Arbeitsunterlagen lassen die Anwendungsgrenzen nicht immer erkennen. Wesentliche Nachteile werden oft verschwiegen.

Die vorliegenden Untersuchungen reichen nicht aus, um alle Einflußgrößen der natürlichen Lüftung in einer ausreichenden, für den Einzelfall variablen Form in einen sinnvollen Zusammenhang zu bringen, da die vielfältigen klimatischen Außenbedingungen von Stunde zu Stunde die Lüftungsbedingungen verändern und damit nur für bestimmte Zustände und zu bestimmten Zeiten bestimmte raumklimatische Verhältnisse zu erreichen sind.

4.4. Fensterbeschlag

4.4.1. Funktionen

Die Fensterbeschläge bestimmen die mögliche Öffnungsart des Fensterflügels und die möglichen Flügelgrößen. Sie haben die Aufgabe, die gefahrlose und funktionsgerechte Betätigung der verschiedensten Flügelarten zu ermöglichen, die Flügel am Blendrahmen fest zu verankern bzw. zu verriegeln und an den Rahmen zu pressen, um eine ausreichende Fugen-, Schlagregen- und zugleich Schalldichtigkeit zu bewirken.

4.4.2 Anforderungen

Beschläge sollen einfach und sinnvoll in der Handhabung und den menschlichen Körpermaßen angepaßt sein. Auch der Nichtfachmann muß ohne besondere Gebrauchsanweisung die Fenster bedienen können. Beschläge sollen zuverlässig sein und mutwillige Fehlschaltungen — wie sie z. B. bei Drehkippflügeln oft auftreten — durch besondere, automatisch wirkende Sperren verhindern. Robuste Konstruktionen müssen eine laienhafte Gewaltanwendung unschädlich machen. Der Beschlag soll einen möglichst großen „Anzug" haben, um den Flügelrahmen und — sofern vorhanden — elastische Dichtungen fest gegen den Fensterrahmen zu pressen.

4.4.3. Entwicklung verschiedener Beschlagsysteme

Die Entwicklung des Fensterbeschlages ist der Entwicklung anderer Fensterteile nur sporadisch gefolgt. Schäden, Störungen und Enttäuschungen sind deshalb nicht ausgeblieben. Seit Jahrhunderten ist die Schloß- und Beschlagindustrie auf die Verarbeitung ihrer Erzeugnisse im oder am

Holz eingestellt. Mit der Einführung neuer Fensterwerkstoffe wurden zunächst die alten Beschlagsysteme beibehalten.
Bei Stahlfenstern bedurfte es zunächst keiner grundsätzlichen Modifikationen. Die meisten Beschläge bestanden aus Stahl und konnten leicht durch Schweißen oder Schrauben an oder in der Stahlkonstruktion befestigt werden.
Bei Aluminium-Fenstern und Kunststoff-Fenstern bringt der Einbau und die Befestigung besondere Probleme. Durch das Einfräsen von Schlitzen und Bohrungen für die Bänder wird z. T. der Querschnitt geschwächt und oft eine wenig ästhetische Lösung geschaffen. Eine Verschraubung bringt wegen der bei Kunststoff und Aluminium unvermeidlichen Verformungen (kalter Fluß) je nach Belastung früher oder später Lockerungen der Bänder. Die Beschläge bedingen häufig Unterbrechungen der Dichtungsprofile und reduzieren damit die Fugendichtigkeit. In den letzten Jahren wurden in die Fensterprofile Nute für einzuschiebende oder einzuklemmende Beschläge direkt eingeformt oder Verstärkungen in die Hohlprofile eingeschoben.
Die Forderung nach bequemer Betätigung für jede gewünschte Öffnungsstellung [111] wird — nach Schlegel [218] — häufig höher bewertet als die Sicherheit für den Bedienenden. Die Beherrschung und Bewältigung des Fensterflügels hört auf, wenn übernormale Fenstermaße die Spreizbreite der Arme bei noch gegebener Bewegungsfähigkeit der Hände (ca. 1,5 m) oder das Gewicht des verglasten Flügels bei Fehlbedienung oder Windeinwirkung die Tragfähigkeit zumindest eines erwachsenen Menschen übersteigen. Durch abgestürzte Drehkippflügel sind — nach Schlegel [218] — vielfach schwere Gehirnerschütterungen etc. entstanden. Bei Zug-Druck-Griffen sind nach der gleichen Veröffentlichung häufig antisynchrone und damit der unbewußten Reaktion des Menschen zuwiderlaufende Bewegungen bei der Betätigung notwendig.
Nach Schlegel [218] und Klindt [123] sind — im Gegensatz zur Auffassung anderer Autoren — echte Zweigriffbedienungen den bequemen Einhandbedienungen vorzuziehen. Die ästhetische Forderung nach weitgehend oder vollständig verdeckt angebrachten Beschlägen erfordert einen größeren Platzbedarf im Bereich zwischen Flügel und Rahmen und führt zu Querschnittsschwächungen bzw. entsprechend stärker dimensionierten Flügelkonstruktionen, komplizierteren und damit reparaturanfälligeren Konstruktionen, häufig auch zu Beeinträchtigungen der Fugendichtigkeit und immer zu höheren Kosten.

4.4.4 Beschlagsysteme

Fensterbeschläge werden aus Stahl — mit oder ohne zusätzlichem Korrosionsschutz — aus Aluminium, Messing, Edelstahl oder Kunststoffen gefertigt. Die Wahl der geeigneten Werkstoffe und Beschläge ergibt sich aus dem Werkstoff des Flügelrahmens, der Öffnungsart, verschiedenen allgemeinen und besonderen Anforderungen an das Fenster und besonderen Wünschen im Hinblick auf Gestaltung und bequemer Bedienung.
Die möglichen Flügelgrößen sind von der Funktionsfähigkeit und dem Anzug des Beschlages abhängig. Der Beschlag bestimmt häufig die zu verwendenden Profilabmessungen. Zur Vereinfachung der Beschlagmontage wurden von den Herstellern der Beschläge bzw. Fensterprofile Anschlaglehren und -schablonen entwickelt, mit denen die Vorbereitung der Rahmenprofile und die Anbringung der Beschläge rationell erfolgen kann.

4.4.4.1. Drehflügelfenster

sind für kleine Glasflächen besonders gut geeignet. Der Beschlag besteht aus Drehscharnieren bzw. Einbohr- oder Einstemmbändern mit Olive und Stangengetriebe. Die Lüftung ist durch Öffnen des Flügels variabel. Die optimale Flügelbreite — nach Eschke [55] — beträgt 1,20 m. Flügelfeststeller oder Bremsen sind erforderlich, um eine sichere Dauerlüftungsstellung zu gewährleisten.

4.4.4.2. Kipp- und Klappflügelfenster

erfordern neben den Kipp- und Klappscharnieren je nach Einbauart einen Verschluß mittels Kniehebel oder Falzschere und Oberlichtöffner. In großen Hallen, in Treppenhäusern kommen zusätzlich elektro-hydraulische Antriebsaggregate zum Einsatz. In Wohnräumen werden Einlaßtreibriegel und Falzscheren verdeckt eingebaut. Die Rollzapfenverriegelung erfolgt durch Ein- oder Zweigriffbedienung, ähnlich dem Drehkippflügel. Der Kippflügel muß dabei zur Reinigung der äußeren Glasflächen leicht nach innen umgelegt werden können, hieraus ergibt sich eine natürliche Größenbegrenzung. Nach außen gehende Klappflügel sind von innen nicht zu reinigen.

4.4.4.3. Drehkippflügelfenster

erfordern komplizierte und aufwendige Beschläge. Doch sollen die Vorteile der Kombination der beiden Öffnungsarten nicht durch den Nachteil geringerer Flügeldichtigkeit oder höherer Gefährdung bei der Benutzung ausgeglichen werden. Ein Handgriff mit Stangengetriebe verschließt das Fenster, ein Umschalthebel mit Gestänge betätigt die Scharnierstifte, die wahlweise in Dreh- oder Kippscharniere eingreifen. Eine Sperre verhindert die Umschaltung bei geöffnetem Fenster und eine Schere (bei Fenstern über 90 cm Breite zwei Scheren) hält den Flügel in gekippter Stellung. Einfach- und Dreipunktscheren eignen sich bei leicht verformbaren Werkstoffen — z. B. PVC — nach Klindt [123] nur für kleinere Fenster, Scheren, bei denen Verdrehungen oder Schrägzugkräfte vermieden werden (Statikscheren, Zweitscheren), sind allgemein vorzuziehen. In einfacher Ausführung sind Gestänge und Scharniere sichtbar. Für gehobene Ansprüche gibt es Ausführungen mit verdecktem Gestänge und Lagerung. Für höchste Ansprüche gibt es Drehkippflügelbeschläge mit nur einem Handgriff für Umschaltung und Verriegelung.
Die Qualität des Beschlages wird weiterhin von der Zahl der Verriegelungen und der verriegelten Seiten bestimmt. Die Umlenkung erfolgt dabei durch spielfreie Spezialwinkelgetriebe mit Nirosta-Doppelblattfedern.
Auch wenn für Spezialbeschläge größere Flügelbreiten

offeriert werden, sollten b = 1,40 m und h = 2,00 m (nach Eschke [59]) als optimale Flügelgrößen angesehen werden. Nach dem gleichen Verfasser im Gegensatz zu Schlegel [218] ist als Mindestforderung anzusehen:
Einhandbetätigung mit Fehlbetätigungssperre, unsichtbare Gestängeführung, Mindestanzug 10 mm, automatische Vierecken-Verriegelung, Verriegelungselemente aus nicht rostenden, verzinkten oder bichromatisierten Werkstoffen.

4.4.4.4. Schwingflügelfenster

werden vor allem für breite Fenster mit großer Glasfläche eingesetzt.
Beschläge: die beiden seitlichen Drehlager mit Innenbackenbremse werden in die Rahmenprofile eingebaut. Mit einem Zentralverschluß kann eine ein- bis vierseitige und zwei- bis sechspunkt Rollzapfenverriegelung bedient werden.
Zum Putzen der Scheiben muß ein Herumschwenken um 180° möglich sein. Die Flügelgrößen (bis zu 6 qm) werden durch die Tragfähigkeit der Lager (insgesamt bis zu ca. 300 kg) begrenzt. Im Bereich der Drehlager sind Undichtigkeiten (Fugendurchlässigkeit, Schlagregensicherheit) mit Sicherheit nicht auszuschließen.

4.4.4.5. Wendeflügelfenster

werden vor allem für große hohe Glasflächen verwendet. Der Beschlag besteht aus zwei Drehlagern mit Brems- und Höheneinstellung, von denen das untere Lager das gesamte Flügelgewicht aufzunehmen hat. Um Durchbiegungen des unteren Blendrahmens zu vermeiden, wurden Konstruktionen mit unterer Abstützung entwickelt. Der Verschluß kann als Zentralverschluß mit einseitigem Bedienungshebel, üblicherweise jedoch mit zwei Bedienungshebeln und zwei getrennten Einlaßhebeln ausgeführt werden. Bei großen Flügeln und schwerer Verglasung ist eine richtige Klotzung von besonderer Bedeutung.

4.4.4.6. Schiebefenster

1. Vertikale Schiebefenster

(nach oben, nach unten, auch als Versenkfenster zu betätigen) werden in der BRD nur noch selten ausgeführt. Wegen des unvermeidlichen Gewichtsausgleiches durch Gegengewichte oder Federn sind derartige Anlagen konstruktiv umständlich.

2. Horizontale Schiebefenster

häufig auch als Hebeschiebefenster und Hebefenstertüren ausgebildet, finden wachsendes Interesse. Werden die Flügel auf kugelgelagerten Metallrollen bewegt, so laufen sie spielend leicht. Bei den geräuschärmeren Kunststoff-Ummantelungen der Rollen bei größeren Belastungen können sich die Kunststoff-Ummantelungen bei zu hohen Rollenlasten verformen (kalter Fluß) und erschweren oder unterbinden jedwelche Betätigung.
Bei größeren Flügelgewichten kann die Verwendung von Chromnickelstahllaufschienen angebracht sein.
Der weitere Beschlag besteht aus einem Handgriff mit Verriegelungseinrichtung. Bei Hebeschiebefenstern wird das Absenken der Laufrollen in entsprechende Mulden der Profilaufschiene oder durch höhenverstellbare Laufwagen mit entsprechenden Betätigungshebeln bewirkt. Nur mit Hebeschiebefenstern und -türen ist eine befriedigende Fugendichtigkeit zu erzielen.
Die Eckumlenkungen, Rollenlager, Profilführungsschienen und Betätigungshebel müssen dem Gewicht der Anlage entsprechen. Die möglichen Flügelgrößen werden durch das Gewicht und die Reinigungsmöglichkeiten begrenzt. Bei von außen unzugänglichen Anlagen sind Flügelbreiten über 1,5 m unzweckmäßig.

4.4.5. Normen, Richtlinien, Vorschriften

DIN 18 357 (X/65) ATV Beschlagarbeiten
DIN 18 266 (VIII/55) Bl. 1, Fenstergetriebe, Kanten- und Einlaßgetriebe
DIN 18 280 (VI/63) Fensterbänder, Einstemmbänder für Fenster.

Fehlende normativen Festlegungen oder die Definition von Mindestanforderungen sind als eine wesentliche Ursache für die Verunsicherung des Fensters zu sehen.

4.4.6. Wertung

In Abschnitt 4.4.4. wurde der gegenwärtige Stand technischer Erkenntnisse, die aus Veröffentlichungen der Herstellerwerke und eigener Anschauung gewonnen wurden, dargestellt.
Wissenschaftliche Untersuchungen liegen für dieses Spezialgebiet nicht vor. Die von den Beschlagsherstellern herausgegebenen Arbeitsunterlagen sind i. d. R. sehr unübersichtlich und lassen nicht immer die Anwendungsgrenzen der einzelnen Beschläge erkennen.
Die verwirrende Vielfalt der angebotenen Beschlagteile und die unzureichenden Planungsunterlagen bei Architekten und Fachfirmen erschweren genaue Festlegungen erheblich. Die Beschlagindustrie offeriert dabei häufig Beschläge für Flügelabmessungen, die sich später nicht gefahrlos betätigen lassen oder bei geringfügigen Arbeitsungenauigkeiten bereits erhebliche Mängel aufweisen.

5. Analytische Darstellung üblicher Fensterkonstruktionen Konstruktionssysteme und Konstruktionsteile

5.1. Holzfenster

Holz ist der bekannteste, für die Fensterherstellung am häufigsten zur Anwendung kommende Werkstoff. Seit Jahren wird daneben aber auch Aluminium und Kunststoff allein und in Kombination mit Holz-Grundkonstruktionen verwendet. Entscheidend für die Güte der Holzfenster ist die Kenntnis und Beachtung seiner besonderen Eigenschaften.

5.1.1. Kriterien

Werkstoffbezogen

die Eignung der verschiedenen Holzarten und -qualitäten für den Fensterbau, hierzu gehört u. a. das Verhalten und die Formbeständigkeit bei mechanischen, Wärme-, Feuchtigkeits- und sonstigen Klimaeinwirkungen,
die Anfälligkeit gegen tierische und pflanzliche Schädlinge, mögliche Holzschutz- und Oberflächenbehandlungsmaßnahmen, die Bearbeitbarkeit;

konstruktionsbezogen

die Größe der Wandöffnung, der Fensterflügel und die Dimensionierung der Flügelteile,
die Profilgestaltung,
die Eckverbindung von Flügel und Blendrahmen,
die Fugendurchlässigkeit (Wind, Schall, Schlagregen);

auf Fertigung und Einbau bezogen

geänderte Baumethoden und Bauarten,
die Lage des Fensters im Wandquerschnitt,
die Anschlußabdichtung,
der Zeitpunkt des Einbaues (Jahreszeit/Bauablauf);

nutzungsbezogen

die erforderlichen Wartungs- und Instandhaltungsarbeiten,
die mißbräuchliche Inanspruchnahme des Fensters vor und nach dem Gebäudebezug.

Nachfolgend werden nur für den Fensterbau wesentliche Kriterien näher untersucht.

5.1.2. Werkstoff Holz

5.1.2.1. Eignung verschiedener Holzarten

Aus der vorliegenden Literatur ergibt sich folgender Erkenntnisstand:

Für den Fensterbau haben sich – nach Seifert [232] und der Holzschutzmittelindustrie [42] folgende Holzarten besonders bewährt:

Nadelhölzer: Fichte, Tanne, Kiefer, Pitch-Pine, Oregon-Pine,

Laubhölzer: Teak, Afrormosia, Afzelia, Sipo-Mahagonie, Dark Red Meranti, Niangon.

Holzarten wie Eiche, Brasilkiefer und Red-Pine sowie harzgallenreiche Holzarten eignen sich weniger.

Eine nähere Begründung zu dieser Feststellung findet sich weder bei Seifert noch bei anderen Autoren. Lediglich in [244] wird aufgezeigt, daß Kiefernholz der am meisten verwendete Werkstoff ist. Neben der einheimischen Kiefer wird wegen des stark unterschiedlichen Splintanteils und Harzgehaltes auch nordische und polnische Ware eingesetzt. Fichtenholz wird nach der gleichen Quelle wegen des günstigeren Feuchtigkeitsverhaltens als bei Kiefersplintholz und geringerer Neigung zum Harzfluß im süddeutschen Raum gelegentlich verwendet. Durch das begrenzte Holzangebot dürfte der bisherige Fichtenholzanteil (ca. 15 %) kaum wesentlich zunehmen.

Die Holzfreundlichkeit der Architekturauffassung und die Tendenz, Holz in seiner Naturfarbe zu zeigen, begünstigt seit ca. 10 Jahren den Einsatz exotischer Hölzer. Nach [244] sind die hierbei aufgetretenen Mängel fast ausschließlich auf unsachgemäße Holzauswahl und Holzpflege, die Holztrocknung, die Anstrichbehandlung und die Fehlvorstellungen vieler Architekten, die exotischen Hölzer seien weder pflege- noch wartungsbedürftig und vorbehaltlos überall einsetzbar, zurückzuführen.

In den Veröffentlichungen sind weder die Eignungsvoraussetzungen der verschiedenen Holzarten noch die für eine risikofreie Anwendung erforderlichen werkstofftypischen Daten umfassend dargestellt und für den bautechnischen Gebrauch aufbereitet. Kollmann [130] stellt alle die Holztechnologie betreffenden Fakten und Zusammenhänge in vorbildlicher Gründlichkeit zusammen. Auf die Besonderheiten des Holzfensters wird jedoch nicht eingegangen.

5.1.2.2. Eignung verschiedener Holzqualitäten

Die Beurteilung der Holzqualität erfolgt i. d. R. nach der DIN 68 360 — Holz für Tischlerarbeiten — Gütebedingungen. Die Beurteilung beschränkt sich hier auf grobe Fehler wie Pilzbefall, Rissigkeit, Drehwuchs etc. und vor allem die Astigkeit des fertigen Werkstückes.

Nach Seifert [244] und Schlegel [217] haben Beobachtungen ergeben, daß die Astigkeit in DIN 68 360 überbewertet wird, in der Praxis kaum eingehalten werden kann und bei Überschreitungen nur selten Funktionsstörungen aufgetreten sind. Die Anwendung der bisherigen Norm auf die exotischen Holzarten ist nach Seifert [244] kaum möglich.

Nach dem gleichen Verfasser sind bei der Überarbeitung der Norm Jahresringverlauf, Jahrringbreite und sonstige Eigenschaften, welche die spätere Funktion des Fensters beeinflussen können, einzubeziehen.

Die Auswahl der Hölzer und die Holzpflege nehmen — nach Seifert [231] auf die Haltbarkeit und das Stehvermögen, der Harzgehalt auf die Witterungsbeständigkeit des Holzes — unabhängig von der Holzart — einen wesentlichen Einfluß.

Im Augenblick werden vom Holz im Fensterbau [232, 26] folgende Eigenschaften gefordert:

1. Gutes Stehvermögen
2. Hohe Widerstandsfähigkeit gegen äußere Einwirkungen
3. Hohe Resistenz gegen Pilz- und Insektenbefall
4. Gute Anstrichverträglichkeit
5. Gutes Aussehen von naturbehandelten Hölzern
6. Leichte Verarbeitungsmöglichkeit
7. Große Abmessungen bei gleichmäßigem Wuchs und geringer Astigkeit.

Folgerungen:

Der Einfluß der Holzinhaltsstoffe auf die Resistenz gegen Pilzbefall, die völlige oder teilweise Inhibitorwirkung auf verschiedene Anstrichsysteme und die Korrosionswirkung auf Metalle (bei niedrigem pH-Wert des Holzes) ist, wie Dietrichs [43] darstellt, weitgehend wissenschaftlich erforscht. Im Fensterbau werden die Erkenntnisse jedoch nur selten verwertet. Eine umfangreiche Zusammenstellung des chemischen Verhaltens der Nutzhölzer gibt Dietrichs [44].

Die vorstehende Aufzählung der geforderten Eigenschaften sich z. T. gegenseitig ausschließender oder überlagernder Anforderungen ist nach Auffassung des Verfassers für den praktischen Gebrauch ungeeignet.

So erfordert z. B.:

Ein langzeitig gutes Aussehen naturbehandelter Hölzer zumindest im westdeutschen Raum die Verwendung exotischer Holzarten, die sich i. d. R. nicht leicht verarbeiten lassen und die wegen ihrer Holzinhaltsstoffe und ihres Feuchtigkeitsgehaltes eine sehr sorgfältige Oberflächenbehandlung bedingen. Gutes Stehvermögen und große Abmessungen schließen sich wegen der natürlichen Unregelmäßigkeiten des Holzwuchses und den aus volkswirtschaftlichen Erwägungen bestimmten Grenzen der Holzauswahl weitgehend aus.

Die von Seifert [232] empfohlene Qualitätsverbesserung durch klare technische Forderungen würde ergänzend eine Systematisierung aller Einflußgrößen, deren gegenseitige Abhängigkeit und Erfüllbarkeit unter Beachtung verständlicher und eindeutiger Definitionen bedingen. Eine Generalisierung der derzeitigen Anforderungen für alle Beanspruchungen und Fensterarten ist wegen des unterschiedlichen chemisch-physikalischen Verhaltens verschiedener Holzarten ausgeschlossen.

Die unterschiedliche Eignung der Hölzer für verschiedene Anwendungsgebiete ergibt sich — nach Seifert [232] — vor allem aus dem unterschiedlichen mikroskopischen Aufbau und den unterschiedlichen Einlagerungsstoffen.

Die Festlegung von Anforderungen an die Holzqualität erfordert zwingend ergänzende Vorschriften, Richtlinien oder Ausführungsempfehlungen auf anderen Gebieten, z. B. für die Dimensionierung der Fensterteile, über die Art und den Einbau der Beschläge, die Verarbeitung, den Zeitpunkt und die Feuchtigkeitsverhältnisse während des Einbaues. Verschiedene bauphysikalische Erscheinungen, wie z. B. das Zusammenwirken von Wasserdampfdiffusion und kapillarer Wasserleitfähigkeit sind darüber hinaus noch nicht genügend erforscht.

Die Entwicklung auf chemischem und technich-konstruktivem Gebiet gestattet oft Lösungen, die unter Beachtung traditioneller Konstruktions- und Verarbeitungsgrundsätze undenkbar sind. Andere Forderungen — z. B. nach möglichst großen Abmessungen bei gleichmäßigem Wuchs etc. — sind volkswirtschaftlich kaum noch zu vertreten und, wie noch dargestellt wird, z. T. technisch überholt.

5.1.2.3. Entwicklungstendenzen zur Qualitätsverbesserung

Für die Vergütung von Vollholz sind nach Kollmann [130] seit Anfang der 30er Jahre eine Reihe von Verfahren entwickelt worden mit dem Ziel, einen Schutz gegen Pilzbefall, gegen tierische Schädlinge oder gegen vorzeitige Entzündung oder Entflammung zu schaffen. Vollholz wurde daneben auch getränkt, um seine physikalischen Eigenschaften zu verändern, seine Wichte zu erhöhen, seine Festigkeit und Härte zu verbessern, um Hygroskopizität und Quellung einzuschränken, um die Reibung zu vermindern oder die elektrischen Eigenschaften zu verändern. Als Füllstoffe wurden hierbei u. a. neben Teeröl alkoholische Phenolharz-, Phenol-Formaldehydharz und tiefschmelzende Metalle und Legierungen verwendet.

Metallholz

Damit könnte Holz eine ähnliche Oberflächenbehandlung wie Metall — bzw. eine Galvanisierung oder elektrostatische Lackierung — erhalten. Probleme ergeben sich — nach Schulz — z. Z. in dem dichten Abschluß der Holzkörper im Galvanisierungsbad, der Abhebfestigkeit der Leitschicht, des anstrebenswerten Feuchtigkeitsgehaltes bei luftdichtem Abschluß der Holzkörper und der großen klimatischen Unterschiede, die bei Fenstern zwischen Außen- und Innenseite bestehen.

Normalholz

Die z. Z. angestellten Überlegungen beziehen sich darauf, die Eigenschaften des Holzes durch Füllungen mit Kunststoff zu verändern und durch eine verbesserte Form der Fügung und die Fügung kleinerer Teile zu einem größeren Ganzen ein verbessertes Stehvermögen zu erzielen und Eckspalten bei Fensterecken zu vermeiden.

Polymer-Holz

Beim Institut für Fenstertechnik e. V., Rosenheim, läuft z. Z. ein Forschungsauftrag zum Thema „Polymerholz im Fensterbau". Aus den vorliegenden Zwischenergebnissen [250] ist noch nicht zu entnehmen, ob und wie weit sich Polymer-Holz in der Fensterbranche durchsetzen kann.
Als eingebrachte Kunststoffe werden — nach Seifert [250] — in der BRD Polymetharcrylat, Polystyrol, Diisocyanate und Polyester verwendet.
Nach dem vorliegenden Zwischenbericht ergeben sich bei der Beladung und Polymerisation gewisse Probleme. Bei normalem Einfluß von Feuchte und Hitze ist Polymer-Holz deutlich formstabiler als unbehandeltes Holz. Es ist nicht nagelbar. Zur Verarbeitung erscheint die Verwendung von Hartmetallwerkzeugen unabdingbar. Bei der Oberflächenbehandlung mit üblichen Lacken ist die Haftung bei hohem Beladungsgrad — vor allem an den Kanten — schlechter. Bei stark beladenem Polymer-Holz zeigt sich zwar eine besonders gute Wasserbeständigkeit der Verleimung, aber allgemein eine schlechtere Verleimungsqualität. Bei Bewitterungsversuchen ergaben sich geringere Schwankungen des Feuchtigkeitsverhaltens. Je nach Beladungsart ergibt sich eine oberflächliche Vergrauung oder starke Nachdunklung.
Die Entwicklung anderer Beladungen hat — z. B. in der Sowjetunion bzw. in Österreich — bis heute auch noch keine besseren Ergebnisse gebracht.

Steckholz

Bei Flügelholzlängen ab 2 m ergibt sich, strukturbedingt durch die unterschiedlichen Verwerfungsspannungen, die naturgesetzliche Neigung zur Verdrehung. Die Verdrehungsneigung kann man durch Anwendung des sonst üblichen Sperrholzprinzips nicht ausschließen, weil der Sperreffekt durch die Profilierung weitgehend aufgehoben wird. So wie in der Natur die Zwischenknoten dem Bambusstab die nötige Steife gegen Verdrehungsneigungen geben, ist das mit Keilzinken versehene Steckholz — im Bauwesen auf anderen Gebieten seit Jahren mit Erfolg verwendet — dimensionsstabiler und verwerfungsfreier als die üblichen im Fensterbau verwendeten Holzarten.
Vorzüge und Herstellungsmethoden sind im Ingenieurholzbau hinreichend bekannt, in der Normung (DIN 68 140) sind Einzelheiten festgelegt. In einer Reihe von Versuchen und Veröffentlichungen [155, 107, 64, 175] wurden Arten und Verfahren der Verleimung und der Keilzinkung dargestellt.
Durch die von Schlegel [217] auch für den Fensterbau vorgeschlagenen Keilzinkungsbereiche (Steckzonen) ergeben sich Querverkernungszonen, durch die die naturbedingte Verdrehungsneigung als Resultierende der Radial- und Tangentialspannungen von der ursprünglichen Flügelholzlänge (z. B. 1,50 m) auf die jeweiligen Stecklängen von 25 bis 30 cm reduziert wird. Durch die Verwendung von Spezialklebern, die nicht nur in die angeschnittenen Holzzellen, sondern auch durch die Tüpfelventile in die Nachbarzellen dringen, wird zugleich ein wirkungsvoller Schutz gegen die Weiterleitung von Wasser in Faser-Richtung geschaffen.
Im Rahmen einer Forschungsarbeit haben Egner, Jagfeld, Kolb [48] und Hüther [106] das Verhalten von Keilzinkverbindungen im Fensterbau untersucht. Sie sind zu dem Ergebnis gekommen, daß die Anwendung der Keilzinken bei deckend zu streichenden Hölzern mit keiner Qualitätsminderung hinsichtlich des Aussehens und der Festigkeit verbunden war, obwohl durch die unregelmäßige Lage der Keilzinkverbindungen und die Anordnung von Keilzinkungen im Bereich der ohnehin problematischen Ecken üblicher Zapfenfügungen ein schlechteres Ergebnis zu erwarten war. Vereinzelt wird Steckholz von Fertigfensterherstellern bereits seit Jahren mit gutem Erfolg verwendet.

Folgerungen:

Ob und wie weit mit Metallen gefüllte Hölzer oder das von Schorning bzw. Schulz in den letzten Jahren entwickelte Verfahren, die Holzoberfläche elektrisch leitfähig zu machen, neue Modifikationen des Werkstoffes Holz gestatten, bleibt abzuwarten.
Die Untersuchungen des kunststoffbeladenen Holzes sind noch nicht abgeschlossen. Wesentliche Kenndaten sind noch nicht erforscht oder nicht veröffentlicht. Es wird noch einige Zeit brauchen, bis aus dem derzeitigen Entwicklungsstadium ein gebrauchsfertiger und konkurrenzfähiger Werkstoff geworden ist.
Die Verwendung von Steckholz ermöglicht im Fensterbau eine beachtliche Qualitätsverbesserung, weil hierdurch das Stehvermögen auch bei größeren Holzlängen wesentlich verbessert wird und hochwertiges Holz geringerer fehlerfreier Länge (also auch Abfallholz) verwertet werden kann.
Bevor es hier zu einer Verbreitung dieser Ausführungsart kommen kann, sind weitere Untersuchungen unerläßlich.
Holz ist ein seit Jahrhunderten bekannter Werkstoff, der bei materialgerechtem Einsatz, Verarbeitung und Pflege beim Stande unserer derzeitigen Erkenntnisse im Hinblick auf die Formbeständigkeit, Festigkeit und Elastizität ebenso wie in der strukturellen Beständigkeit, der Bearbeitbarkeit und dem Aussehen den anderen gebräuchlichen Werkstoffen zumindest ebenbürtig ist. In den Auswirkungen auf das Wohnklima, in der Bearbeitbarkeit und in der Preiswürdigkeit übertrifft Holz die anderen Werkstoffe deutlich. Die Probleme des Holzes bestehen darin, daß die erwähnten Voraussetzungen nur von wenigen Holzverarbeitungsbetrieben z. Z. erfüllt werden und nur aus architektonischen oder kaufmännischen Gesichtspunkten entwickelte Fenster i. d. R. zu beachtlichen Funktionsstörungen führen. Mit der Weiterentwicklung des Steckholzes, einer holzgerechten Fügungstechnik und dem bauentflochtenen Einbau der Fenster müßte noch eine Aufwertung des Werkstoffes Holz möglich sein.

5.1.2.4. Einfluß von Feuchtigkeit auf das Holz

Holz als organischer Werkstoff unterliegt in seinem chemisch-physikalischen Verhalten bestimmten Gesetzmäßigkeiten. Die Gestaltungsgesetzmäßigkeit des rhythmisch pulsierenden Wassers prägt — nach Schlegel [217] — die innere und äußere Gestalt des Baumstammes und damit des aus diesem geschnittenen Bauholzes. Während die Holzzellen in Stammitte (Kern) verharzen und damit die Steifigkeit des Baumes bewirken, werden in der äußeren Randzone (Splint) Wasser und Nährstoffe durch den Verdunstungssog in den Blättern bzw. Nadeln stammaufwärts durch die Holzstellen in Schlängelbewegungen geleitet. Die spindelförmigen Holzzellen sind zu diesem Zweck durch Tüpfelventile miteinander verbunden. Der Feuchtigkeitsgehalt wird hierbei vom Harzgehalt des Holzes bestimmt; um Holz technisch verwenden zu können, muß es sorgfältig getrocknet werden.

Das Arbeiten des Holzes, Quellen und Schwinden, vollzieht sich hierbei längs, radial und tangential unterschiedlich. Nach Schlegel [212] stehen die hierbei auftretenden Spannungen im Verhältnis 1:10:20. Sie bewirken, daß sich Nutzholz mit zunehmender Länge stärker verwirft. Die häufig auftretende Mittelung der Radial- und Tangentialquellungen bzw. -spannungen entspricht wohl der üblichen Anwendung. Die Verwerfung des Holzes wird dadurch nicht abgemindert.

Keilwerth [114] hat zwischen Rohdichte-Feuchtigkeitsgehalt und der Dimensionsstabilität Zusammenhänge aufgezeigt. Auch die sonstigen Eigenschaften (Abb. 92) verändern sich mit der Holzfeuchtigkeit. Es fällt hierbei auf, daß die Elastizitäts- bzw. Festigkeitseigenschaften etwa von einem Feuchtigkeitsgehalt von 0,3 kg/kg, die elektrische Leitfähigkeit ab 0,4 kg/kg konstant bleiben.

Es ergibt sich hieraus, daß die Holzfeuchtigkeit alle Festigkeitseigenschaften sowie die Bearbeitbarkeit, den Widerstand des Holzes gegen Pilzbefall etc. beinflußt.

Die Holzfeuchtigkeit U wird üblicherweise auf das absolute Trockengewicht bezogen und errechnet sich aus

$$U = \frac{G_n - G_d}{G_d} \times 100 \; (\%)$$

G_n = Naßgewicht
G_d = Darrgewicht

Die Trocknung des Holzes vollzieht sich durch kapillare Wasserbewegung und im Bereich unterhalb des Fasersättigungsbereiches durch Diffusion.

Begriffe und Feuchtigkeitszustände nach Kollmann [130].

0– 6% rel. Feuchte	molekulare Bindung des Wassers (Chemosorption)
6– 15 % rel. Feuchte	Adsorption des Wassers durch das submikroskopische Kapillarsystem der pflanzlichen Zellwand
> 15 % rel. Feuchte	flüssiges Wasser (freies Kapillarwasser) tritt durch Kapillarkondensation auf (der Fasersättigungsbereich wird überschritten)

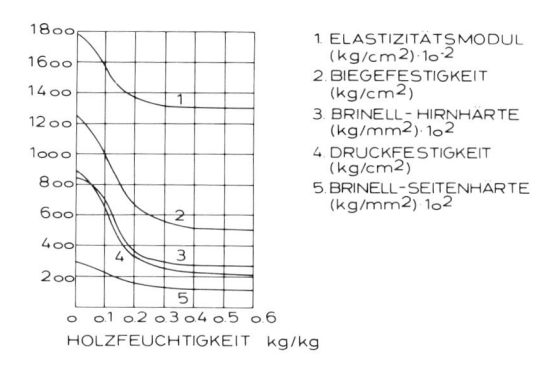

Abb. 92: Abhängigkeit des Elastizitätsmoduls, der Biege- und Druckfestigkeit sowie der Brunellhärte von der Holzfeuchtigkeit [130]

1. ELASTIZITÄTSMODUL $(kg/cm^2) \cdot 10^{-2}$
2. BIEGEFESTIGKEIT (kg/cm^2)
3. BRINELL-HIRNHÄRTE $(kg/mm^2) \cdot 10^2$
4. DRUCKFESTIGKEIT (kg/cm^2)
5. BRINELL-SEITENHÄRTE $(kg/mm^2) \cdot 10^2$

14– 16 % rel. Feuchte	lufttrockenes Holz
50–150 % rel. Feuchte	Schnittfeuchte

Bei einzelnen Holzarten können sich z. T. Abweichungen von diesen Werten ergeben. Völlig trockenes Holz gibt es nicht, weil sich Holz mit der relativen Luftfeuchte immer wieder ausgleichen muß (Ausgleichsfeuchte). Die hygroskopische Gleichgewichtsfeuchte von Kiefernholz liegt bei 20 °C und 65 % relativer Luftfeuchte bei 12 %. Sie pendelt sich bei lackierten Fenstern je nach den Gegebenheiten nach Schlegel [213] zwischen 7 bis 9 % ein. Nach Seifert darf die relative Holzfeuchtigkeit bei Beginn der Holzverarbeitung 15 % nicht übersteigen. Nach DIN 18 355 dürfen Holzteile (Außenbauteile) beim Verlassen der Werkstatt 12 bis 15 % rel. Holzfeuchte aufweisen. Diese Werte gelten für die einheimischen Hölzer.

Für die im Fensterbau eingesetzten exotischen Hölzer sind Festlegungen über den zulässigen Feuchtigkeitsgehalt und die i. d. R. erforderlichen erheblich längeren Trockenzeiten nicht bekannt oder nicht hinreichend publiziert.

Bedingt durch den Zellaufbau des Holzes ist die Wasseraufnahme von Holz bei Hirnholz und Längsholz grundverschieden. Längsholz vermag nur im Bereich angeschnittener Zellen, also oberflächlich, flüssiges Wasser aufzunehmen. Demgegenüber nimmt Hirnholz — z. B. nordische Kiefer — etwa 100 000mal mehr Wasser auf. Die Überlegungen von Kollmann [130] hat Schlegel [213] durch empirische Versuche bestätigt.

Folgerungen:

Die Anwendung der bekannten naturwissenschaftlichen bzw. bauphysikalischen Erkenntnisse ergibt, daß im Holz enthaltene Feuchtigkeit verdunstet, d. h., u. a. zusätzlich eine Volumenvergrößerung des eingeschlossenen Wassers bzw. der eingeschlossenen Feuchtigkeit bewirkt wird. Es ist dabei unwesentlich, ob die Feuchtigkeit beim Einbau vorhanden war, aus angrenzenden Bauteilen übernommen wurde, durch Wasserdampfdiffusion oder durch Niederschlagsfeuchte in das Holz gelangt ist. Die einzelnen Holzarten unterscheiden sich durch das absolute Maß und die Intensität der Veränderung der Abmessungen.

Als Folge dieses Dampfdruckes ergeben sich Abplatzungen

des Anstriches am Längsholz und verstärkt am Hirnholz. Sind die Hirnholzzellen geöffnet, so kann das abrinnende Wasser, das von den Oberflächenspannungen um die Ecke gezogen wird, verstärkt eindringen. Da die Feuchtigkeitsabgabe mehr Zeit benötigt als die Feuchtigkeitsaufnahme, kann es zu gefährlichen Feuchtigkeitsanreicherungen im Holz kommen.

Die Eigenfestigkeit der Holzzellen läßt sich mit der eines Eies vergleichen. Die Druckfestigkeit des Holzes ist parallel zur Faser — je nach Holzart — drei- bis dreißigmal so groß wie senkrecht zur Faser. Dabei muß weiterhin berücksichtigt werden, daß im Bereich angeschnittener Holzzellen durch den Bearbeitungsprozeß eine weitergehende Zertrümmerung der Holzstruktur eintritt und das Holz parallel zur Faser leicht spaltbar ist.

Hieraus läßt sich weiter folgern, daß bei jedem Holzstoß, bei jeder eingedrehten Holzschraube oder jedem eingeschlagenen Sternnagel sich zugleich eine Zerstörung der Zellstruktur ergibt, jede Feuchtigkeitsaufnahme und -abgabe zu entsprechenden Quell- und Schwinderscheinungen führen muß,

sich aus diesen Formänderungen Zwängungskräfte ergeben, die zu Schäden der Holzstruktur im Bereich der zu verbindenden Holzteile und damit des Bauteils führen,

und sich als Folge hiervon — wie unter 5.1.3.3. noch aufgezeigt wird — bei üblichen Zapfenverbindungen Eckspalten und damit offene Hirnholzzellen bilden müssen.

Diese Erkenntnis wurde bis heute im Holzfensterbau nicht oder nicht hinreichend beachtet.

Das Holz üblicher Fensterkonstruktionen ist anfällig gegen Nässe, Pilzbefall, Insekten und Feuer. Wird Holz so eingebaut, daß eine Luftumspülung und damit eine permanente oder ausreichende Entfeuchtungsmöglichkeit nicht gegeben ist, so ist eine Zerstörung der Holzstruktur nicht zu vermeiden.

Die Schäden vollziehen sich hierbei — nach Kollmann [130], Schlegel [217] — u. a. — schleichend in aufeinanderfolgenden biologischen Abbauvorgängen.

1. Phase: In Engspalten greifen sauerstoffmeidende Bakterien (Anaerobe) das Holz an. Sie leben nicht vom Sauerstoff der Luft, sondern von dem der Holzzellen. Luftarmut und Feuchtigkeitsgehalt sind Voraussetzungen für das Gedeihen der Anaeroben. Ihre Wirkung ist die Holzerweichung.

2. Phase: Nach Holzerweichung oder Verbläuung erfolgt der Pilzbefall. Eingeregnete oder eingeschleppte Pilzsporen brauchen Feuchtigkeit und Wärme, um keimen zu können, um Enzyme ausscheiden zu können, die wiederum nötig sind zur Lösung der Holzsubstanz. Auch zur Aufnahme und zum Transport der gelösten Substanzen im Innern der Pilze und zum Aufbau der neuen Substanzen ist Feuchtigkeit unbedingt notwendig. In Trockenzeiten verfallen gewisse Pilzarten in die Trockenstarre. Hierdurch erlischt jedoch nicht die Lebensfähigkeit. Zu den im Fenster häufigst vorkommenden Pilzen zählt die Lenzitis-Fäule, der Bläue-Pilz und der Keller- oder Warzenschwamm.

Der Problembereich der tierischen und pflanzlichen Schädlinge kann als hinreichend erforscht angesehen werden. Die erforderlichen Konsequenzen, daß sich die Holzfeuchtigkeit mit der Feuchtigkeit der Luft bzw. der angrenzenden Werkstoffe ausgleichen muß und ein entsprechendes Schwinden und Quellen nicht zu vermeiden ist, daß ein wirksamer Holzschutz den vollen Querschnitt zumindest an allen Stellen erfassen muß, an denen Holzzellen zerstört wurden, ohne daß ein dauerhaft wirksamer Verschluß der Zellstruktur geschaffen wird, wurden bis heute noch nicht gezogen oder in der einschlägigen Literatur — mit Ausnahme der Darstellung Schlegels [212, 213] — aufgezeigt.

Die stärksten Feuchtigkeitsbeanspruchungen und als deren Folge Eckspaltenbildungen beim Fenster ergeben sich, wenn diese vor oder während der Innenputzarbeiten eingesetzt werden. Die Nachteile eines derartigen „bauverflochtenen" Einbaues lassen sich nur durch einen möglichst späten Fenstereinbau vermeiden, d. h. der Einbau muß zu einem Zeitpunkt erfolgen, zu dem der Innenputz und der Estrich schon weitgehend ihr nicht chemisch-gebundenes Anmachwasser abgegeben haben.

5.1.3. Konstruktionskriterien

5.1.3.1. Flügel- und Fenstergrößen

Neben den mechanischen Eigenschaften des Holzes beschränken Stehvermögen und Gewicht Flügel- und Fensterabmessungen.

Die Beanspruchungen aus Winddruck und Eigengewicht lassen sich zahlenmäßig auf der Grundlage der Beanspruchungsgruppe in Bemessungstabellen [232] und DIN 18 056 —, die erforderlichen Querschnitte nach den Empfehlungen für maximale Flügelgrößen bestimmen.

Ab Flügelholzlängen von ca. 2 m ist — nach Schlegel [217] — mit Verdrehungen (aus Verwerfungsspannungen bei üblichen Holzquerschnitten) und damit größeren Fugen- und Schlagregendurchlässigkeiten zu rechnen.

Da Fensterelemente und Fenster i. d. R. nicht an der Baustelle gefertigt werden, setzen die üblichen Transportmittel und das Gewicht in Relation zu den Transportmöglichkeiten in der Werkstatt und an der Baustelle natürliche Grenzen. Da jede Erwärmung der Holzprofile zugleich zu einer Verringerung der vorhandenen Holzfeuchtigkeit führt, gleichen sich Wärmeausdehnung und Trocknungsschwindung weitgehend aus, so daß die Längenänderung bei Holzfenstern praktisch vernachlässigt werden kann.

Im Wohnungsbau gewinnen darüber hinaus die aus der Normung — DIN 18 050 und 18 051 — abgeleiteten Öffnungsgrößen und die sich hieraus ergebenden Flügelaufteilungen durch typisierte Fertigfensterangebote wachsende Bedeutung.

In Literatur und Normung wird die Frage möglicher oder zulässiger Öffnungsgrößen indirekt über die für bestimmte Holzprofile (DIN 68 121, Bl. 2) zulässigen Breiten- und Höhenangaben behandelt. Vorbereitende Untersuchungen haben hierzu vor allem Seifert/Schmid [231] geliefert. Hierbei wurde von den normalen statischen Lastannahmen ausgegangen.

In Sonderfällen, vor allem dann, wenn die ergänzenden Bestimmungen zur DIN 1055, Bl. 4, anzuwenden sind, ist eine auf die Gegebenheiten des Einzelfalles abgestellte statische Bemessung nötig und möglich.

5.1.3.2. Profilabmessungen und Profilgestaltung

Die Profilabmessungen einzelner Fensterteile bestimmt in Abhängigkeit von der Flügelgröße vor allem die statische Tragfähigkeit, die Standfestigkeit und die Herstellungskosten.

Die Dimensionierung erfolgt in Abhängigkeit von Flügelgrößen und Holzart nach rein statischen Gesichtspunkten und kann, soweit die den Bemessungsvorschriften entsprechenden Lastannahmen den tatsächlichen Beanspruchungen entsprechen, als wissenschaftlich und technisch gesichert angesehen werden. Die Auswirkung hochwertiger Festigkeitseigenschaften, z. B. bei den Tropenhölzern, wird hierbei jedoch vernachlässigt und erfordert eine entsprechende Umrechnung.

Bei der Bemessung von Fenstern und Fensterwänden ist zwischen Flügel und Blendrahmen bzw. Traggerippe zu unterscheiden. Die nach statischen Gesichtspunkten vorzunehmende Dimensionierung hat konstruktive wie auch ästhetische, werkstoffmäßige und wirtschaftliche Grenzen zu berücksichtigen.

Dimensionierung und Gestaltung haben nach Seifert/-Schmid [232] in Anlehnung an DIN 68 121, Bl. 1 bis 3, die DIN 18 361 und DIN 18 355, die der Rahmen außerdem in Anlehnung an DIN 18 056 zu erfolgen.

Zur Bestimmung der erforderlichen Querschnitte können die vom Institut für Fenstertechnik e. V., Rosenheim, für einige Regelprofile entwickelten Tabellen [232] S. 4ff. benutzt werden. Auf der Grundlage dieser Tabellen lassen sich Holzfenster jeder Art und üblicher Beanspruchung bemessen. Jedoch ist zu beachten, daß die maximale Durchbiegung 1/300 der größten freien Länge, jedoch maximal 8 mm nicht übersteigt.

Bei Keller [111] finden sich Richtwerte für die Holzdicke in Abhängigkeit von den Öffnungsabmessungen. Die hier dargestellten Profilquerschnitte entsprechen jedoch nicht ganz der DIN 68 121.

Die *Profilgestaltung* beeinflußt das Aussehen, die Funktionserfüllung und die Lebensdauer des Fensters entscheidend. Die Funktionsfähigkeit wird von der Art und Abmessungen des Glasfalzes, von der Qualität und den Ausnehmungen der Beschläge, von der Fälzung und den zusätzlichen Abdichtungen im Anschlußbereich Flügel/Blendrahmen bestimmt. Die Lebensdauer hängt von der Verarbeitung und den konstruktiven Holzschutzmaßnahmen im Zusammenhang mit den vorgesehenen Holzschutz- und Oberflächenschutzmaßnahmen ab.

Als konstruktiver Holzschutz sind anzusehen:

Eine Profilgebung, die eine rasche und vollständige Abführung des angeregneten oder auskondensierten Wassers gestattet (keine waagerechten Flächen) und durch abgerundete oder (rund) gestumpfte Kanten einen durchgehenden gleichdicken Anstrichfilm ermöglicht; die richtige Holzwahl; die Verhinderung des Eindringens von flüssigem Wasser in Konstruktionsfugen und Hirnholz; die Berücksichtigung des Quellens und Schwindens.

Die Außenkanten an Flügeln sind gem. DIN 68 121 und den technischen Richtlinien für den Fensteranstrich 1968 mindestens unter 30°, am unteren Blendrahmen unter 15° abzuschrägen. Die Dichtstoffe sind in gleicher Weise abgeschrägt einzubringen. Schlegel [217] fordert demgegenüber Außenneigungen von 45°. In der Praxis sind entsprechend den formalen Gestaltungsabsichten der Architekten häufig Neigungen von 0° bis 10° anzutreffen.

Die Diskussion um die zweckmäßigste Ausbildung verschiedener Fensterprofile ist noch nicht abgeschlossen. In der DIN 68 121 werden weitgehend Festlegungen getroffen.

Die Norm enthält jedoch eine Reihe gravierender Mängel, die wegen der in den Übersichtszeichnungen unvollständigen und z. T. sachlich falschen Darstellung dem Betrachter nicht direkt auffallen.

Die Gestaltung des unteren Blendrahmenholzes gestattet keinen dichten Anschluß der Außenfensterbank,
zwischen Regenschutzschiene und unterem Blendrahmenholz vermag Regenwasser einzudringen,
im Eckanschlußbereich vom unteren zum seitlichen Blendrahmenholz entsteht durch den Profilwechsel zwangsläufig ein Rücksprung, durch den Regen bei Paßungenauigkeiten in die Eckfügung eindringen kann,
die Eckverbindung ist nur als widernatürliche Zapfenverbindung (s. Pkt. 5.1.3.3.) möglich,
die unteren Flügelhölzer C 2.1/D 2.1/G 22.1 haben Glashalteprofile (s. Pkt. 5.1.3.5.), unter die Regenwasser zu dringen vermag.

Bei der Form der Ausnehmung für den Anschluß der Außenfensterbank erfordert ein sicherer regendichter Anschluß eine zusätzliche Abdichtung, auf deren Ausführung aus Kostengründen oft verzichtet wird.

Bei den in Abb. 93 dargestellten Regenschutzschienen und sonstigen Lösungen aus Aluminiumteilen lassen sich unterschiedliche thermische Längenänderungen zwischen Holz und Metall nicht ausschließen. Als Folge hiervon bilden sich kapillare Spalten, in die das aus der Regenschutzschiene ablaufende Wasser durch die hohen Oberflächenspannungen gezogen wird.

Da das Holz unter Beschlagteilen nie den vollen Oberflächenschutz erhält und im seitlichen Eckbereich bei Zapfen-Eckverbindungen Eckspalten und Passungsgenauigkeiten nie ganz zu vermeiden sind, geht von hier der Prozeß der Durchfeuchtung und Holzzerstörung — wie unter 5.1.2.4. aufgezeigt — aus.

Bei Lösung gem. Abb. 94 lassen sich Kapillarspalten zwischen Metall und Holz und damit entsprechende Durchfeuchtungszonen ebenfalls nicht vermeiden. Die in Abb. 97, 98 dargestellten Beispiele haben den Nachteil, daß der der Fensterbank zugewendete Rahmenteil bei Erneuerungsanstrichen nicht einwandfrei erfaßt werden kann und übliche Dichtstoffe aus Schaugummi, die nur im Bereich der obersten Fensterbankkante ausreichend komprimiert werden, saugen das am Blendrahmen ablaufende Wasser auf, halten es wie ein Schwamm fest und führen zur Durchfeuchtung des Rahmens von unten her.

Es ist eine bekannte Erscheinung, daß mit zunehmender Profilneigung angeregnetes Wasser rascher abläuft. Aber selbst bei einer Profilaußenneigung von 15 bis 30° läßt sich bei vorhandenen Eckspalten nicht vermeiden, daß der vom Wind in die Ecke der Glas/Flügelrahmen getriebene Regen hinter den seitlichen Profilrücksprung und in die Eckspalten

Abb. 93–98: Unterer Fensteranschlag bei verschiedenen Fenstersystemen

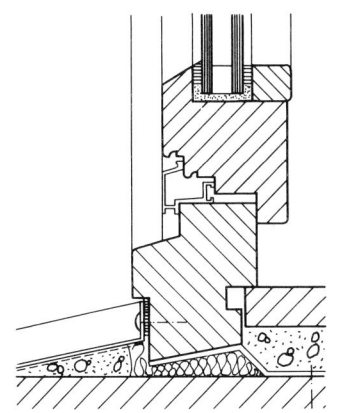

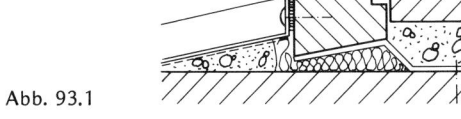

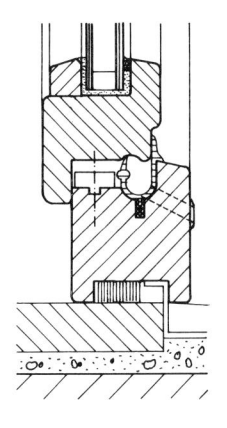

Abb. 93.1

Abb. 95

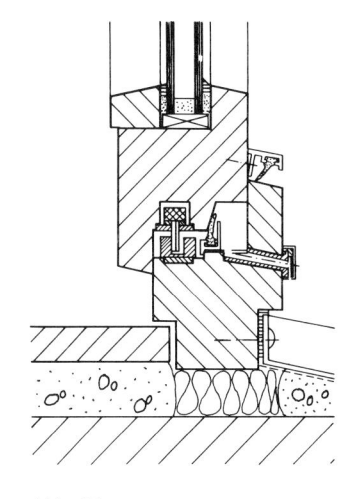

Abb. 96

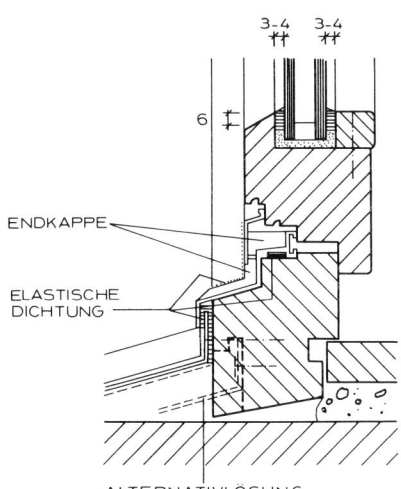

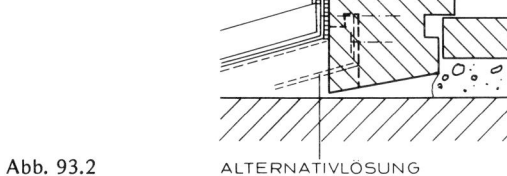

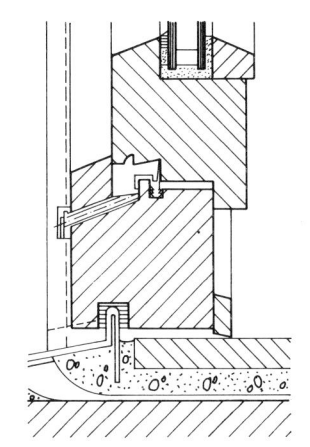

ENDKAPPE
ELASTISCHE DICHTUNG
ALTERNATIVLÖSUNG

Abb. 93.2

Abb. 97

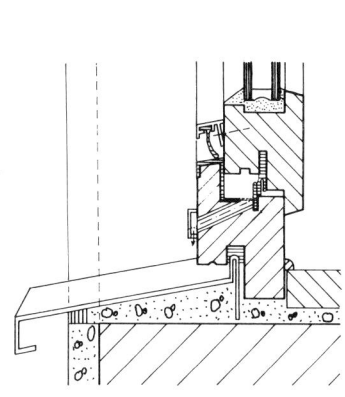

Abb. 98

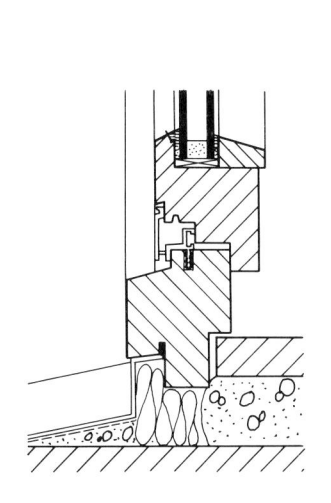

Abb. 94.1

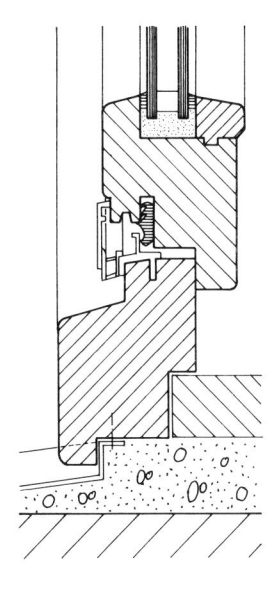

Abb. 94.2

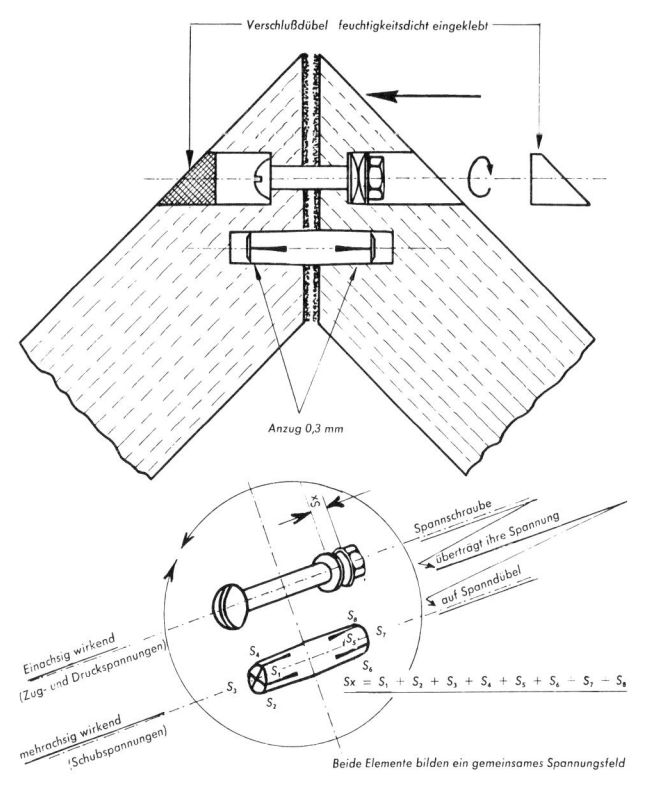

Verschlußdübel feuchtigkeitsdicht eingeklebt
Anzug 0,3 mm

Spannschraube
überträgt ihre Spannung
auf Spanndübel

Einachsig wirkend
(Zug- und Druckspannungen)
mehrachsig wirkend
(Schubspannungen)

$Sx = S_1 + S_2 + S_3 + S_4 + S_5 + S_6 - S_7 - S_8$

Beide Elemente bilden ein gemeinsames Spannungsfeld

Abb. 99: Gehrungsfügung mit mechanischer Sicherung [212]

eindringt und hier zu Durchfeuchtung und Holzzerstörung führt.
Nach Büscher [29] führen scharfe Kanten auf Grund der Oberflächenspannung der flüssigen Anstrichmittel zur Kantenflucht. Beim Pinselauftrag wird das Anstrichmittel an Kanten leicht wieder abgestreift. Die Beschichtungsdicke der Kanten liegt bei 25 bis 30 % der auf der Fläche aufgetragenen Schichtdicke. Der geringere Schichtquerschnitt hat die Zugkräfte der angrenzenden Anstrichschichten aufzunehmen. Eine Erschöpfung der Elastizitätsreserven ist dabei nicht zu vermeiden. Durch mechanischen Abrieb und Bewitterung wird eine dünnere Schicht schneller abgetragen als eine dickere.
Über die Kantenrundungen liegen einhellige Aussagen nicht vor. Der verschiedentlich geforderte Radius von 5 bis 10 mm bringt bei den üblichen Zapfeneckfügungen konstruktive Schwierigkeiten.
Zwei bis drei Millimeter Radius erscheinen — nach Büscher [29] — als ausreichend. Bei dem von Seifert/Schmid [232] geforderten „Stumpfen" der Kanten, häufig als „Brechen" ausgelegt, entstehen zwei neue scharfe Kanten mit den bereits beschriebenen nachteiligen Wirkungen.
In der Literatur wird die Frage der Dimensionierung vor allem von den zitierten Autoren, die Frage der Profilgestaltung vor allem noch von Schlegel [217] und Vertretern der Lackindustrie angesprochen.

Lösungsvorschläge

Die Verwendung normgerechter Fensterprofile bietet keine Gewähr für theoretisch wie auch praktisch mängelfreie Fensterkonstruktionen. Eine sichere und rasche Wasserabführung erforderte Konstruktionen, bei denen an keiner Stelle durch Oberflächenspannungen, Kapillarspalten und offenes Hirnholz Regen und Pilzsporen verweilen bzw. eindringen können.
Dies erfordert bei Flügel und Blendrahmen Eckverbindungen, bei denen praktisch keine Eckspalten entstehen können (Abschnitt 5.1.3.3.) und/oder ein kombiniertes System von Regenschutzschiene und Fensterbankabdeckung mit seitlichen Aufkantungen ähnlich Abb. 38, jedoch sollte die Fensterbank direkt unter die Rahmenholzabdeckung geschoben werden. Die seitlichen Anschlüsse sind zusätzlich elastoplastisch abzudichten. Beregnete Holzflächen müssen, wie bereits dargestellt wurde, neben einer 15°- bzw. 30°-Neigung im Glasanschlußbereich streichfähig elastisch versiegelt werden. Unkontrollierbare Bohrungen für Entwässerungen, Befestigungen etc., wie sie Abb. 96—98 zu entnehmen sind, sollten in jedem Fall vermieden werden.

5.1.3.3. Die Eckverbindung von Flügeln und Blendrahmen

Im Fensterbau läßt sich die Eckfügung durch Zapfenverbindungen und Gehrungsfügungen lösen.

Die Qualität der Eckverbindung bestimmt

die Verwindungssteifigkeit und mechanische Festigkeit des Fensterrahmens in Abhängigkeit von den gegebenen Beanspruchungen,
von der Art der Holzverbindung, durch die weder eine Verformung, Spaltenbildung oder Zerstörung der angrenzenden Holzteile durch das Quellen und Schwinden des Holzes oder durch die verwendeten Verbindungsmittel eintreten darf,
von Umfang und Lage angeschnittener Hirnholzzellen, durch die Regen aufgenommen werden kann,
von der Leimqualität, die eine dauerhaft dichte, spaltenfreie Leimfuge ergeben muß und sich am besten bei einer gleichartigen Holzstruktur im Verbindungsbereich erreichen läßt.

Als derzeitiger Erkenntnisstand ist anzusehen:

1. Zapfverbindungen

Die heute üblichen Zapfenverbindungen mit Sternnägeln (ab 50 mm Holzdicke werden — nach Seifert/Schmid [232] — Doppelzapfenverbindungen vorgeschrieben) widersprechen der Naturgesetzlichkeit des Holzes und sind neben dem bauverflochtenen Einbau der Fenster als wesentliche Ursache vielfältiger Holzzerstörungen anzusehen. Es vollziehen sich hierbei folgende Vorgänge:
Das Fenster wird mit 1 bis 2 Voranstrichen und einer Holzfeuchte von ca. 12 % vor oder während der Innenputzarbeiten angeliefert, angeschlagen und beigeputzt. Der Feuchtigkeitsgehalt des Holzes paßt sich den im Bau herrschenden Feuchtigkeitsverhältnissen an. Die Holzfeuchte erhöht sich zwangsläufig.
Es erfolgt die Verglasung und der restliche Anstrichaufbau. Durch Sonneneinstrahlung und die damit verbundene Verdampfung sprengt der Wasserdampf die Farbpfropfen aus den überstrichenen Hirnholzzellen. Z. T. entweicht der Wasserdampf auch durch die Zellwände und den Anstrichfilm. Im Verlauf der Zeit wechseln Phasen der Austrocknung mit Phasen neuer Durchfeuchtung und damit entsprechende Schwind- und Quellvorgänge.
An den senkrechten Holzteilen ablaufende Regenfilme werden von den hohen Oberflächenspannungen des Wassers am unteren Ende um die Ecke gezogen und von den wie Kapillaren wirkenden Hirnholzzellen aufgesaugt. Im Eckbereich wird durch Wetterschutzschienen ohne seitlichen Anschluß bei Wind zusätzlich Regen in die Rahmenecke geleitet. Durch Arbeitsungenauigkeiten ergeben sich in den Fensterecken i. d. R. zusätzliche Hohlräume und angeschnittene Hirnholzzellen. Die Eckspalten erfassen die ganze Tiefe des Zapfens bzw. Rahmenholzes und damit auch die von Holzschutzmitteln nicht erfaßten Holzteile. Werden Sporen holzzerstörender Pilze vom Regen eingewaschen, ist eine Holzzerstörung, die sich z. B. beim Lenzitits-Befall im Inneren des Holzquerschnittes vollzieht, nicht mehr aufzuhalten. Wird — wie bei Zapfenverbindungen üblich — Hirnholz gegen Längsholz gefügt, so arbeiten bei Feuchtigkeitsaufnahme die beiden Zellstrukturen gegeneinander. Die Zellwandungen brechen zusammen. Bei Feuchtigkeitsabgabe zeigt sich dann der um die Dicke der zerstörten Zellwandungen verbreiterte Kapillarspalt. Durch Schrauben, Sternnägel und die hierdurch zerstörte Holzstruktur ergeben sich neue Wege für einen zusätzlichen Wasser- und Feuchtigkeitsaustausch.
Sternnägel werden bei Zapfenverbindungen als zusätzliche Sicherungsmaßnahme verwendet. In mindestens 25 % aller Fälle führt nach Schlegel [213] das Einschlagen der Sternnägel zu zusätzlichen Spaltenbildungen.

Das Schwinden des Holzes läßt die Sternnägel in der Mehrzahl der Fälle erhaben über das Fensterholz treten. Hierdurch und durch zusätzlichen Feuchtigkeitsaustausch bedingt, kommt es häufig zu Anstrichabplatzungen im Bereich der Sternnägel.

Durch die früher verwendeten Schein- und Falzecken lassen sich wohl die Nachteile der Sternnägel, nicht aber die Eckspaltenbildung und gelegentlich das Zersprengen der Eckverbindungen durch die Volumenvergrößerungen der eingelassenen Falzecke bei Korrosion vermeiden. Korrosionsfördernd wirken — nach Dietrichs [43] — besonders Hölzer mit niedrigem pH-Wert.

Bei Verwendung besonderer Kunststoffkleber, die nicht nur in die angeschnittenen Hirnholzzellen, sondern durch Tüpfelventile auch in die unversehrten Nachbarzellen bei entsprechender Einpressung eindringen, läßt sich die kapillare Saugfähigkeit des Hirnholzes und damit die nachteilige Wirkung der Eckspaltenbildung verringern.

Sobald durch Tauchimprägnierung etc. die Teile des Fensters vor dem Verleimen ohne nachteilige Auswirkungen imprägniert werden können, vermag Wasser, selbst bei Eckspaltenbildung, keine Holzzerstörung mehr zu bewirken. Die z. Z. bekannten Imprägnierungsmittel beeinträchtigen wegen der in der Praxis nicht exakt einhaltbaren Dosierung der Imprägnierstoffmenge häufig die Verleimung bzw. schlagen durch den Anstrich.

2. Gehrungsfügung mit Keilzinkeckverbindungen

Keilzinkverbindungen an den Ecken von Flügel- und Blendrahmenhölzern sind als Minizinken [175] bekannt. Grundlage für Keilzinkverbindungen ist die DIN 68 140 [263]. Die Eignung der Minizinken für Eckverbindungen wurde vom Institut für Fenstertechnik e. V. in Rosenheim untersucht [234].

Hierzu läßt sich feststellen:

Während die in geraden Holzteilen rechtwinklig zur Längsrichtung angewendete Keilzinkung eine vorteilhafte Verkernung und Aussteifung des Fensterholzes bringt und sich seit Jahren bewährt hat, müssen Aussteifungen, die unter einem Winkel von ca. 45° gegen die Achse des Längsholzes gerichtet sind, zu zusätzlichen und die Formbeständigkeit ungünstig beeinflussenden Spannungen beim Quellen und Schwinden des Holzes führen.

An den Ecken bleiben zudem zusätzliche Hirnholzflächen frei, durch die eine Wasseraufnahme möglich bleibt. Auf der Innenecke ergeben sich, geometrisch unabdingbar, keilförmige Hohlräume, in die — nach Hüther [106] — sofern sie nicht sorgfältig mit Klebern oder Dichtstoffen verschlossen werden, Regen eindringen kann.

Jede Änderung der Holzfeuchtigkeit vermag bei dieser Konstruktion zu beträchtlichen Verformungen und Eigenspannungen führen. Als zulässiger Grenzwert wird nach Seifert [234] eine zulässige Änderung von 4 % angesehen. Der Feuchtigkeitsgehalt des Holzes bei der Verarbeitung sollte bei 10 % liegen. Durch eine entsprechende anstrichtechnische Behandlung vor dem Transport an die Baustelle muß das Holz hinreichend gegen Feuchtigkeit geschützt werden.

Nach dem gleichen Verfasser sind Anstrichaufbau, Farbton und Leim — und als Folge die Witterungsbeständigkeit — die Kriterien, die das Verhalten der Rahmenverbindung beeinflussen.

Als weitere Problempunkte sind die fehlenden praktischen Erfahrungen, die Eigenspannungen im Rahmen und eine sehr sorgfältige Verleimung anzusehen.

Eine ungenaue Zinkenpassung, unzulässige Maßabweichungen, eine nicht winkel- und maßgerechte Verpressung und ein nicht ausreichender Preßdruck müssen außerdem ausgeschlossen werden können.

3. Gehrungsfügung mit zusätzlicher mechanischer Sicherung

Um das Grundproblem aller Fensterfügungen, die Quellungsbehinderung auszuschließen, hat Schlegel [212] die spannungsfreie Gehrungsfügung (Abb. 99) entwickelt.

Durch einen besonderen Zwei-Komponenten-Kleber wird durch eine Vielzahl von Winkelkrallen eine spaltenfreie Verbindung auch nach stärkster klimatischer Beanspruchung gewährleistet. Durch eine Gehrungsschraube wird der Kleber unter Druck in die Hirnholzzellen gepreßt. Zum Ausschluß der Verwerfungsspannungen werden pro Gehrungsfuge zwei Verwerfungsdübel aus glasfaserverstärktem Kunststoff eingebohrt.

In Einzelversuchen hat sich die Überlegenheit dieser Eckverbindung gegenüber allen anderen Fügungsarten erwiesen. Eine Untersuchungsreihe mit einer größeren Fensterzahl steht bis heute noch aus.

Die vorliegenden Veröffentlichungen und Untersuchungsergebnisse gestatten keine vergleichende Wertung der dargestellten Verbindungsmöglichkeiten.

Die Ecksteifigkeit der gehrungsgefügten Ecken, vor allem bei mechanischer Sicherung, ist größer als bei üblichen Zapfenverbindungen, da bei den gegebenen Quell- und Schwindungstoleranzen und den sehr unterschiedlichen Adhäsionseigenschaften von Hirn- und Längsholz bei Holzbreiten von 70 bis 100 mm ein Abscheren in der Leimfuge nach langzeitigem Einsatz mit Sicherheit nicht auszuschließen ist.

Bei den Zapfenverbindungen bringen die Volumenvergrößerungen beim Quellen des Holzes Zerstörungen der angrenzenden Zellwandungen. Bei der Gehrungsfügung, am günstigsten bei der nach Schlegel [212], trifft das Holz mit symmetrisch angeschnittener Zellstruktur und damit ähnlichen Festigkeitseigenschaften aufeinander.

Die Eckgehrungsfügung ist grundsätzlich nur dort geeignet, wo ein umlaufender Rahmen aus gleichen Profilen bestehen kann.

Die Wasseraufnahme im Fenstereckbereich ist durch offenliegende, verdeckte oder im Eckspaltenbereich (aufgeplatzte Leimverbindungen) vorhandene Hirnholzflächen beim zapfengefügten Fenstereck besonders stark.

Beim gehrungsgefügten Fenstereck mit Keilzinkverbindungen bedürfen offenliegende Hirnholzzellen besonderer Schutzvorkehrungen.

Beim gehrungsgefügten Fenster — nach Schlegel [212] — sind keine offenliegenden Hirnholzbereiche vorhanden.

Es ergibt sich hieraus, daß diese gehrungsgefügte Ecke den

anderen Konstruktionen zumindest theoretisch überlegen ist.

Verleimung

Über die im Fensterbau eingesetzten *Leimarten* liegen eine Reihe von Veröffentlichungen und Untersuchungen vor.
Mit zunehmenden Fenster- und Fensterholzabmessungen haben die Beanspruchungen der Leimfugen zugenommen. Die vor unserer Zeit unter Verwendung von Knochenleim hergestellten kleinflächigen Fenster hielten z. T. Jahrhunderte. Parallel zur Entwicklung verbesserter Anstrichmittel vermag die chemische Industrie heute hochwertige Kunstharzkleber für alle Anforderungen anzubieten. Die Entwicklung ist hierbei noch nicht abgeschlossen. Die besondere Problematik dieser Kleber ist darin zu sehen, daß es keinen Universalkleber gibt, der allen Anforderungen entspricht. Daneben erschweren mitunter komplizierte Verarbeitungsmethoden und Verarbeitungsbedingungen den Einsatz hochwertiger Kleber.
Es kann als gesichert angesehen werden, daß die Qualität der Verleimung entscheidend von den physikalischen und chemischen Eigenschaften der zu verleimenden Holzoberflächen (Haftung an den Leimfilm-Grenzflächen) und von dem verwendeten Leim (innere Festigkeit und Zähigkeit des Leimfilmes) abhängt. Außerdem beeinflussen auch Rohdichte und anatomischer Aufbau des Holzes sowie Feuchtigkeit und Temperatur die Verleimung. Die physikalisch-chemischen Vorgänge in der Leimfuge und beim Abbinden von Holzleimen können ebenfalls als wissenschaftlich gesichert angesehen werden.
In der DIN 16 920 und 16 921 werden Leime, Leimlösungen, Kleber und Kleister unter dem Begriff „Klebstoff" zusammengefaßt. Beanspruchungsgruppen für Holzverleimungen werden in der DIN 68 602 (E) dargestellt.
Es ergibt sich hieraus, daß die Verleimung dauerhaft fugen- bzw. rißfrei, wasserfest, nicht zu spröde sein muß.
Als Klebstoffe eignen sich nach von der Leeuw [147] (1966) Leime auf der Basis von Resorcin-Formaldehyd oder Polysozyanate am besten. Vom Institut für Fenstertechnik e. V., Rosenheim, wird 1967 Leim auf Resorcin-Harz-Basis und 1969 wird in [231] die Verleimung nach Beanspruchungsgruppe B 4 DIN 68 602 (E) gefordert. Für die Verleimung der Gehrungs-Keilzink-Rahmenverbindung fordert Seifert [234] eine Verleimung der Rahmenverbindung nach Beanspruchungsgruppe B 3 bzw. B 4 nach DIN 68 602 bei einem Feuchtigkeitsgehalt von 10 %, bezogen auf das Darrgewicht.
Bei lasierender Anstrichbehandlung sowie bei allen getönten Farben ist die Verwendung von Resorcinharzleimen erforderlich.
Keller empfiehlt 1969 [111] wasser- und wetterfeste Leime auf Harnstoff-Basis und Phenol-Resorcin-Harz-Basis. Er berichtet ferner, daß auch für den Fenstereinbau geeignete PVA_C-Leime mit verbesserter Wasser- und Witterungsbeständigkeit und mehrere Stunden dauernder Topfzeit entwickelt wurden. Eine Bestätigung dieser Aussage steht bis heute jedoch aus.
Nach van der Leeuw [147] sind Harnstoff-Harz-Leime wegen ihrer großen Sprödigkeit und ungenügenden Wasserfestigkeit jedoch ungeeignet. Es gibt Leime in den Gruppen auf der Basis von Resorcin oder Polysozyanat, die beim Transport wie bei der Bewitterung zu Rissen neigen oder im Anstrichsystem diffundieren oder auf denen Lackschichten schlecht haften oder bei Feuchtigkeit zur Bläschenbildung führen.
Die besten Ergebnisse werden erzielt, wenn man beim Zusammensetzen von Leim, Holzschutzmittel, Bläueschutzmittel und Anstrichmaterialien die gegenseitige Wechselwirkung als entscheidendes Kriterium beachtet. Es muß außerdem berücksichtigt werden, daß kalthärtende Leime eine längere Abbindezeit benötigen und bei Fenstern mit transparenter oder lasierender Oberflächenbehandlung am besten Leim auf Polysozyanat-Basis, bei deckenden Anstrichen die braungefärbten Resorcin-Formaldehydleime verwendet werden sollten.
Durch die Wahl entsprechender Leimtypen läßt sich in wissenschaftlich nicht näher definierten Grenzen die Wirkung der gefährlichen Eckspaltenbildungen — durch holzschützende Beimengungen im Leim auch bei aufgegangenen Eckspalten — vermeiden.
Die einseitig hohen Leimqualitäten verschiedener Leimarten haben häufig zu einer Überforderung der Leimfuge geführt. Die Erkenntnis, daß sich die grundsätzlichen Mängel der Zapfen-Eckverbindung und des bauverflochtenen Fenstereinbaues auch mit dem besten Leim nicht mit Sicherheit beheben lassen, wollen die einschlägigen Fachkreise bis heute nicht wahrhaben.

5.1.3.4. Beschläge

Die grundlegenden Einzelheiten wurden unter 4.4. dargestellt.
Dimensionierung und Profilgebung der Rahmenteile und die Auswahl dafür geeigneter Beschläge sind voneinander nicht zu trennen.
Durch das Anbringen der Beschläge wird der Querschnitt der ohnehin knapp bemessenen Flügelhölzer im Gegensatz zum Stahl-, Aluminium- und Kunststoff-Fenster geschwächt. Die Forderung nach verdeckt angeordneten Beschlägen mit möglichst vielen Verriegelungen ergibt zusätzliche Querschnittsschwächungen. Um diese auszugleichen, ist eine entsprechende Vergrößerung der Profile unerläßlich. Die Kombination verschiedener Öffnungsarten, z. B. bei Drehkippflügeln, bedingt komplizierte Beschläge und verursacht — neben höheren Kosten — wegen der im Falzanschlagbereich geführten Getriebegestänge — oft auch eine Vergrößerung der Fugendurchlässigkeit.
Die Verwendung von Aluminium-Beschlägen erfordert besondere Schutzmaßnahmen (Abziehlack o. ä.) gegen Mörtelspritzer beim Einbau. Viele der gebräuchlichen Beschläge werden durch nachträgliche Anstreicherarbeiten verschmutzt, dadurch unansehnlich oder schwergängig.
Im Laufe der Zeit wurde ein breites Angebot qualitativ hochwertiger Fensterbeschläge entwickelt. Die fehlende Übersicht über die am Markt angebotenen Beschläge und das begrenzte Sortiment örtlicher Beschlags-Großhändler gestatten es i. d. R. nicht, den jeweils optimalen Beschlag einzusetzen.

5.1.3.5. Verglasung und Glasanschluß

Die grundlegenden Einzelheiten wurden unter 4.2.3. dargestellt.

Besondere Problemstellung:

Im Vergleich zu anderen Fenstersystemen ergeben sich in einigen verarbeitungstechnischen Gesichtspunkten wie auch in der Auswirkung undichter Glas-Holz-Anschlüsse (Holzdurchfeuchtung und Zerstörung) Unterschiede zu Fenstern aus anderen Werkstoffen.
Der Glasfalz kann nach Einbau der Glasscheiben nicht mehr gestrichen werden. Bei den heutigen Baupraktiken wird er überwiegend unzureichend, d. h. nur ein- bis zweimal vorgestrichen.
Durch die mangelnde Kenntnis der Verklotzungsregeln, der im Fensterbau eingesetzten Dichtstoffe, der Beanspruchungsgruppen und Verglasungssysteme wird die Verglasung nur ausnahmsweise den heutigen Erfordernissen und Erkenntnissen entsprechend ausgeführt. Selbst die richtige Auswahl der Dichtstoffe nach den Beanspruchungsgruppen vermag Schäden am Fenster und an der Verglasung nicht auszuschließen, da mit Leinölkitten und dauerplastischen Dichtstoffen ein dauerhafter rissefreier Anschluß zwischen Flügel und Glas nicht zu erzielen ist. Bei deckend gestrichenen Fenstern und Versiegelungen mit Einkomponentenmaterialien löst sich der Anstrich vom Dichtstoff und im Kontaktbereich zum Holz entstehen Spalten, in denen Wasser und Pilzsporen Eingang finden können.

Die in Abb. 25 abgebildeten Alu-Glashalteprofile, die sich vor allem für den nachträglichen Einbau von Isolierverglasung in einfach verglaste Holzfenster eignen, ergeben im seitlichen Anschluß und im Hinblick auf die Kapillarspaltenbildung ähnliche Probleme wie Wetterschutzschienen. Abzulehnen sind deshalb auch die außen profilbündig eingebauten Glashalteprofile der in DIN 68 121 (Bl. 1) dargestellten Profile.

In der Glaser- und Anstreicher-Fachliteratur sowie in Firmeninformationen werden Glasanschlußprobleme überwiegend im Sinne von Ausführungsempfehlungen behandelt. Daneben zeigen Seifert/Schmid [232], Grunau [82] und Schlegel [217] Abdichtungsprobleme auf. Wissenschaftlich wertbare Untersuchungsergebnisse liegen indes nicht vor oder werden nicht veröffentlicht.

Folgerung für die Ausführung:

Ein dauerhaft dichter Glas-Holz-Anschluß läßt sich nur erreichen, wenn der Glasfalz und das Flügelholz vor dem örtlichen Einbau mindestens mit dem 1. Zwischenanstrich versehen wurden; wenn überall dort, wo eine Versiegelung vorgesehen ist, mit vorgeformten plastischen Vorlegebändern gearbeitet wird; wenn die Verklotzung so erfolgt, daß bei unterschiedlicher thermischer Ausdehnung zwischen Glas und Flügelrahmen (z. B. bei Sonnenschutzgläsern) der Flügelrahmen nicht gesprengt werden kann; wenn Zwei-Komponenten-Versiegelungen mit parallelen Haftflächen ausgeführt und die Glasleisten innen angeordnet werden.

Die Versiegelung des äußeren und inneren unteren Glas-Flügelrahmen-Anschlusses — unabhängig von den Festlegungen der Beanspruchungsgruppen — ist eine zusätzliche für ein Qualitätsfenster unabdingbare Maßnahme.

5.1.3.6. Wandanschluß

Unter Punkt 4.2.5. wurden alle grundlegenden Fragen angesprochen. Die Ausbildung des Fenster-Wand-Anschlusses unterscheidet sich bei Holzfenstern nicht grundsätzlich von der anderer Fensterwerkstoffe. Als besonderes Kriterium ist der Umstand anzusehen, daß vor allem bei außenbündigem Einbau Durchfeuchtungen und Pilzbefall zu gravierenden Schäden an den Blendrahmen geführt haben.
Die von Mittag [in 212] Anfang der 50er Jahre und von Schneck [221] 1963 dargestellten Anschlagmöglichkeiten haben sich sowohl im Hinblick auf die Abdichtung, die Befestigung, die Profilgebung, die größeren Fensterabmessungen wie auch durch die komplizierte Bauverflechtung praktisch überholt. Bei den unvermeidlichen Rohbautoleranzen ist ein „Teerstrick" oder eine Spaltausfüllung mit Glaswolle als Dichtungsmaßnahme unzureichend. Bei den heute im Mauerwerksbau üblichen Sparbauweisen (Gitterlochziegel), HBL-Mauerwerk etc.) sind beträchtliche Durchfeuchtungen im Leibungsbereich oft nicht zu vermeiden. Ohne zusätzliche Dichtstoffe ist ein schlagregendichter Wand- bzw. Putzanschluß mit Sicherheit nicht herzustellen. Deckleisten üblicher Art vermögen wohl den unvermeidlichen Anschlußriß zwischen Holz und Mörtel optisch zu verdecken. Der hinter die Deckleiste, d. h. in eine Zone, in der kein Erneuerungsanstrich mehr aufgebracht werden kann, eindringende Regen vermag — je nach Wetterbeanspruchung — nicht nur Mauerwerk und Innenputz, sondern auch das Holz von der am wenigsten geschützten Seite her zu durchfeuchten.

Folgerungen:

Nur bei Fenstern bis zu ca. 2,00 qm, die nicht außenbündig eingebaut wurden und für die keine außergewöhnlichen Wetterbeanspruchungen — wie z. B. im Hochhausbau — vorliegen, vermag ein üblicher eingeputzter Anschlag eine ausreichende Regendichtigkeit zu gewährleisten, wenn im schlagregengeschützten Bereich ein elastisches Dichtungsband aus Zellgummi eingelegt wird. Jedoch beim bauentflochtenen Anschlag im Sinne von Abb. 48–52, 58, lassen sich unnötige Beanspruchungen aus Baufeuchte und damit die Gefahr der Eckspaltenbildung und vorzeitigen Holzzerstörung praktisch ausschließen.

5.1.4. Übliche Fenstersysteme

Als klassische Holzfenstersysteme sind

das Einfachfenster mit einfacher oder Isolierverglasung,
das Verbundfenster,
das Zargenfenster und
das Kastenfenster anzusehen.

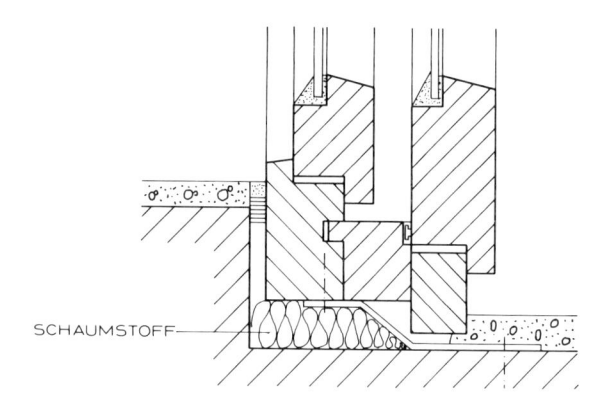

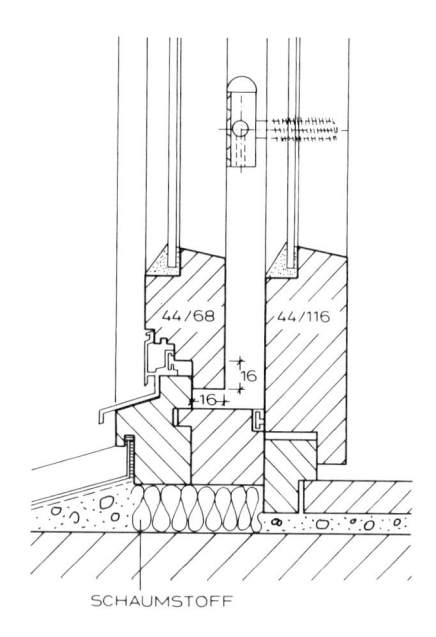

Abb. 100: Kardo-Flachkastenverbundfenster

Bei diesen Systemen und den verschiedenen Öffnungsarten gibt es zahlreiche Spezialkonstruktionen.

Die Besonderheiten der Konstruktion beziehen sich je nach System auf die Art der Befestigung und der Oberflächenbehandlung, auf Art und Wirkungsweise der verwendeten Beschläge, auf zusätzliche Dichtungen der Eckverbindung, auf die verwendete Holzart, die Art des Einbaues in die Rohbauöffnung und die Kombinationsfähigkeit der Fensterelemente miteinander und mit anderen Funktionsteilen sowie den Umfang der Lieferung.

Durch zusätzliche Dichtungen genügen auch Holzfenster extremen Witterungsbedingungen in der Hochhausklasse für höchste Beanspruchungen.

Häufig unterscheiden sich die Systeme nur im Fußpunktbereich. Einige nicht mängelfreie Beispiele wurden in Abb. 93—98 zusammengefaßt.

Vergleichende, wissenschaftlich wertbare Untersuchungen von Probefenstern und ihre Bewährung im Langzeittest liegen nicht vor.

	aus Seifert/Schmid. Holzfenster 1969											
	EV 45	IV 60	IV 75	DV 30/38	DV 44/44	93.1	94.1	95	96	97	98	93.2
Kapillarspaltenbildung unter Regenschutzschiene und seitl. Anschlußprobleme	x	x	x	x	x	x	x					
Kapillarspaltenbildung im Fensterbankanschlußbereich (außen)	x	x	x	x	x	x		x				
Kapillarspaltenbildung im Befestigungsbereich zusätzlicher Dichtungen							x	x	x	x		
Kapillarspaltenbildung unter äußeren Alu-Glas-Halteprofilen und seitl. Anschlußproblem	x	x		x								
Feuchtigkeitsspeicherung bei Schaumstoff-Fensterbankenanschlußdichtung									x	x		
anstrichtechnisch schlecht zugängliche Außenteile							x		x	x		
Durchfeuchtungsgefährdung durch Entwässerungsröhrchen							x	x	x	x		
unzureichende Haftflächenbreite der Versiegelung						x				x		
fehlendes/unzureichendes Dichtstoffbett						x						
Kapillarspalten und Abstellungen im Wetterschenkelbereich									x	x		
ungeschützte seitliche Holzausnehmung	x	x	x	x	x	x	x	x		x		x
	3	4	4	3	4	4	4	4	4	6	5	1

Der Vergleich zeigt, daß nur geringfügige Änderungen der genormten Fensterprofile wesentliche Verbesserungen bringen.

Tabelle 28: Gegenüberstellung grundsätzlicher Mängels üblicher Holzfensterkonstruktionen

Auf der Grundlage der in diesem Abschnitt beschriebenen Einzelheiten lassen sich die in Tab. 28 zusammengestellten Mängel erkennen. Bei der vom Verfasser vorgeschlagenen Lösung (Abb. 93.2) lassen sich die wesentlichsten Mängel der anderen Fensterkonstruktionen vermeiden. Zur Verbesserung des Schallschutzes und des Wärmeschutzes bietet das Kardo-Flachkasten-Verbundfenster (Abb. 100) gewisse Entwicklungsmöglichkeiten.

5.1.5. Normung, Vorschriften und Richtlinien

5.1.5.1. Zusammenstellung

DIN 18 050	IX/55	Fensteröffnungen für den Wohnungsbau, Rohbaurichtmaße
DIN 18 051	IX/55	Holzfenster für den Wohnungsbau, Rahmengrößen für Blendrahmen und Verbundfenster, Bandsitz
DIN 18 056	VI/66	Fensterwände, Bemessung und Ausführung
DIN 18 355	XII/58	ATV Tischlerarbeiten
DIN 18 357	X/65	ATV Beschlagsarbeiten
DIN 18 361	XII/58	ATV Verglasungsarbeiten
DIN 68 121	Bl. 1, XII/68	Holzfensterprofile, Dreh-, Drehkipp- und Kippfenster
DIN 68 121	Bl. 2, III/69	E Holzfensterprofile, Größtmaße für Fensterflügel
DIN 68 121	Bl. 3	Holzfenster-Profile, Schwingfenster und Hebetüren (noch nicht erschienen)
DIN 68 140	VI/60	Holzverbindungen, Keilzinkenverbindungen als Längsverbindungen
DIN 68 360	VII/57	Holz für Tischlerarbeiten, Gütebedingungen
DIN 68 602	VI/72	Vornorm-Holzleimverbindungen, Beanspruchungsgruppen
DIN 68 603	VI/72 E	Holzleimverbindungen, Prüfung
DIN 68 800	IX/56	Holzschutz im Hochbau

Technische Richtlinie für Fensteranstriche (1968)
Herausgeber: Hauptverband des deutschen Maler- und Lackiererhandwerks

Merkblatt „Holz außen" (1968)
Herausgeber: Arbeitsgemeinschaft Holz e. V.

Empfehlungen maximaler Flügelgrößen (1972)
Empfehlungen zur Ausschreibung von Holzfenstern (1972)
Herausgeber: Institut für Fenstertechnik e. V.

Gütebestimmungen für Holzfenster (1970)
Herausgeber: Gütegemeinschaft Holzfenster e. V.

5.1.5.2. Wertung

Wie bereits in Einzelabschnitten z. T. dargestellt, entspricht nur ein Teil der geltenden Normen dem derzeitigen Erkenntnisstand.
Eine Überarbeitung der DIN 18 355, 18 361 und 18 360 ist unerläßlich. In Teilbereichen, wie der DIN 68 121 (Bl. 1), werden unzulängliche Lösungen angeboten. Die Anwendung der DIN 68 800 für Fenster und Fenstertüren ergibt, daß bei Holzdicken über 4 cm und bei Fensterteilen, die weniger als 50 cm über Gelände liegen, Kurztauchen, Streichen und Sprühen nicht ausreicht, um einen wirkungsvollen Holzschutz aufzubringen.

In DIN 68 602 und 68 603 werden eindeutig die Mindestanforderungen an Leime definiert. Es bleibt abzuwarten, in welchem Umfang diese Normen bei Schreinerhandwerk Eingang finden und seitens der Leimindustrie normgerechte Leime angeboten werden. Auf das Fehlen einer Norm, entsprechend der DIN 18 056, jedoch für kleinere Fenster, wurde bereits hingewiesen.

In den Gütebestimmungen werden nach RAL-Grundsätzen gewisse, den Bauleistungen eigene, charakteristische, objektiv beurteilbare Güteeigenschaften nach fünf Gruppen, und zwar den Werkstoffen und Zulieferteilen, der Konstruktion, der Verarbeitung, der Funktion und dem Oberflächenschutz definiert.

Die Beurteilung erfolgt auf der Grundlage der o. a. Normen bzw. ergänzender Prüfbestimmungen.

Die Einhaltung dieser Bestimmungen ist dem kleinen Handwerksbetrieb praktisch nicht möglich, weil er die Voraussetzungen einer laufenden Güteüberwachung nicht erbringen kann und damit nicht Mitglied der Gütegemeinschaft Holzfenster werden kann.

5.1.6. Wertung der Literatur

In der Literatur sind, bedingt durch die außerordentliche Ausweitung des Erkenntnisstandes und die vom Institut für Fenstertechnik e. V., Rosenheim, geleistete Aufklärungsarbeit, fast ausschließlich überholte Lösungen dargestellt.

Die zunehmende Verwendung von Aluminium- und Kunststoff-Fenstern, die lautstarke Werbung um diese Werkstoffe und die Vielzahl der Mängel an Holzfenstern wirken sich ebenfalls in einer abnehmenden Zahl von Veröffentlichungen aus. Nur ein bescheiden kleiner Teil dieser Literatur ist hierbei, wie bei Schlegel [212, 213], Seifert [232], Kollmann [130], Künzel [139] u. a., Frank [65] u. a., Keylwerth [112] u. a. in diesem Zusammenhang als wissenschaftlich wertbar zu bezeichnen. I. d. R. werden Einzelprobleme, wie z. B. die Keilzinkung, Holzinhaltsstoffe, Leimverbindungen, Holzschutz, untersucht und dargestellt. Nur sporadisch werden die eigentlichen Probleme des Holzfensters aufgezeigt.

Es ist vor allem das Verdienst Schlegels [212, 213], die Ganzheit der hier anstehenden Probleme auf der Grundlage von Kollmann [130] erkannt und seit ca. 1963 im Zusammenhang angesprochen zu haben. Durch seine Entwicklungsarbeit kann der Fenster-Wandanschluß oder die mechanisch gesicherte Gehrungsfügung als grundsätzlich gelöst angesehen werden. Seine Erkenntnisse haben sich wegen seiner, für das Handwerk unbequemen Forderungen nach totaler Bauenflechtung, spannungsfreier Gehrungsfügung und der Verwendung von Steckholz (mit Keilzinkung) für den Fensterbau, nur teilweise durchsetzen können.

Mit der Aufnahme der Arbeit des Instituts für Fenstertechnik e. V. in Rosenheim macht sich seit etwa 1967 der Einfluß auf die Gestaltung, Konstruktion und Normung des Holzfensters bemerkbar. Als weitverbreitete Arbeitsunterlage ist schließlich die von Seifert/Schmid 1969 bearbeitete und 1972 überarbeitete Broschüre „Holzfenster" anzusehen. Doch auch hier unterbleibt eine ganzheitliche Betrachtung. Der für die Haltbarkeit des Holzfensters so wesentliche Problemkreis der Eckspaltenbildung und des Wandanschlusses wird überhaupt nicht angesprochen und das Problem der unvermeidlichen Kapillarspalten unter den normalbreiten Regenschutzschienen oder die Unmöglichkeit, mit plastischen oder erhärtenden Dichtstoffen die Anschlüsse im Glasfalzbereich abzudichten, nicht erkannt. Zugleich erfährt die allein auf das Fenster bezogene Fugendichtigkeit ohne gleichzeitige Berücksichtigung aller anderen raumklimatischen Einflußgrößen eine Überbewertung. Auch die sachgemäße Glasverklotzung wird nicht angesprochen und der Bereich der Beschläge oder des Schallschutzes nur unvollständig dargestellt.

Die statische Dimensionierung, die Entwicklung von Tabellen zur Ermittlung der Beanspruchungsgruppen für Schlagregensicherheit und für die Verglasung sowie die Grundlagen der Profilgestaltung können als wertvolle Hilfsmittel zur Qualitätsverbesserung des Holzfensters angesehen und verwendet werden. Eine wissenschaftliche Nachprüfbarkeit dieser Einzelheiten ist jedoch nur im Bereich der Dimensionierung gegeben.

In manchen anderen Veröffentlichungen werden Einzelfragen, z. B. der Oberflächenbehandlung, der Anforderungen an den Anstrichträger etc., informativ gebracht. In Architektenzeitschriften dominieren noch immer formal konzipierte, konstruktiv oft falsche und dilettantisch wirkende Fensterkonstruktionen. Die, wie dargestellt wurde, in der DIN 68 121 fixierten falschen Wetterschutzschienen und Glashalteprofile werden nur unzureichend durch das zögernde Angebot einschlägiger Fachfirmen ersetzt. Die Fehlerhaftigkeit dieser Lösung wurde in der Literatur bis heute noch nicht angesprochen.

Es muß abschließend bemängelt werden, daß weder über das Holzfenster noch über Fenster aus anderen Werkstoffen eine umfassende Darstellung der wirksamen Einflußgrößen und deren konstruktive Lösungen wegen der großen Vielfalt und Breite des Stoffes und z. T. fehlender Untersuchungen zur Bestätigung theoretischer Erkenntnisse, vorgenommen wurde.

Architekt wie auch Bauhandwerker sind überfordert, wenn man von ihnen das in viele Spezialzeitschriften zersplitterte Teilwissen als Voraussetzung für ihr Wirken fordert.

5.2. Stahlfenster

5.2.0.1. Kriterien

Die Verwendung von Stahlfenstern erfordert die Berücksichtigung folgender Einflußgrößen:

werkstoffbezogen die Werkstoffeigenschaften, die Korrosionsgefährdung und die Notwendigkeit zu regelmäßigen Oberflächenschutzmaßnahmen,

konstruktionsbezogen die begrenzte Auswahl von Fenster- und Profilsystemen, die hiervon abhängigen Möglichkeiten der Kombination, der Anwendung und der Flügelgrößen, die Profilgestaltung im Hinblick auf die Fugendichtigkeit, die Wasserableitung und der Anschlüsse zur Wand und Verglasung,
die Eckverbindung und die unvermeidlichen Verformungen bei Hitzebehandlung,
die Qualität und Befestigung der Beschläge,

einbaubezogen an der Baustelle auszuführende Schweißarbeiten, durch welche der bereits aufgebrachte Korrosionsschutz zerstört wird,

nutzungsbezogen die erforderlichen Wartungs- und Instandhaltungsarbeiten.

5.2.0.2. Werkstoff Stahl

Stahl ist wie andere Metalle eine Legierung mit anderen Stoffen. Reines Eisen wäre für die üblichen Verwendungszwecke zu weich. Die Technologie des Stahles ist so weit fortgeschritten, daß die im Fensterbau benötigten Erkenntnisse als technisch und wissenschaftlich gesichert angesehen werden können.

Im Fensterbau wird vorzugsweise Bandstahl, der aus Baustahl nach DIN 17 100 bzw. unlegierten oder niedrig legierten Stählen mit 34 bis 52 kp/mm^2 Mindestzugfestigkeit gewalzt wird, verwendet. Stahl ist für Fenster, die relativ starken Temperaturschwankungen unterliegen, wegen seiner rohbau- und glasähnlichen Wärmedehnung ($\alpha = 0{,}8$ bis $1{,}2 \cdot 10^{-5}$) und über weite Temperaturbereiche gleichbleibenden Festigkeitseigenschaften ein idealer Werkstoff. Er hat sich — bei entsprechender Pflege — seit Jahrzehnten auch im Fensterbau bewährt. Die höheren Festigkeitseigenschaften, der große E-Modul und die relativ geringe Wärmeleitfähigkeit machen diesen Werkstoff dem Aluminium überlegen.

5.2.0.3. Tauwasserbildung, Korriosion und Oberflächenschutzmaßnahmen

Stahlfenster erfordern wegen der unvermeidlichen Korrosionsgefährdung einen Oberflächenschutz. Die technischen und produktionsmäßigen Zusammenhänge können nach Rössel [195] als grundsätzlich gelöst und wissenschaftlich gesichert angesehen werden.

Folgerungen:

Die Lebensdauer des Anstriches hängt ab von seiner Art, seiner Dicke, der Wandungsdicke des Anstrichgrundes, den jeweils vorhandenen Rostschutzmaßnahmen und den gegebenen Beanspruchungen. In Abhängigkeit von den gegebenen Beanspruchungen wird jeder Anstrich mehr oder weniger schnell abgebaut. Eine Anstricherneuerung in größeren, in der Literatur nicht spezifizierten Zeitabschnitten ist unerläßlich.

Im Innern von Hohlprofilen, Profilkombinationen sowie im Bereich von Glasflächen und Wandanschlüssen ist eine Anstricherneuerung i. d. R. nicht mehr möglich. Damit

1	**Statische Querschnittsgestaltung** in Abhängigkeit von Profilabmessungen, Wandungsdicken, Lage der statisch wirksamen Massenteile, Möglichkeiten der Profilaussteifungen bzw.,-verstärkungen, unvermeidliche Profilschwächungen, mögliche Flügelgrößen, erf. Verriegelungsabstand
2	**Kombinationsfähigkeit** mit Ergänzungsprofilen, Zusatzeinrichtungen, Rolladenführungsschienen, anderen Fensterelementen
3	**Anschluß- und Befestigungsmöglichkeiten an der Wand** seitlich, oben, unten, Gleitfähigkeit, Lage und Art der möglichen Dichtungen, Eignung für bauentflochtenen Anschlag
4	**Anschluß- und Befestigungsmöglichkeiten der Verglasung** Lage, Form und Befestigung der Glasleiste, mögliche Verglasungsarten, Eignung für Trockenverglasung oder Spritzdichtung
5	**Fugendichtigkeit** (gem. DIN 18 055 Bl. 2) in Abhängigkeit von der Lage der Abdichtungsebene, Art, Querschnitt und lückenlose Ausführung der Dichtung und deren Einbauvoraussetzungen im Flügelprofil, vorh. Fugenlänge, Fertigungstoleranzen, mögl. Abfederung des Flügelrahmens
6	**Schlagregensicherheit** (gem. DIN 18 055 Bl. 2) in Abhängigkeit von einer raschen Wasserableitung, vom Vorhandensein einer Wasserkammer, deren Querschnitt und windstaugeschützten Entwässerung, einer möglichen Glasfalzentwässerung, dem möglichen Fensterbankanschluß
7	**Art, Lage und Befestigung der Beschläge** Befestigungsmöglichkeiten im Profil, besondere Vorkehrungen zum Einbau und zur Befestigung der Beschläge, werkstoffhomogene Beschlagsverbindung, toleranzlose Lagebestimmung im Profilquerschnitt, Bandbefestigung durch Dichtzone, Art und Möglichkeiten der Fensterverriegelung
8	**Eignung für verschiedene Öffnungsarten** Dreh-, Kipp-, Drehkipp-, Klapp-, Schwing-, Wendeflügel
9	**Thermische Eigenschaften** Grad der Wärmeleitfähigkeit, der Kältestrahlung, der möglichen Tauwasserbildung und die Tauwassersammlung spannungsloser Toleranzausgleich bei Längenänderungen
10	**Sonstige Werkstoffeigenschaften** Einfluß des Werkstoffes auf die Profilgestaltung, die Temperaturabhängigkeit von E-Modul und Festigkeitseigenschaften, die Korrosionsgefährdung, unvermeidliche Unterhaltsmaßnahmen
11	**Verarbeitbarkeit** die unkomplizierte und sichere Fertigung durch den Fensterhersteller, die Art der Eckfügung, der Beschlagbefestigung, der Dichtungs- und Glaseinbau, die örtliche Montage

Tabelle 29: Einflußgrößen der Fensterprofilgestaltung für Holz-, Stahl-, Aluminium- und Kunststoff-Fenster

bestimmen Qualität und Dicke des vor dem Einbau des Fensters aufgebrachten Erstanstriches die Lebensdauer der Gesamtkonstruktion. Verzinkungen und Einbrennlackierungen haben sich langzeitig bewährt.

Eine besondere Korrosionsgefährdung ist dort gegeben, wo im Innern von Profilen oder Profilkombinationen Oberflächenschutzmaßnahmen nicht, nicht vollflächig oder mit ungenügender Qualität aufgebracht werden oder vorhandene Oberflächenbehandlungen durch nachträgliches Schweißen, Bohren, Verschrauben und sonstige mechanische Einflüsse beschädigt wurden.

Im Innern von Hohlprofilen mit Ausnehmungen für Beschläge etc., bei mechanisch gefügten Profilkombinationen und bei Hohlräumen im Wandanschlußbereich ist eine Tauwasserbildung theoretisch und praktisch nicht auszuschließen.

Durch die Kapillarwirkung von Spalten bei mechanisch gefügten Profilkombinationen vermag außerdem Schlagregen einzudringen. Um neben der Korrosion der Stahlteile Durchfeuchtungsschäden und Frostabplatzungen – im Brüstungsbereich – zu vermeiden, ist eine wirksame und kontrollierbare Entwässerung aller Hohlräume unerläßlich. Waagerecht liegende, nicht hermetisch dichte Rahmenteile, die Kammern zwischen Flügel und Blendrahmen und senkrecht stehende unten verschlossene Hohlprofile müssen jeweils an den tiefsten Stellen schlagregengeschützte Entwässerungsöffnungen zur vollständigen Wasserableitung auf die Außenfensterbank, in Sonderfällen auch in die innere Schwitzwasserrinne erhalten.

Bei senkrecht stehenden Profilen und Profilkombinationen muß der unten offene Hohlraum von der Außenfensterbank oder der inneren Schwitzwasserrinne erfaßt und sicher entwässert werden.

5.2.0.4. Profilgestaltung und Profilabmessungen

Sie wirken sich auf die Kombinationsfähigkeit mit anderen Profilen, die statische Festigkeit, die Fugendichtigkeit, die Schlagregensicherheit und damit im Zusammenhang auf die Ableitung des Regen- und Tauwassers, die Anschlüsse an Glas und Wand sowie auf die Befestigungs- und Unterbringungsmöglichkeiten der Beschläge aus. Eine Zusammenstellung der Einflußgrößen ergibt sich aus Tab. 29.

Die Anforderungen an eine zeitgemäße Profilgestaltung, in Abschnitt 5.4.0.6. zusammengestellt, gelten auch für das Stahlfenster.

5.2.0.5. Fenster- und Profilsysteme

Die im Fensterbau eingesetzten Profile werden nach verschiedenen Verfahren hergestellt. Aus Informationsschriften der Beratungsstelle für Stahlverwendung sowie der einschlägigen Profilhersteller und großen Profilverarbeiter können wesentliche Einzelheiten entnommen werden.

Zum Einsatz kommen *warmgewalzte Profile* nach DIN 4441, 4443 bis 4446, 4449 und 4450, wobei Profile der Reihe A 35 im Industriebau (Abb. 101.1–101.2), die Profile der B- und aller weiteren Serien (Abb. 102) im Wohnungsbau für einfache Verbund- und Isolierverglasungen angewendet werden. Die Wandungsdicken liegen bei 3,5 bis 4,0 mm. Je nach Flügelgröße und statischen Erfordernissen können geeignete Profilserien gewählt werden. Bei der Q-Serie können auch Kunststoff-Dichtungen eingezogen werden.

Kaltgewalzte Fensterprofile lassen sich nach drei Verfahren profilieren: durch Walzen, Verformen und Abkantpressen sowie durch Ziehen auf der Ziehbank durch Matrizen.

Die üblichen Fensterprofile werden auf Profilwalzmaschinen (Wanddicke 0,8 bis 1,5 mm), Sonderprofile auf Abkantpressen, Zier- und Deckleisten auf der Ziehbank geformt. Die Kaltbandprofile erreichen bei geringstem Materialaufwand durch das verfestigte Gefüge des gewalzten und kaltgereckten Stahles und die Gestaltfestigkeit der biegungs- und verwindungssteifen Hohlform hohe Stabilität. Die Kaltprofilierung ermöglicht einen hohen Grad an Genauigkeit und enge Toleranzen. Die Präzision der Profile gestattet die Herstellung von dichtschließenden Fenstern ohne zusätzliche Kunststoffdichtungen. Der Einbau zusätzlicher Dichtungen ist jedoch möglich.

Daneben kommen aber auch Profilstahlrohre, die aus Bandstahl zu Bandstahlringen und dann zu Profilstahlrohren gebogen und verschweißt werden und dann durch Kaltziehen das gewünschte Profil erhalten (Abb. 103–107) zu Verwendung. Die Wandungsdicke ist herstellungsbedingt größer als bei kaltgewalzten Profilen.

Mit den angebotenen Profilserien lassen sich die wichtigsten Flügelöffnungsarten ausführen.

Kaltgewalzte Profile haben die gleichen Vorzüge wie warmgewalzte Profile, sie sind jedoch bei gleicher statischer Festigkeit leichter. Durch ein Kaltprofil lassen sich oft warmgewalzte Profilkombinationen wegen der günstigeren Herstellungs- und Montagekosten ersetzen.

Bei warmgewalzten Profilkombinationen und auch bei verschiedenen kaltgewalzten Profilen würde jedoch ein sicherer Einsatz andere Lösungen erfordern als heute angeboten werden.

Eine nähere Begründung wird in den folgenden Abschnitten gegeben.

Die Vielzahl warmgewalzter, genormter und maßlich bekannter Profile gestattet demgegenüber besser die Berücksichtigung unterschiedlicher Einbaubedingungen.

Eine Wertung verschiedener Profilsysteme wurde in Tab. 35 vorgenommen.

Abb. 101: Warmgewalzte Stahl-Industrieprofile (Merkblatt 138)

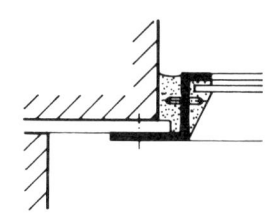

Abb. 101.1: Innenanschlag bei Massivbauten an Z-Rahmen

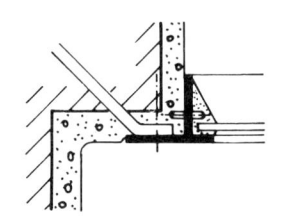

Abb. 101.2: Innenanschlag bei Massivbauten an T-Rahmen

Abb. 102: Warmgewalzte Stahl-Wohnhausprofile (Merkblatt 138)

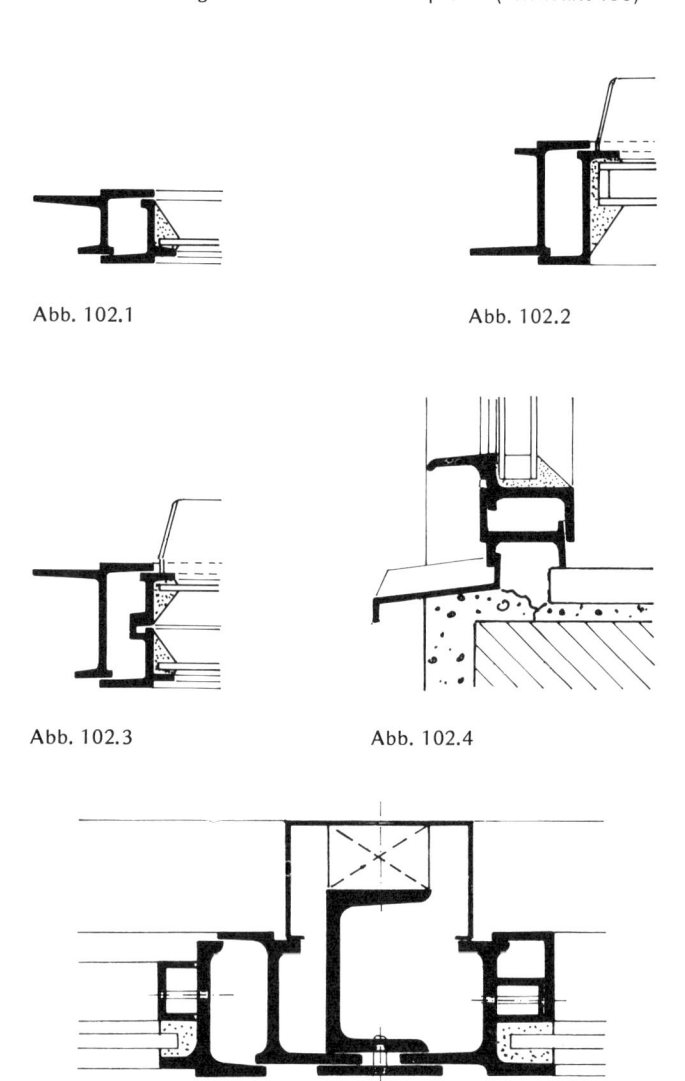

Abb. 102.1

Abb. 102.2

Abb. 102.3

Abb. 102.4

Abb. 102.5

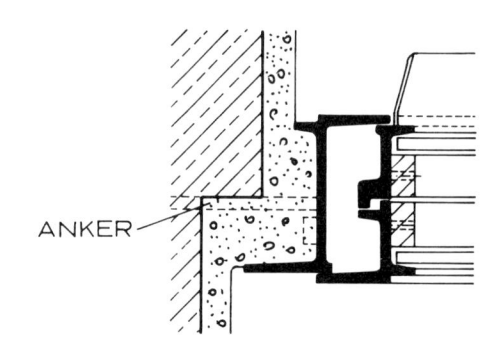

Abb. 102.6

Abb. 102.7

Abb. 103–107: Kaltgewalzte bzw. kaltgezogene Stahlfensterprofile (Merkblatt 300)

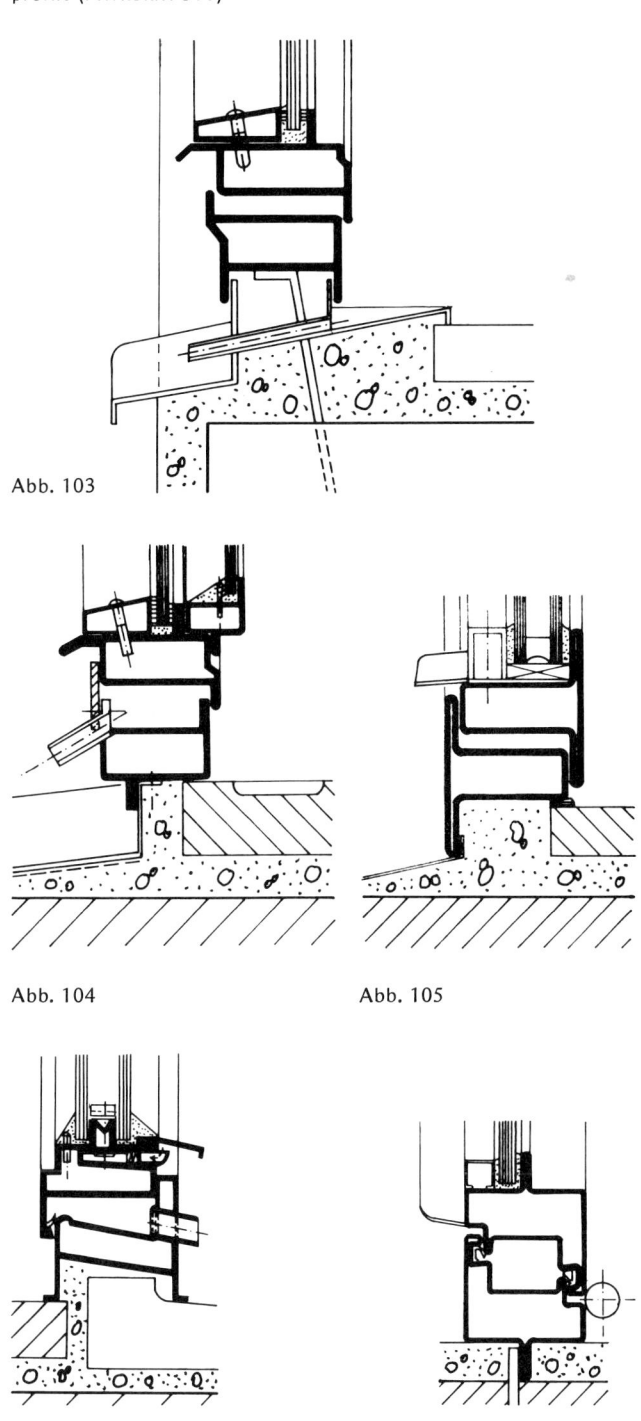

Abb. 103

Abb. 104　　　　　　Abb. 105

Abb. 106　　　　　　Abb. 107

Es ergibt sich hieraus, daß das Fenstersystem von Abb. 106, wenn auch mit geringem Abstand, gegenüber den Profilsystemen der Abb. 108 und 102.6 wegen der Art der Glasbefestigung und der Schlagregensicherheit überlegen ist. Die Profilsysteme der Abb. 103 und 105 sind für heutige Ansprüche im Wohnungsbau etc. nicht empfehlenswert.

5.2.0.6. Flügelabmessungen

Über die zulässigen bzw. möglichen Flügelabmessungen und die statischen Werte sind in der Literatur keine verbindlichen Angaben zu finden und Rückfragen bei den Herstellern bzw. für die warmgewalzten Profile ist die Einsicht in die DIN 4441 bis 4449 unerläßlich.
Damit wird eine unabhängige Vorentscheidung des Architekten verkompliziert.
Bei verschiedenen Profilsystemen ist eine Vergrößerung der Flügelabmessungen durch den Einbau von Zusatzprofilen und eine Verstärkung der Beschläge möglich.

5.2.0.7. Fugendichtigkeit

Obwohl die Fugendichtigkeit des Stahlfensters günstiger ist als bei Holzfenstern, ist zumindest in Aufenthaltsräumen mit erhöhten Anforderungen eine zusätzliche Abdichtung mit elastischen Dichtungsprofilen unerläßlich. Eine entsprechende Änderung der Profile wurde von verschiedenen Profilherstellern vorgenommen (Abb. 106–108). Es lassen sich hierbei nach vorliegenden Prüfzeugnissen a–Werte bis zu 0,05 bis 0,15 Nm^3/hm mm WS erreichen.
Die besondere Problematik der Fugendichtigkeit bei Stahlfenstern ergibt sich aus den unter 5.2.1.1. aufgezeigten Verwerfungen als Folge der Eckverschweißungen. Weitere Einzelheiten sind der vorliegenden Literatur nicht zu entnehmen. Die wichtigsten Einflußgrößen wurden in Tab. 29 zusammengestellt. Die Vorschriften des Gelbdruckes der DIN 18 055, Bl. 2 vom April 1971 gelten auch für Stahlfenster.

5.2.0.8. Wasserableitung und Schlagregensicherheit

Eine rasche Wasserableitung im Bereich der Brüstungsprofile ist nötig, um das bei Einfachverglasung an den Scheiben ablaufende Tauwasser (innen) oder Regenwasser (außen), um das im Innern von Hohlprofilen und Profilkombinationen ablaufende Tau- oder Regenwasser und das von außen in die Profilkammer dringende Regenwasser am und im Profil keine gefährlichen Einwirkzeiten zugeben.
Das Problem der Tauwasserbildung an Glasscheiben bzw. dessen Sammelung und Abführung läßt sich durch die Verwendung von Isolierglas bzw. die Wasserableitung durch den Einbau innerer Schwitzwasserrinnen lösen. Auf eine, die Dichtigkeit abmindernde Außenentwässerung kann jedoch i. d. R. dort nicht verzichtet werden, wo von der Schwitzwasserrinne aufgefangenes Wasser der Fensterkammer abgeleitet werden muß Abb. 103).
Das in die Profilkammer eingedrungene Regenwasser wird bei den meisten Profilen (Abb. 104, 106–108) durch eine rückwärtige Aufkantung daran gehindert, auf die Fensterbank zu laufen und durch eine Entwässerungsöffnung nach außen abgeleitet. Entwässerungsröhrchen mit Stauwindschutz oder Profile mit Mitteldichtung wurden im Stahlfensterbau noch nicht eingeführt.
Auf die Notwendigkeit, mechanisch gefügte Profilkombinationen oder angebohrte Hohlprofile zu entwässern, wird in Literatur und Firmeninformationen nicht hingewiesen.
Erhalten Hohlprofile auch im Innern der Profile einen Oberflächenschutz im Tauchverfahren, so ist eine Wasserableitung durch die erforderlichen Ein- und Austrittsöffnungen möglich. Ein konsequenter unterer Abschluß zum Schutz

Abb. 108–111: Wandanschlüsse von Stahlfenstern, die den technischen Erfordernissen und Erkenntnissen nicht entsprechen (Merkblatt 138 und 300)

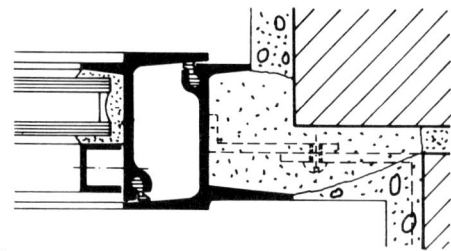

Abb. 108

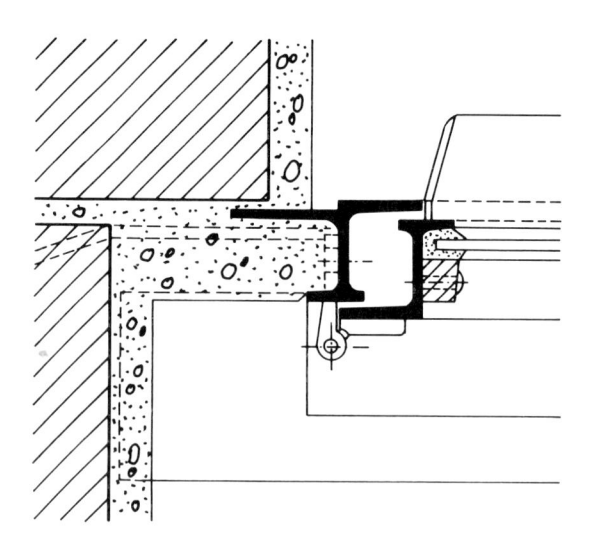

Abb. 110

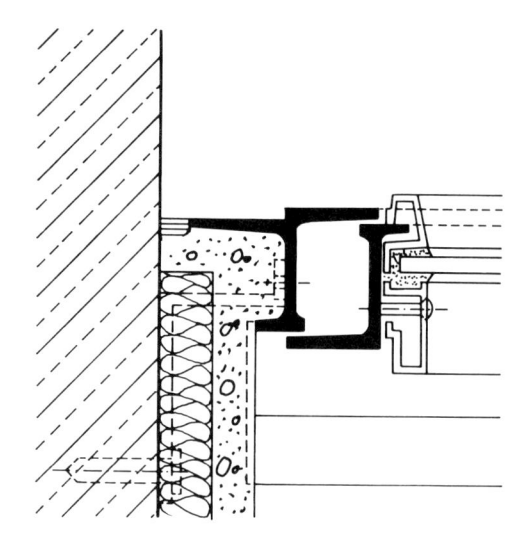

Abb. 109

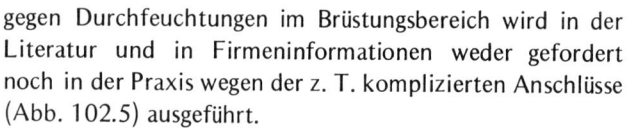

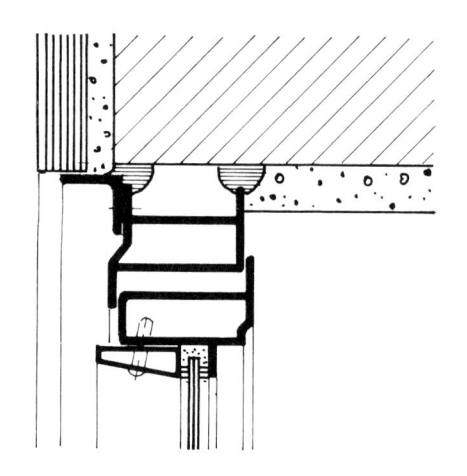

Abb. 111

gegen Durchfeuchtungen im Brüstungsbereich wird in der Literatur und in Firmeninformationen weder gefordert noch in der Praxis wegen der z. T. komplizierten Anschlüsse (Abb. 102.5) ausgeführt.

Eine einwandfreie und rasche Ableitung des angeregneten Wassers erfordert neben einem dichten Anschluß zwischen Glas und Flügel einen steiler als üblich geneigten und das Abtropfen begünstigenden scharfkantigen Wasserschenkel bzw. Glasleisten. In Abb. 103 bis 105 vermag Regen zwischen Glasleiste und Rahmen einzudringen, dort zu Spaltkorrosion zu führen und durch die Befestigungen in das Hohlprofil zu dringen. Bei Holzleisten ist eine Zerstörung durch Pilzbefall i. d. R. unvermeidlich.

Durch die zu geringe Abkantung der Wetterschenkel wird das Wasser durch die hohen Oberflächenspannungen um die Ecke und in die Kammer gezogen.

Die Frage einer konsequenten Wasserableitung bzw. Sammlung ist beim Stahlfenster weniger gründlich gelöst als bei Fenstern anderer Werkstoffe.

Die in Abb. 108 bis 111 dargestellten üblichen Anschlüsse sind im Hinblick auf die Profilkombinationen, die in ihren Stößen nicht in ganzer Länge verschweißt werden, nicht befriedigend gelöst. Sie sollten unbedingt eine elastische bandartige Abdichtung der Stoßstellen erhalten, um den Durchgang von Luftfeuchtigkeit und die Tauwasserbildung, eine Wasseransammlung und Korrosion im Profil und die Spaltkorrosion mechanisch verbundener Teile zu verhindern. Eine teilweise Änderung der Profile ist hierbei unerläßlich.

Zumindest mit den Q-Profilserien läßt sich eine Schlagregensicherheit gemäß DIN 18 055 Bl. 2 erzielen.

5.2.0.9. Wandanschlüsse

In Literatur, in Firmeninformationsunterlagen und in den Merkblättern der Beratungsstelle für Stahlverwertung wird der Wandanschluß unterbewertet bzw. unzureichend gelöst. Es wird i. d. R. übersehen, daß zwar der lineare Ausdehnungskoeffizient von Stahl ($\alpha = 0{,}8-1{,}2 \times 10^{-5}$) und Mauerwerk ($\alpha = 0{,}5 \times 10^{-5}$) bzw. Putz oder Beton ($\alpha = 1{,}0-1{,}4 \times 10^{-5}$) relativ nahe beieinander liegen, die fest eingebauten Blendrahmenprofile jedoch wegen der sehr unterschiedlichen Wärmeabsorption und Wärmeleitfähigkeit anderen Temperaturschwankungen ausgesetzt sind. Da der Fensterrahmen außerdem noch mechanisch erschüttert und durch die Windbelastung elastisch verformt werden kann, lassen sich bei starren Verbindungen Anschlußrisse zwischen Profil und Wand nie vollständig ausschließen. Die hohlraumfreie Profilausfüllung mit Zementmörtel ist bei verschiedenen Profilen und Profilkombinationen praktisch undurchführbar.

Die Befestigung und Abdichtung zur Wand hin ist praktisch weder in Informationsschriften noch in der Literatur ausreichend gelöst.

In Abb. 107 ist die dargestellte Putzbündigkeit arbeitstechnisch schlecht herzustellen und praktisch nicht gegen Wind und Regen abzudichten.

Da die Fassadenbekleidung in Abb. 111 i. d. R. keinen ausreichenden Schlagregenschutz bringen kann, beim Sturz der erforderliche Wärmeschutz vernachlässigt wurde und die Dichtungen in dieser Form nicht spritzbar sind, ist kein regendichter Anschluß zu erzielen. Ein schlagregendichter und rissefreier Anschluß ist in Abb. 110 wegen der Elastizität des Ankers bei Schwingungen des Fensters nicht zu erzielen. Bei Abb. 103 ist ein zugdichter Anschluß nicht gegeben.

Die senkrecht zur Wand geführten Befestigungen verhindern eine elastische Längenänderung des Fensters. Form, Bemessung (seitl. Haftflächen) und Ausführung (Flankenhaftung) elastischer Spritzdichtungen (Abb. 109) entsprechen nicht den durch vielfältige Erfahrungen gesicherten Erkenntnisse.

Folgerungen:

Nur für kleine bis mittelgroße Fenster in nicht schlagregenexponierter Lage dürften die heute von den Fensterherstellern offerierten Anschlagsbeispiele einen hinreichend dichten Wandanschluß ermöglichen.
Lediglich bei Schlegel [212] finden sich Lösungsvorschläge. (Abb. 54), bei denen im Sinne des „Essener Anschlages" oder unter Verwendung der „Essener Anschlagzarge" eine elastische Verbindung zur Wand, eine Quetschdichtung zur Gebäudeaußenhaut und eine totale Bauentflechtung erreicht wird.

In allen anderen Fällen sind Ergänzungen der Profilkombinationen eine zusätzliche elastoplastische Abdichtung und eine federnde Verankerung erforderlich, um einen den Anforderungen, die auch bei anderen Fenstersystemen gelten, entsprechenden Anschlag zu erzielen.

5.2.10. Verglasung

Die Verglasung hat nach den vom Bundesinnungsverband des Glaserhandwerks und dem Fachverband Metallfenster im Deutschen Stahlbauverband herausgegebenen Richtlinien zu erfolgen. Über die zu verwendende Kittqualität werden hierbei ungenügende Angaben gemacht. Eine Umstellung der Richtlinien auf der Grundlage der von Seifert entwickelten Beanspruchungsgruppen ist unerläßlich. Die Verwendung von innen angebrachten Glashalteleisten und deren Verschraubung ist unerläßlich. Die Glasfalze müssen einen einwandfreien Rostschutz erhalten. Der Spielraum zwischen Scheibenrand und Falzgrund soll mindestens 1/3 der Falzhöhe betragen. Wegen der ähnlichen Ausdehnungskoeffizienten an Glas und Stahl lassen sich bei hellen Anstrichfarben gegenseitige Verspannungen praktisch ausschließen.

Bei Verbundverglasungen ist der luftdichte Abschluß der Scheiben und die Verwendung dauerwirksamer Adsorptionsmittel entscheidend für eine beschlagfreie Verglasung. Bei verschiedenen Systemen (Abb. 106) geht man davon aus, daß es vorteilhafter ist, in größeren Zeitabständen (ca. alle 10 Jahre) die innere Scheibe zwecks Reinigung umzuglasen und dadurch die Nachteile üblicher Isolierverglasungen auszuschließen.

5.2.11. Eckverbindungen

Im Stahlfensterbau wurden die Erfahrungen aus dem Stahlhochbau auf die Verbindungen übertragen und entsprechend weiterentwickelt. Wegen der dünnen Profilwandungen sind bei Schweißverbindungen Verwerfungen der Profile nicht immer ganz zu vermeiden. Durch punktweises Erhitzen der Profile (Flammrichten) müssen derartige Profile i. d. R. nachgerichtet werden. Über „Das Richten von Stahl mit der Autogenflamme" hat die Stahlberatung Düsseldorf, ein Merkblatt verfaßt. Nähere Einzelheiten hat Pfeiffer [185] dargelegt.

Die nachstehenden technischen Einzelheiten werden in den Informationsschriften der Beratungsstelle für Stahlverwendung und den Herstellerfirmen nur am Rande erwähnt, da diese — als Fertigungsprobleme — in den Zuständigkeitsbereich der Fensterhersteller fallen.

Die Elektroschweißung

bringt die geringste Erwärmung der Schweißstellen. Damit werden Verzugserscheinungen weitgehend reduziert, in größeren Betrieben wird das Gehrungsschweißen mit Elektro-Stumpf-Schweißautomaten ausgeführt. Um ein Wassereindringen in das Profil zu vermeiden, müssen die Stoßstellen dicht geschlossen werden. Dies gilt für Rahmenprofil und Glasleiste in gleicher Weise.

Eine Kombination von Elektroschweißung und Hartlöten

wird dort angewendet, wo elektrische Stumpfschweißmaschinen nicht zur Verfügung stehen. Die außen liegenden, leicht zu verputzenden Gehrungsnähte werden elektrisch geschweißt, innen ist ein Verputzen nicht möglich. Hier wird hart verlötet, da das Hartlot besser verläuft und sich ein Verputzen meist erübrigt.

Andere Verbindungsarten (Kleben, mechanische Verbindungen etc.) werden nach Angaben der Stahlfensterhersteller nicht oder selten angewendet.
Schlegel [212] zeigt demgegenüber die Wirkung des Schweißvorganges auf die Materialstruktur, die hieraus resultierenden Festigkeitsabminderungen von 40 bis 50 kp/mm² auf 16 bis 20 kp/mm² und als weitere Folge die divergierenden interkristallinen Spannungen sowie die Richtspannungen auf. Durch das Nachrichten (Hammerschläge oder Temperaturbehandlung) lassen sich die inneren und äußeren Spannungen bei der gegebenen Werkstattemperatur ausgleichen. Durch die im Einbauzustand ständig wechselnden Temperaturen ergeben sich im Fensterprofil Spannungen, die zu ständig wechselnden Verwerfungen führen müssen. Der Umfang der Verformung wird dabei

vom Verhältnis Stahlquerschnitt zu Profilsteifigkeit (Widerstandsmoment) beeinflußt.

Daß bei den relativ geringen Abmessungen der Stahlfensterprofile Verwerfungen stärker in Erscheinung treten als im Stahlhochbau und jedes Nachrichten nur für bestimmte Temperaturverhältnisse wirksam wird, ist wohl dem Stahlbaupraktiker, nicht aber dem Architekten bekannt.

Die grundsätzlichen Einzelheiten können als wissenschaftlich gesichert angesehen werden. Die Auswirkungen auf das Fenster sind indes nur ungenügend publiziert.

5.2.12. Beschläge

Besondere, wissenschaftlich wertbare Veröffentlichungen über Beschläge liegen nicht vor.

Die einzelnen Beschläge erfordern — wie bei den anderen Werkstoffen auch — gewisse Mindestabmessungen der Profilquerschnitte, besonders dann, wenn diese innerhalb des Profilquerschnitts untergebracht werden müssen. Werden die Beschläge durch Anschweißen befestigt, so können sich hier Verformungen der Profile und Ansatzpunkte für Korrosionserscheinungen ergeben.

Bei der Anbringung der Beschläge dürfen bei Hohlprofilen die Profilwandungen nicht beschädigt werden. Ist das nicht zu vermeiden oder werden Gestänge etc. durch die Profile geführt, so müssen die Innenräume der Profile durch hart eingelötete Durchführungsbuchsen abgeschlossen werden, oder es müssen ein dauerhafter innerer Oberflächenschutz sowie untere Entwässerungs- und obere Entlüftungsöffnungen vorhanden sein.

5.2.13. Normen, Vorschriften, Richtlinien

1. Zusammenstellung

DIN 1050	VI/68 (E)	Stahl im Hochbau, Berechnung und bauliche Durchbildung
DIN 4114	Bl. 1 X/61	Stahlbau, Stabilitätsfälle
DIN 4114	Bl. 2 X/55	Stahlbau, Richtlinien
DIN 4115	I/59	Stahlleichtbau und Stahlrohrbau
DIN 4115	VIII/69	Entwurf Stahlleichtbau
DIN 4440	III/56	Stahlfensterprofile, Übersicht
DIN 4441, 4443–4446 4449, 4450	VI/60	Stahlfenster, Masse und und statische Werte für die Reihen B 38/B 48/ C 64/C 80
DIN 17 100	IX/66	Allgemeine Baustähle, Gütevorschriften
DIN 8567	III/64 (E)	Korrosionsschutzverfahren (noch nicht erschienen)
DIN 18 055	Bl. 2 IV/71 (E)	Fugendurchlässigkeit und Schlagregensicherheit
DIN 18 056	I/68	Fensterwände, Bemessung und Ausführung
DIN 18 058	III/57 (E)	Stahlfenster für Keller und Waschküche
DIN 18 059	Bl. 1 IV/61	Stahlfenster, Ausführung, Flügelarten
DIN 18060	IX/55 (E)	Stahlfenster für den Wohnungsbau, Rahmengrößen, Flügelgrößen, Scheibengrößen, Verankerung
DIN 18 061	VI/55 (E)	Stahlfenster, Einfachfenster nach innen aufgehend
DIN 18 062	VI/55 (E)	Stahlfenster, Verbundfenster nach innen aufgehend
DIN 18 357	X/65	ATV Beschlagsarbeiten
DIN 18 360	X/65	ATV Metallarbeiten
DIN 18 364	II/61	ATV Oberflächenschutzarbeiten an Stahl und Oberflächenschutzarbeiten an Aluminiumlegierungen

Richtlinien für die Verglasung von Stahlfenstern
Herausgeber: Bundesinnungsverband des Glaserhandwerks und der Fachverband Metallfenster im deutschen Stahlbauverband.

Technische Vorschriften für den Rostschutz von Stahlbauten
(ROST DV 807 der Deutschen Bundesbahn)

2. Wertung

In dem umfangreichen Normenwerk wurden praktisch alle wesentlichen Einzelheiten definiert und festgelegt.

Die große Zahl vorliegender Normen-Entwürfe läßt erkennen, wie sehr die einschlägigen Fachkreise an einer Gütesicherung und Komplettierung der Ausführungsgrundlagen interessiert sind.

Das Normenwerk ist — zumindest in Architektenkreisen — im Gegensatz zu anderen Fensterbereichen praktisch unbekannt. Die verarbeitungs- und korrosionstechnischen Probleme, die im Abschnitt 5.2. aufgezeigt wurden, werden in der Normung nicht behandelt.

5.2.14. Wertung der Literatur

Bedingt durch die zunehmende Verwendung anderer Werkstoffe im Fensterbau und die seit z. T. Jahrzehnten unveränderten Konstruktionen sind kaum neuere Veröffentlichungen über Stahlfenster zu finden.

In den von der Beratungsstelle für Stahlverwendung wie auch verschiedenen Fensterherstellern herausgegebenen Schriften werden wertvolle Grundinformationen über Werkstoffe, Profilherstellung, Verarbeitung, Korrosionsschutz und Verglasung gegeben. Die Grundlagen für die Abschnitte Profilherstellung und Korrosionsschutz sind wissenschaftlich gesichert. Die Erkenntnisse der Abschnitte Verarbeitung und Verglasung basieren auf jahrzehntelangen Erfahrungen. Sie können, auch wenn sie in Architektenkreisen unzureichend bekannt sind, als gesichert angesehen werden. In den vorliegenden Schriften sind jedoch zahlreiche Ungenauigkeiten und Unvollständigkeiten vorhanden. Viele der

Werkstoffnummer		Markenbezeichnung	Legierungsanteile in Gewichts-%				
Stahl-Eisen-Werkstoffblatt 400–60	DIN 17 007[1]	DIN 17 006	C	Cr	Ni	Mo	
4016	1.4016	X 8 Cr 17	< 0,10	15,5 bis 17,5			„Rostfrei 17"
4300	1.4300	X 12 CrNi 18 8	< 0,12	17 bis 19	8 bis 10		„Rostfrei 18/8"
4301	1.4301	X 5 CrNi 18 9	< 0,07	17 bis 19	9 bis 11		„Rostfrei 18/9"
4401	1.4401	X 5 CrNiMo 18 10	< 0,07	16,5 bis 18,5	10,5 bis 12,5	2,0 bis 2,5	„Rostfrei 18/10/2"

[1]) Nach DIN 17 007 wird vor die Werkstoffnummer die Bezeichnung der Werkstoff-Hauptgruppe gesetzt. Nach dem geltende Rahmenplan bedeutet z. B. 1 = Stähle, 2 = Schwermetalle, 3 = Leichtmetalle usw.

Tabelle 30: Chemische Zusammensetzung nichtrostender Stähle

aufgeführten Beispiele müssen — wie dargestellt wurde — als bautechnisch nicht realisierbar, falsch, unzweckmäßig, veraltet oder als mißverständlich gezeichnet angesehen werden. Durch unvollständige Beispiele bzw. textliche Ausführungen lassen sich Einbaubedingungen, Nachteile und Kriterien einzelner Konstruktionen sowie Kombinationsfähigkeit mit handelsüblichen Stahlprofilen nicht erkennen.

Das ganze oder teilweise Fehlen bzw. die Bezugnahme auf die unzugängliche Normung der vom Architekten benötigten Angaben über Abmessungen, Flügelgrößen, technische Eigenschaften und gängige Profilsysteme erschweren ihm die kritische Wertung und die Entscheidung für das Stahlfenster. Der i. d. R. von der Industrie angebotene bauverflochtene Einbau der Stahlfenster widerspricht den Bemühungen einer rationellen Bauausführung. Nur vereinzelt finden sich Ansätze grundlegender, wissenschaftlich fundierter Darstellungen und hieraus abgeleiteter Entwicklungen.

So hat Schlegel [217] die naturgesetzlich bedingten unterschiedlichen Verformungen von Fenster und Wand und die Unzweckmäßigkeit starrer Verbindungen aufgezeigt und die Essener Anschlagzarge, die sich auch für Stahlfenster eignet, entwickelt.

Nähere Untersuchungen über die Eignung verschiedener Profile und Profilsysteme liegen aus der letzten Zeit und unter Berücksichtigung der derzeitigen Erkenntnisse nicht vor oder sind nicht hinreichend veröffentlicht.

5.3. Fenster aus Edelstahl-Rostfrei

5.3.1. Kriterien

Fenster aus Edelstahl-Rostfrei haben als Sonderform des Stahlfensters auch ähnliche Kriterien. Die gute Korrosionsbeständigkeit wird jedoch abgemindert, wenn die Oberflächen sich durch Regen nicht gleichmäßig selbst reinigen und Feuchtigkeit in Anschlußspalten eindringen kann und dort zur Spaltkorrosion führt. Dazu kommt, daß nur eine geringe Anzahl von z. T. noch nicht ausgereiften Fenstersystemen am Markt sind, und hohe Investitionskosten einer Verbreitung im Wege stehen.

5.3.2. Werkstoff Edelstahl-Rostfrei

Der Werkstoff Edelstahl-Rostfrei ist seit mehr als 50 Jahren bekannt. Die hier geltenden technologischen Zusammenhänge unter Einschluß der Oberflächen- und Spaltkorrosion können als wissenschaftlich und empirisch gesichert angesehen werden.

Die in Princeton ausgewerteten Untersuchungen der seit 30 Jahren in den USA eingesetzten Stähle bestätigen die praktisch unbegrenzte Haltbarkeit selbst bei fehlender Reinigung.

Im Hochbau sind die aus Tab. 30 ersichtlichen Stahlsorten (Chromnickelstähle und Chromstähle) mit ihren mechanischen und physikalischen Eigenschaften zusammengestellt. Es werden die aus dem Werkstoff 4300, Rostfrei, 18/8" weiterentwickelten Typen 18/9" und 18/10/2" verwendet.

Wegen der hohen Festigkeitswerte kann Edelstahl-Rostfrei in geringen Dicken (0,8 bis 1,5 mm) in Form kaltgewalzter Bleche oder Profile eingesetzt werden. Die Oberfläche kann durch Beizen, Dressieren, Schleifen und Polieren behandelt werden. Durch Aufspritzen, Tauchen oder Kleben kann ein Schutzfilm aufgebracht werden.

Bauteile aus nichtrostendem Stahl lassen sich durch spezielle Verfahren des Schweißens, Hartlötens und Klebens mechanisch verbinden.

5.3.3. Fenstersysteme

Das Fenster aus Edelstahl zeigt in Europa unterschiedliche Entwicklungsstufen. In Frankreich gibt es eine Vielzahl guter Edelstahl-Fenster, vornehmlich jedoch als Horizontal-

Abb. 112–114: Fensterprofile aus nichtrostendem Stahl

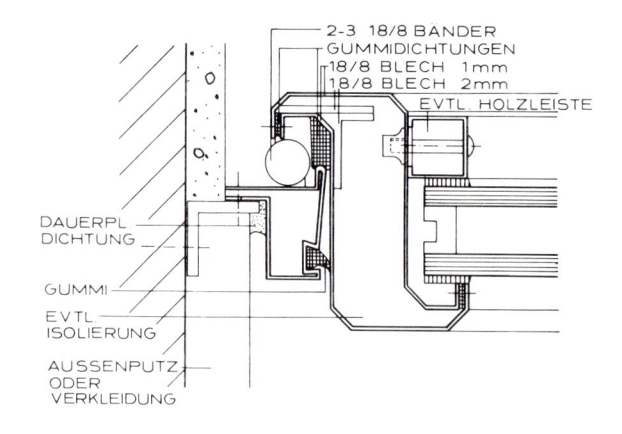

Abb. 112

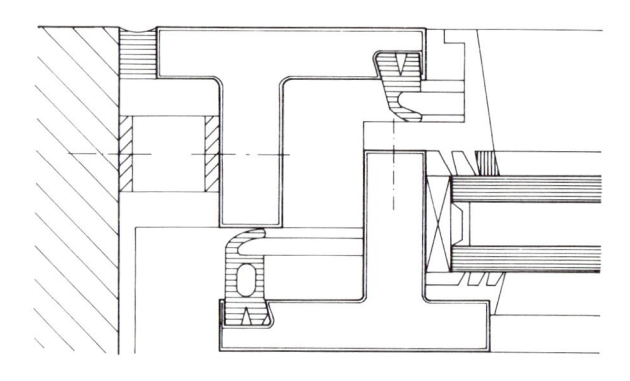

Abb. 113

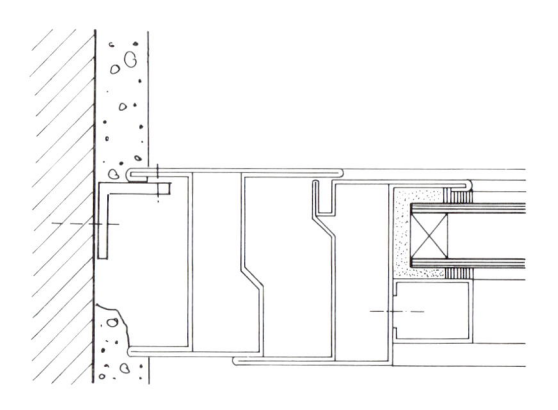

Abb. 114

Schiebefenster. Die in England üblichen Vertikal-Schiebefenster entsprechen den deutschen Anforderungen nicht.
In der BRD wurden neben reinen Edelstahl-Fenstern auch Kombinationen mit Ausschäumung in Verbindung mit Holz oder Leichtmetall entwickelt. Einige Beispiele ergeben sich aus Abb. 106, 112 bis 114. Diese wenig bekannten Profile entsprechen nicht in allen Teilen den Anforderungen einer sicheren Regenwasserableitung. Durch das Fehlen einer regenwassersammelnden und -abführenden Kammer vermag selbst bei eckspaltenfreien Abdichtungen das auf den Dichtungsprofilen gestaute Wasser nach innen zu laufen (Abb. 112, 113). Die aus Abb. 113 erkennbare, noch nicht produzierte Kombination mit einem starr verbundenen Kunststoffwetterschenkel ist wegen der unterschiedlichen Längenänderungen, den daraus resultierenden Verwerfungen (Abstellungen) des Kunststoffprofils und entsprechender Regendurchlässe als bedenklich anzusehen.

Das auch aus Edelstahl-Rostfrei eingesetzte Fenster der Abb. 106 hat sich bis heute mit Erfolg behauptet. Dieses Fenster hat nach vorgelegten Prüfzeugnissen mit der Spezial-Doppel- oder Isolierverglasung einen K-Wert von 2,9 Kcal/m^{2}h°C. Mit elastischen Lippendichtungen läßt sich ein a-Wert von 0,05 bis 0,15 m^3/hm(PA)^n erreichen. Der Schalldämmwert liegt nach Labormessungen nach DIN 52 210 bei 31 dB.

5.3.4. Wertung der Literatur

Über die Anwendung von Edelstahl-Rostfrei im Fensterbau liegen praktisch keine, Architekten üblicherweise zugängige Veröffentlichungen in allgemeinen Bauzeitschriften vor.
In Firmen- und Verbandsinformationen sind in übersichtlicher Form alle Kenndaten und wesentlichen Einzelheiten der Herstellung, der Verarbeitung, der Oberflächenbehandlung und Pflege zusammengestellt.
Die derzeitig angebotenen Konstruktionen gewährleisten jedoch ebensowenig wie bei Fenstern aus anderen Werkstoffen eine mängelfreie Funktion. Dies gilt vor allem für die Regen- und Schlagregendichtigkeit und die auch hier ungelösten Wandanschlußprobleme.
Die praktisch unbegrenzte Haltbarkeit, die große mechanische Festigkeit und Beständigkeit gegen Umwelt- und Witterungseinwirkungen und die einfache Wartung vermag die genannten Nachteile nicht ganz auszugleichen.

5.4. Aluminium-Fenster

Die Mängelanfälligkeit und vor allem die Notwendigkeit regelmäßiger Unterhaltungsmaßnahmen des Holz- und Stahlfensters haben dem Aluminiumfenster im Schul- und Verwaltungsbau eine weitgehende Verbreitung gebracht. Das gute Aussehen, die Möglichkeit einer z. T. farbigen Oberflächengestaltung, die geringen Unterhaltungsaufwendungen und die praktisch unbegrenzte Haltbarkeit, sofern nur wenige Einbaubedingungen erfüllt werden, begünstigen den Einsatz von Aluminiumfenstersystemen.

5.4.0.1. Kriterien

werkstoffbedingt

die lineare Wärmeausdehnung, die Wärmeleitfähigkeit und als Folge die Gefahr der Tauwasserbildung, die Wärme- bzw. Kältestrahlung, die Möglichkeiten der Oberflächenbehandlung, die mechanischen Festigkeitseigenschaften und als deren Folge die Neigung zu reversiblen und irreversiblen Verformungen;

konstruktionsbedingt

die zur Verfügung stehenden Profilsysteme, deren Kombinationsmöglichkeiten und die Kombinationsfähigkeit mit Zubehörteilen, wie Schwitzwasserrinne etc., die möglichen Öffnungsarten und Flügelgrößen, die Befestigungsmöglichkeiten für Beschläge, die Art der Verbindung mit dem Gebäude, die system- und verarbeitungsbedingte Fugendichtigkeit und Schlagregensicherheit, Art, Lage und Dauerhaftigkeit zusätzlicher Dichtungen, die Möglichkeiten der Glasbefestigung und der Glasabdichtung, die Art der Eckverbindung;

herstellungsbedingt

die Präzision der Verarbeitung, die richtige Abschätzung der Werkstoffeigenschaften;

einbau- und nutzungsbedingt

die örtlichen Einbaubedingungen im Hinblick auf Kontaktkorrosion, Tropfkorrosion und Zwängungskräfte aus unsachgemäßem Einbau, die regelmäßige Fenster- und Profilreinigung, die Notwendigkeit der Dichtungserneuerung innerhalb größerer Zeitabschnitte.

5.4.0.2. Werkstoff Aluminium

Der Werkstoff Aluminium hat seit dem 2. Weltkrieg eine außerordentliche Verbreitung erfahren.
Aluminium, nach DIN 1725 Oberbegriff für alle Werkstoffe auf Aluminiumbasis, das wichtigste Leichtmetall, kommt gem. Tab. 31 im Fensterbau bei anodisch oxidierten Fensterprofilen als Legierung AlMgSi 0,5 kalt- oder warm ausgehärtet, mit unterschiedlichen Festigkeitswerten und Oberflächenbehandlungen zum Einsatz.

Die werkstoffkundlichen Eigenschaften können als technisch und wissenschaftlich abgeklärt und gesichert angesehen werden.

Die wichtigsten Kenndaten sind in Tab. 32 im Vergleich mit anderen Werkstoffen zusammengefaßt.

Reines Aluminium ist zwar weitgehend korrosionsbeständig, wegen der geringen Zugfestigkeit – 8 bis 9 kp/mm^2 – jedoch zu weich, um im Bauwesen eingesetzt zu werden. Mit Legierungen lassen sich – je nach Zusammensetzung, Härte und Vergütungsmaßnahmen – nach Schlegel [217] – Festigkeiten erreichen, die der des Stahles entsprechen, z. B. durch Kupferlegierung (Dural 40 kp/mm^2) mit entsprechend geringerer Korrosionsbeständigkeit. Wird das Kupfer durch Magnesium und Silizium ersetzt, so mindert sich zwar die Festigkeit (AlMgSi 0,5) auf ca. 22 kp/mm^2, doch erreicht dafür die Korrosionsbeständigkeit fast die Werte des reinen Aluminiums.

Entsprechend den oft unterschiedlichen Beanspruchungen und Fensterabmessungen wird eine statische Berechnung zur Dimensionierung der Profile und zur Bestimmung der zulässigen Flügelgrößen, der Verbindungsmittel etc. unerläßlich.

Die in der alten DIN 4113 erfaßten Aluminiumlegierungen sind [169] für den heutigen Stand der Halbzeug- und Bau-

Werkstoff nach DIN 1725	Typische Lieferzustände[1] (Auswahl)	Bevorzugte Lieferform Blech oder Band	Profil	Eignung für Eloxalqualität[2]	Kennzeichnende Eigenschaften und Anwendung
AlMgSi0,5	F14		+	x	Meistverwendete Legierung für anodisierte Bauprofile
	F25		+	x	
AlMgSi0,8	F28	+		x	Anodisierte Profile und Bleche
AlMgSi1	F28	+	+		Konstruktionswerkstoff für erhöhte statische Beanspruchung
	F32	+	+		
AlSi5	F13	+	+	x	„Grautonlegierung", entwickelt beim Anodisieren eine Oxidschicht mit grauer Eigenfärbung
AlMg1	F16 (hart)	+		x	Anodisierte Bleche, Well- und Formbänder für Wandverkleidungen, unbehandelt für Dächer in Küstennähe
AlMg3	F18 (weich)	+	+	x	Anodisierte Bleche und Profile, bevorzugt für handwerkliche Verarbeitung (Biegearbeiten, Schweißen)
	F23 (halbhart)	+	+	x	
AlMn	F13 (halbhart)	+			Vorwiegend unbehandelte Bänder, Well- und Formbleche für Dacheindeckung und Wandverkleidungen, Industriebau,
	F16 (hart)	+			
Al99,5	F10 (halbhart)	+		x	landwirtschaftliche Bauten
G-AlMg3	Kokillenguß Sandguß	Formguß		x	Gegossene Beschläge, anodisiert; gegossene Brüstungsplatten, Reliefs, Kunstguß

[1]) Die F-Zahl gibt gleichzeitig die garantierte Mindestzugfestigkeit an.
[2]) Nach DIN 1725, Blatt 1.

Tabelle 31: Werkstoffeigenschaften von Aluminium („Bauen mit Aluminium" 1972)

	Rohdichte (lufttrocken) kg/m³	E-Modul kp/cm²	lineare Wärmeausdehnung α ($\times 10^{-5}$)	Wärmeleitzahl λ Kcal/m h° C
Nadelholz (zul.)	500 – 600	100 000 3 000	0,8	0,12
Hartholz (zul.)	800	125 000 6 000	0,492[6]) 5,44[6])	0,15 –0,18
Eiche (gehobelt)	690	117 000–10 000 130 000		0,30 0,17
Teak	670	130 000		0,33 0,17
Fichte	450 – 500	110 000 5 500	0,541 3,41	0,076–0,090
Tanne	450	110 000 4 900	0,371 5,84	0,22 0,102
Kiefer	520	120 000 4 600	0,2–1,0 0,8–4,0	0,30 0,12
Mahagonie	600	75 000 84 000	0,361 4,04	0,27 0,14
Kupfer (geschabt)	8 990	1 200 000	1,65	330
Stahl (Fensterbau)	7 850	2 100 000	1,04 – 1,2	50
Gußeisen	7 250	1 000 000	1,2	50
Aluminium (AlMgSi 0,5)	2 700[x])	700 000	2,38	140–175
Ziegelmauerwerk (rot)	1 000 – 1 900	25 000	0,36 – 0,6	0,40 –0,90
Stahlbeton B 160	2 400	210 000	1,0 – 1,5	1,75
Blei	11 300		2,8 – 3,0	
Zink	7 100		3,0	
Spaltplatten	1 900		0,4 – 0,8	
PVC hart	1 380	20 000–25 000*	6,0 – 8,0[6])	0,04
PE			20,0	
Schaumkunststoff		(s. a. Tab. 37)		
Polystyrolschaum	13 – 25			0,035 0,035
Kristallspiegelglas	2 500	750 000	0,8 – 1,0[6])	0,70

[x]) bei 20 °C
[6]) hier finden sich bei Grunau (Berechnung von Bauwerksfugen – plasticonstruction 1/71, S. 110) beträchtlich abweichende Angaben

Tabelle 32.1: Zusammenstellung von Rohwichte, E-Modul, Längenausdehnungskoeffizient und Wärmeleitfähigkeit verschiedener Werkstoffe (nach Bobran, Grunau, Cammerer u. a.)

Tabelle 32.2: Quellmasse einiger Hölzer [114]

Nr. DIN 4076	Handelsname	Herkunftsland	Rohdichte tang. (Darrzustand) g/cm³	Max. %	Quellung rad. %	Mittl. Quellg. je 1 % Holzfeuchte %
	Nadelhölzer					
1.10	Kiefer	Deutschland	0,49	7,7	4,0	0,26
1.12	Lärche	Deutschland	0,55	7,9	3,5	0,22
1.16	Brasilkiefer	Parana	0,59	6,2	3,0	0,26
	Laubhölzer					
2.3	Chanfuta	Mozambique	0,78	3,6	2,7	0,16
2.4	Agba	Nigeria	0,45	4,4	2,2	0,16
2.5	Ahorn	Deutschland	0,59	8,0	3,0	0,25
2.23	Birke	Deutschland	0,61	7,9	5,4	0,23
2.48	Eiche	Deutschland	0,63	9,0	4,4	0,26
2.52	Esche	Deutschland	0,65	8,0	5,0	0,29
2.61	Weißbuche	Deutschland	0,79	11,8	7,0	0,31
2.66	Kambala	Angola	0,66	5,5	3,8	0,24
2.71	Karri	Südafrika	0,69	12,7	8,5	0,38
2.77	Limba	Kongo	0,54	6,5	3,6	0,20
2.81	Mahagoni	Trinidad	0,59	4,4	4,2	0,18
2.83	Sapelli	Südafrika	0,54	6,5	4,8	0,23
2.84	Sipo	Angola	0,60	7,2	5,2	0,25
2.85	Makoré	Ghana	0,58	6,7	5,1	0,25
2.98	Muhuhu	Ostafrika	0,82	5,6	4,4	0,28
2.122	Platane	Deutschland	0,58	8,9	4,6	0,22
2.134	Rotbuche	Deutschland	0,68	11,8	5,8	0,30
2.135	Ulme	Deutschland	0,64	8,4	4,8	0,25
2.147	Teak	Malaya	0,62	5,7	3,4	0,19
2.150	Walnußbaum	Deutschland	0,64	7,7	5,5	0,25
2.153	Wengé	Südafrika	0,76	6,0	3,0	0,27

Tabelle 32.3: Quellmasse einiger mineralischer Baustoffe (nach Grunau)

Baustoff	Quellung in mm/m
Granit	0,06–0,18
Porphyrit	0,08
Quarzit	0,08
Quarzporphyr	0,08
Diabas	0,09
Andesit	0,10
Dolomit	0,10
Schiefer	0,10–0,13
Kalkstein	0,10–0,16
Trachit	0,10
Travertin	0,10–0,12
Diorit	0,12
Gabbro	0,13
Syenit	0,15
Sandstein	0,30–0,60
Basalt	0,35
Fliesen	0,06
Klinker	0,10
Mauerziegel	0,12
Kalksandsteine	0,15
Quarzgestein-Beton	0,14
Ziegelsplitt-Beton	0,14
Kies-Beton B 300	0,15
Granit-Beton	0,15–0,20
Kalkstein-Beton	0,15
Hochofenschlacke-Beton	0,16
Thermocrete-Beton	0,16
Beton-Werksteine	0,16
Kies-Beton B 180	0,18
Basalt-Beton	0,20–0,30
Zementmörtel	0,20
Kalkzementmörtel	0,28

Stoff bzw. Oberfläche	kcal/m²h grd
Absolut schwarzer Körper	4,96
Edle Metalle, hochglanz poliert	0,08...0,25
Nichtedle Metalle, hochglanz poliert	0,13...0,35
Metalle	
Aluminium roh	0,35...0,43
Blei, grau oxydiert	1,4
Eisen, Stahl	
roh mit Walz- oder Gußhaut	3,7...4,0
frisch abgeschmirgelt	1,2...2,2
ganz rot verrostet	3,4
matt verzinkt	0,43
verzinkt	1,1...1,4
Kupfer	
geschabt	0,46
schwarz oxydiert	3,9
Messing	
rohe Walzfläche	0,34
frisch geschmirgelt	1,0
brüniert	2,1
Anstriche	
Aluminiumlack	1,7...2,1
Emaillelack, schneeweiß	4,5
Spirituslack, schwarz glänzend	4,1
Schmelzemaille, weiß	4,5
Ölfarben, beliebige, auch weiß	4,4...4,8
Ruß – Wasserglas	4,76
Verschiedene Körper	
Asbestschiefer, rauh	4,8
Eichenholz, gehobelt	4,4
Dachpappe	4,5
Eis, glatt	4,5
Gips	4,5
Glas, glatt	4,7
Gummi, weich	4,3
Kachel, weiß glasiert	4,3
Kohle	4,0
Hartgummi, glatt, schwarz	4,6
Marmor, hellgrau, poliert	4,2
Öl	4,6
Papier	4,7
Porzellan, glasiert	4,6
Quarz, geschmolzen, rauh	4,6
Reif	4,88
Wasser, senkrechte Strahlung	4,78
Wasser, allseitige Strahlung	4,52
Ziegelstein, rot, rauh	4,6...4,7

Tabelle 32.4: Strahlungszahl verschiedener Oberflächen bei 0 bis 200 °C (nach Rechnagel/Sprenger)

Stoff	Spezif. Wärme c in kcal/kg · grd
Blei	0,03
Zinn	0,05
Kupfer, Zink, Messing	0,09
Stahl	0,12
Gußeisen	0,15
Schlacke, Schlackenwolle	0,18
Steinzeug	0,18–0,21

Tabelle 32.5: Mittlere spezifische Wärme einiger Stoffe im Temperaturbereich von 0 bis 100° [116]

Stoff	Spezif. Wärme c in kcal/kg · grd
Ziegelmauerwerk	0,18–0,22
Tafelglas, Glaswolle	0,19–0,21
Natursteine, Sand, Steinwolle	0,19–0,22
Gips	0,20
Zementmörtel, Kalkmörtel	0,21
Asphalt	0,22
Aluminium	0,22
Asbestzement	0,23
Bimsbeton, Glasbeton	0,25
Stahlbeton	0,26
Härtbare Kunststoff-Preßmassen mit anorganischen Füllstoffen	0,28–0,30
Phenolformaldehyd	0,30–0,40
Korkstein, expandiert, imprägniert	0,31–0,36
Holzfaserplatten	0,32
Polystyrol	0,32
Fichtenholz (trocken – lufttrocken)	0,32–0,43
Eichenholz (trocken – lufttrocken)	0,32–0,45
Schaumkunststoffe	0,33
Gummi	0,34–0,51
Kork	0,40–0,45
Bitumen	0,41–0,46
Korkstein, roh	0,42
Wasser	1,00

Tabelle 32.5: (Fortsetzung)

Baustoffe	Reflexionsgrad in %	Adsorptionsgrad in %	Transmissionsgrad in %	Streuvermögen in %
Ahorn und Birke	60	40	–	–
Aluminiumfolie	80–85	20–15	–	–
Asphalt-Straßendecke, trocken	10–20	90–80	–	–
Asphalt-Straßendecke, naß	5–10	95–90	–	–
Backstein, rot, neu	25	75	–	–
Backstein, rot, alt	5–15	95–85	–	–
Beton, neu	40–50	60–50	–	–
Beton, alt	5–15	95–85	–	–
Drahtglas	10–30	20–15	53–70	–
Eiche, hell lackiert	40	60	–	–
Eiche, dunkel gebeizt	15–20	85–80	–	–
Email, weiß	65–75	35–25	–	85–90
Glas, klar	6– 8	4– 2	90–92	–
Glas, mattiert	6–20	20– 3	65–90	3– 6
Glas, trüb (überfangen)	30–75	20– 5	15–60	70–90
Holzfaserplatten, creme, neu	50–60	50–40	–	–
Kacheln, weiß	60–75	40–25	–	80–90
Marmor, natur	45–65	45–20	5–15	75–90
Nußbaum	15–20	85–80	–	–
Porzellan, weiß	60–80	40–20	–	80–90
Ölfarbanstrich, weiß, neu	85	15	–	–
Ölfarbanstrich, weiß, alt	75	25	–	–
Stuck, weiß, neu	80	20	–	–
Stuck, weiß, alt	60	40	–	–
Webstoffe, hell	30–40	50–30	15–30	20–60

Tabelle 32.6: Reflexionsgrad, Adsorptionsgrad, Transmissionsgrad und Streuvermögen verschiedener Baustoffe bei senkrechtem Lichteinfall [33]

Stoff	(Roh-)Dichte ρ in kg/m³	Volumenbezogene Wärmespeicher- fähigkeit $c \cdot \rho$ in kcal/m³ · grad
Luft		0,31
Polystyrolschaum	25	8
Glaswolle	120	24
Schlackenwolle	220	40
Holzfaserplatten	200	64
Korkstein, expand., imprägniert	230	76
Kork	200	80
Korkstein, roh	200	84
Torfplatten	300	135
Fichtenholz	600	230
Gasbeton, Bimsbeton	1000	250
Eichenholz	800	300
Sand, trocken	1500	300
Polystyrol	1060	340
Blei	11300	353
Ziegelmauerwerk	1800	360
Kalkmörtel	1800	378
Gummi		400
Zinn	7300	409
Asbestzement	1800	414
Zementmörtel	2000	420
Bitumen	1050	450
Asphalt	2100	460
Steinzeug	2300	470
Härtbare Kunststoffpreßmassen mit anorganischen Füllstoffen	1720–1970	480–590
Gips	2500	500
Tafelglas	2500	500
Aluminium	2700	594
Stahlbeton	2400	630
Natursteine	3100	630
Zink	7100	640
Stahl	7850	942
Kupfer	8990	845
Wasser	1000	1000
Gußeisen	7250	1088

Tabelle 32.7: Mittelwerte der Wärmespeicherfähigkeit einiger Stoffe [116]

Stoff	Dichte Rohdichte ρ in kg/m³	Wärmeeindringzahl b in kcal/m² · h^{0,5} · grd.
Glaswolle	100	0,8
Kork	150	1,2–1,7
Fichtenholz	500	2,0
Holzfaserplatten	300	2,6
Holzwolleplatten	350	3,3
Gummi	1000	6–8
Ziegel, trocken	1800	14–18
Beton	2200	18–24
Glas	2500	18
Estrich	2000	22
Marmor	2600	35
Stahl	7800	200
Kupfer	8900	525

Tabelle 32.9: Wärmeeindringzahlen einiger Stoffe [116]

relat. Luftfeuchtigkeit im Raum	20 %	35 %	50 %	65 %
Taupunkt	– 3°	+ 4°	+ 9°	+13°
bei guter Führung der Innenluft beschlagen die Fenster nicht bis zu einer Außentemperatur von	–36°	–22°	–12°	– 4°
bei schlechter Führung der Innenluft beschlagen die Fenster bereits bei einer Außentemperatur von	–20°	– 7°	+ 3°	+ 9°

Tabelle 33: Taupunkttemperaturen von Aluminiumfenstern („Deutsche Bauzeitung" 1971)

Stoff	Rohdichte ρ in kg/m³	Wärmeeindringzahl b in kcal/m² · h^{0,5} · grd
Korkplatten	190–200	2
Fichtenholz	450	4
Eichenholz	700–900	8
Gummi	925	8
Steinholz	830	8
Linoleum	1200	9
Anhydritestrich	2150	18
Gußasphaltestrich	2200	19
Gipsestrich	2000	16–21
Keramikplatten	2000	20
Zementestrich	2000	17–23
Betonwerkstein	2300–2400	30–34
Marmor	2800	43

Tabelle 32.8: Wärmeeindringzahlen von Fußboden-Baustoffen. Abgerundete Werte [116]

technik nicht mehr ausreichend repräsentativ. Neben neuen, speziell für die Schweißtechnik geeigneten Legierungen wurden auch neue Verbindungsarten sowie den Stahlbaunormen 1050 und 4100 vergleichbare neue Vorschriften, die auf dem Erlaßwege in Kürze der Praxis zur Verfügung stehen werden, entwickelt.

Die zulässigen Spannungen bei Beanspruchungen der Bauteile für verschiedene Lastfälle für Verbindungsmittel sowie Knickzahlen, die neu festgelegt wurden, ergeben sich aus [169]. Der Konstrukteur erhält dort die Hilfsmittel, um einfache Aufgaben in der Praxis lösen zu können.

Legierung AlMgSi 0,5 für tragende Bauteile benötigt in üblicher Form bis zur Neufassung der DIN 4113 gutachterliche Eignungsuntersuchungen. Ihre grundsätzliche Anwendung steht nach dem neuen Einführungserlaß nicht mehr im Widerspruch zur DIN 4113.

Verbindungen von Aluminium mit anderen Werkstoffen erfordern wegen der unterschiedlichen Stromdichtespannungskurven – Bauer [7] – in der Umgebung des Ruhepotentials der eingesetzten Teile im Einbauzustand Schutz- und Isoliermaßnahmen, um eine unkontrollierte und unvorhergesehene örtliche Korrosion an den Verbindungsstellen zu vermeiden. Als Maß für die mögliche Gefährdung durch Lokalelementbildung kann nach Bauer [7] die Normalspannungsreihe nicht verwendet werden. Die Lösungspotentiale sind vom Charakter des Korrosionsmittels (Zusammensetzung, Konzentration, pH-Wert, Temperatur, Lüftung, Beimengungen, Strömungsgeschwindigkeiten etc.) stark abhängig.

Bei der Auswahl der Schraubengüte ist zu beachten, daß das kleinere Teil – die Schraube – edler sein muß als die zu verbindenden Teile. Die theoretischen Überlegungen über das günstige Verhalten von Edelstahlschrauben wurden inzwischen durch Versuche und praktische Erfahrungen bestätigt.

Je nach der beabsichtigten weiteren Oberflächenbehandlung werden Aluminiumteile nach DIN 17 611 in Normalqualität (z. B. für deckende Anstriche) und Eloxal-Qualität (z. B. für die anodische Oxydation) geliefert.

Bei vielen der im Aluminiumfensterbau tätigen kleinen und mittleren Schlossereibetriebe werden die Festigkeitseigenschaften wie die Zug- und Druckfestigkeit, der Ausdehnungskoeffizient und die zu erwartenden Beanspruchungen aus Unwissen oder aus Gründen der Preisgünstigkeit falsch eingeschätzt. Als Folge hiervon ergeben sich oft Verformungen,
die z. B. bei zu großen Verriegelungsabständen zu Abfederungen des Flügels und damit zu Undichtigkeiten und z. B. bei punktualen Überbeanspruchungen zu irreversiblen Verformungen (Beschlagbefestigungen wackeln oder Verschraubungen lockern sich) etc. führen können.

Bei vielen üblichen Anschlagsarten wird der Blendrahmen fest zwischen den Wänden eingespannt, so daß Durchbiegungen der Rahmen oder Schäden im Wandanschlußbereich nicht zu vermeiden sind. Wissenschaftlich fundierte oder empirisch gesicherte Aussagen über diese Zusammenhänge werden bis heute in der den einschlägigen Branchen üblicherweise zugänglichen Literatur nur selten angesprochen.

Durch den Kontakt von Aluminiumteilen mit frischem Kalkmörtel oder Abtropfungen von Wasser, das durch Beton, Mörtel o. ä. gelaufen ist und chemisch nicht gebundenes Calzium mitführt, ergeben sich oberflächliche Anätzungen, die man als Berührungs- oder Abtropfkorrosion bezeichnet und die nachträglich kaum noch zu beseitigen sind.

5.4.0.3. Lineare Wärmeausdehnung

Die lineare Wärmeausdehnung wird vom Wärmeausdehnungskoeffizienten (Tab. 32.1) und den auftretenden Werkstofferwärmungen bestimmt. Die Erwärmung des Profils hängt von dem Profilquerschnitt, der Art der Oberflächenbehandlung, der Farbe, der spezifischen Wärme, der Rohdichte, der Zeitdauer der Wärmeeinwirkung, der Wärmeleitung und Wärmespeicherung, dem Emissions- und Absorptionsvermögen des Aluminiums für Wärmestrahlung ab.

Die Komplexität der Zusammenhänge ist bis heute wissenschaftlich nicht näher untersucht worden. Die aus verschiedenen Quellen, z. B. Bobran [18], Eichler [52], Cammerer [33], Grunau [82] nur für wenige Werkstoffe entnehmbaren Werkstoffkenndaten weichen mitunter erheblich voneinander ab. Angaben über die experimentelle Bestätigung der über komplizierte Berechnungsgänge zu ermittelnden Daten fehlen, und selbst die Konsequenzen für die Baupraxis werden in der Fachliteratur nicht oder nur unvollständig aufgezeigt.

Von der unterschiedlichen linearen Wärmeausdehnung des Aluminiums, des Glases und des Mauerwerks hängen letztlich der Einsatz geeigneter Dichtstoffe, Befestigungs- und Verbindungsmittel und die Dimensionierung der einzelnen Fensterteile ab.

Die himmelsrichtungs-, farb-, werkstoff- und neigungsabhängigen Oberflächentemperaturen, die zeitlich und maßlich unterschiedlichen Längenänderungen miteinander verbundener Bauteile und die gegenläufigen Wärmebewegungen, z. B. von Fenster und Wand bzw. Fassadenbekleidungen, lassen sich auf der Grundlage allgemeinphysikalischer Erkenntnisse nur überschlägig ermitteln.

So läßt sich z. B. für eine spaltplattenbekleidete Fassade mit außenbündig eingebauten Aluminiumfenstern die Längenänderung aus thermischen Einwirkungen, die hieraus abzuleitenden Spannungen und damit die erforderliche, elastisch abzudichtende Fugenbreite ermitteln. Die hierbei zutreffenden vereinfachenden Annahmen beeinflussen das Ergebnis im Sinne zusätzlicher Sicherheiten. Ein homogener Mauerwerksuntergrund, die voraussichtliche Einbautemperatur, eine Aufteilung der Bekleidungsflächen in einzelne, in sich getrennt dehnbare, elastisch abgedichtete Zonen sowie genügend stationäre Temperaturverhältnisse müssen jedoch angenommen werden. Abb. 115 zeigt die erforderlichen elastischen Bewegungsmöglichkeiten.

Exakte Berechnungsmethoden und Untersuchungsergebnisse über die Strahlungs- und Reflexionszahlen, die Oberflächentemperaturen von unterschiedlich oberflächenbehandelten Aluminiumteilen im Vergleich zu anderen Wandoberflächengestaltungsmöglichkeiten, der Spannungsverlauf in Wandbekleidungen und deren Abschätzungen, aus denen die wichtigsten Grundannahmen getroffen werden können, liegen bis heute jedoch nicht vor. U. a. hat Schlegel [214] die typischen Folgen unterschiedlicher Wärmebewegungen aufgezeigt, mit seiner Essener Anschlagzarge einen Lösungsvorschlag gebracht und eine entsprechende Zweckforschung gefordert.

In der Baupraxis werden die anstehenden Probleme i. d. R. unterschätzt und das Fenster ohne Bewegungsmöglichkeit in die Wand eingebaut. In der Literatur wurde wiederholt auf die Bedeutung der Volumenänderungen (Grunau [82], Zimmermann [293] Jahrbuch „Bauen mit Aluminium" u. a.) hingewiesen, ohne daß jedoch auf die besonderen Verhältnisse am Fenster eingegangen wird.

Zur Vermeidung von Schäden an Fenstern oder an der angrenzenden Wand oder Fassade ist es unerläßlich, in Abhängigkeit von der Fenstergröße elastische, spannungsfreie Verformungen zwischen Flügel und Blendrahmen (Spielraum zwischen Flügel und Blendrahmen mindestens 8 mm/Seite und gleitfähige Verriegelungen etc.) sowie

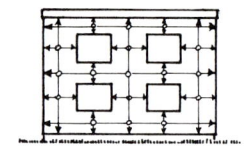

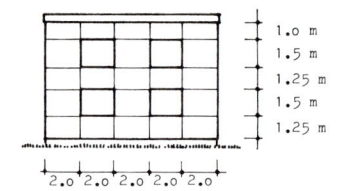

Gebäudeansicht unter vereinfachter Darstellung der Temperaturbewegungen der Fassade

Gebäudeansicht mit eingetragenen elastischen Dehnungsfugen zur Vermeidung von Spannungsüberlagerungen und Rissebildungen

Unterbleibt die oben dargestellte Fugenteilung, so ergeben sich selbst bei elastischem Anschluss der Fenster durch die integrale Überlagerung der Dehnungen Spannungen, die zu Abschererscheinungen am Mauerwerk und zu Rissen in der Verblendung führen müssen. Eine Aufteilung in möglichst quadrat. Teilflächen unterbindet derartige Erscheinungen und macht die an der Fensteröffnung wirksamen Dehnungen mathematisch einfacher fassbar.

Abb. 115: Wirkung und Abschätzung der thermischen Längenänderung einer spaltplattenbekleideten Fassade mit bündig eingebautem Aluminium-Fenster

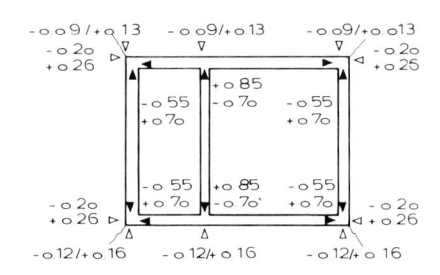

Längenänderungen im Bereich eines Fensters
+ = Verlängerung
− = Verkürzung

Ermittlung der Breite der Anschlussfuge zwischen Spaltplatten und Aluminiumfenster
Annahmen: Einbautemperatur + 20°, Aluprofile braun eloxiert, Spaltplatten dunkelgrau Mattglasur

	l		+t	−t	l	l	l
Aluteile	2.0 m	2.38 x 10^{-5}	+ 55°	− 10°	+0.85	−0.70	1.55
HLZ-Hintermauerung	2.0 m	0.50 x 10^{-5}	+ 30°	− 10°	+0.10	−0.10	0.20
Spaltplatten	2.0 m	0.64 x 10^{-5}	+ 60°	− 10°	+0.26	−0.20	0.46

Die optimale Längenänderung beträgt 1.55 + 0.46 = 2.01 mm
Die praktische Dehnung des eingesetzten Dichtstoffes beträgt 15 % (plastoelastisches Material)
Die erforderliche Fugenbreite beträgt demnach ca 13 mm

Blendrahmen und Wand bzw. Wandbekleidung oder Fassade vorzusehen. Die Befestigungs- und Dichtungsmaßnahmen müssen hierbei einen spaltenfreien, festen und regendichten Anschluß gewährleisten.

5.4.0.4. Wärmeleitung, Tauwasserbildung und Wärme- bzw. Kältestrahlung von Fensterprofilen

Die nachteilige raumklimatische Auswirkung üblicher Aluminiumfensterrahmen, die sich nur in Verbindung mit der Glasscheibe bzw. sonstigen Füllungen in Relation der Flächenanteile Fenster/Außenwand bewerten läßt, wurde bis jetzt nur einseitig und zusammenhanglos untersucht, da integrale Bewertungsmaßstäbe fehlen. Aluminium (λ = 175 Kcal/mhgrd) leitet Wärme ca. dreimal besser als Stahl (λ = 50 Kcal/mhgrd) und ca. 1250mal besser als Holz (λ = 0,12 Kcal/mhgrd). Während die Außentemperatur auf der Außenseite des Holzrahmens weit unter dem Gefrierpunkt liegt und Holzfenster deshalb vereisen können, liegt die Außentemperatur bei Aluminiumrahmen über 0 °C. Die innere Oberflächentemperatur bei den in unseren Breitengraden üblichen Außenlufttemperaturen liegt demgegenüber bei Holzfenstern immer über dem Taupunkt, bei Aluminiumfenstern ohne zusätzlichen Wärmeschutz unter dem Taupunkt. Wenn in der Praxis Metallrahmen nicht beschlagen, so wird dies durch die Warmluft verhindert, die von Heizkörpern, die unterhalb der Fenster angeordnet wurden, aufsteigt. Die Lufttemperatur in Fensternähe wird dadurch angehoben und damit auch die Oberflächentemperatur des Fensterrahmens und/oder eine sofortige Verdunstung kondensierten Tauwassers bewirkt. Kritisch wird die Tauwasserbildung an Aluminiumteilen, die von der aufsteigenden Heizungsluft nicht erreicht werden. Dies gilt bei Heizflächen, die wesentlich kürzer sind als die Fensterbreite, bei Vorhangfassaden, für die im Deckenbereich gelegenen Fassadenteile, bei strömungstechnisch ungünstigen Fensterbänken (Abb. 45) und bei nachträglich, z. B. an Innenwänden, installierten Heizquellen. Schon ab Zweischeiben-Isolierverglasung wird das Rahmenprofil zur Wärme- bzw. Kältebrücke mit den bereits beschriebenen Eigenschaften. Die Tabelle (Tab. 34) gibt Auskunft, bei welcher Außentemperatur Aluminiumfenster oder einfach verglaste Fenster bei ca. 20 °C Raumlufttemperatur zu „schwitzen" beginnen. Tab. 34 u. Abb. 116 u. 117 zeigen die innere Oberflächentemperatur bei verschiedenen Außentemperaturen. Die Wärmeleitfähigkeit des Rahmenmaterials bestimmt in Relation zum Flächenanteil der Gesamtfensteröffnung und der Wärmeleitfähigkeit des Glases den Umfang der Wärmeverluste aus Konvektion und Wärmeleitung (Tab. 14). Für die Ermittlung der Wärmeverluste werden u. a. auch von Schüle [224] vereinfachte Berechnungsmethoden angewendet, bei denen die Eigenart von Hohlprofilen mit durchgehenden Stegen nicht im einzelnen berücksichtigt wird. Bei der hohen Wärmeleitfähigkeit des Aluminiums und den wegen dieser hohen Leitfähigkeit in Relation zu den Temperaturwechselzeiten nahezu stationär anzunehmenden Temperaturverhältnissen kann hier jedoch keine nennenswerte Fehlerquelle vorliegen.

Die Wärmeverluste der Fenster ergeben sich jedoch nicht nur durch Leitung und Konvektion, sondern vielfach überwiegend durch Wärme- bzw. Kältestrahlung. Die Bedeutung der Wärmestrahlung und entsprechender Werkstoffkenndaten wird in den letzten Jahren zunehmend beachtet, bei heizungs- und raumklimatischen Berechnungen bis heute jedoch nicht berücksichtigt. Außer einigen bemerkenswerten Einzelveröffentlichungen durch Wohlfarth [285], Lueder [150], Reinders [191], Pepperhoff [182] und vor allem Mock [165] fehlen bis heute zusammenhängende, auf die Baupraxis bezogene und praktisch verwertbare Untersuchungen über Energieverluste aus Strahlung durch Außenbauteile.

Abb. 116 und Tab. 34: zeigen die Oberflächentemperaturen auf der dem Raum zugekehrten Seite von ungeteilten Aluminiumprofilen, Einfach- und Doppelglas einer Vorhangwand bei ti = 20° C und ta = −18° C bis + 10° C

$t_{außen}$ in °C	$t_{Oberfläche}$ Aluminium	Innenseite (°C) für: Einzelglas	Doppelglas
+10	12,3	12,9	16,2
+ 5	8,3	9,3	14,3
0	5,0	5,7	12,4
− 5	1,5	2,2	10,5
−10	− 2,0	− 1,4	8,6
−15	− 5,7	− 5,0	6,7
−18	− 7,8	− 6,5	5,3

Tabelle 34: Oberflächentemperatur von Aluminiumfenstern [71]

Abb. 116–117: Oberflächentemperatur von Aluminiumfenstern [71]

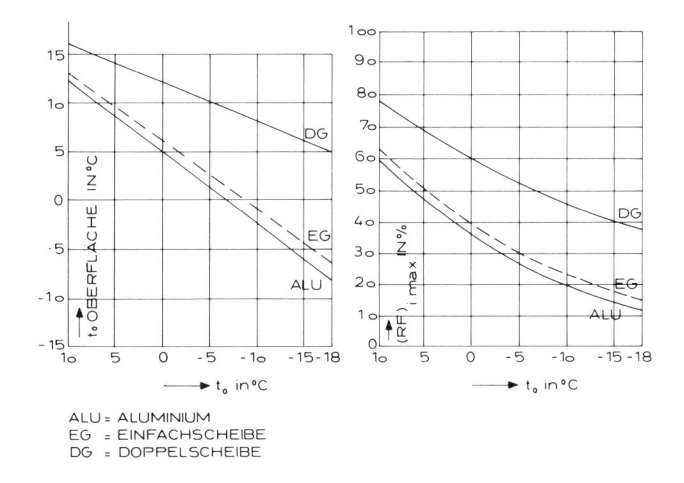

ALU = ALUMINIUM
EG = EINFACHSCHEIBE
DG = DOPPELSCHEIBE

Abb. 117: zeigt die zul. Maximalwerte der rel. Feuchte eines Raumes bevor sich Kondenswasser bildet. Bedingungen wie Abb. 116.

Die vorliegenden Meßergebnisse über Oberflächentemperaturen unterschiedlicher Fensterkonstruktionen (Abb. 116, 117 u. Tab. 34) sind zwar informativ, aber nicht allgemeingültig.
Innerhalb des Fensterprofils wirken die verschiedenen Arten der Wärmeübertragung gleichzeitig.
Das Ausschäumen von Hohlprofilen mit chemischen Werkstoffen geringer Wärmeleitfähigkeit schließt zwar nicht die hohe Leitfähigkeit der Metallstege aus, sie mindert aber die Energieübertragung durch Strahlung sich gegenüberliegender Metallflächen erheblich. Die Unterbrechung durchgehender Metallstege (1969 acht Systeme, 1973 17 Systeme) unterbindet die Wärmeleitung, nicht aber die Kältestrahlung. Die Beheizung der Profilhohlräume (Abb. 118) läßt sich bis jetzt nur in Sonderfällen, z. B. im Schwimmbadbau, bei Verwaltungsgebäuden etc., anwenden.
Ohne Vorliegen grundsätzlicher Forschungsergebnisse bzw. Veröffentlichung wissenschaftlich wertbarer Firmenuntersuchungen über Fenstersysteme mit verbessertem Wärmeschutz (Abb. 119–124) ist eine abschließende Beurteilung der von der Industrie entwickelten Systeme nur mit Vorbehalt möglich.
Die zur Zeit am Markt befindlichen Profilsysteme unterbrechen den Wärmestrom i. d. R. nur für einzelne Wärmeübertragungsarten. Bei dem Profil der Abb. 121 und 123 erscheint der Wärmeschutz mit Ausnahme des Anschlagzargenbereiches günstiger gelöst zu sein als bei anderen Systemen. Durch Glasabdichtung, Profilunterbrechungen und Mitteldichtung wird die Wärmeleitung und Strahlung konsequent durch weniger leit- oder strahlfähige Zwischenschichten getrennt und zugleich die konvektive Wärmeübertragung weitgehend abgemindert.
Die Unterbrechung durchgehender Alu-Stege bringt nach Seifert [235] nur dann eine nennenswerte Verbesserung des Wärmeschutzes, wenn die Abstände der Metallteile mehr als 15 mm nach [172] mehr als 7 mm betragen. Die Profilunterbrechung muß dabei konsequent bis zu den Wandanschlüssen vorgenommen werden. Wissenschaftlich wertbare Untersuchungen wurden bis heute nicht veröffentlicht. Als Kriterium dieser Konstruktion sind die – nach [235] – um 30 bis 34 % höheren Kosten gegenüber den einfachen Aluminium-Fenstern, die Notwendigkeit zur Verstärkung der tragenden Konstruktionsteile, die Torsionsbeanspruchung durch unsymmetrische Scheibenlage, im Profilabschnitt die von der Qualität des Kunststoffzwischenstücks abhängige Formbeständigkeit und Verbundsteifigkeit des Gesamtprofils anzusehen. Auch die Schlagregendichtigkeit wird von der Formbeständigkeit und Festigkeit der Kunststoffzwischenlage bestimmt. Es ist unerläßlich, bei der von verschiedenen Firmen offerierten Druckverglasung eine Glasfalzentwässerung vorzunehmen.
Zur Vermeidung unbehaglicher Kältestrahlung und Tauwasserbildung sowie zur Verbesserung der Wärmeschutzwirkung ist es unerläßlich, die inneren Oberflächentemperaturen des Fensterprofils denen der (Isolier) Verglasung, besser jedoch denen der Wand anzugleichen und zugleich den Wärmedurchgang abzumindern.

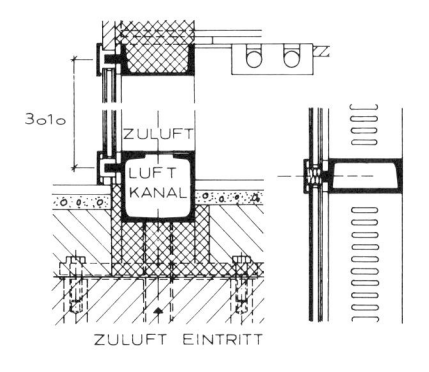

Abb. 118: Beheizte Fensterprofile [72]

Abb. 119–124: Wärmegedämmte Aluminiumfenster („Bauen mit Aluminium" 1972)

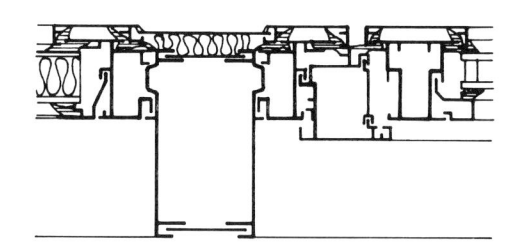

Abb. 119

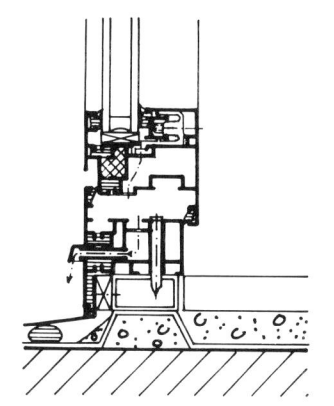

Abb. 120

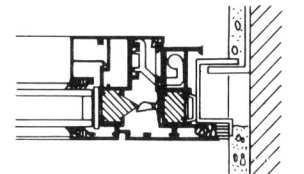

Abb. 121

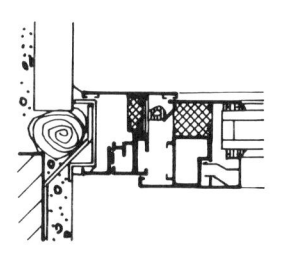

Abb. 122

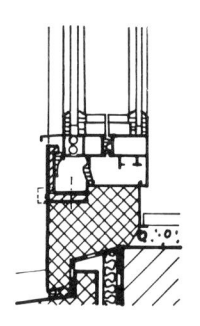

Abb. 123

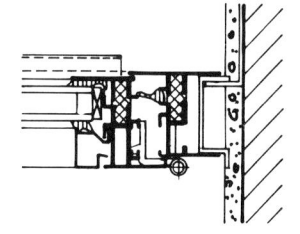

Abb. 124

Dies läßt sich erreichen:

durch Einbau einer, das ganze Profil konsequent teilenden hochwertigen Wärmedämmschicht zur Unterbindung bzw. Abminderung der Wärmeübertragung durch Strahlung, Leitung, Konvektion;
durch den Ersatz der tragenden innenseitigen Aluminiumkonstruktion durch Holz (Alu-Fenster) als Weiterentwicklung des Holzfensters,
durch Schaffung eines Warmluftvorhanges in Breite des Fensters (Heizkörper in ganzer Breite des Fensters mit Warmluftführung unmittelbar entlang des Fensters (Abb. 45), wobei durch die erhöhten Raumlufttemperaturen in Fensternähe die Oberflächentemperaturen im Fensterbereich angehoben werden;
durch Angleichung des Reflexionsgrades des Rahmenwerkstoffes an den der angrenzenden Wand;
durch Kombination verschiedener der vorgen. Systeme;
durch die Beheizung der Fensterprofile (Abb. 118).

Die zusätzliche Beheizung der Stützen wurde – nach [72] – mit Erfolg bei Schwimmbädern und Vorhangfassaden angewandt. Durch die Hohlpfosten kann zugleich die Lüftung der Räume und im Sommer die Raumkühlung erfolgen. Kombinationen mit Sonnenschutzbalkons, Kühlplatten etc. sind konstruktiv möglich. Zugleich lassen sich – nach Gartner [70] – die unterschiedlichen thermischen Bewegungen besser ausgleichen. Auch ist eine deutliche Verbesserung der Schallschutzwirkung und eine wirtschaftlichere Gesamtlösung zu erzielen.

Wird eine Tauwasserbildung in Kauf genommen, so ist die Anordnung von Schwitzwasserrinnen im Brüstungsbereich in ganzer Blendrahmenbreite und die Verwendung von Wasser nicht aufsaugenden bzw. leitenden Werkstoffen im inneren Leibungsbereich unerläßlich. Räume, in denen die Luftfeuchtigkeit konstant, z. B. in klimatisierten Räumen, gehalten wird, bedingen eine selbsttätige störungsfreie Entwässerung der Schwitzwasserrinnen. In zentral beheizten Räumen ist eine selbsttätige Entwässerung der Schwitzwasserrinne nur in Feuchträumen unerläßlich.

5.4.0.5. Oberflächenbehandlung

Für architektonische Gestaltungselemente, also auch das Fenster, fordert man eine gleichmäßige fehlerlose Oberfläche, die nur durch kostspielige und sehr sorgfältige mechanische oder chemische Oberflächenbehandlungsmaßnahmen zu erzielen ist. Ein gutes Aussehen läßt sich durch die anodische Oxidation, die chemische Oxydation, Anstriche, Einbrennlackierungen, Kunststoffbeschichtungen und Emaillierungen erreichen.

Neben der Erhöhung der Korrosionsbeständigkeit kann durch die nach verschiedenen Eloxal-Verfahren erzielbaren Einfärbungen auch das Aussehen wesentlich verändert werden.

Die einzelnen Oberflächenbehandlungsmethoden sind in den Merkblättern der Aluminiumzentrale Düsseldorf und den einschlägigen Normen aufgezeigt und weitere Einzelheiten u. a. von Zeiger [292] dargestellt worden.

Sie können als technisch erprobt, hinreichend veröffentlicht

und weitgehend wissenschaftlich fundiert angesehen werden.
Zur Verhinderung chemischer Reaktionen zwischen Mörtel, kalkhaltigem Tropfwasser und anderen Einwirkungen und Aluminiumteilen haben sich die von Schlegel [217] seit 15 Jahren geforderten und inzwischen von der Industrie angewandten dauerhaften oder entfernbaren Klarlack-Überzüge („Abziehlacke") bewährt. Während bei Alu-Fensterbänken und Beschlagteilen Abziehlacke häufig verwendet werden, haben sich derartige Schutzvorkehrungen bei Fenstern noch nicht entscheidend durchsetzen können.

5.4.0.6. Fenster- und Profilsysteme und Profilgestaltung

Die im Fensterbau verwendeten Profile werden nach dem Strangpreßverfahren gem. DIN 1748 hergestellt.
Von im Jahre 1973 62 Profilherstellern (1972 = 71) werden 164 (1972 = 148) Fenster- und Fenstertürsysteme hergestellt, die von i. d. R. in Nähe des Einbauortes ansässigen Fensterherstellern zusammengebaut und im Objekt montiert werden.
Eine Übersicht der verschiedenen Systeme, der möglichen Öffnungsarten und Flügelgrößen ergibt sich aus dem jährlich erscheinenden Katalog „Bauen mit Aluminium", herausgegeben von der Aluminiumzentrale Düsseldorf.

Ein Vergleich der konstruktiven Eigenarten der Systeme ist nach diesem Katalog nur bedingt möglich, da den Zeichnungen und ergänzenden Beschreibungen nur vereinzelt die Angaben entnommen werden können, die zur Vorauswahl durch den Architekten erforderlich sind.
Im Bauteilkatalog 72, herausgegeben von der Verlagsgesellschaft Bau 2000, München, werden demgegenüber nur 14 Alufenstersysteme mit weitgehenden Einzelheiten, jedoch ohne mögliche Flügelgrößen aufgeführt.
Weitergehende Einzelheiten lassen sich wegen der Vielzahl systembedingter Kombinationsmöglichkeiten und Halbzeuge nur den von Profilherstellern bzw. Vertriebsgesellschaften herausgegebenen Bestell- bzw. Zeichnungskatalogen entnehmen. Qualität und Inhalt dieser i. d. R. für den Fensterhersteller gedachten Unterlagen zeigt von Firma zu Firma starke Schwankungen.
Der Fensterhersteller, der i. d. R. nicht mehr als 2 bis 3 Profilsysteme verarbeitet, vermag nur selten die wesentlichen Einzelheiten kritisch zu durchdenken. Er muß sich auf die Angaben und die Zweckmäßigkeit der auch alle Zubehörteile umfassenden Lieferungen der Profilhersteller und Vertriebsgesellschaften verlassen.
Der Architekt, dem die einzelnen Fenster- bzw. Profilhersteller i. d. R. nur völlig unzureichende Informationsunterlagen überlassen, ist bei der Vielzahl unterschiedlicher Systeme ebenfalls außerstande, Einzelheiten der Fensterkonstruktion bzw. -ausführung zu beurteilen. Er vermag

	Wertigkeit d. Kriterien	Stahl-Fenster gem. Abb.: 102 108 103 105 106	Aluminium-Fenster gem. Abb.: 125.2 125.3 126.1 126.4 121	Kunststoff-Fenster gem. Abb.: 152 139 138 141.2 137 148 146 144
Statische Querschnittsgestaltung und mögliche Flügelgröße	10	7 7 7 7 7	6 6 6 6 5	4 4 3 4 4 5 4 5
Kombinationsfähigkeit	5	3 3 2 2 2	4 4 4 4 4	2 3 3 3 3 3 2 3
Anschluß- u. Befestigungsmöglichkeiten Wand	12	7 6 7 6 7	8 6 7 7 6	5 6 6 7 6 6 8 6
Glas	6	3 4 1 1 6	3 2 3 3 4	1 2 0 1 2 0 1 3
Fugendichtigkeit	8	3 5 2 2 3	3 3 7 5 7	3 4 3 3 3 4 3 3
Schlagregensicherheit	8	4 4 1 1 6	3 6 6 3 7	0 6 5 5 5 1 3 4
Lage und Befestigung der Beschläge	6	4 4 4 4 4	5 2 4 3 5	2 1 1 1 1 2 2 3
Eignung für verschiedene Öffnungsarten	4	3 3 2 2 2	4 4 4 3 2	4 4 4 4 3 4 3 4
Thermische Eigenschaften	10	4 4 5 4 4	3 2 3 3 9	4 4 4 6 4 3 4 4
sonst. Werkstoffeigenschaften	12	7 7 6 6 7	9 9 9 9 9	5 5 5 5 5 4 3 5
Verarbeitbarkeit	9	6 5 6 6 5	6 5 5 5 6	4 4 3 3 4 3 3 4
	90	51 52 43 41 53	54 49 58 51 64	34 43 37 37 40 35 35 44

Der Vergleich der Profilsysteme läßt erkennen, daß die Aluminium-Fenster und z. T. auch die Stahl-Fenster den Kunststoff-Fenstern überlegen sind.

Tabelle 35: Wertung der Profilgestaltung von Stahl-, Aluminium- und Kunststoff-Fenstern nach den in Tab. 29 zusammengestellten Beurteilungskriterien

lediglich Äußerlichkeiten wie die Funktionsfähigkeit, Ausbildung der Anschlüsse etc. zu überprüfen. Bereits zur Beurteilung der Eloxal-Qualität bedarf es der Hinzuziehung besonderer Fachleute.

In der Literatur wurden bis heute immer nur Teilaspekte der Profilgestaltung und zwar Maßnahmen zur Verbesserung des Wärmeschutzes, die Ausbildung der Dichtzone zwischen Flügel und Blendrahmen, des Glasanschlusses und der Profilverbindung dargestellt. Die Einflußgrößen der Profilgestaltung ergeben sich aus Tab. 29.

Eine Wertung verschiedener Aluminiumfenstersysteme (Tab. 35) läßt erkennen, daß Profile mit unterbrochener Kältebrücke und konsequenter Kammer- und Glasfalzentwässerung den anderen Profilen überlegen sind und Profile ohne mögliche Kammerentwässerung trotz gewisser Stabilitätsvorteile nicht als hinreichend sichere Fensterkonstruktion anzusprechen sind.

Die Qualität des besten Profils kann durch eine fehlerhafte oder nachlässige Verarbeitung oder einem falschen Einsatz bis zum Unwert abgemindert werden. Umgekehrt vermag auch die sorgfältigste Ausführung die Mängel eines falsch konzipierten Profils nicht auszugleichen.

Als Grundforderungen an eine zeitgemäße Profilgestaltung sind nach Untersuchungen des Verfassers anzusehen:

eine, in Relation zur Flügelgröße angemessene Profilsteifigkeit (möglichst große Stegabstände und Wandungsdicken von mindestens 2,5 mm);
die Kombinationsfähigkeit mit Schwitzwasserrinne, Putzanschlußleisten, Rolladenführungsschienen, Kupplungs- und Verbindungsstücken, äußeren Fensterbänken und deren serienmäßige Bezugsmöglichkeit;
die Eignung der Profile für einen zumindest teilbauentflochtenen gleitfähigen und elastisch abdichtbaren seitlichen und oberen Wandanschluß, eine zum Ausgleich von Längenänderungen geeignete Befestigung des Rohbauanschlagprofils, eine die Kammerentwässerung ohne zusätzliche Abdichtung mit erfassende äußere Fensterbankabdeckung;
eine nicht federnde innenliegende Glashalteleiste;
eine Fugendichtigkeit mit einem a-Wert von $\leq 0,5$ m^3/hm (Pa)^n zu erzielen durch eine möglichst dicke Mitteldichtung, in Verbindung mit einer Innendichtung, die beide lückenlos um das gesamte Fenster laufen;
eine normgerechte Schlagregensicherheit, herzustellen durch eine Glasfalzentwässerung (bei drucklosen Dichtungsprofilen und Druckverglasungen), durch eine möglichst tiefe und nicht zu breite Wassersammelrinne mit windgeschützter Entwässerung ohne Berührung der geschlossenen Innenkammer. Die Kunststoffmitteldichtung darf dabei nicht die Innenwand der Wassersammelrinne bilden. Am Flügelprofil muß möglichst weit außen eine Wasserabtropfnase einprofiliert sein.
Die Beschläge sollten die Dichtungsebenen nicht durchdringen und durch Einschieben in anprofilierte Nute angeschraubt oder angeklemmt werden können;
die Profilserie sollte mittels Ausgleichprofilen sich für Dreh-, Kipp-, Schwing- und Wendeflügel eignen;
soweit die Profile keine konsequent unterbrochene Kältebrücke für Wärmestrahlung und -leitung besitzen, muß der Einbau einer entwässerungsfähigen Tauwassersammelrinne möglich sein;
die Profile sollten sich möglichst unkompliziert fügen lassen, der Beschlagseinbau sollte sich neben der Verschraubung durch Einschieben in Nute lagesicher vollziehen lassen, die Dichtungsprofile sollten vom Querschnitt her so bemessen sein, daß eine sichere Eckverbindung zu erzielen ist.

Bis heute gibt es kein Profilsystem, von dem alle vorgenannten Forderungen erfüllt werden.

5.4.0.7. Kombinationsfähigkeit der Profilsysteme

Bei der Vielzahl der Profilsysteme und -hersteller und dem Umstand, daß selbst die Profilsysteme gleicher Hersteller z. T. beträchtlich voneinander abweichen, sind funktionsgerechte Kombinationen von Fensterprofilen i. d. R. nur innerhalb der einzelnen Profilsysteme möglich. Um einen vielseitigen Einsatz dieser Profilsysteme zu ermöglichen, wurden je nach Öffnungsart und Flügelgröße Profile und Zusatzprofile unterschiedlicher Abmessung, Form und Funktion (als Flügelrahmen, Blendrahmen, Kämpfer etc.) entwickelt. Ähnliche Modifikationen bestehen zur Herstellung der Anschlüsse an Wand, Fensterbank, Schwitzwasserrinne, Deckleisten, Sonnenschutzeinrichtungen und Rolläden. Für jedes Profil gibt es passende Eckverbinder und Arbeitshilfen (Bohrlehren, Frässchablonen etc.), für jede Flügelart und jedes Profil eigene Bänder, Verriegelungen, Schrauben etc., je nach Glasdicke und Verglasungsart unterschiedliche Glasleisten.

Die inzwischen übliche Komplettierung der Fenster- und Profilsysteme vermindert für Bauherren das Risiko, eine unvollständige Konstruktion geliefert zu erhalten.

Aus vorliegenden Profilkatalogen von Profilherstellern bzw. Vertriebsgesellschaften ist zu ersehen, daß ein umfassendes und in Teilbereichen verwirrendes Angebot von Zubehörteilen, vom Eckverbinder über Beschläge, Dichtungsprofile bis zur letzten Schraube besteht. Bei Alternativangeboten sind Qualitätsunterschiede i. d. R. nicht aufgezeigt. Der Einzelfensterhersteller ist bei der verwirrenden Vielfalt der Möglichkeiten überfordert, wenn er neben der rein handwerklichen Konstruktion, der dazugehörigen Arbeitsvorbereitung und der Ausführungskontrolle auch technologische und bauphysikalische Zusammenhänge und Mängel neuanlaufender Profilserien erkennen soll, wenn nicht einmal Profilhersteller oder Vertriebsgesellschaften bereit oder in der Lage sind, dem derzeitigen Stande technischer Erkenntnisse Rechnung zu tragen.

Bei nicht ausgereiften Konstruktionen werden etwaige Fehler direkt 1000fach nachgebaut, ohne daß der einzelne Hersteller die Möglichkeit hat, Änderungen vorzunehmen. Durch die hohen Investitionskosten für Spezialwerkzeug gerät der Einzelhandwerker in eine einseitige Abhängigkeit von bestimmten Profilherstellern oder Vertriebsgesellschaften, die es ihm oft unmöglich macht, auf bessere Entwicklungen anderer Profilhersteller umzusteigen. Dieser Problembereich wird lediglich von Schlegel [217] angesprochen. Über den Gesamtkomplex liegen wissenschaftlich wertbare Veröffentlichungen nicht vor.

Als Grundforderung ist anzusehen, daß nur die von den Profilherstellern vorgesehenen Kombinationen von Profilen und Zubehörteilen ausgeführt werden, bei schlagregengefährdeten Kombinationen, z. B. im Brüstungsbereich, zusätzliche elastische, vorgefertigte Dichtungsbänder eingelegt werden oder windstaugeschützte Entwässerungsmöglichkeiten geschaffen werden, Profilhersteller und Vertriebsgesellschaften ihr Angebot stärker als bisher auf die Mängelanfälligkeit kritisch durchdenken und ihren Abnehmern die Problembereiche einzelner Lösungen unmißverständlich aufzeigen.

5.4.0.8. Flügelgrößen und Öffnungsarten

Flügelgrößen und Öffnungsart ist keine Frage theoretisch-wissenschaftlicher Auseinandersetzungen. Statische, produktions-, fertigungs- und verkaufstechnische Erwägungen wirken sich hierbei entscheidend aus.

Die möglichen Öffnungsarten werden von der Eigenart der Profilserie, den hierzu passenden Beschlägen, den Fensterabmessungen, Flügelaufteilung und -proportionen bestimmt.

Mit den meisten Fensterprofilen lassen sich Dreh-, Drehkipp-, Kipp- und Klappflügel herstellen. Mit Zusatzprofilen zum Anschlagausgleich sind auch Schwing- und Wendeflügel, verschiedentlich auch Fensterhebetüren möglich. Schiebe- und Hebeschiebefenster und -fensterwände erfordern i. d. R. eigene Profilserien.

Die möglichen Flügelgrößen werden von dem Trägheitsmoment der tragenden Flügelprofile, den Flügelproportionen, Zahl, Tragfähigkeit und Lage der Bänder und Verriegelungen, dem Gewicht der Verglasung und den sonstigen statischen und dynamischen Beanspruchungen und Vorschriften bestimmt. Bei mehrteiligen Fensterelementen wird die Fensteraufteilung, die Länge feststehender Fensterriegel und die Durchbiegung bei Isolierverglasungen zum wichtigsten Konstruktionskriterium. Die statische Beanspruchung des Aluminium-Fensters läßt sich durch die Wahl geeigneter Profilsysteme und Profile mit entsprechenden Wandungsdicken berücksichtigen. Die geltenden Beanspruchungsgruppen können der Tabelle zur Ermittlung der Beanspruchungsgruppen zur Verglasung von Aluminium-Fenstern, herausgegeben vom Institut für Fenstertechnik e. V., Rosenheim, entnommen werden. Die optimalen Flügelgrößen und die möglichen Öffnungsarten für Gebäudehöhen bis 8 m sind den verschiedenen Profilkatalogen oder den von den Profilherstellern herausgegebenen statischen Tabellen zu entnehmen. Für höhere Beanspruchungen erfolgt die Bemessung von Fall zu Fall nach statischen Berechnungen.

Die Verformungen müssen hierbei von den eingebauten Dichtungen der einzelnen Dichtungszonen ohne Dichtigkeitsverlust und Windgeräuschbelästigung aufgenommen werden können. Nötigenfalls sind zusätzliche Befestigungen oder Verriegelungen unerläßlich. Bei Sonderkonstruktionen – z. B. bei wärmegedämmten Aluminium-Profilen oder bei Werkstoffkombinationen – kann i. d. R. nur die tragende Rahmenkonstruktion statisch angerechnet werden.

Der Wettbewerb hat zu Wandungsdicken geführt, die zwischen 1,6 und 5 mm liegen. Nach den derzeitigen Erfahrungen sollte für eine gute Fensterqualität die Wandstärke im Mittel bei 3 mm, in keinem Fall weniger als 2,5 mm betragen, weil bei der Eloxalbehandlung 2/10 der Wandungsdicke abgebaut werden und eine Wiederholung des Oxydationsverfahrens sich nie sicher ausschließen läßt. Da der Elastizitätsmodul mit 700 000 kp/cm^2 zugleich relativ gering ist, ergeben sich gelegentlich Abfederungen und Durchbiegungen und als Folge Fugen und Schlagregendurchlässigkeiten oder Überbeanspruchungen bei starr verbundenen Isolierglasscheiben, wobei die Höchstwerte der DIN 18 056 und 18 055, Bl. 2, häufig überschritten werden. Als Grundforderung ist anzusehen, daß die Fensterhersteller nur die vom Profilhersteller bzw. von der Vertriebsgesellschaft konzipierten Öffnungsarten unter Verwendung der Originalteile ausführen dürfen und daß für jede optimale Flügelgröße, jede Profilserie und Öffnungsart neben dem statischen Nachweis über die Einhaltung der zulässigen Durchbiegung auch das Prüfzeugnis über Fugendichtigkeit und Schlagregensicherheit zu fordern ist.

5.4.0.9. Glasbefestigung und Glasabdichtung

Als Kriterien des Glasanschlusses sind anzusehen:

Beim *Rahmen* die Profilgebung, die vollflächige Verklebung des Eckstoßes und dessen ausreichende Formbeständigkeit, parallel zur Glasscheibe gelegene Haftflächen überall dort, wo plastisch spritzbare elastische Dichtstoffe eingesetzt werden.

Beim *Dichtstoff* die Adhäsion der abzudichtenden Oberfläche und der dauerhaft spaltenfreie Anschluß an diese Oberfläche bei den Formänderungen und Bewegungen einzelner Teile. Die Dauerhaftigkeit der Dichtungseigenschaften bei Witterungs- und Nutzungseinflüssen. Die auch an den Ecken spaltenlose Herumführung der äußeren und inneren Abdichtung. Bei druckloser Trockenverglasung und tauwassergefährdeten Druckverglasungen, die Entwässerung des Glasfalzes.

Bei den *Glasleisten* die allen Beanspruchungen angemessene Befestigung im bzw. am Flügelrahmen (bei Schwingflügeln und Hochhäusern ergeben eingeklipste Glasleisten i. d. R. keine ausreichend sichere Halterung). Die Rückfederung durch Windbelastung oder Anpreßdruck vor allem bei Druckverglasung oder die Durchbiegung der Glasleisten zwischen den Verschraubungen darf die Verformbarkeit und die Dichtungswirkung der Dichtstoffe nicht überfordern. Entsprechend der Glasdicke werden unterschiedlich breite Glasleisten benötigt.

In der Fachliteratur wird die Frage des Glasanschlusses nur vereinzelt und in nicht wissenschaftlich wertbarer Form behandelt. Lediglich für das Gebiet der Druckverglasungen liegen – wie bereits dargestellt wurde – z. T. eingehende Untersuchungen vor. Am Markt werden angeboten:

Ein- bzw. aufgeklipste Systeme (Abb. 125), die waagerecht oder senkrecht in aufgeschraubte oder eingeschobene Kunststoff-Halterungen eingeklipst werden. Durch die punktweise Halterung sind Verformungen der Glasleiste und der relativ elastischen Halterungen nicht zu vermeiden. Die Windkräfte werden bei angeschraubten Halterungen von nur wenigen Schrauben, die sich durch kalten Fluß lockern

Abb. 125: Aufgeklipste Glasleistensysteme („Bauen mit Aluminium" 1972)

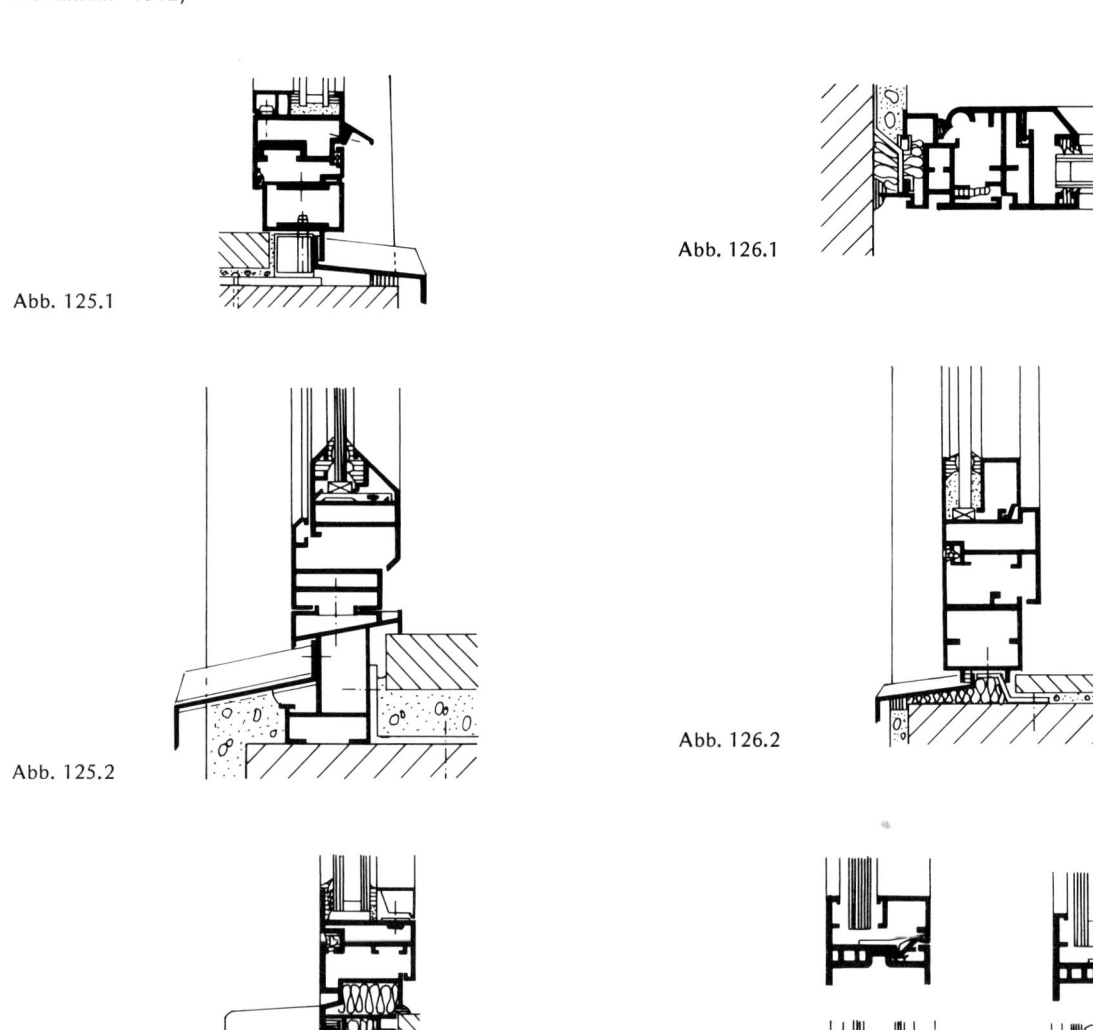

Abb. 125.1

Abb. 125.2

Abb. 125.3

Abb. 126: Einhangglasleisten („Bauen mit Aluminium 1972)

Abb. 126.1

Abb. 126.2

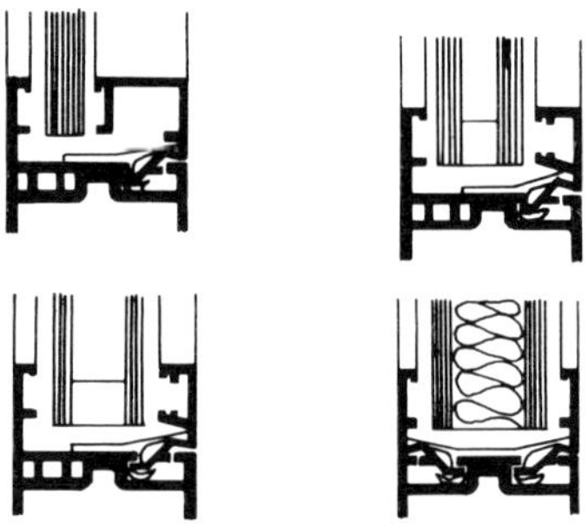

Abb. 126.3

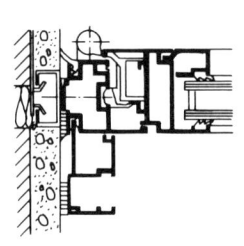

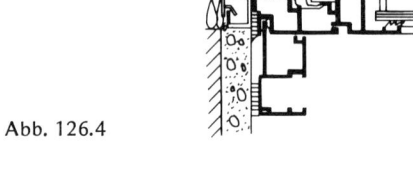

Abb. 126.4

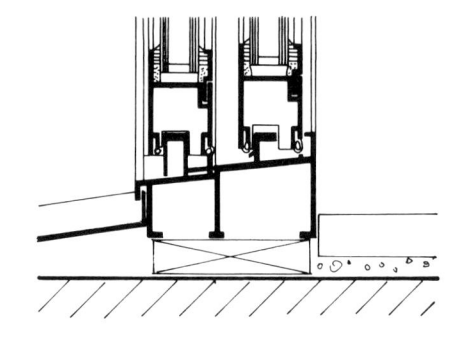

Abb. 126.5

können, übertragen. Bei Schwingflügeln und Hochhäusern sind derartige Systeme weitgehend ungeeignet. Bei verschiedenen Systemen, z. B. Abb. 125.2, 125.3 lassen sich nur profilierte Dichtungsbänder einsetzen. Bei Abb. 125.3 wird ein spaltendichter Anschluß (innen) nicht gewährleistet.

Einhangglasleisten (Abb. 126) werden in das Rahmenprofil in ganzer Länge eingehängt. Je nach Wandungsdicke und Profilform ist eine mehr oder weniger große elastische Federung bei gleichzeitiger starrer Verbindung zum Rahmen gegeben. Bei Verwendung von vorgefertigten Dichtungsbändern ist nicht immer ein ausreichend dauerhafter Anpreßdruck zu erzielen. Bei plastisch eingebrachten Dichtstoffen können die unvermeidlichen Abfederungen zu Spaltenbildungen im Anschlußbereich führen. Nicht in allen Fällen läßt sich ein sicheres Einrasten der Profile gewährleisten.

Aufgeklemmte Glasleisten (Abb. 127.3) müssen durch Kraftanwendung in der dafür vorgesehenen Profilierung des Rahmens zum Einrasten gebracht werden. Derartige Glas-

Abb. 127: Aufgeschraubte Glasleisten („Bauen mit Aluminium" 1972)

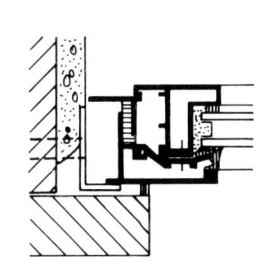

Abb. 127.1

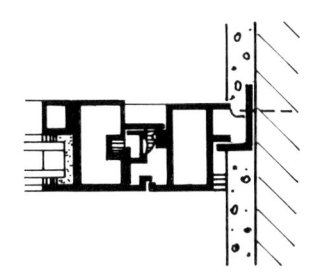

Abb. 127.2

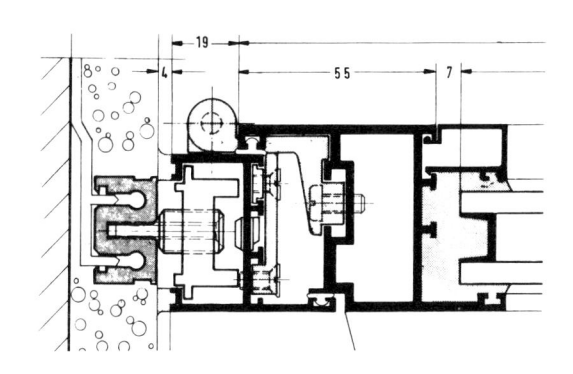

Abb. 127.3: Aufgeklemmte Glasleiste

Abb. 128: Glasleistenloser Scheibeneinbau („Bauen mit Aluminium" 1972)

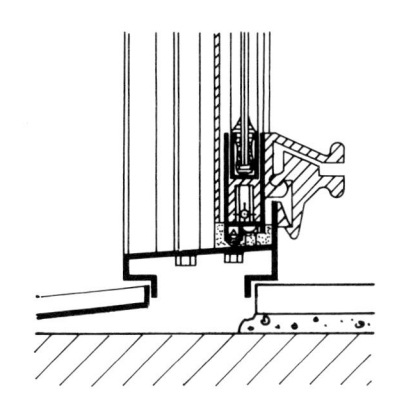

Abb. 128.1

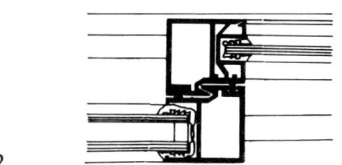

Abb. 128.2

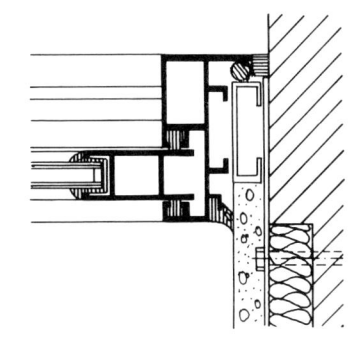

Abb. 128.3

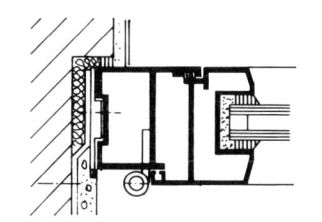

Abb. 128.4

leisten federn mit zunehmender Profilbreite weniger stark. Nicht in allen Fällen ist ein sicherer Sitz der Leiste oder ein ausreichender Abstand zwischen Leiste und Glas gewährleistet.

Aufgeschraubte Glasleisten (Abb. 127) erhalten vielfach eine aufgeklemmte Abdeckleiste. Sofern die Verschraubung an genügend vielen Stellen und bei vorgefertigten Dichtungsprofilen mit dem nötigen Anpreßdruck erfolgt, gewährleistet diese Befestigungsart einen festen Scheibensitz und eine gute Regendichtigkeit. Die Druckverglasung (Abb. 27.1–27.8, 30, 31) stellt i. d. R. eine regulierbare Sonderform der aufgeschraubten Glasleiste dar.

Glasleistenloser Scheibeneinbau (Abb. 128) ist häufig bei Schiebefenstern und -türen bei den in unseren Breitengraden üblichen Außenlufttemperaturen anzutreffen. Hierbei muß die Scheibe vor der Ausführung der Eckverbindung in die Profile eingeschoben werden. Die Abdichtung erfolgt mit vorgefertigten, eckvulkanisierten Kunststoffdichtungen. Die Rahmeneckverbindung muß nachträglich zum Zwecke der Scheibenerneuerung lösbar sein. Aus diesem Grund wird eine schlagregendichte Eckverbindung zusätzliche Dichtungsvorkehrungen bedingen.

Wissenschaftlich wertbare und auch sonstige Veröffentlichungen über den Glasanschluß des Aluminium-Fensters liegen nicht vor.

Der in Informationsunterlagen der Profilhersteller etc. häufig offerierte Vorteil einer schraubenlosen Glasleistenbefestigung gilt nicht für alle Glasleistensysteme und in keinem Fall dort, wo extreme Beanspruchungen zu erwarten sind. Bei Schwingflügeln werden bei Klemmleisten zusätzlich Sicherheitswinkel eingeschraubt. Die aufgeschraubte Glasleiste ist bei Verwendung von vorgeformten Dichtungsbändern bei einer ausreichenden Zahl von Befestigungspunkten das beste, aber auch das teuerste Glasleistensystem. Es läßt sich nicht bei allen Flügelsystemen anwenden.

Als Anforderungen an Glashalteleisten sind anzusehen:
der Inneneinbau, die paßgenaue Ausführung, die Abfederung der Glasleisten darf zu keiner Überbeanspruchung der Dichtstoffe bzw. zur Spaltenbildung zwischen Dichtstoff und Glas bzw. Glasleiste führen. Ein Ausbau der Glasleisten muß auch ohne Zerstörung der Scheiben möglich sein. Durch die Paßstöße darf keine Feuchtigkeit in die Dichtzone eindringen, durch die die Elastizität oder Plastizität der eingesetzten Dichtstoffe abgemindert wird. Die Glasleisten müssen sich den unterschiedlich dicken Scheiben anpassen lassen. Die Profilgebung der Glasleisten muß dem eingesetzten Dichtstoff entsprechen.
Die Glasabdichtungsmöglichkeiten werden durch die Profilierung der Glashalteleiste bestimmt. Die grundsätzlichen Einzelheiten wurden unter Abschnitt 4.2.3. aufgezeigt.

5.4.1.0. Eckverbindungen der Rahmenprofile

Als Kriterien der Eckverbindung sind anzusehen:

die Unsicherheit der gegebenen statischen bzw. dynamischen Beanspruchungen und die nicht immer eindeutig abgrenzbaren Sicherheiten, die einzelne Konstruktionen gewähren,
eine den Beanspruchungen entsprechende paßgenaue und ausreichend steife und feste sowie wind- und schlagregendichte Ausführung, die Sicherung einer einwandfreien Funktion,
eine einfache und wirtschaftliche Herstellung, die eine zügige Weiterarbeit am Fenster gestattet.

Als Einflußgröße sind die vorhandenen maschinellen und sonstigen betrieblichen Einrichtungen des Fensterherstellers, seine Erfahrungen mit den verschiedenen Verbindungsmitteln, die Qualifikation der Facharbeiter, die Bearbeitungsmethode im Hinblick auf evtl. erforderliche Vor- und Nachbehandlungen, dem Zeitpunkt, zu dem die anodische Oxydation durchgeführt werden kann, die Größe der Serie anzusehen.

Aus der Literatur, gestützt auf verschiedene Forschungsarbeiten und langjährige Erfahrungen im Metallbau, ergibt sich folgender Erkenntnisstand:

In den letzten Jahren wurde eine Reihe von Varianten für Rahmeneckverbindungen entwickelt, die bei ausreichender Bemessung in statischer Hinsicht gleichwertig sind. Die Diskussion um die beste Eckverbindung ist nicht abgeschlossen. Bei allen Verbindungsverfahren handelt es sich um durchweg bekannte und erprobte Konstruktionsprinzipien, die den gegebenen Beanspruchungen gewachsen und i. d. R. sogar überdimensioniert sind.

Angewendete Konstruktionen:

Geschweißte und hartgelötete Eckverbindungen

Im Metallbau wird das Abbrenn-Stumpfschweißen der auf Gehrung geschnittenen Rahmenteile, seltener das Schutzgasschweißen bei Stumpfstößen und das Lochschweißen (WIG oder MIG) angewendet. Beim Abbrenn-Stumpfschweißen ist die Einstellung der Schweißmaschine nach Leistung, Maßgenauigkeit, Anpassung der Spannbacken und Berücksichtigung der durch Nebenschluß über die drei bereits geschweißten Ecken veränderten elektrischen Bedingungen bei der Ausführung der vierten Ecke von Bedeutung. Verschiedentlich kommen vollautomatisch gesteuerte Anlagen zum Einsatz. Nach [173] kann man bei einwandfreier Schweißnaht über 90 % der Festigkeit des ungeschweißten Materials erzielen.
Demgegenüber dürfen nach den z. Z. in Vorbereitung befindlichen neuen Vorschriften für Aluminiumkonstruktionen [169] bei AlMgSi 0,5 Schweißverbindungen bei Druck und Biegedruck 400 bis 500 kp/cm^2 gegenüber 940 bis 1050 kp/cm^2 bei ungeschweißtem Material gleicher Legierung aufnehmen. Die hierbei begrenzte Abminderung der zulässigen Spannungen entspricht proportional den Aussagen Schlegels [212] wonach sich in der geschweißten Zone durch Umwandlung des Kristallgefüges Festigkeitsabminderungen von mehr als 50 % ergeben.
Die Festigkeitsverminderung im Schweißnahtübergang kann nach Steinhardt [258] nur durch eine erneute Kaltverfestigung (bei nichtaushärtbaren Legierungen) oder durch eine Wärmebehandlung (bei aushärtbaren Legierungen) rückgangig gemacht werden. Beide Maßnahmen sind im konstruktiven Ingenieurbau bzw. Fensterbau nur begrenzt anwendbar.
Eine Festigkeitsabminderung läßt sich aber auch durch Schweißbedingungen erzielen, bei der der Nahtübergang eine möglichst geringe Wärmebeinflussung erfährt.
Der Festigkeitsabfall im Bereich der Schweißzone ist konstruktiv jedoch weitgehend bedeutungslos, da bei allen Metallkonstruktionen nicht die mechanische Festigkeit der Eckverbindung, sondern die Steifigkeit gegen Durchbiegung und Torsion ausschlaggebend ist.
Da die allgemein übliche anodische Oxydation transparent ist, bleiben die Schweißnähte am fertigen Fenster sichtbar, bei verschiedenen Fenstersystemen wird die Eckverbindung durch zusätzliche Einsteckwinkel verstärkt.
Verbindungen nach dem Abbrenn-Stumpfschweiß-Verfahren sind dauerhaft, wasser- und dampfdicht und platzen auch bei Beanspruchungen üblicher Art nicht auf.
Während das Abbrenn-Stumpfschweiß-Verfahren hohe Kosten für Maschineninvestitionen erfordert, läßt sich das in der Wirkung artverwandte Hartlöten praktisch ohne besondere maschinelle Einrichtungen durchführen.
Das Löten erfolgt mit einem Hartlot, einer eutektischen AlSi-Legierung und ergibt bei einwandfreier Ausführung eine gute Verbindung. Die Verarbeitungstechnik ist nicht einfach, da es darauf ankommt, den Lötspalt der Sichtseite möglichst schmal zu halten. Das Si-haltige Lot nimmt nach dem Anodisieren eine dunkelgraue Farbe an. Geschweißte Verbindungen sind nach DIN 18 360, Ziff. 3.4.4.1. und 3.4.4.2. auszuführen.

Geschraubte Eckverbindungen

sind als altbewährte Verbindungsmittel anzusehen.

Sollen Aluminiumteile lösbar miteinander verbunden werden, so sind — nicht nur nach Bauer [7] — Schrauben optimale Verbindungselemente.
In das Hohlprofil werden i. d. R. Druckguß-Eckwinkel eingefügt, die durch Verschraubungen mit dem Rahmenprofil verbunden werden.
Das Biegemoment — in ein Zug-Druck-Kräftepaar aufgelöst —, die Normalkraft und die Querkraft, die als Schubkraft wirkt — beansprucht die Verbindungsmittel auf Scherung. Der obere Grenzwert für die mögliche Kraftübertragung kann von Fall zu Fall durch das Rahmenprofil, den Eckwinkel oder die Verbindungsmittel bestimmt werden.
Die Schrauben dienen — je nach Lösung — mittelbar oder unmittelbar der Kraftübertragung z. B. bei Diagonalverschraubungen. Bei geklebten Teilen erzeugen Schrauben die erforderlichen Anpreß- oder Spreizdrücke.
Bei den Schrauben müssen die ausnutzbaren Festigkeiten und das Korrosionsverhalten beobachtet werden. Bei Messing- und Aluminiumschrauben sowie Schrauben aus nichtrostenden Stählen fehlen genormte technische Lieferbedingungen ganz oder weitgehend. Deshalb müssen die geforderten Mindestwerte für Streckgrenze, Zugfestigkeit und Bruchdehnung jeweils festgelegt werden.
Zur Verbesserung der Korrosionsbeständigkeit werden Schrauben genormter Güte mit *galvanischen* Überzügen aus Zink, Kadmium, Nickel oder Chrom, mit *Schmelzüberzügen* sowie im Diffusionsverfahren, durch Feuerverzinken oder Inkromieren verwendet.
Hierbei muß der Einfluß der Montage (Beschädigung durch Schraubenschlüssel reibungsmäßige Abminderung der Schichtdicke auf 10 % der ursprünglichen Dicke) berücksichtigt werden, um Rostnasen und -bahnen zu vermeiden.
In der Praxis haben Schrauben aus nichtrostenden Stählen (z. B. austenitische Chrom- (18 %) -Nickel (8 %) -Stähle) andere Werkstoffe verdrängt. Es bildet sich hier bei metallisch blanker Oberfläche eine dünne Schicht reinen aktiven Sauerstoffs. Sie schützt die Schrauben vor weitere Korrosion und erneuert sich bei Verletzungen in Senkundenschnelle.
U. a. nach Bauer [7] und übereinstimmend mit eigenen theoretischen Überlegungen und praktischen Erfahrungen ist festzustellen, daß Schrauben mit Oberflächenschutz nur begrenzt eine gleichwertige und den guten Eigenschaften des Aluminium ebenbürtige Verbindung gewährleisten. Aus Festigkeits- und Korrosionsgründen ist die Verbindung von Aluminium mit Schrauben aus nicht rostendem Stahl die sicherste und technisch dauerhafteste Lösung.
Als Nachteil rein mechanisch verbundener Ecken ist eine ungenügende Formbeständigkeit bei torsionsbeanspruchten Fensterrahmen anzusehen.

Nur bei sehr hohen Dauerbeanspruchungen soll bei Aluminium im Laufe der Zeit nach Schlegel [217] eine Lockerung der Verbindungsmittel durch den kalten Fluß nicht zu vermeiden sein. Demgegenüber besteht nach Auffassung verschiedener Halbzeughersteller bei größeren Wanddicken die Gefahr der Lockerung der Schrauben nicht. Wissenschaftlich wertbare Unterlagen bzw. Forschungsergebnisse, bei welchen Krafteinwirkungen in Abhängigkeit von der Zeit derartige irreversible Verformungen auftreten, sind nicht bekannt. Die für den Bereich des Fensterbaues getroffenen Feststellungen Schlegels [217] lassen sich nicht widerlegen. Sie wurden, wie sich aus [169] ergibt, bei der Festlegung der zulässigen Spannungen berücksichtigt. Da im Fensterbau auch die Richtung des Kraftangriffes durch die ständig wechselnden Windströmungsverhältnisse und die zahlenmäßig nicht exakt faßbaren mißbräuchlichen Beanspruchungen berücksichtigt werden müssen, erscheint eine weitere Abminderung der zulässigen Spannungen unerläßlich.

Gespreizte Eckverbindungen

ergeben sich bei der Verwendung selbstklemmender Keile, die mittels eines Stahlstiftes angezogen und fixiert werden. Nach anderen Verfahren wird durch Spreizschrauben jeder Schenkel des Eckverbinders fest an die Profilwandung gepreßt. Zur Sicherung der Verbindung und zu deren Abdichtung werden i. d. R. die Haftflächen mit Kunststoffklebern bestrichen.

Spezial-Bolzen-Verbindungen

werden mittels Paßbolzen und Eckverbindern hergestellt. Beim Einschlagen der abgewinkelten Paßbolzen werden die beiden Rahmenteile in der Gehrung zusammengezogen. Durch plastische Deformation wird der Reibungsschluß erhöht.

Geklebte Eckwinkelverbindungen

Technische und ökonomische Vorteile gegenüber herkömmlichen Verbindungsmitteln haben — nach Baade [aus 14] — in einzelnen Industriezweigen zur vielfältigen Anwendung von Metall-Klebetechniken geführt. Die Bedingungen, die für das Zustandekommen einer einwandfreien Klebeverbindung zu erfüllen sind, sind ausreichend bekannt. Klebeverbindungen sind — nach Triebel/Rompf [264] — Flächenverbindungen und setzen eine der zur erwartenden Belastung entsprechende Größe der Klebefläche voraus. Die Klebenaht muß dabei so gelegt werden, daß nur Druck- und Scherkräfte auf sie einwirken können und ein Anreißen der Klebefuge und Schälbeanspruchungen verhindert werden. Entsprechende Vorkehrungen sind zu treffen. Die alleinige Verklebung der Gehrungsschnittflächen reicht als Eckverbindung nicht aus.
Der Metallbau hat deshalb klebegerechte Konstruktionen aus Hohlprofilen in Verbindung mit gut passenden Einsteck- und Klemmwinkeln (Eckverbinder) entwickelt. Die Eckverbinder müssen über genügend große Klebeflächen verfügen, die eine Klebefilmdecke von 0,05 bis 0,2 mm gestatten und hinsichtlich der Schenkellänge eine stabile Konstruktion ergeben.
Triebel/Rompf [264] haben u. a. in einer Versuchsreihe das Festigkeitsverhalten von Ecken mit verschiedenen Verbindungsmitteln (Tab. 36) untersucht. Die Klebeverbindung zeigt dabei die höchste Bruchlast bei geringster Dehnung.
Die betriebliche Fertigung ist mit einfachen Mitteln ohne kostspieligen Aufwand möglich. Es können bereits eloxierte Profile verarbeitet werden. Die Verarbeitung von Zwei-

Profil: Werkstoff AlMgSi0,5 F 25 (DIN 1748)[1])   Eckverbinder: Werkstoff AlMgSi0,5 F 25[1])   Klebstoff: Agomet R

Lfd. Nr.	Art der Verbindung	1. Meßwert P (kp)	P mittel (kp)	2. Meßwert P (kp)	P mittel (kp)	Bruchlast P max. (kp)	P mittel (kp)	Bruchbild
1	geschraubte Ecke	140		160		1030		MW
2		115	115	130	150	910	995	MW
3		95		160		1040		MW
4	stumpfgeschweißte Ecke	660		680		540		MS
5		570	630	590	645	500	520	MS
6		670		670		520		MS
7	geklebte Ecke	1080		1150		1230		MW
8		960	1010	1110	1150	1350	1275	MW
9		990		1190		1240		MW

MW = Materialbruch im Einsteckwinkel   MS = Materialbruch in den Profilschenkeln und der Schweißnaht

[1]) Zur Verfügung gestellt von der Fa. Schürmann u. Co., Bielefeld.

Tabelle 36:   Prüfergebnisse bei verschiedenen Eckverbindungen [264]

Komponenten-Klebestoffen erfordert für den Verarbeiter gewisse Umstellungen. Klebeverbindungen sind nach Triebel/Rompf gegen Wasser, Öle, Fette und atmosphärische Einflüsse beständig. Sie sind wasserdicht. Ihr Einsatz ist im Temperaturbereich von −50 °C bis +80 °C möglich. Werkstoffe können ohne Veränderung ihrer Eigenschaften verbunden werden.

Ausführungstechnisch ist jedoch zu beachten, daß nur solche Eckverbinder angewendet werden, bei denen der Klebstoff im Rahmen zulässiger Passungstoleranzen (± 100 μm) nicht abgestreift wird. Es werden deshalb i. d. R. Eckverbinder verwendet, die aus 1 bis 2 Profilabschnitten bestehen und durch Stiftschrauben gespreizt bzw. angepreßt werden.

Als Nachteile geklebter Eckverbindungen werden Qualitätsschwankungen in Abhängigkeit von der individuellen Sorgfalt sowie Verschiebungen der Profile und Undichtigkeiten bei hohen Torsionsbeanspruchungen herausgestellt.

Als *Klebestoffe für Aluminium-Eckverbindungen* werden heiß- und kalt-aushärtende Klebstoffe auf Epoxydharzbasis (Zugscherfestigkeit 1,0 bis 2,5 kp/mm² bei 20 °C) verwendet. Eine gute Alterungs- und Temperaturbeständigkeit von −40 °C bis +80 °C wird gefordert. Langzeitige Versuchsergebnisse liegen noch nicht vor. Nach anfänglichem Festigkeitsabfall stellen sich nahezu konstante Festigkeitswerte ein.

Eine korrosive Unterwanderung in der Grenzschicht Metall/Klebstoff durch Wasser ist nicht gegeben. Um den Einfluß von Alterung und Temperatur zu berücksichtigen, sollte für die Berechnung der Klebeflächen von einer Zugscherfestigkeit von $\tau/_{Zul}$ = 0,3 kp/mm² ausgegangen werden.

Für Metallverbindungen geeignete Klebemittel härten durch eine chemische Reaktion aus. Sie werden deshalb als Reaktionsklebstoffe bezeichnet. Bei heißhärtenden Klebstoffen wird die Härtung durch Wärme, bei den kalthärtenden durch Zusatz einer zweiten Komponente ausgelöst. Die Klebesubstanz wird dabei in einen festen Kunststoff-Film übergeführt, der das Verbindungselement darstellt.

Aluminium eignet sich wegen der ausgezeichneten Adhäsion der Klebestoffe ganz besonders für das Metallkleben.

Die Untersuchungen von Triebel/Rompf [264] (Tab. 36) lassen erkennen, daß geklebte Eckverbindungen den anderen Verbindungsarten nach Maßgabe der Belastungs-Dehnungsschaubilder überlegen sind. Die Bindung an bestimmte Topf- und Aushärtezeiten, Verarbeitungstemperaturen und eine sorgfältige Ausführung hat die Entwicklung und Verwendung von Kombinationen aus Spreizklebeverbindungen begünstigt.

Als besondere Vorteile sind anzusehen:

die günstigeren Festigkeitseigenschaften, ihre Wasser- und Dampfdichtheit sowie ihre leichte Ausführbarkeit ohne Wartezeiten.

Weitergehende Veröffentlichungen und Untersuchungen über das Torsionsverhalten der verschiedenen Verbindungen liegen nicht vor.

Von einer guten Eckverbindung muß gefordert werden,

daß wegen der nicht eindeutig abgrenzbaren statischen und dynamischen Beanspruchung eine mindestens 50 %ige Überdimensionierung vorgesehen werden muß,

eine ausreichende Torsionssteifigkeit, deren Umfang wissenschaftlich noch zu erforschen wäre,

daß eine absolute Wasser- und Winddichtigkeit durch eine Verklebung oder sonstige Abdichtung der Stoßstelle hergestellt wird,

daß durch die Art der Eckverbindung eine Störung des Aussehens nicht auftreten kann und

eine leichte und eine sichere Qualität erzeugende Verarbeitung möglich ist.

Der Verfasser betrachtet Spreizklebeverbindungen als z. Z. günstigste Lösung. Reine Schraubenverbindungen, wie sie

z. B. bei glasleistenlosen Rahmen ausgeführt werden, benötigen zusätzliche Dichtungsmaßnahmen zur Gewährleistung einer ausreichenden Wind- und Wasserdichtigkeit.

5.4.1.1. Beschläge und Beschlagsbefestigung

Neben den in Abschnitt 4.4. behandelten Kriterien ist bei Aluminiumfenstern die Forderung

nach nicht sichtbar angebrachten Beschlags- und Betätigungselementen, nach Bändern, die keine Beeinträchtigung der Dichtzonen bedingen, nach einfacher, leicht justierbarer Montage und einer dauerhaft festen Anbringung

besondere Bedeutung beizumessen.

In der Literatur wird dieses Gebiet nur sporadisch, vor allem in Hauszeitschriften verschiedener Profilhersteller bzw. Vertriebsgesellschaften behandelt. Besondere wissenschaftlich wertbare Veröffentlichungen sind nicht bekannt.

Als derzeitiger Erkenntnisstand ist anzusehen:

Bei der Gestaltung der Fensterprofile wird der Einbau der Beschläge für die verschiedenen Öffnungsarten von vornherein berücksichtigt. Zu den Fenstersystemen werden vom jeweiligen Systemgeber die für verschiedene Beanspruchungen und Öffnungsarten jeweils geeigneten Beschläge geliefert. Systemfremde Kombinationen führen häufig zu Funktionsstörungen.

Das Einkleben der Bänder als alleinige Befestigungsart hat sich nicht einführen können. Schraub-Klemm-Verbindungen und Keilverbindungen werden vielfach angewendet.

Für Verschraubungen werden Edelstahlschrauben eingesetzt. Schraubverbindungen erfordern dickere Wandstärken, um Verformungen (kalter Fluß) zu vermeiden. Eine Verstärkung dünner Wandungen durch Unterlagen und Einnietmuttern ist nur bedingt wirksam, da das angrenzende dünnwandige Material ebenfalls nachgibt. Einnietmuttern weisen bei schweren Beanspruchungen geringere Festigkeit auf. Bei starken Beanspruchungen sind zusätzliche Halterungen nötig, um einen dauerhaft festen Bandsitz zu gewährleisten.

Bei verschiedenen Fenstersystemen bedingt der Einbau der Beschläge eine Unterbrechung der Dichtzonen. Derartige Lösungen erfordern zur sicheren Gewährleistung einer einwandfreien Fugendichtigkeit das Vorhandensein einer 2. Dichtungsebene (Außen- oder Mitteldichtung).

In zunehmendem Maße kommen Konstruktionen zur Ausführung, bei denen die Fensterbänder verdeckt liegend eingebaut werden. Lösungen mit doppelter Dichtung gewährleisten i. d. R. eine günstigere Fugendichtigkeit als solche mit einfacher Dichtung. In den relativ breiten und tiefen Kammern lassen sich Verriegelungen, Treibriegel, Schweren etc. verdeckt anordnen und leicht montieren.

Leichte Justierbarkeit und Montierbarkeit erfordern besondere Profilierungen zur Aufnahme der Befestigungselemente. Die Qualität der Fensterprofile läßt sich an der Perfektionierung der Profilgebung zur Aufnahme der Befestigungselemente und Treibriegel erkennen.

Zur Vermeidung von Spaltkorrosionserscheinungen zwischen flächenhaft aufeinander montierten Teilen ist eine sorgsame Befestigung, am besten eine zusätzliche Verklebung angebracht.

5.4.1.2. Normung, Vorschriften, Richtlinien

1. Zustand

DIN 1725	Bl. 1 II/67	Aluminiumlegierungen; Knetlegierungen
DIN 1725	Bl. 2 IX/70	Aluminium, Gußlegierungen, Sandguß, Kokillenguß, Druckguß,
DIN 1745	Bl. 2 XII/68	Bleche und Bänder aus Aluminium; Normalqualität
DIN 1745	Bl. 3 XII/68	Bleche und Bänder aus Aluminium; Eloxalqualität
DIN 1748	Bl. 2 XII/68v	Strangpreßprofile aus Aluminium; Technische Lieferbedingungen
DIN 1748	Bl. 4 XII/68	Strangpreßprofile aus Aluminium; Zulässige Abweichungen
DIN 4113	II/58 (E)	Aluminium im Hochbau mit Einführungserlaß des Innenministers NW v. 27. 4. 71, VB 4-2745 Nr. 340/71
DIN 17 611	VI/69	Anodisch oxidierte Strangpreßprofile aus Aluminium für das Bauwesen
DIN 17 612	VI/69	Anodisch oxidierte Teile aus Blechen und Bändern aus Aluminium für das Bauwesen
DIN 18 055	Bl. 2 IV/71 (E)	Fugendurchlässigkeit und Schlagregensicherheit
DIN 18 055	Bl. 3	(in Vorbereitung) mechanische Belastung der Fenster
DIN 18 056	I/68	Fensterwände
DIN 18 270	VII/55	Fensteroliven, Fensterhalboliven
DIN 18 285	Bl. 1 IV/60	Handhebel für Metallfenster-Verschlüsse
DIN 18 286	IX/61	Scharniere für Metallfenster
DIN 18 287	VII/61	Oberlichtöffner für Metallfenster
DIN 18 357	X/65	ATV-Beschlagsarbeiten
DIN 18 360	X/65	ATV-Metallbauarbeiten
DIN 18 364	II/61	ATV-Oberflächenschutzarbeiten an Stahl u. Oberflächenschutzarbeiten an Aluminiumlegierungen

Richtlinien für die Ausschreibung und Lieferung von Aluminiumfenster (X/69), Herausgeber: Metallverband

2. Wertung

Aus der großen Zahl vorliegender Normen etc. ist zu entnehmen, daß der Metallbauverband als treibende Kraft bemüht ist, eine umfassende Gütesicherung auf der Grundlage konkreter Definitionen vorzunehmen.

Es muß jedoch bemängelt werden, daß in Teilbereichen, wie z. B. im Rahmen der DIN 4113, die Richtlinien für die Berechnung und Ausführung von Aluminiumbauteilen noch nicht verabschiedet wurden oder eindeutige Anforderungen an die Profilgestaltung bis heute noch nicht definiert wurden.

Verschiedene Einzelheiten wurden, soweit dies im Rahmen dieser Arbeiten angebracht erschien, in den entsprechenden Teilbereichen behandelt.

Qualitätsbestimmende Einzelheiten, wie z. B. die ausreichende Dimensionierung der Flügelprofile, Fragen der zulässigen Durchbiegung oder möglicher Profilstöße, werden entweder nicht behandelt oder nur angerissen, ohne daß exakte Forderungen definiert werden. Die laufende Bezugnahme auf weitere Normen mag zwar sachlich richtig sein. Für den Benutzer der Richtlinien erfordern derartige Bezugnahmen jedoch einen Mehraufwand an Arbeitsleistung, der i. d. R. im Mittel- und Kleinbetrieb nicht erbracht werden kann.

5.4.1.3. Wertung der Literatur

Entsprechend der zunehmenden Bedeutung des Aluminiumfensters vor allem bei Großbauvorhaben der öffentlichen und privaten Verwaltung finden sich in der Literatur eine Reihe von Veröffentlichungen, deren Aussagen jedoch nur zum Teil wissenschaftlich fundiert sind. Während der Werkstoff selbst technologisch erforscht und in Fachkreisen als bekannt anzusehen ist, sind bei Teilproblemen – wie z. B. Eckverbindung, wärmegedämmten oder beheizten Fensterprofilen, der Lösung der drei Dichtungszonen, der Beschlagsanbringung, der Oberflächenbehandlung etc. – noch weitere Entwicklungen zu erwarten. Bedingt durch die Konkurrenzsituation der einzelnen Profil- und Fensterhersteller werden entsprechende Ergebnisse i. d. R. nicht veröffentlicht.

In Firmeninformationen werden – wie in anderen Branchen auch – i. d. R. nur die Vorzüge einzelner Konstruktionen in nicht weiter nachprüfbarer Form oder – wie vielfach auch in Architektenveröffentlichungen – nur auf der Grundlage empirischer Erfahrungen dargestellt.

Es wurde bisher versäumt, neben den Vorzügen des Aluminiumfensters oder einzelner Systeme auch die Problembereiche anzusprechen und eindeutige Beurteilungskriterien herauszustellen. Nur so ist es zu erklären, daß in der letzten Zeit am Markt in zunehmendem Maße die Verbreitung ausländischer Fabrikate festzustellen ist, die den bundesdeutschen Qualitätsvorstellungen und den Qualitätsforderungen der Benutzer nicht entsprechen, und gewählt werden, weil sie preisgünstiger sind als die hiesigen Fenstersysteme. Eine wettbewerbsneutrale und sachliche Information fehlt bis heute.

Selbst ausgezeichnete wissenschaftliche Veröffentlichungen, wie z. B. von Triebel/Rompf, leiden darunter, daß nur ein bestimmtes System untersucht wird und damit bei der Vielzahl der Fenstersysteme und Verbindungsmöglichkeiten allgemeingültige Aussagen nicht gemacht werden können.

In anderen Veröffentlichungen, wie z. B. bei Bauer [7], [169] oder [173] werden nur grundlegende Fakten dargestellt, ohne daß nachprüfbare Bezugsgrundlagen in allen Fällen aufgezeigt werden. Verschiedene wesentliche Probleme, wie z. B. die raumklimatische Wirkung von Aluminiumfenstern und die Probleme einer dauerhaft funktionsgerechten Ausbildung der Dichtzonen, werden in der Literatur unterbewertet oder ganz vernachlässigt.

In der Anwendung und in den Versprechungen verschiedener Werbeschriften wird oft übersehen, daß der Vorteil einer praktisch unbegrenzten Haltbarkeit und eines unbegrenzt schönen Aussehens nur gegeben ist, wenn ein direkter Kontakt mit anderen elektrischen Potentialen und Alkalien bei und nach dem Einbau nicht gegeben ist und eine regelmäßige Pflege und/oder eine periodische Erneuerung evtl. zusätzlicher Schutzmaßnahmen gewährleistet wird.

5.5. Kunststoff-Fenster

Das Kunststoff-Fenster hat in den letzten Jahren eine zunehmende Verbreitung erfahren, obwohl z. T. gravierende Schäden aufgetreten sind, eine Reihe grundlegender Fragen – wie noch dargestellt wird – nicht geklärt und nach dem derzeitigen Erkenntnisstand auch nicht lösbar sind.

5.5.1. Problemstellung und Kriterien

Bei dem Einsatz des Kunststoffes im Fensterbau wirkt sich der Zusammenhang von Beanspruchungen, Werkstoffeigenschaften, Profilgebung und Fensterherstellung nachhaltiger aus als bei Fenstern anderer Werkstoffe. Die Eigengesetzlichkeit der Kunststoffe ist wegen der relativen Neuartigkeit des Werkstoffes und der unvollständigen und oft einseitigen Informationen der Hersteller nur ungenügend bekannt.

Kriterien:

werkstoffbedingt: die Temperaturabhängigkeit der Festigkeitseigenschaften und hierbei besonders die reversiblen und irreversiblen Verformungen, Versprödungen und Vergilbungen;

profilbedingt: die Profilgestaltung, die möglichen Profilverstärkungen, die Eckfügung, die Ausbildung der Dichtzonen und die Beschlagsbefestigung;

herstellungsbedingt: die Kenntnis der ungewohnten Werkstoffeigenschaften und deren Auswirkungen auf die Herstellung und die Güteeigenschaften, die erforderliche Präzision der Verarbeitung;

einbau- und nutzungsbedingt: die örtlichen Einbaubedingungen, Abdichtungsmöglichkeiten und Maßnahmen, das Auftreten von Zwängungskräften bei unsachgemäßem Einbau, die Notwendigkeit einer regelmäßigen Fenster- und Profilreinigung und unvermeidlicher Maßnahmen zur Beseitigung der Vergilbungserscheinungen.

5.5.2. Werkstoff Kunststoff

5.5.2.1. Allgemeine Werkstoffeigenschaften

Die Eigenschaften der Kunststoffe werden von den Elementen, die außer dem Kohlenstoff vorhanden sind, von der Bildungsreaktion und der Struktur des Kunststoffes sowie von Füll- und Zusatzstoffen bestimmt.

Für Rahmenkonstruktionen werden überwiegend Polyvinylchlorid (PVC), daneben vereinzelt auch ungesättigtes Polyesterharz (GUP) eingesetzt.

Gemäß DIN 7748 gibt es beim PVC die modifizierenden Typen:

Typ 640 (normal schlagzäh)
Typ 641 (erhöht schlagzäh)
Typ 642 (hoch schlagzäh).

Für Rahmenkonstruktionen wird Typ 641 (erhöht schlagzäh) sowie bei wenigen Konstruktionssystemen PVC weich verwendet.

PVC ist wie alle Thermoplaste ein hochmolekularer Stoff mit linearen, nicht miteinander verbundenen Molekülketten. Durch Temperaturerhöhung vergrößert sich die Beweglichkeit der Ketten untereinander bis zur plastischen Fließbarkeit. Thermoplaste sind in der Wärme formbar, sie sind schweißbar und werden bei Abkühlung durch eng verfilzte (amorphe) oder eine teilweise gebündelte (kristalline) Zusammenlagerung wieder fest. Der wiederholten und warmplastischen Formbarkeit wird nur durch den bei übermäßiger Temperaturbeanspruchung einsetzenden chemischen Abbau eine Grenze gesetzt. Im gummielastischen Zustandsbereich sind Umformungen möglich, die jedoch durch Abkühlen unter Spannung fixiert werden müssen. Bei Wiedererwärmung unter Temperaturen, die unter den Umformungstemperaturen liegen, stellt sich das Teil in der Ursprungsform zurück.

Dies gilt auch für die extrudierten Fensterprofile, bei denen durch die Zusammenpressung des Materials eine Streckung der schlangenförmigen Molekularstruktur eintritt. Mit der Wiedererwärmung z. B. durch Sonneneinstrahlung nehmen – nach Schlegel [217] – die Molekülketten unter Verkürzung der Profillängen wieder ihre leicht gewundene Stellung ein. Durch eine Wärmenachbehandlung („Tempern") läßt sich die Rückstellung der Molekularstrukturen weitgehend abmindern. Der vielseitigen Verarbeitbarkeit steht – nach Wendehorst/Saechtling [284] – der Nachteil entsprechender Temperaturabhängigkeit des mechanischen Verhaltens gegenüber.

Die Temperaturgrenzen störender Versteifung liegen bei zahlreichen Kunststoffen dieser Gruppe sehr unterschiedlich.

PVC-weich entsteht bei der Verarbeitung von PVC-Pulver mit Weichmachern. Es kann – nach Binder [16] – glasklar bis deckend eingestellt werden. Die Eigenschaften hängen von Art und Menge des verwendeten Weichmachers ab. Je kleiner das Weichmachermolekül ist, desto stärker ist seine weichmachende Wirkung. Mit zunehmender Größe sinkt die Weichmacherflüchtigkeit und -wanderung und um so größer ist – mit Ausnahmen – die chemische Beständigkeit. Die geringe Maßhaltigkeit bei dauernder mechanischer Beanspruchung läßt sich durch elastifizierende Komponenten verbessern. Alle Materialeigenschaften sind temperaturabhängig. Bei Kälte wird PVC-weich steifer und versprödet, bei höheren Temperaturen wird es stetig weicher, ohne daß der für PVC-hart typische Erweichungsbereich gegeben ist. Die Witterungsbeständigkeit des PVC läßt sich durch sorgfältige Auswahl von Stabilisatoren und Weichmachern einstellen. Die chemische Beständigkeit ist gegenüber verdünnten wäßrigen Lösungen gut. Einige Säuren, Laugen sowie Lösungsmittel zerstören den Weichmacher.

PVC-hart ist nichtkristallin, glasklar oder deckend eingefärbt. Es ist – nach Binder [16] – ein harter Kunststoff mit guten Zeitstandeigenschaften und geringem Festigkeitsabfall bei Dauerbelastung. Bei mäßiger Beanspruchungsgeschwindigkeit verhält sich PVC-hart zäh, bei schneller Beanspruchung spröde. Bei tiefen Temperaturen überwiegt das Sprödeverhalten. Der E-Modul sinkt bei steigenden Temperaturen relativ lange konstant. Der Erweichungspunkt liegt um +80 °C, die Einsatzgrenze bei +65° bis +70 °C. Die Witterungsbeständigkeit läßt sich auch für den Dauereinsatz gut einstellen. Gegen anorganische Säuren, Laugen, Salzlösungen, Oxydationsmittel, Kohlenwasserstoffe etc. ist PVC-hart gut beständig, gegen spezifische Lösungsmittel wie aromatische Kohlenwasserstoffe, Ester, Ketone und Chlorkohlenwasserstoffe ist es unbeständig. Es verlischt außerhalb des Flammenbereiches und gilt als schwer entflammbar nach DIN 4102.

Für Hart-PVC-Fenster wird das vorstehend genannte modifizierte Material verwendet. Unter Hart-PVC-Fenstern werden – nach Delekat (Hundertmark [102]) – Fenster aus dem Rohstoff DIN 7748, Typ 641 (erhöht schlagzäh) verstanden. PVC-Profile werden durch Extrusion unter Verwendung von Gleitmitteln extrudiert.

Hierdurch wird das Fließverhalten von PVC verbessert und die Verarbeitung erleichtert. Ihre Verträglichkeit mit dem PVC bestimmt, ob sie als innere oder äußere Gleitmittel wirken. Erstere setzen die Schmelzviskosität der plastifizierten Masse herab, letztere verhindern zu starkes Haften an den Maschinen. Als Schmelzstoffe werden dem Grundstoff (PVC-Pulver oder -Granulat) Stabilisatoren, Witterungsschutzstoffe, Schlagfestkomponenten, Farbstoffe und Gleitmittel nach Spezialrezepten der Profilhersteller zugesetzt.

PVC-schlagzäh (Typ 640, 641, 642) – gem. DIN 7748 – entspricht in den meisten Eigenschaften dem PVC-hart. Es ist jedoch nicht glasklar, sondern transparent. Der Sprödbruchbereich ist zu tieferen Temperaturen abgesenkt als bei PVC-hart, der Erweichungsbereich liegt geringfügig tiefer.

Das bekannteste erhöht schlagzähe PVC wird durch Zusatz von chloriertem Polyäthylen sowie weiterer witterungsstabiler Kautschuk-Komponenten hergestellt.

Wie alle Thermoplaste neigt auch PVC-hart und -schlagzäh nach Mundt [167] zur irreversiblen Formänderung unter Dauerbelastung. Bauteile aus PVC können deshalb nur begrenzt zur Lastabtragung eingesetzt werden. Eine Begrenzung der Flügelgrößen unter Berücksichtigung teilweiser Aussteifungen bzw. Verstärkung der Hohlprofile durch lastabtragende Metallprofile ist deshalb unerläßlich. Tabellen-

Stoff		E (kp/cm²)
PVC hart		20–30 000
PVC schlagzäh		15–25 000
PVC weich		100–10 000
PE hart		6–15 000
PE weich		2– 4 000
PP		11–16 000
BT		ca. 5 000
PS		32–34 000
SAN		34–37 000
SB		18–28 000
ABS		20–33 000
PMMA		16–46 000
CA		14–27 000
CAB		13–19 000
PC		22–25 000
PA[1])	6; 6.6	14–16 000
PTFE		4– 5 000
POM		28–35 000

[1]) gesättigt bei 65 % r. F.

Tabelle 37: Elastizitäts-Moduln von Thermoplasten ca. + 20 °C [16]

Stoff		Streck-spannung (kp/cm²)	Bruch-dehnung %
PVC hart		500–600	10– 60
PVC schlagzäh		230–500	10– 150
PVC weich		160–300	170– 400
PE hart		200–300	100–1000
PE weich		70–130	300–1000
PP		300–350	500– 700
BT		200	250
PIB		20– 60[2])	1000
PS		450–650[2])	3– 5
SAN		600–750[2])	3– 6
PMMA		700–800	ca. 20
PC		620–670	80
PA[1])	6	380–450	220– 320
	6.6	480	260
	11, 12	420–460	230– 240
PTFE		140–160	300– 500
POM		630–700	20– 40

[1]) gesättigt bei 65 % r. F.
[2]) Zugfestigkeit

Tabelle 38: Streckspannung und Bruchdehnung von Termoplasten bei ca. + 20 °C [16]

werte über die Festigkeitseigenschaften der Kunststoffe können nicht ohne weiteres in statische Berechnungen übernommen werden.

5.5.2.2. Untersuchung der im Fensterbau kritischen Werkstoffeigenschaften des PVC-erhöht schlagzäh

Die Temperaturabhängigkeit des PVC-erhöht schlagzäh beeinflußt die Längenänderung, die Durchbiegung, die Formstabilität, die Schlagzähigkeit und als Folge die Luft-, Schall- und Schlagregendurchlässigkeit. Als Ursache hierfür ist die Veränderung des Elastizitätsmoduls, der Zug- und Druckfestigkeit, der Biegezugfestigkeit und die geringe Wärmeleitfähigkeit anzusehen.

Von den Eigenschaften der Kunststoffe werden nur einige der wesentlichen mechanischen und physikalischen Eigenschaften, soweit sie für die weiteren Darstellungen von Bedeutung sind, behandelt.

1. Elastizitätsmodul

Nach Delekat [38] und anderen Autoren hängt der E-Modul von der Temperatur, der Zeit, der Dauer und Größe der einwirkenden Kräfte und der speziellen Einstellung des Kunststoffes ab. Eine Versteifung des Materials (Ansteigen des E-Moduls) ist im Verlaufe langer Zeiträume nicht zu vermeiden. Bei Thermoplasten erhöht sich der E-Modul mit sinkenden Temperaturen und sinkt mit erhöhten Temperaturen.

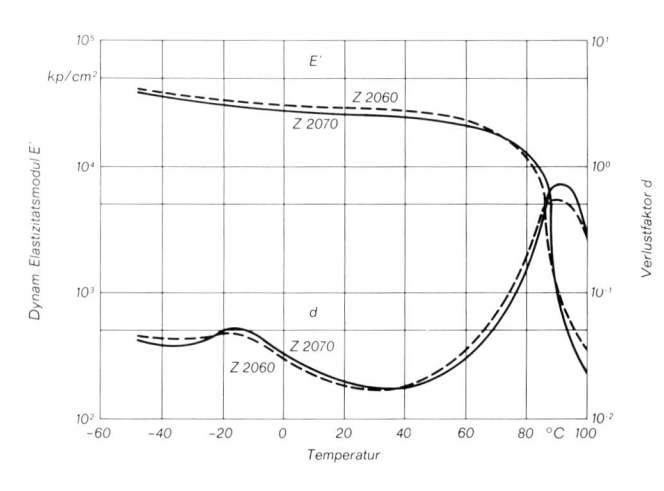

Abb. 129: Dynamischer E-Modul E' und Verlustfaktor d von Hostalit Z 2060 und Z 2070 in Abhängigkeit von der Temperatur [171] (gemessen nach DIN 53 445, Prüffrequenz 1 bis 0,3 Hz)

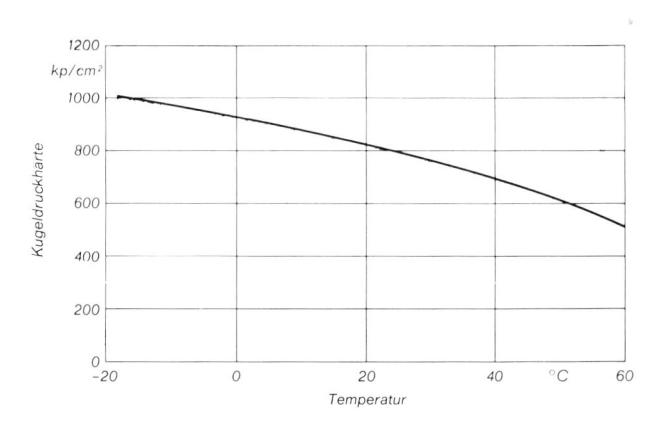

Abb. 130: Kugeldruckhärte von Hostalit Z 2060 und Z 2070 in Abhängigkeit von der Temperatur [171] (gemessen bei einer Belastung von 5 kp in Triäthylenglycol)

Der Einfluß der Temperatur auf die Steifheit läßt sich aus Torsionsschwingungsversuchen nach DIN 53 445 abschätzen. Man erhält dabei den dynamischen Schubmodul G. Tabellarische Werte (Tab. 37) erfassen die Werte gem. DIN 53 452 bei einer Temperatur von + 20 °C. Sie liegen bei PVC-erhöht schlagzäh nach verschiedenen Veröffentlichungen zwischen 24 000 und 26 000 cm^2/kp und lassen die temperaturabhängigen Veränderungen nicht erkennen. Aus Abb. 129 läßt sich die temperaturabhängige Veränderung des dynamischen E-Moduls entnehmen. Hostalit Z 2070 entspricht hierbei dem Typ 641 PVC-erhöht schlagzäh. Es ergibt sich hieraus, daß dieser E-Modul bis etwa 60 °C gleichmäßig und bei höheren Temperaturen verstärkt abnimmt.

Die an den Fenstern erreichbaren Oberflächentemperaturen — die bei schwarzen Oberflächen fast 80 °C betragen — sind Abb. 24 zu entnehmen. In [174] wird als obere Gebrauchstemperatur ca. 60° angegeben. Diese Temperaturen werden bei schwarzen Profilen überschritten und mit grauen Profilen erreicht. Die zunehmende Erweichung mit steigender Temperatur ist Abb. 130 zu entnehmen. Es ergibt sich hieraus, daß PVC-erhöht schlagzäh bei 60 °C nur noch ca. die halbe Härte des Wertes von − 20 °C aufweist. Nach [174] ergibt sich die Zeitabhängigkeit des E-Moduls am deutlichsten aus dem *Biege-Kriechmodul* (Abb. 131). Bei einer Erwärmung auf + 60 °C über zwei Stunden reduziert sich der E-Modul fast auf die Hälfte seines Ausgangswertes. Die Folge hiervon ist, daß allein das Eigengewicht (Flügel und Verglasung) ausreicht, um schädliche Verformungen zu verursachen. Kunststoffe zeigen bei konstanten Belastungen zunehmende Verformung (Retardation) oder bei konstanter Verformung nachlassende Spannungen (Reflaxation). Thermoplaste durchschreiten im Zugversuch (Abb. 132) nach zunächst elastischer Verformung ein Maximum (Streckspannung), danach folgt i. d. R. ein Minimum und danach wieder ein Anstieg bis zum Bruch. Eine Übersicht ergibt sich aus Tab. 38. Die Bruchdehnung kann zwischen 5 und 1000 %, die langzeitige elastische Dehnung i. d. R. unter 5, maximal bis 10 % betragen. Mit steigender Temperatur nimmt die Streckspannung der Thermoplaste ab, bei tiefen Temperaturen wird wegen der nur geringen Bruchdehnung die Streckspannung nicht oft erreicht. Bei höheren Temperaturen ist die Streckgrenze nicht ausgeprägt. Infolge der verringerten Dehnung geht das Bruchverhalten bei tiefen Temperaturen von zäh nach spröd über (Tab. 39). Große Abweichungen dieser Werte sind unvermeidlich.

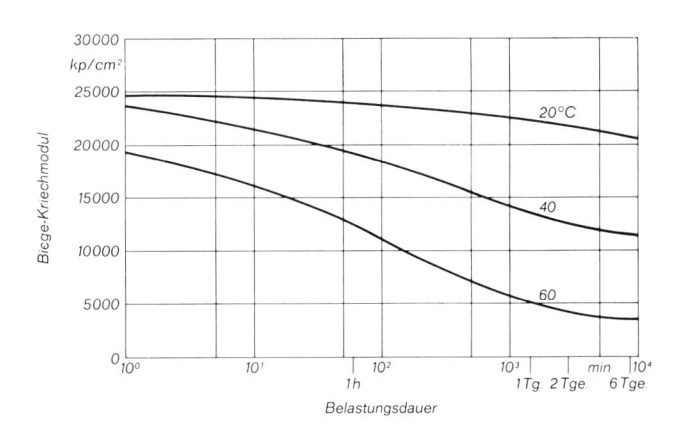

Abb. 131: Biegekriechmodul von Hostalit Z 2060 und Z 2070 in Abhängigkeit von Belastungszeit und Temperatur [171] (Spannung in der Randfaser 50 kp/cm^2)

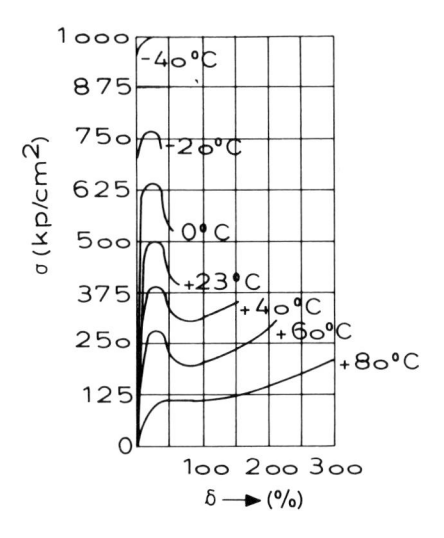

Abb. 132: Zug-Dehnungslinien von PVC bei verschiedenen Temperaturen [103]

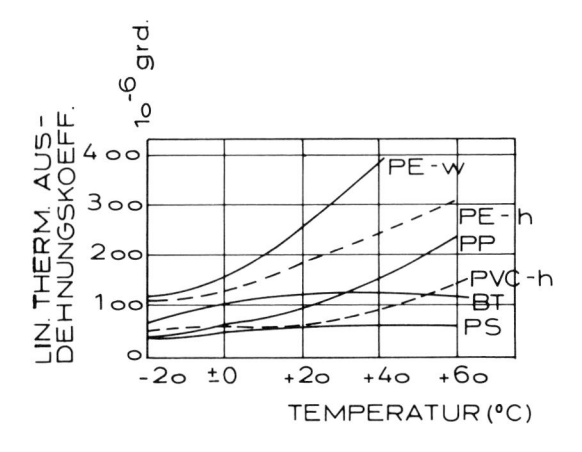

Abb. 133: Lineare thermische Ausdehnung von Thermoplasten [16]

2. Die Schlagfestigkeit

der Thermoplaste bestimmt ihre Verwendbarkeit als Fensterwerkstoff. Werte der Schlagzähigkeit und der Kerbschlagzähigkeit sind Tab. 40 zu entnehmen.

Die Schlagfestigkeit der meisten Kunststoffe läßt sich nicht durch den Schlagbiegeversuch, sondern im Kerbschlagversuch prüfen (DIN 53 453). Da zähe Kunststoffe in beiden Versuchen ohne Bruch bleiben, kann auch der Schlagzug nach DIN 53 448 ausgewertet werden.

Die Übertragung aller Schlagversuchergebnisse auf die Praxis ist — nach Binder [16] — nur empirisch möglich, da der Schlagvorgang in der Praxis stets komplex und nicht

Stoff	Übergangstemperatur (°C)
PVC hart	± 0 bis − 5
PVC schlagzäh	−10 bis − 25
PVC weich	± 0 bis − 40
PE hart	unter −100
PE weich	unter −100
PP	± 0 bis − 20
BT	−20 bis − 30
PS	über Gebrauchstemperatur
SAN	über Gebrauchstemperatur
SB	−10 bis − 30[1]
ABS	−10 bis − 30[1]
PTFE	unter −100
POM	unter − 40

[1] große Abweichungen möglich

Tabelle 39: Übergangstemperaturen verschiedener Kunststoffe von zäh nach spröd (Anhaltswerte) [16]

reproduzierbar ist. Für die Entwicklung und den Vergleich von Bauteilen aus Kunststoffen können die Aussagen jedoch nützlich sein.

3. Sonstige Eigenschaften

Hierzu gehören Streckspannung und Bruchdehnung (Tab. 38). Das Zugdehnungsverhalten ergibt sich aus

Stoff		Schlagzähigkeit + 20 °C	Kerbschlagzähigkeit + 20 °C
PVC hart		k. B.	2− 4
PVC schlagzäh		k. B.	4−30
PVC weich		k. B.	k. B.
PE hart		k. B.	5−k. B.
PE weich		k. B.	k. B.
PP		k. B.	3−15
BT		k. B.	k. B.
PS		5−20	2− 3
SAN		20−32	3− 5
SB		40−k. B.	5−15
ABS		k. B.	6−20
PMMA		12−22	2− 5
CA		50−75	6−12
CAB		k. B.	2−15
PC		k. B.	20
PA[1]	6	k. B.	25−k. B.
	6,6	k. B.	20−30
	11; 12	k. B.	20−40
PTFE		k. B.	13−15
POM		k. B.	8−10

[1] gesättigt bei 65 % r. F.
k. B. = kein Bruch

Tabelle 40: Schlagzähigkeit von Thermoplasten [16]

Abb. 132. Anhaltswerte für die Kälteversprödung ergeben sich aus Tab. 39, doch ist hier − nach Binder [16] − mit großen Abweichungen zu rechnen.

4. Die lineare thermische Ausdehnung

verschiedener Kunststoffe ist in Abb. 133, Tab. 41 dargestellt. Die Dichteabnahme bei höherer Temperatur trägt bei den meisten Kunststoffen zur Erhöhung der thermischen Ausdehnung bei. Die Temperaturverhältnisse bei Sonneneinstrahlung ergeben sich aus Abb. 134, 135. Es läßt sich hieraus entnehmen, daß Wandungsdicke und Profilquerschnitt Einfluß auf die Oberflächentemperatur haben und sich die hier dargestellten Werte nicht ohne weiteres auf die Verhältnisse am Fenster übertragen lassen.

Für den Fensterbau müssen die Längenänderungen zumindest größenordnungsmäßig richtig abgeschätzt werden, um zu vermeiden, daß im Sommer oder Winter die Fenster klemmen, Verriegelungen nicht mehr greifen, die Verglasung undicht wird oder zerspringt oder im Wandanschlußbereich Schäden oder Undichtigkeiten auftreten.

Für die thermische Dehnung des Fensterprofils gilt bei konstantem Temperaturverlauf von außen nach innen die Formel

$$\Delta l = \Delta t \times \alpha_t \times l$$

für Δt ist die Mitteltemperatur (in Profilmitte) einzusetzen;

α_t wird für den Temperaturbereich − 30 °C bis + 50 °C mit dem Mittelwert 8.0×1.0^{-5} eingesetzt.

Delekat/Morianz [39] haben den Temperaturverlauf von Ein- und Drei-Kammer-Profilen untersucht (Abb. 134) und hierbei festgestellt, daß bei weißer Oberfläche eine Oberflächentemperatur von + 44 °C erreicht wird, daß bei Mehrkammerprofilen die Temperaturdifferenzen zwischen außen und innen größer sind, daß bei Aluminium-Aussteifungen der Wärmedurchlaßwiderstand abgemindert wird, aber bei den Profilen unabhängig von der Zahl der Kammern und evt. vorhandener Aussteifungen etwa die gleiche Längenänderung festzustellen ist.

Nach praktischen Meßergebnissen − Abb. 135 (unveröffentlichte Firmenangabe) − reduziert sich demgegenüber der lineare Ausdehnungskoeffizient nach Angaben verschiedener Fensterhersteller als Folge der sonstigen thermischen Eigenschaften auf etwa ein Drittel des theoretischen Wertes. Nach Delekat [38] entspricht die tatsächlich auftretende Dehnung den Größenordnungen der Aluminiumfenster.

Die Diskrepanz der Aussagen ergibt sich aus der Annahme des konstanten Temperaturverlaufes von der Außen- zur Innenseite. Durch den instationären Temperaturverlauf (abhängig von Sonnenscheindauer etc.) ergibt sich ein Temperaturverlauf gem. Abb. 135 und damit eine geringere Längenänderung als bei der Annahme eines geradlinigen Temperaturverlaufs.

Klindt [123] kommt demgegenüber zu der Auffassung, daß man bei einer mittleren Herstellungstemperatur davon ausgehen kann, daß sich ein Fensterprofilstrang von 1 m Länge um ± 1 mm/m verlängern oder verkürzen wird. Er geht hier-

Stoff	Lin. therm. Ausd.-Koeff. (10^{-6}/grd)	Wärmeleit-fähigkeit (kcal/mh grd)	Spezifische Wärme (cal/g grd)
PVC hart	60	0,14	0,23
PE hart	180	0,33–0,44	0,42–0,45
PE weich	260	0,30	0,50
PP	90	0,19	0,4
PS	60	0,14	0,32
PMMA	70	0,16	0,35
Zum Vergleich:			
Stahl	12	43	0,113
Kupfer	18	340	0,092

Tabelle 41: Kalorische Eigenschaften bei + 20 °C [16]

bei von einem optimalen Δt von 35 °C und einem $\alpha = 7,0 \times 10^{-5}$ aus. Delekat [39] geht demgegenüber von einem Δt von 31 °C und einem $\alpha = 8,0 \times 10^{-5}$ aus. Die unterschiedlichen Annahmen kompensieren sich gegenseitig weitgehend.

Im Hinblick auf die mangels geeigneter Veröffentlichungen wissenschaftlich nicht näher nachprüfbaren Untersuchungsergebnisse erscheint es sicherheitshalber empfehlenswert, von den Werten nach Delekat [39] Abb. 134 bzw. Klindt [122] bei der Abschätzung der effektiven Längenänderung von weißen Kunststoffprofilen auszugehen.

5. Durchbiegung einseitig bestrahlter Rahmenteile

Die Durchbiegung (f) eines nicht ausgesteiften, frei gespannten und nicht verglasten Rahmenteils als Folge unterschiedlicher Temperaturen innen und außen kann man u. a. nach Delekat [39] aus der Formel

$$f = \frac{\Delta t \times \alpha_t}{h} \cdot \frac{l^2}{8} \quad (cm)$$

Δt = Temperaturunterschied der Oberflächen bei konstantem Wärmefluß durch das Profil
α_t = Längenausdehnungskoeffizient
l = Rahmenteillänge (cm)
h = Profildicke zwischen äußerer und innerer Oberfläche (cm)

errechnen.

Hierbei findet der Profilquerschnitt in dieser Formel keine Berücksichtigung. Für die Durchbiegung infolge Temperatureinwirkung wäre es demzufolge unerheblich, ob es sich um Ein- oder Mehrkammerprofile handelt.
Unterschiedliche Durchbiegungen ergeben sich nach Delekat [39] als Folge des höheren k-Wertes der Mehrkammerprofile (größere Temperaturdifferenz) und die Strahlungsdurchlässigkeit des PVC im Bereich von 3,2 bis 3,6 und 6,6 bis 7,3 μm Wellenlänge. Hierdurch würden die Wärmestrahlen auch die innere Wandung bei Einkammerprofilen mehr aufheizen als bei Mehrkammersystemen.

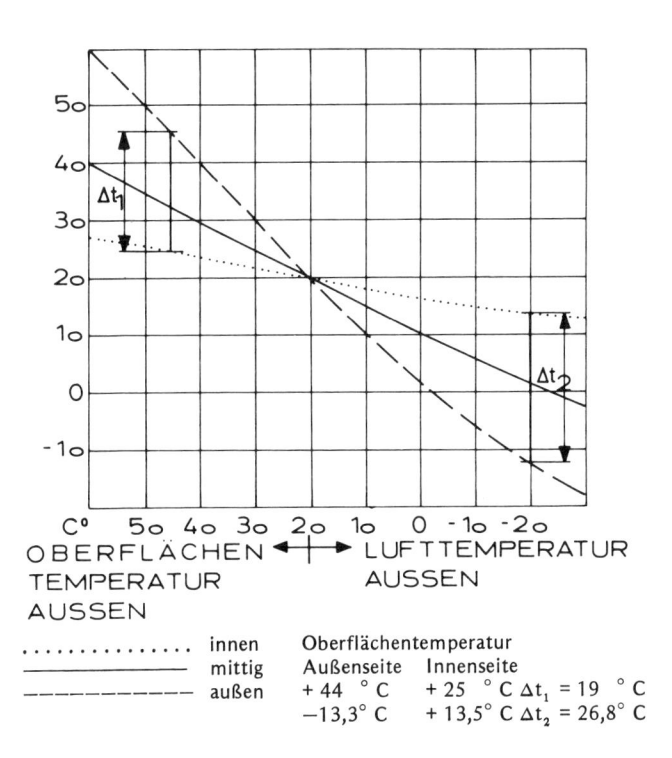

.... innen
——————— mittig
– – – – – – – außen

Oberflächentemperatur
Außenseite Innenseite
+ 44 °C + 25 °C Δt_1 = 19 °C
–13,3° C + 13,5° C Δt_2 = 26,8° C

Abb. 134: Temperaturverlauf am Profil der Abb. 137 [39]
Materialtemperaturen

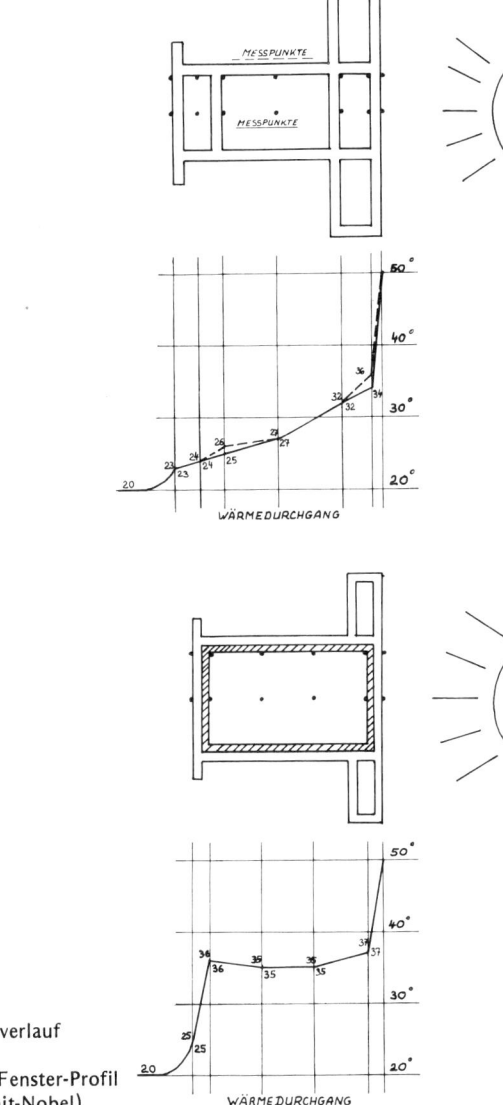

Abb. 135: Temperaturverlauf durch ein Kunststoff-Fenster-Profil (Fa. Dynamit-Nobel)

System	Durch-biegung bei P = 30 kp (mm)	Durchbiegung bei einseit. Bestr. $T_0 = 80\,°C$ (mm)	Rangfolge der Durch-biegung bei Belastung b. eins. Bestr. mit 30 kp $T_0 = 80\,°C$
A	4,5	−1,0	1.	1.
E	6,0	−3,5	2.	5.
G	6,25	−2,0	3.	3.
F	6,3	−5,5	4.	7.
D	6,4	−1,5	5.	2.
C	7,0	−3,5	6.	6.
B	7,2	−2,0	7.	4.
H	11,0	−6,5	8.	8.

Tabelle 42: Durchbiegung von Kunststoff-Fenster-Profilen bei mechanischer Belastung und einseitiger Bestrahlung [101]

Abb. 136: Verbiegung von Fensterprofilen bei einseitiger Bestrahlung in Abhängigkeit von der Zeit [101]

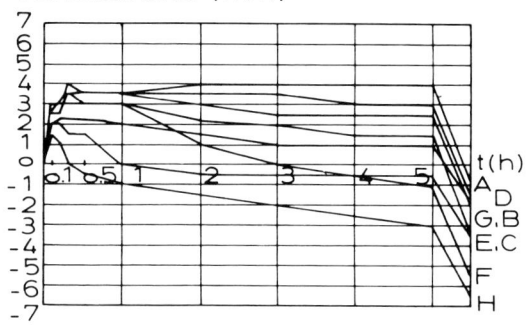

SCHWARZBLECHTEMPERATUR : 80°C
FREIE PROFILLÄNGE : 40 cm

Demgegenüber hat man bei Rolläden aus PVC festgestellt, daß sich die Rolladenstäbe zunächst zur Wärmequelle hin, im weiteren Gebrauch dann wieder zur Fensterfläche hin wölben. Die Durchbiegungswerte einseitig bestrahlter und belasteter Fensterprofile ergeben sich aus Tab. 42 und Abb. 136.

Durchbiegungen aus Temperatureinwirkungen ergeben sich aus den unterschiedlichen Dehnungen der einzelnen Wandungen, wobei sich, entsprechend der abnehmenden Erwärmung nach innen hin, eine Dehnungsbehinderung ergibt. Sie errechnet sich aus den Biegemomenten, bei innen und außen ungleichen Temperaturen

$$M = E \cdot J_x \cdot \alpha_t \cdot \frac{\Delta t}{d} \; (kp/cm^2)$$

Die auftretenden Spannungen betragen beim Trocal-Profil TF 102 bei $\Delta t = 30\,°C \pm 31\, kp/cm^2$.

Da mit der zunehmenden Erwärmung nach außen hin (bei Sonneneinstrahlung) zugleich eine Abminderung der Festigkeitseigenschaften (E-Modul, Zug/Druckfestigkeit) eintritt, verändert sich auch die Durchbiegung, die sich, nach Auffassung des Verfassers, mit den üblichen Berechnungsmethoden nicht mehr erfassen läßt.

Bei ausgesteiften Profilen werden weitere eine Durchbiegung behindernde Faktoren wirksam.

Als gesichert kann angesehen werden, daß die ungleichen Spannungen des unversteiften Profils zu Abweichungen von der Geraden führen können, die über die üblichen, in der Literatur nicht näher deffinierten Toleranzen hinausgehen. Eine grobe Abschätzung der Durchbiegung ist deshalb nach der o. g. Formel nur mit Vorbehalt möglich. Eine Überlagerung mit der statischen Durchbiegung ist zu berücksichtigen.

6. Statisches Verhalten von PVC-Fensterprofilen

Neben der Beanspruchung aus Eigengewicht wird die Windbelastung — wie bei den anderen Fenstersystemen — zum entscheidenden Kriterium. Als ungenügend bestimmte Faktoren sind hierbei der jeweils temperaturabhängige E-Modul und der Ausdehnungskoeffizient anzusehen. Die Durchbiegung aus Windbelastung sollte unter Berücksichtigung der zulässigen Isolierglasdurchbiegung $f = \frac{l}{300}$ bzw. ≤ 8 mm, bei Sonderverglasungen, z. B. Thermopane – Parsol $f = \frac{l}{500}$ bzw. ≤ 6 mm, bei Berücksichtigung einer gerade noch funktionsfähigen Dichtung zwischen Flügel und Blendrahmen $f \leq 3$ mm betragen. Bei Durchbiegungen über 3 mm ist eine Funktionserfüllung der Dichtungen nicht mehr gewährleistet. Die Durchbiegung für eine Dreieckslast beträgt

$$f = \frac{2\, q_w \cdot l^5}{240 \cdot E \cdot J}$$

Klindt [122] weist nach, daß bei einem Profil mit einem J_x von 60 cm^4 in einem 8 bis 20 m hohen Gebäude und einem E von 25 000 kp/cm^2 (bei 20 °C) ein einseitig belasteter Flügelrahmenteil bei $f = 8$ mm eine Flügelrahmenteillänge von 1,30 m;

bei $f = \frac{l}{300}$ eine Flügelrahmenteillänge von 1,10 m;

bei $f = 3$ mm eine Flügelrahmenteillänge von 1,05 m

unausgesteift erhalten kann.

Bei der Überlagerung mit der thermischen Durchbiegung ergibt sich eine freie Flügelteillänge von ca. 0,80 m.

Es ergibt sich hieraus, daß bei diesem Profil die Verriegelungsabstände 80 cm nicht übersteigen dürfen oder, daß durch aussteifende Metalleinlagen eine Verringerung der Durchbiegung erzielt wird. Als Aussteifung werden Aluminium- oder Stahlprofile eingesetzt, die i. d. R. im Eckbereich nicht miteinander verbunden werden. Die Querschnittsbestimmung erfolgt nach rein statischen Gesichtspunkten in Abhängigkeit von Durchbiegung und Fensterprofilquerschnitt.

Gemäß DIN 18 056 (3.2.) wird nur bei Fensterwänden (über 9 m) eine statische Berechnung die ausreichende Bemessung nachweisen. Im Kunststoff-Fensterbau und den dort vorkommenden Fensterabmessungen braucht diese

Norm nicht angewendet werden. Die von verschiedenen Profilherstellern herausgegebenen Bemessungsdiagramme lassen sich nur dann sinnvoll verwenden, wenn sie mit einem Prüfvermerk versehen sind.

In der vorliegenden Literatur beschäftigen sich vor allem Delekat/Morianz [39] und Klindt [122] mit dem statischen Verhalten der Fensterprofile, ohne daß grundlegende Berechnungsverfahren aufgezeigt werden. Doch gelten auch hier gewisse allgemeingültige Erkenntnisse. Die Durchbiegung eines Rahmen- oder Flügelteiles läßt sich durch entsprechende Erhöhung des Trägheitsmomentes, d. h. Vergrößerung der Abmessung des Profils in der zu verstärkenden Richtung und Vergrößerung der Masseteile im Bereich der statisch wirksamen Zone abmindern. Eine geringere Durchbiegung durch Windkräfte wird, das in Abb. 137 dargestellte, nicht zusätzlich ausgesteifte Profil im Vergleich zu dem Profil aus Abb. 138 aufweisen.

Nach Auffassung des Verfassers ist es zur Beseitigung der Unsicherheit im Kunststoff-Fensterbau und zur Beseitigung des Risikos für die jeweiligen Auftraggeber unerläßlich, eine statische Berechnung der jeweils optimalen Flügelgrößen unter Festlegung der hierbei erforderlichen Verriegelungsabstände für alle Kunststoff-Fenster zu verlangen. Hierbei wäre von den effektiven temperaturabhängigen Kenndaten und einer optimalen Durchbiegung von 3 mm auszugehen.

7. Irreversible Verformungen

PVC hat die Eigenart, sich in Abhängigkeit von der Zeit unter Belastung plastisch zu verformen. Diese Erscheinung läßt sich je nach der Wirkung — z. B. die durch Temperatureinwirkungen bestimmten molekularen Formänderungen extrudierter, aber nicht getemperter Profile, als sog. „Altersrückstellung", oder z. B. das Durchhängen eines Flügels analog zu Stahlbetonteilen als „Kriechen", oder das lokale Ausweichen, wie z. B. aus der Metallurgie bekannt, als „Kalter Fluß" bezeichnen. Bei punktualer Überbeanspruchung, z. B. durch den Lochleibungsdruck von Schrauben, weichen die Werkstoffmoleküle zur Seite aus. Das Schraubloch vergrößert sich, und die Schraube verliert ihren festen Sitz.

Die metallurgischen Zusammenhänge sind nach Schlegel [217] erforscht. Im Kunststoff-Fensterbau sind derartige Erscheinungen bekannt; sie werden in der Literatur jedoch nicht angesprochen. Lediglich Schlegel [217] und Klindt [122] weisen sporadisch ohne nähere Begründung darauf hin. In der Praxis wird diesen Erkenntnissen Rechnung getragen und eine Beschlagsbefestigung in mehreren Profilwänden oder besser an der metallischen Aussteifung gefordert. Im Prinzip wird hierbei die gegebene Belastung auf eine größere Fläche bzw. auf einen Werkstoff geringerer Flußneigung verteilt und der Umfang der Verformung abgemindert.

Während Schlegel und Klindt eine sichere Befestigung nur bei Metallaussteifungen für möglich halten, kommen Delekat/Morianz [39] zu der Auffassung, daß schon eine 4 mm dicke Wandung eines Einkammerprofils eine ausreichende Befestigung bietet.

Berechnungsmethoden zur Abschätzung der unvermeidlichen Verformungen liegen nicht vor. Aus eigenen Beobachtungen und gestützt auf die Konsequenzen, die viele Fensterhersteller bereits gezogen haben, vertritt der Verfasser die Auffassung, daß nur bei einer Beschlagsbefestigung im Metallkern eine dauerhaft sichere Befestigung gewährleistet wird.

5.5.2.3. Fenster- und Profilsysteme

1. Übersicht

Als Kunststoff-Fenster sollen nach Delekat (in [101]) — nur solche Konstruktionen bezeichnet werden, bei denen der Kunststoff wesentliche Funktionen des Fensters erfüllt.

In der BRD werden z. Z. etwa 50 Systeme von Kunststoff-Fenstern angeboten. Die Unterschiede sind z. T. gering. Es lassen sich folgende Hauptgruppen unterscheiden:

Nach der Art des Kunststoffes:

Fenster aus PVC-hart oder -schlagzäh;
Fenster aus PVC-weich oder aus
glasfaserverstärktem Polyester (GUP).

Nach der Konstruktion:

Kunststoff-Fenster ohne Trägermaterial,
Kunststoff-Fenster mit tragenden oder aussteifenden Kern,
Kunststoff in Verbundkonstruktion mit anderen Werkstoffen.

Die Qualität der Kunststoff-Fenstersysteme wird wesentlich von dem aussteifenden oder tragenden Kern aus Stahl oder Aluminium bestimmt.

Metallische Aussteifungen dienen neben

der Erhöhung der statischen Tragfähigkeit der Flügel- und Blendrahmenteile,
der Befestigung der Bänder,
der Erhöhung der Rahmensteifigkeit bei Transport und Einbau.

Kunststoff-Fenstersysteme ohne derartige Aussteifung lassen sich i. d. R. nur für Flügelabmessungen von 110 cm bis 130 cm anwenden. Hierbei treten jedoch — wie unter Pkt. 5.5.2.2.6. nachgewiesen wurde — bereits Abfederungen von mehr als 3 mm ein, die von den Dichtungsprofilen nicht mehr abgefangen werden können, sofern nicht durch zusätzliche Verriegelungen eine Reduzierung der Durchbiegung erfolgt.

Zu den Verbundkonstruktionen zählen vor allem solche, bei denen grundsätzlich tragende oder aussteifende Verstärkungen in die Gesamtkonstruktion einbezogen werden. Die tragende Konstruktion wird von dem anderen Werkstoff übernommen. Derartige Fenster-Profile können deshalb schwächer dimensioniert werden, als Voll-Kunststoff-Fenster.

2. Kunststoff-Fenster mit und ohne Trägermaterial

Es handelt sich um Systeme, die profilmäßig weitgehend aus dem Aluminium-Fensterbau unter Berücksichtigung

Abb. 137–144: Beispiele verschiedener Vollkunststoffenster

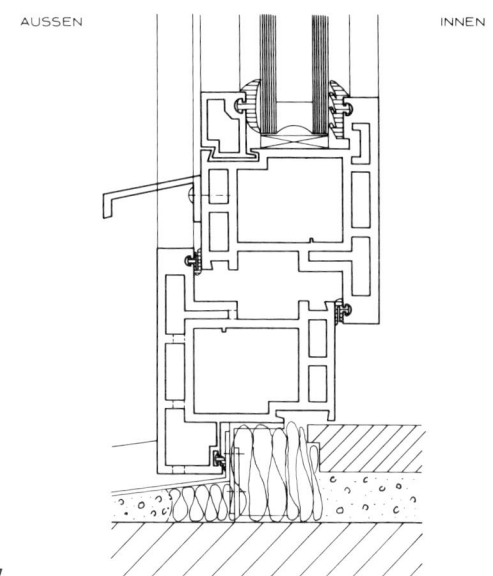

Abb. 137

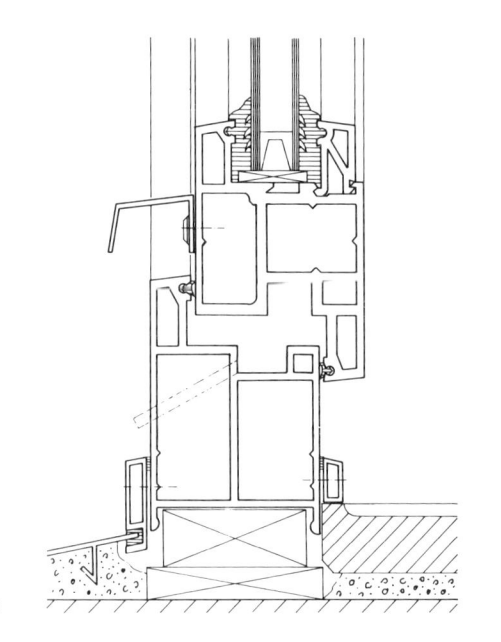

Abb. 138

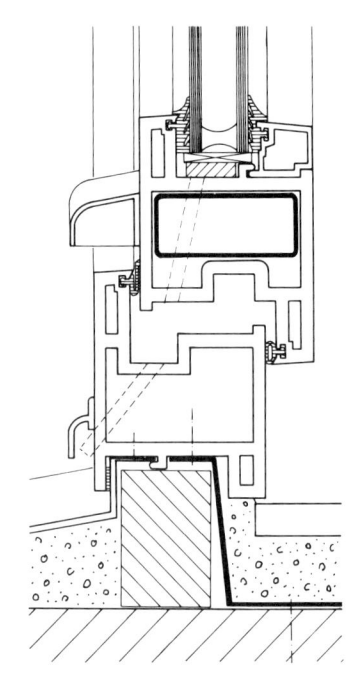

Abb. 139: Vertikalschnitt durch den Fußpunkt eines Einkammerprofils mit eingebauten Metallverstärkungen. Wegen der großen Hohlkammer für große Stützweiten geeignet. Die Gefahr liegt in der Oxydation der Verstärkung im Bereich des Wasserablaufs. Die Dichtung erfolgt durch Lippe und Hohlschnur, das Glas ist kittlos durch Neoprene-Druckverglasung gehalten.

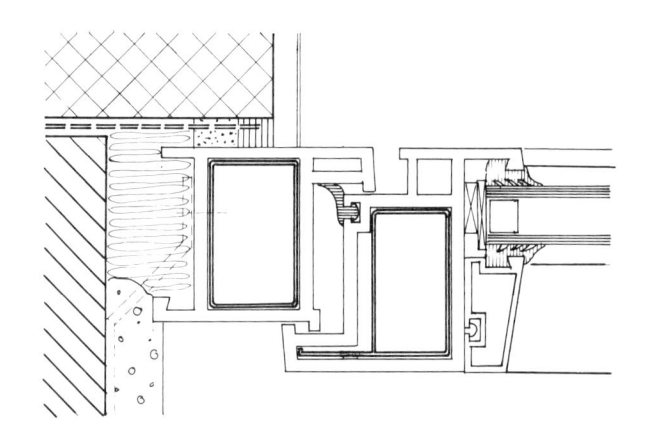

Abb. 140

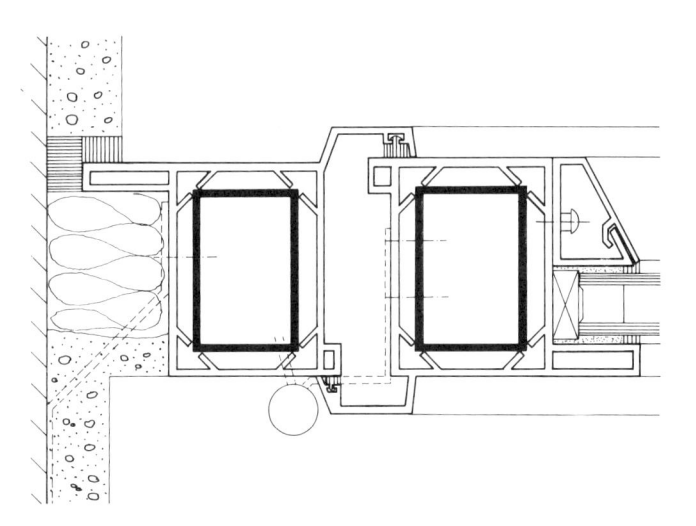

Abb. 141.1

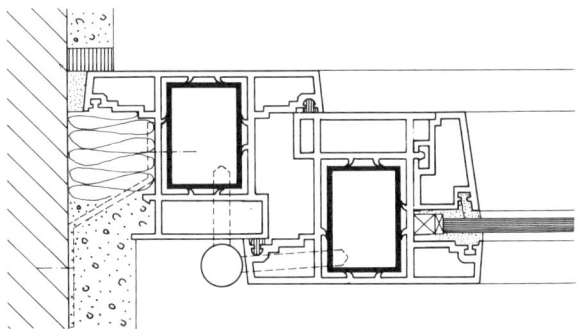

Abb. 141.2: Querschnitt mit Metallkern und Kompensationsstreben

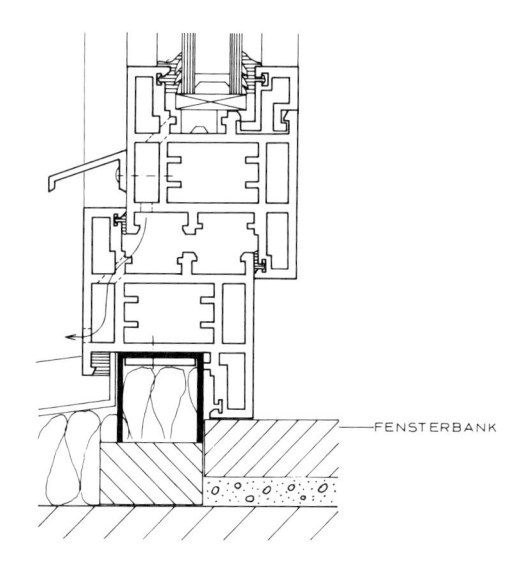

Abb. 142

Abb. 143

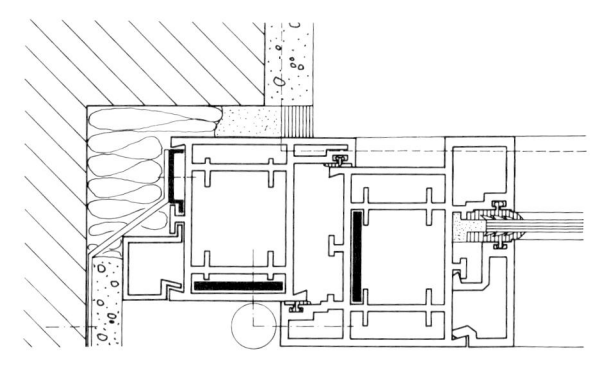

Abb. 144

Abb. 145–146: Beispiele für Kunststoffummantelte Holzfenster

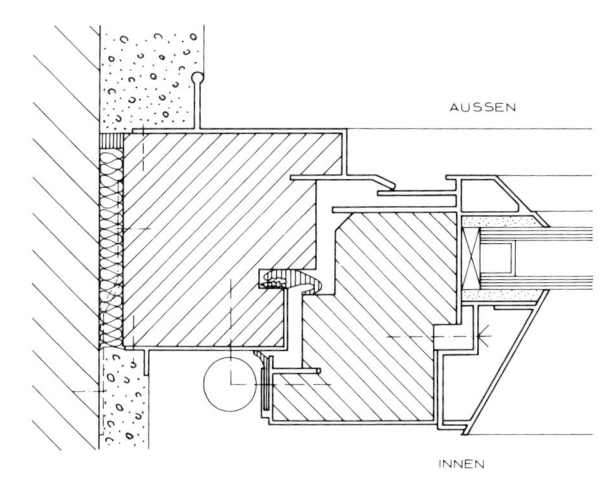

Abb. 145

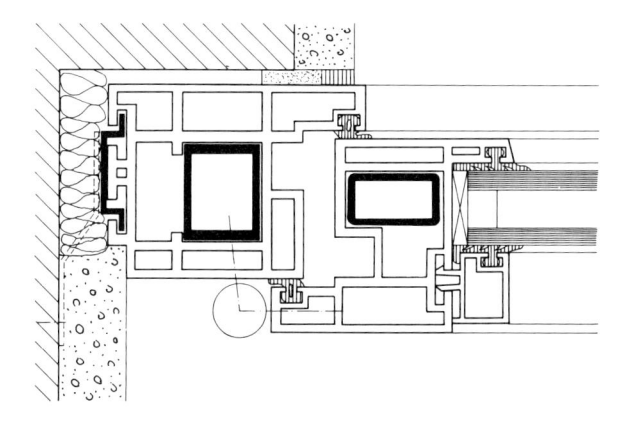

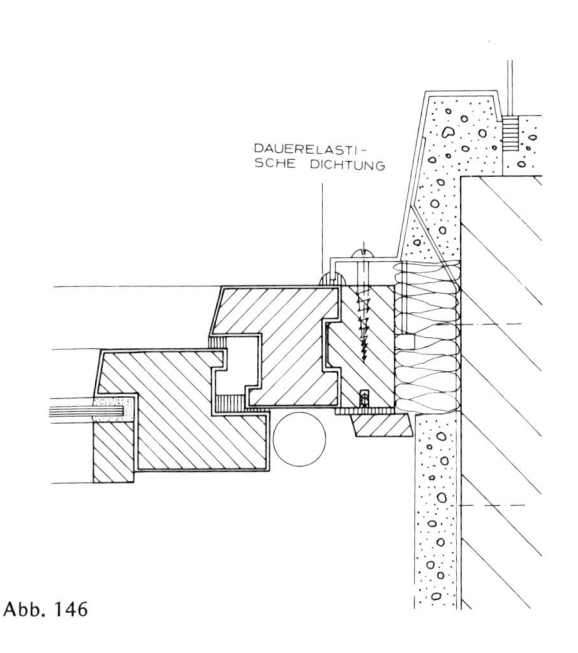

Abb. 146

werkstoffbedingter Modifikationen entwickelt wurden (Abb. 137–144).

Die Fenstersysteme unterscheiden sich im wesentlichen nur durch die Art der Profilgestaltung und den hiervon abhängigen Möglichkeiten metallischer Flügelaussteifungen. Die Aussteifungen können dabei an den Ecken zu Rahmen verbunden (Abb. 141) oder lose in die Kunststoff-Profile eingesteckt sein. Bei umlaufenden Metalleinlagen mit starren Eckverbindungen bestimmt der Metallrahmen die Tragfähigkeit des Gesamtprofils weitgehend.

Als entscheidendes Beurteilungskriterium ist auch beim Kunststoff-Fenster die Fugendichtigkeit und Schlagregensicherheit anzusehen, die weitgehend von der möglichen Verformung der Flügel und damit von der vorhandenen Aussteifung abhängt.

Profilsysteme, bei denen sich keine Aussteifungen einbringen lassen, wurden deshalb weitgehend von solchen mit Aussteifungen verdrängt.

3. Fenster mit kunststoffummantelten Holzprofilen

Holzprofile aus getrocknetem Kiefernholz werden allseitig gleichmäßig dick mit PVC-hart ummantelt (Abb. 145, 146). Jede dampfbremsende Umhüllung des Baustoffes Holz

Abb. 147–148: Beispiele für Kunststoffummantelte Metallprofile

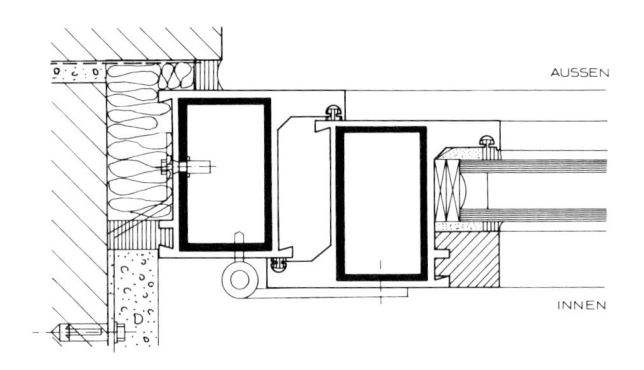

Abb. 147

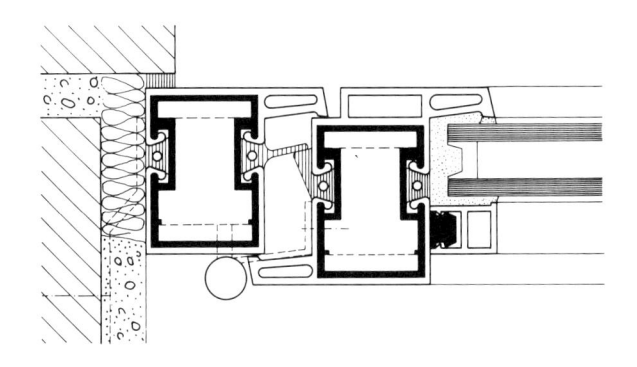

Abb. 148

unterbindet den Luft- bzw. Feuchtigkeitsaustausch. Nach Schlegel [217] sind derartige Konstruktionen naturgesetzwidrig und in ihrer Haltbarkeit hochgradig gefährdet. Auch wenn es im Herstellerwerk gelingt, den Holzfeuchtigkeitsgehalt im Bereich der Ausgleichsfeuchte einzustellen, so gibt es bis heute keine absolut dampfdichten Werkstoffe. Bei der Anbringung der Beschläge oder/und durch eingeschraubte Gardinenhaken etc. lassen sich Beschädigungen der Kunststoffschicht und damit Feuchtigkeitsanreicherungen, die zu Quell- und Sprengerscheinungen oder zu Holzerweichungen durch anerobe Bakterien und im Gefolge zum Holzbefall durch Pilze führen können, nicht ausschließen. Entsprechende Schäden sind bekannt.

Über die Bewährung derartiger Systeme liegen keine Veröffentlichungen vor. Nach den derzeitigen Erkenntnissen gehen die Auffassungen auseinander, ob eine Verwendung dieser Systeme ohne unzumutbares Risiko möglich ist oder nicht. Eine abschließende Wertung dieser Fenstersysteme ist z. Z. nicht möglich.

Durch die unvermeidliche thermische Verformungsneigung und die Verformungsbehinderung durch den Metallkern sind nach Auffassung des Verfassers Undichtigkeiten im Glasfalzbereich und im Flügel/Blendrahmen-Anschlußbereich sowie eine Gefährdung der Kunststoff-Hülle nicht zu vermeiden. Diese Nachteile werden von der einschlägigen Industrie gesprächsweise bestritten. Geeignete prüffähige Unterlagen oder Untersuchungsergebnisse konnten aber nicht vorgelegt werden.

Fenster aus PVC-weich sind – nach Delekat (in [101]) – vorteilhaft zu verwenden, wenn bei großen Fensterabmessungen zugleich hohe Anforderungen an die Korrosionssicherheit gestellt werden, die in aggressiver Industrieatmosphäre von Metallfenstern nicht erfüllt werden können. Als Sonderfall sind die mit glasfaserverstärktem Polyesterharz umgossenen Metallprofile (Abb. 149) und die voll aus glasfaserverstärktem Polyesterharz hergestellten Fenster anzusehen.

4. Fenster mit kunststoffummantelten Metallprofilen

kamen – nach Delekat (in [101]) – Mitte der 50er Jahre auf den Markt. Für die Ummantelung wird PVC-weich oder GUP verwendet. Das halbhart eingestellte PVC-weich schützt die Tragkonstruktion aus Stahl oder Aluminium gegen Korrosion und ermöglicht durch entsprechende Profilierung den Einbau der Verglasung und den Überschlag von Flügel- und Blendrahmen (Abb. 147, 148). Da halbhartes PVC-weich seine Festigkeit unter Sonneneinstrahlung weitgehend verliert, werden die Tragfähigkeit und Steifigkeit des Profils und damit die möglichen Flügelgrößen von der Metalleinlage bestimmt. Zur Abdichtung sind auch hier zusätzliche Lippendichtungen erforderlich.

Die Fertigung erfordert viel Sorgfalt. Durch Altersrückstellung, unterschiedliche Längenänderungen und gleichzeitige Versprödung bei tiefen Temperaturen kann es leicht zur Rissebildung im Eckbereich und zur Korrosion des Stahlkernes und der Beschläge kommen.

Zur Vermeidung derartiger Erscheinungen werden überwiegend Aluminium-Profile verwendet.

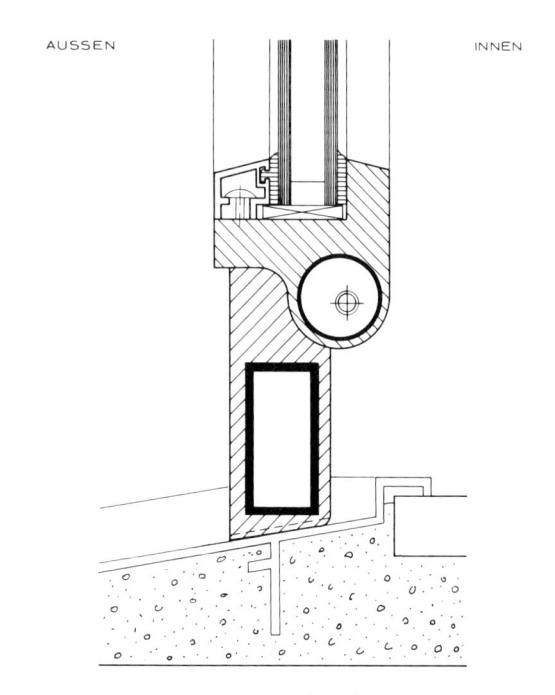

Abb. 149: Kunststoffummantelte (GUP) Metallprofile

5. Entwicklungstendenzen

Der Kunststoff-Fenstermarkt wird z. Z. vom PVC-Fenster wegen seiner Anpassungsfähigkeit an beliebige Fenstergrößen, der relativ leichten und billigen Verarbeitung der Profile und der variablen Verstärkbarkeit durch Metallprofile bestimmt.

Die Größe des Strangprofils und die Dicke der Aussteifung ergeben natürliche Grenzen bei der Anwendung von PVC-hart-Fenstern. Für komplette PVC-Großfassaden fehlen die statisch erforderlichen Großprofile. Hier bietet — nach Auffassung mancher Autoren — möglicherweise das PVC-weich mit Metallträgermaterial gewisse Entwicklungsmöglichkeiten.

Verbundsysteme mit tragendem Metallkern gestatten zwar großflächigere und wegen der geringeren Profilabmessungen auch elegantere Fensterkonstruktionen; offeriert werden z. Z. Flügelgrößen bis zu 1,80/2,80 m bzw. 2,40/2,40 m. Ein entscheidender Durchbruch ist diesen Konstruktionen bis heute jedoch nicht gelungen.

Erst wenn eine Beschränkung des Marktes auf bestimmte Norm-Fenstergrößen vollzogen ist, dürfte — nach Auffassung des Verfassers — das GUP-Fenster aufgrund seiner problemlosen homogenen und auch rund formbaren Ecken, der guten Unterbringung der Beschläge und der Anpassungsfähigkeit an die statisch erforderlichen Profilabmessungen einen größeren Marktanteil gewinnen können.

5.5.2.4. Untersuchung der für die Profilgestaltung wesentlichen Kriterien

Für die Profilgestaltung des Kunststoff-Fensters gelten auch die in Tab. 29 zusammengestellten Kriterien.
Die Herstellung des Profils und die Aufnahmemöglichkeit von statisch wirksamen Aussteifungen wird hierbei zur wichtigen Einflußgröße.

1. Als Stand technischer Erfahrungen kann angesehen werden:

Bei PVC und GUP werden Querschnitte mit unterschiedlichen Wanddicken von 2 bis 5 mm verwendet. Profile mit dünnen Wandungen müssen grundsätzlich ausgesteift werden. Auch bei dicken Wandungen müssen (nach [66] bzw. [164]) die Profile bei Größen ab 110/110 cm bzw. 130/130 cm verstärkt werden. Rahmen bedürfen keiner Aussteifung, wenn sie an allen vier Seiten ausreichend verankert sind. Bei Mittelpfosten und Kämpfern ist — nach [66] — eine Aussteifung unerläßlich. Drehflügel benötigen zumindest waagerechte, Schwing- und Kippflügel zumindest senkrechte Aussteifungen. Bei verschiedenen Systemen kann Rahmen und Flügel aus einem Profil gefertigt werden. Durch zusätzliche Verriegelungen läßt sich wohl die Fugendurchlässigkeit und Schlagregendichtigkeit verbessern, das Durchhängen des Flügels in geöffnetem Zustand jedoch nicht vermeiden.

Ausgangspunkt aller Strangprofile war das auch heute noch hergestellte Rechteck-Hohlprofil (Abb. 139) mit einer Kammer, das bei großen Fensteröffnungen den Einbau starker Metallversteifungen gestattet.

Mehrkammer-Profile wirken etwas besser wärmeisolierend. Selbst bei Einbau der Aussteifungen kann eine Kammer zur Abführung von Schwitz- oder Regenwasser genutzt werden. Abwinklungen der Kammerwände sind — nach Klindt [123] — statisch ungünstiger. Unkomplizierte Mehrkammerprofile mit kleineren äußeren und inneren Kammern charakterisieren den letzten Stand der Entwicklung (Abb. 137, 144). Da Beschläge aus Fabrikationsgründen nicht in die Kammer eingebaut werden können, muß deren Unterbringung bei der Profilgestaltung berücksichtigt werden.

Wegen der bei schräger Sonneneinstrahlung gegebenen unterschiedlichen Erwärmung einzelner Fensterteile muß zwischen Flügel und Rahmen ein relativ großer Bewegungsraum auch — üblich sind 8 bis 10 mm — zur Vermeidung von Klemmerscheinungen berücksichtigt werden. Profile mit äußeren Doppelwänden verhalten sich formstabiler als andere Profile. Es wird nur die Außenwandung des Profils erwärmt. Die Wärme wird nur zum geringen Teil auf den tragenden Kern des Profils übertragen.

Distanznocken gestatten die kraftschlüssige und gleitende Einführung der Einschubprofile. Werden die Einschubprofile zu starren Rahmen verbunden, dann reicht die Elastizität der Distanznocken jedoch i. d. R. nicht aus, um bei Erwärmung bzw. Abkühlung dem Kunststoff-Profil den nötigen Bewegungsraum ohne Rißbildungen in den Außenwandungen zu geben. Derartige Beanspruchungen erfordern längere, schräggestellte Nocken (Kompensationsstreben), Abb. 141.1.

Ein mechanisch fester Sitz des Kunststoff-Profils am Metallrahmen ist dabei jedoch nicht dauerhaft gewährleistet und damit eine unzulässige Durchbiegung des Kunststoffprofiles nicht zu vermeiden.

2. Wertung

Einkammersysteme können mit optimal großen Aussteifungen versehen werden. Die Bandbefestigung läßt sich ohne Aussteifung nur unzureichend, mit Aussteifung jedoch auf kürzestem Wege befestigen. Die Glasfalzenwässerung bietet Schwierigkeiten.

Bei *Zweikammersystemen* lassen sich größere Aussteifungen i. d. R. nur mit Schwierigkeiten unterbringen. Sie liegen z. T. asymmetrisch im Flügelquerschnitt. Die Bandbefestigung ist bei Aussteifungen — je nach deren Lage — komplizierter.

Dreikammersysteme können bei gleichen Abmessungen der Kunststoff-Profile nur kleinere Aussteifungsquerschnitte als Einkammersysteme aufnehmen. Die Bandbefestigung erreicht — je nach System — die Aussteifung nicht. Der Wärmeschutz ist i. d. R. etwas besser. Mitteldichtungen haben sich bis heute noch nicht entscheidend durchgesetzt.

Wegen der temperaturabhängigen Werkstoffeigenschaften beeinflußt die Dicke der Wandungen und die Kammeraufteilung die erzielbaren Flügelgrößen nur unwesentlich. Die Möglichkeit des Einbaues metallischer Aussteifungen wird demgegenüber zum entscheidenden statischen Kriterium.

Die Kombinationsfähigkeit mit anderen Profilen wurde zwar in den letzten Jahren weiterentwickelt, ist jedoch — verglichen mit Aluminiumfenstern — gering.

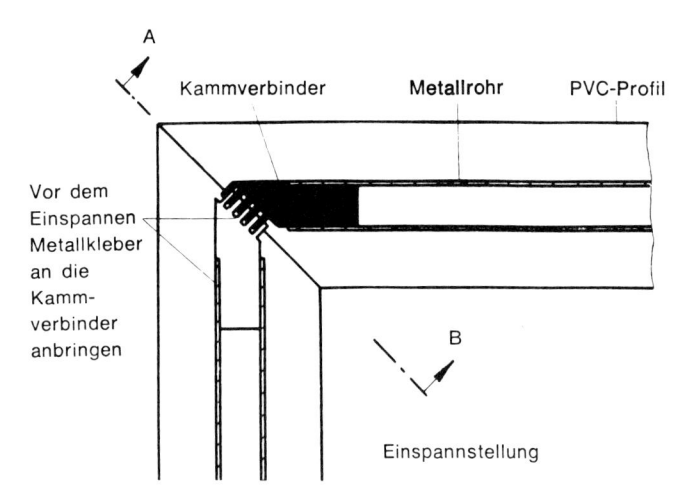

Abb. 150: Verklebte Metall-Eckverbindungen (Fa. Anschütz)

5.5.2.5. Untersuchung der Eckverbindungen

Die Steifigkeit von Flügel und Rahmen hängt, wie auch bei Fenstern aus anderen Werkstoffen, weitgehend von der Festigkeit der Eckverbindung ab.

Die meisten Fensterhersteller verzichten auf jede Eckverstärkung, weil — entgegen anderer Auffassungen — ähnlich wie bei Aluminiumfenstern die Durchbiegung der Flügelprofile die für die Bemessung kritischen Werte bringt und durch werkstoffgerecht eingebaute Beschläge eine Entlastung der Ecke erfolgen kann.

Die in die Flügelrahmen lose eingeschobenen Metallprofile stabilisieren die Profile streckenweise. Durch die Eckverbindung fehlt dem Flügelrahmen jedoch die — nach [164] — nötige und wünschenswerte Verwindungssteifigkeit und Stabilität.

Je nach Größe und Beanspruchung müssen Eckaussteifungen aus Metall oder aus PVC in das Strangprofil eingeführt werden. Für vollständig ausgesteifte Profile gestatten metallische Zahnverbindungen (z. B. System-Lifty-Lux) gute Lösungen (Abb. 150). Durch die Kompensationsstützen läßt sich jedoch weder eine spielfreie Verbindung von Aussteifung und Rahmen, noch eine vollständig ungehinderte Längenänderung erzielen.

Zunächst wurden die Eckverbindungen — nach Delekat (in [102]) — geklebt. Klebeverbindungen werden von Schlegel [217] und anderen Autoren günstiger bewertet als Schweißverbindungen. Z. Z. kann aber — mangels geeigneter Kleber — eine befriedigende Klebeverbindung nicht angeboten werden.

Das technische Problem der Verschweißung von Kunststoff-Profilenden mit eingelegten und mit zu verbindenden Metallprofilen bereitete lange Zeit Schwierigkeiten und wurde durch inzwischen patentrechtlich geschützte Verfahren gelöst.

Die geschweißte Naht ist als werkstoffhomogene Lösung anzusehen, bei der jedoch — ähnlich wie bei Metallen — eine Festigkeitsabminderung nicht zu vermeiden ist. Bei der Elastizität der anderen Flügelteile reicht die Festigkeit der Eckverbindung für übliche Beanspruchungen. Wesentliche Verbesserungen dürften sich nach dem derzeitigen Erkenntnisstand — zumindest was die Ecksteifigkeit betrifft — nur durch nahtlos abgerundete Ecken oder gegossene Fenster aus GUP erzielen lassen.

5.5.2.6. Untersuchung der Dichtzonen des Kunststoff-Fensters

Die grundlegenden Einzelheiten wurden unter Pkt. 4.2.5. behandelt.

1. Anschluß Glas/Flügel

Als Kriterien sind die z. T. beträchtlichen Bewegungsunterschiede von Glas und Flügelrahmen, und zwar im Hinblick auf Längenänderung und Durchbiegung sowie die irreversiblen Verformungen der Kunststoffteile im Falzbereich und die sichere und verwindungsfreie Befestigung durch Glasleisten anzusehen.

Wegen dem geringen und in Abhängigkeit von der Temperatur schwankenden E-Modul ist bei Trockenverglasungen ein gleichbleibender Anpreßdruck, bei Spritzdichtungen eine Überforderung der Dichtstoffe bei Dauerbeanspruchung nicht zu vermeiden. Es ergeben sich dadurch unzulässige Regen- und Winddurchlässe. Die vielfach angewendete 1-Punkt-Verbindung der Glasleiste mit dem Flügel (Abb. 139) und deren Verformbarkeit vergrößert die Beanspruchung der Dichtzone. Bei beidseitig aufgeklemmten Glasleisten ergeben sich zusätzliche Gefährdungsstellen für Regendurchlässe. Der i. d. R. außermittige Glaseinbau bringt bei größeren Scheibengewichten irreversible Verwerfungen der Flügelprofile.

Die Ausführung der Druckverglasungen ist nur bei hinreichend stabilen Konstruktionen möglich, bei Kunststoff-Fenstern aber grundsätzlich nicht empfehlenswert.

Nach Feststellungen verschiedener Profilhersteller haben sich Spritzdichtungen nicht bewährt. Es werden deshalb vorwiegend Chloroprene-Dichtungsprofile verwendet, die mangels entsprechender deutscher Normenvorschriften der NAAM-Spezifikation (USA) entsprechen müssen.

Es gibt z. Z. keine Verklotzungsrichtlinien, nach denen bei Kunststoff-Fenstern eine mängelfreie Verglasung sicher zu erzielen ist. Im Gegensatz zu den für andere Fenstersysteme geltenden Verklotzungsrichtlinien dürfen — nach Angaben von Fensterherstellern — keine Holzklötze, sondern nur Kunststoffklötze (Nylon, Pertinax, Hart-PVC Typ 641 oder Melaminharzplatten) 0,8 bis 1,3 mm dick, verwendet werden, die Tragklotzlänge sollte mindestens 100 mm sein. Die Klötze sollen beidseitig 2 mm über das Glas überstehen. Der Klotzabstand von der Scheibenecke sollte 50 mm betragen.

Einheitliche Richtlinien liegen bis jetzt nicht vor.

Für die Abdichtung werden Dichtstoffe benötigt, durch die eine gegenläufige Verschiebung von Glas und Rahmen möglich wird, ohne daß der feste Sitz der Scheiben oder Regendichtigkeit beeinträchtigt wird.

Die Entwässerung des Glasfalzbereiches ist zumindest bei Trockenverglasungen unerläßlich. Nur zweifach eingehängte Glasleisten vermögen eine hinreichend sichere Befestigung zu gewährleisten (Abb. 142, 144).

2. Dichtungsbereich Flügel/Rahmen

Die Fugendichtigkeit bei Kunststoff-Fenstern wird von der elastischen und funktionssicheren Verformbarkeit der Dichtungsprofile, von den jeweiligen Verformungen der

Flügel und Rahmen (Längenänderung, temperaturbedingte Durchbiegung, Winddurchbiegung), der Art und dem Abstand der Verriegelung und der Materialalterung der Fenster beeinflußt.

Die Schlagregensicherheit wird neben den Einflußgrößen der Fugendichtigkeit vom Vorhandensein einer genügend breiten und tiefen Wassersammelrinne und deren windstaugeschützten Entwässerung bestimmt.

Die mehr oder weniger elastischen Kunststoff-Profile lassen sich nicht allein durch Anpressen der Flügel- und Rahmenprofile dichten. Bei hohem Anpreßdruck müssen sich – nach Klindt [123] – die Stränge zwischen den Verriegelungen ähnlich wie bei einem elastisch gelagerten Balken abheben. Kunststoff-Fenster-Profile müssen deshalb gegeneinander mit geringem Anpreßdruck gedichtet werden können. Es kommen deshalb i. d. R. innere und äußere oder nur äußere Lippendichtungen, seltener Mitteldichtungen zur Ausführung, mit den bei Aluminium-Fenstern beschriebenen Problemen. Bei qualitativ einwandfreier Ausführung läßt sich der a-Wert auf 0,2 Nm^3/hm bei 1 mm WS i. M. senken.

Wie bei Stahl- oder Aluminium-Fenstersystemen läßt sich das Eindringen von Regen in die Kammer nie mit Sicherheit vermeiden. Von 46 Profilsystemen haben zumindest 15 Systeme keine oder keine ausreichende Wassersammelrinne und 11 keine Entwässerungsmöglichkeit. In der Mehrzahl der Fälle wurden bei den vorliegenden Unterlagen die unteren Anschlüsse und die Entwässerungsmöglichkeiten nicht dargestellt.

Die von Klindt [122] und anderen Verfassern genannte mögliche Überbrückung einer Profilabfederung von 3 mm durch Dichtungsprofile läßt sich nach Beobachtungen des Verfassers nur bei dickeren Dichtungsprofilen und Profilschläuchen erzielen. Bei den gebräuchlichen Profilen wird durch den Normalanpreßdruck und durch Materialalterung selten eine Spaltenbildung von mehr als 2 mm überbrückt werden können.

Hieraus ist zu folgern, daß die Zahl der Verriegelungen erhöht oder der Dichtungsprofilquerschnitt verstärkt werden muß, um der Dichtung eine ausreichende Funktionserfüllung zu ermöglichen.

3. Anschlußbereich Rahmen/Wand

Als Kriterien sind die Befestigung, die örtliche Montage und die dauerhafte Abdichtung anzusehen.

Das ständig in Bewegung befindliche Fenster wird fast in allen Fällen wie ein Holzfenster alter Prägung eingeputzt.

Da der untere Anschlag fast immer durch eine untergeschobene Fensterbank mit seitlichen und hinteren Aufkantungen gesichert, der seitliche Anschlag nur bei glatten Fensterleibungen durch Regen besonders gefährdet wird und die Abmessungen der Fenster relativ klein sind, haben sich bis heute im Anschlußbereich nur selten Durchfeuchtungsschäden eingestellt.

Montagezargen, die zugleich als Putzlehre dienen, werden nur selten verwendet.

Mit den Problemen des Wandanschlusses haben sich die Profil- und Fensterhersteller bis heute nur ungenügend auseinandergesetzt.

Als Forderungen für den Wandanschluß sind anzusehen:
Die Befestigung des Rahmens muß eine zwängungsfreie elastische Verformung in Fensterebene ermöglichen, ohne daß durch einen zu großen Befestigungsabstand eine zu große Durchbiegung des Rahmens eintritt.

Obwohl sich durch den bauverflochtenen Einbau keine bleibenden negativen Auswirkungen auf den Werkstoff ergeben können, erscheinen teilentflochtene oder total entflochtene Anschlußsysteme (Abschnitt 4.2.5.) als zweckmäßig. Eine elastische Abdichtung des Anschlußbereiches ist unerläßlich, da neben der Schlagregendichtigkeit auch die Winddichtigkeit gewährleistet sein sollte und die elastischen Verformungen nur von elastischen Dichtstoffen ausreichender Dimensionierung überbrückt werden können.

5.5.2.6. Fensterbeschläge und deren Anbringung

Als Kriterien sind die Befestigung der Fensterbänder, die Unterbrechung der Dichtungszonen und die Zahl der Verriegelungen anzusehen.

Die Fertigung des Fensters aus Strangpreß-Profilen lehnt sich an die Erfahrungen im Holzfensterbau an, weshalb auch die Beschläge vielfach vom Holzfenster übernommen wurden. Es gibt z. Z. nur wenige speziell für Kunststoff-Fenster konzipierte Beschläge. Die Vielzahl der Strangprofile steht der Entwicklung spezieller Prototypen und deren wirtschaftlicher Serienfertigung im Wege.

Die alleinige oder ergänzende Befestigung der Bänder durch Verklebung hat sich nicht durchgesetzt. Entsprechende Untersuchungen der Grundstoffhersteller sind z. Z. noch nicht abgeschlossen. Die Befestigung der Bänder mit selbstschneidenden Schrauben an nur einer Kammerwand oder das von zwei Kammerwänden gehaltene Einbohrband führt zu Langzeitfluß (Kaltem Fluß) des Kunststoffes, zu Lockerungen, zu Verkantungen und Absenkungen des Flügels. Die Befestigung der Bänder am Metallrahmen oder an Eckverstärkungen ermöglicht eine dauerhaftere Halterung. Verschraubungen im Kunststoff ergeben nur dann eine dauerhafte Verbindung, wenn durch möglichst viele Befestigungsstellen der Lochleibungsdruck der Einzelbefestigung so gering wird, daß keine Deformierungen auch in großen Zeitabschnitten auftreten können, oder noch besser, wenn die Befestigungspunkte im Profilinnern hinterlegt werden.

Die Nachteile einer Unterbrechung der Dichtungszonen werden seltener als beim Aluminiumfenster durch Mitteldichtungen vermieden. Als Beispiel für außen z. T. aufliegende Bänder ist Abb. 144 anzusehen. Soweit der Verfasser feststellen konnte, ist die Entwicklung außen aufliegender Bänder noch nicht abgeschlossen.

Um Durchbiegungen und damit Undichtigkeiten zu vermeiden, ist eine dem Profilquerschnitt und der Flügelabmessung anzupassende Zahl von Verriegelungen vorzusehen. Nach Klindt [122] sollten die Verriegelungs- und Befestigungsabstände bei kräftigeren Profilen 80 cm nicht überschreiten, bei schwächeren Profilen jedoch noch kürzer gewählt werden. Dies hat zur Folge, daß schon bei Flügelabmessungen von 1,00/1,25 m der Einbau von drei Bändern und Verriegelungen an 3 Flügelseiten vorgesehen werden müssen.

Bei der Bestimmung der Zahl der Verriegelungen sollte von der zumindest rechnerisch ermittelten zulässigen Gesamtdurchbiegung und deren Überbrückbarkeit durch die eingesetzten Dichtungsprofile ausgegangen werden.

Wie bereits dargestellt wurde, sollten die Fensterbänder grundsätzlich an eingeschobenen metallischen Verstärkungen auf kürzestem Wege und möglichst ohne Unterbrechung der Innendichtung angeschraubt werden können.

Wegen der Neigung des PVC zu irreversiblen Verformungen sollten solche Beschläge nicht verwendet werden, die zu Verdrehungen und Schrägzugkräften im Flügel führen. Dies gilt vor allem für die Scheren bei Drehkippflügeln.

5.5.2.7. Entwicklungstendenzen

Die erwarteten Marktanteile wurden unter Pkt. 1.1. dargestellt. Die Entwicklung von Fenstern mit verdeckten Beschlägen, wie sie bei einigen Systemen im Aluminium-Fensterbau anzutreffen sind, dürfte wegen der verbesserten Abdichtungsmöglichkeiten auch vom Kunststoff-Fenster übernommen werden. Der Versuch, die vom Aluminiumfenster bekannte Bündigkeit von Flügel und Rahmen zu erreichen, führt möglicherweise zu neuen Wegen der Abdichtung und des Beschlags.

Der Markt wird sich nach Auffassung verschiedener Verfasser auf wenige Profile mit anerkannten Vorteilen beschränken.

Wie in anderen Branchen, so wird sich auch im Kunststoff-Fensterbau die Entwicklung von bauverflochtenen Anschlägen zu bauentflochtenen fertig verglasten Fenstern und weiter zu geschoßhohen Fensterwandelementen vollziehen.

5.5.2.8. Folgerungen und Wertung der Kunststoff-Fenster

Nach Auffassung des Verfassers sollte das Kunststoff-Fenster folgenden besonderen Anforderungen genügen:

1. Befestigung und Abdichtung zwischen Blendrahmen und Wand sollten elastisch und gleitfähig ausgebildet sein; die Befestigungsabstände sollten nicht größer als 80 cm sein.
2. Größere Fensteranlagen sind in Einzelrahmen (b ≤ 2,50 m, h ≤ 3,50 m) aufzuteilen, wobei ein elastischer Dehnungsausgleich zwischen den Einzelrahmen unerläßlich ist.
3. Zum Ausgleich ungleicher thermischer Längenänderungen sollte der Abstand zwischen Flügel und Blendrahmen mindestens 8 mm, besser 10 mm betragen.
4. Der Profilquerschnitt sollte einen günstigen statischen Querschnitt und eine möglichst tragfähige Aussteifung durch Metallprofile gestatten, wobei
5. zugleich eine Glasfalzentwässerung möglich und
6. eine direkte Befestigung der Fensterbänder in der metallischen Aussteifung vorgenommen werden kann.
7. Auch beim Einbau von metallischen Aussteifungen sollte ein möglichst guter Wärmeschutz gewährleistet sein.
8. Die Dichtung zwischen Flügel und Blendrahmen sollte so bemessen sein, daß neben einer sicheren Eckverbindung auch die unvermeidliche Abfederung der Profile ohne Dichtigkeitsverlust abgefangen werden kann. Allein durch Mitteldichtungen oder schlauchförmige Dichtungsprofile ausreichenden Querschnitts lassen sich Abfederungen bis zu 3 mm überbrücken.
9. Bei der statischen Bemessung ist von der Durchbiegung auszugehen. Die thermische und statische Durchbiegung darf die aus der Art der Abdichtung sich ergebende optimale Abfederung nicht überschreiten.
10. Die Flügel/Blendrahmendichtung sollte – um ein Festgefrieren zu vermeiden – direkten Witterungseinflüssen, UV-Strahlung etc. nicht ausgesetzt werden.
11. Die Glasleisten sollten innen liegen und an zwei Stellen mit möglichst großem Abstand in ganzer Glaslänge einrasten.
12. Der Glasanschluß muß im Sinne von Abschn. 4.2.3. gelöst werden. Da sich irreversible und reversible Verformungen des Anschlagprofils bzw. der Glasleiste nicht ausschließen lassen, ist eine windgeschützte Glasfalzentwässerung zumindest bei Trockenverglasungen unerläßlich.
13. Der Schlagregen sollte auf schnellstem Wege abgeleitet werden können.
14. In die Kammer gedrungener Schlagregen sollte durch eine möglichst tiefe Wassersammelrinne aufgefangen und nach außen abgeleitet werden.
15. Die Befestigungen und Verriegelungen sollten die ungleichmäßige Dehnung einzelner Fensterteile nicht beeinträchtigen.

Bis heute entspricht kein Profil diesen Anforderungen vollständig.

Eine vergleichende Wertung verschiedener Profilsysteme ergibt sich aus Tab. 35. Hieraus ist zu ersehen, daß bei entsprechender konstruktiver Durchbildung auch Einkammerprofile den Dreikammerprofilen gleichwertig sein können, Dreikammerprofile jedoch günstiger sind; daß die Kunststoff-Fenster dem Aluminiumfenster und z. T. auch dem Stahlfenster unterlegen sind. Der Verfasser beurteilt die grundsätzlichen Einzelheiten der Profilgestaltung gem. Abb. 144 günstiger als bei anderen Kunststoffprofilen, da vor allem die Glasfalzentwässerung, die Glasleistenbefestigung, die Entwässerung der als Regenauffangrinne gestalteten Kammer, die Beschlagbefestigung und die Aussteifung durch Metallkerne besser gelöst ist.

Mit gewissen Einschränkungen können auch die Profile gem. Abb. 137, 139, 142, 143 als noch günstig angesehen werden. Konstruktiv ungünstig sind die Systeme gem. Abb. 151, 152.

Die vorstehende Beurteilung der Profile nach einzelnen Kriterien – z. B. der Querschnittsgestaltung, den Wandungsdicken etc. – ist nur bedingt möglich. Erst die Gesamtheit aller in diesem Zusammenhang nicht voll erfaßbarer Einflußgrößen, vom Mischungsverhältnis des Rohstoffes bis zur fertigen Verglasung, bestimmt die Qualität des Fensters. Über wesentliche Eigenschaften und Verhaltensweisen der Kunststoffprofile im Fensterbau liegen keine oder wissenschaftlich ungenügende Untersuchungsergebnisse vor oder werden aus Furcht vor dem Gebrauch durch den Wettbewerb nicht veröffentlicht. Dies gilt vor allem für die

Abb. 151 u. 152: Beispiele für ungünstige Vollkunststoff-Profile

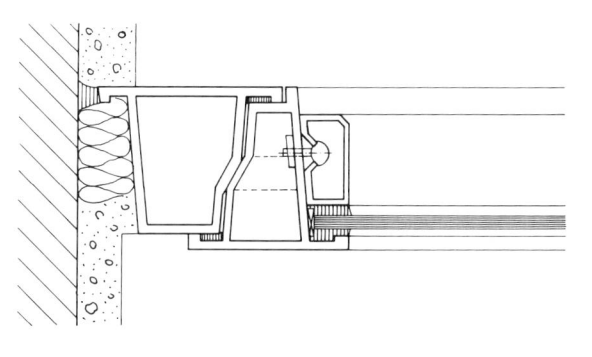

Abb. 151

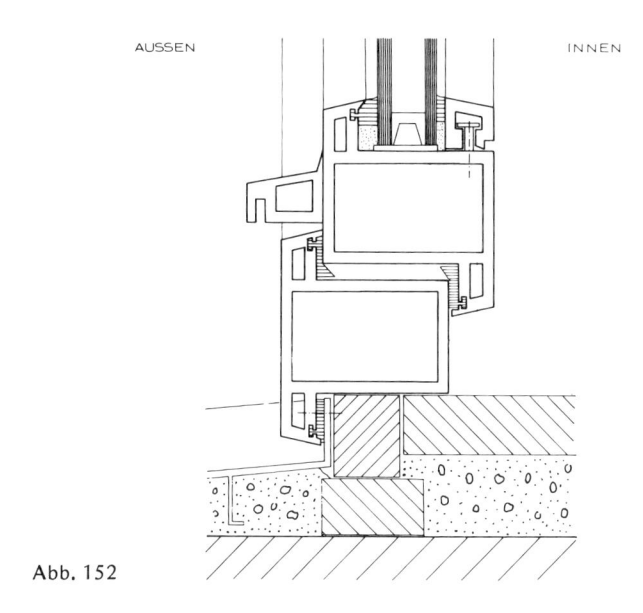

Abb. 152

komplexen Zusammenhänge von Erwärmung, wechselndem E-Modul, ungleichförmigen Längenänderungen und Verformungen im Profilquerschnitt.
Eine enge Zusammenarbeit und ein Erfahrungsaustausch zwischen Profilherstellern, Verarbeitern und der Zulieferindustrie sowie die wissenschaftliche fundierte Abklärung der aufgezeigten Kriterien wäre ebenso unerläßlich wie die Qualitätssicherung bei Profilhersteller und Verarbeiter.
Je nach Fensterhersteller können sich beträchtliche Qualitätsschwankungen bei gleichen Profiltypen ergeben.

Bei der Verwendung von Kunststoff-Fenstern sollten weiterhin beachtet werden:

Es sollten grundsätzlich keine dunklen Fensterprofile verwendet werden.
Für Verstärkungsprofile und Aussteifungen sollten rostgeschützte Werkstoffe verwendet werden.
Jedes System hat bestimmte Anwendungsgrenzen, die aus den Herstellerinformationen nicht immer klar erkennbar sind.

Die Auswahl geeigneter Profilsysteme für bestimmte Bauaufgaben erforderte eine Übersicht der am Markt angebotenen Systeme. Hierzu gehört die Vorlage von Unterlagen, Prüfzeugnissen und Untersuchungsergebnissen, aus denen die Ausbildungsmöglichkeiten der drei Dichtzonen,
das Verhalten der Werkstoffe und der Fenstersysteme bei Normaltemperaturen und unter durchschnittlich estremen Verhältnissen, die zulässigen Flügelgrößen,
die Dauer der praktischen Erprobung der Systeme
und Referenzen zu entnehmen sind.

Nur Glaserfirmen, die mit der Problematik des Kunststoff-Fensters vertraut gemacht wurden, sollten die Verglasungen ausführen. Zur Vermeidung vorzeitiger Alterung und Abminderungen des Aussehens erfordern bis heute alle im Fensterbau eingesetzten Werkstoffe regelmäßige Wartungs- und Instandhaltungsaufwendungen. Der Zeitraum der einzelnen Maßnahmen schwankt jedoch erheblich.

5.5.2.9. Normen, Vorschriften, Richtlinien

1. Zustand

DIN 7708	Bl. 1 bis 4 X/68	Kunststoff-Formmassetypen
DIN 7748	IX/65	Kunststoff-Formmassetypen weichmacherfreie PVC
DIN 16 930	V/64	Schweißen von PVC-hart
DIN 16 931	VI/59	Schweißen von PVC-weich
DIN 16 932	V/64	Schweißen von Polyäthylen
DIN 18 055	Bl. 2 IV/71 E	Fenster, Fugendurchlässigkeit und Schlagregensicherheit
DIN 18 056	I/68	Fensterwände, Bemessung und Ausführung
DIN 53 381	Bl. 1 VIII/71	Prüfung von Kunststoffen; Bestimmung der thermischen Stabilität
bis		
DIN 53 497	X/69	Prüfung von Kunststoffen; Bestimmung der thermischen Stabilität, Warmlagerungsversuch an Formteilen aus thermoplast. Kunststoffen.

VDE-Richtlinie 0302 Formbeständigkeitsprüfungen (nach Vicat)

2. Wertung

Für die Prüfung von Kunststoffen und ihrer wesentlichen Eigenschaften gibt es eine Vielzahl von Normen. Über die im Fensterbau zu fordernden Eigenschaften gibt es keine speziellen, auf das Kunststoff-Fenster bezogenen normativen Festlegungen.

5.5.2.10. Wertung der Literatur

In der vorliegenden Literatur werden i. d. R. nur allgemeine Werkstoffeigenschaften des Kunststoffes angesprochen. Die wichtigsten Einzelveröffentlichungen stammen von Fachleuten, die in chemischen Großbetrieben an der Entwicklung der Kunststoff-Fenster beteiligt sind. In diesen Beiträgen werden, meist in wissenschaftlicher Darstellung, überwiegend Einzelprobleme angesprochen.

Aus den Verbandsveröffentlichungen – z. B. „Bauen mit Kunststoffen" – läßt sich aus den Übersichten eine vergleichende Betrachtung der Entwicklung vornehmen, ohne daß grundlegende Einzelheiten oder eine Zusammenfassung der Kriterien etc. oder eine weitergehende Wertung möglich wird.

In Veröffentlichungen einzelner Grundstoff- oder Profilhersteller werden Teilinformationen über Werkstoffe und Produkte gegeben, ohne daß hierbei immer die wissenschaftlichen Grundlagen oder das Ergebnis von Systemprüfungen aufgezeigt werden. Nur wenige Profil- oder Grundstoffhersteller sind bereit oder in der Lage, über wesentliche Werkstoffeigenschaften konkrete Aussagen zu machen.

Die im Wettbewerb zwischen den Herstellern gebräuchlichen Spezial-Werkstoffbezeichnungen bewirken eine beträchtliche Unklarheit und Verunsicherung im Kreise von Bauherrn und Architekten.

5.6. Kombinationssysteme

5.6.1. Aluminium-Holzfenster/Aluh-Fenster

Durch die Kombination des Holzes mit dem Aluminium sollen die Vorzüge beider Werkstoffe genutzt und es soll zeitgemäßen Baumethoden und Gestaltungsmöglichkeiten Rechnung getragen werden.

Die konstruktive Beanspruchung wird vom Holzteil übernommen. Die verkleidenden Aluminiumprofile bestimmen den Witterungsschutz und das Aussehen.

Als besondere Vorteile sind Wirtschaftlichkeit, günstige statische Werte, der dem Holzfenster entsprechende gute Wärmeschutz im Bereich der Rahmenprofile sowie die Schlagregendichtigkeit und geringe Fugendurchlässigkeit guter Aluminium-Fenster zu nennen.

5.6.1.1. Konstruktionskriterien

Die unterschiedlichen Formänderungen in verschiedenen Richtungen von Holz und Aluminium,
die spannungsfreie, aber statisch feste Verbindung von Holz und Aluminium,
eine dichte Aluminium-Eckverbindung;
die sichere Ableitung des an- und eingeregneten Wassers und des an der Innenseite der Aluminium-Verkleidung entstandenen Tauwassers.

An den vom Aluminium überdeckten Holzteilen können weder Holzschutzmaßnahmen noch Renovierungsanstriche vorgenommen werden. Im übrigen gelten die beim Aluminium-Fenster behandelten Kriterien für Werkstoff, Korrosionsgefährdung etc.

5.6.1.2. Dehnungsausgleich und Elementbefestigung

Die Werkstoff-Dehnungen des Aluminiums treten temperaturbedingt als Dehnungen im Brüstungs- und Sturzbereich in waagerechter und am seitlichen Fensterteil in senkrechter Richtung auf. Der weitgehend gleicher Temperatur ausgesetzte Holzteil quillt bzw. dehnt sich senkrecht zur Faserrichtung erheblich stärker als parallel zur Faserrichtung. Die Bewegungen – z. B. von Scheiben und Brüstungselementen und die Verarbeitungstemperatur der Metallprofile und der Feuchtigkeitsgehalt des Holzrahmens sind hierbei zu berücksichtigen.

Als Verbindungsmöglichkeiten sind anzusehen:
Die Festverschraubung, die bewegliche Verbindung durch Verschraubungen in Langlöchern und die allseitig bewegliche Verbindung mit Gelenkelementen.

Durch Festverschraubungen lassen sich die Dilatationsprobleme nicht lösen. Langlochverbindungen gestatten nur die Bewegung in jeweils einer Richtung. Hierbei entstehen im Eckbereich Abdichtungsprobleme. Nur die Gelenkverbindung gestattet die diagonale Ausdehnung der Rahmen.

Die Aluminiumprofile müssen in der Mitte des unteren Flügel- und Blendrahmens je einen Festpunkt erhalten, damit die Funktionssicherheit bei optimal möglichen Dehnungen erzielt werden kann.

Der Zusammenbau der Aluminiumprofile und der Holzteile sollte möglichst unkompliziert sein, und es sollte eine einwandfreie Abdichtung des Glasanschlusses möglich sein. Die statische Verbindung und die Funktionssicherheit beider Teile ohne Störgeräusche oder Spannungen muß gewährleistet werden.

Die Verbindungselemente der einzelnen urheberrechtlich geschützten Systeme unterscheiden sich erheblich.

Bei Abb. 153 erfolgt die Profilbefestigung durch Aluminium- und Kunststoffgleiter, bei Abb. 154 durch Laschen und Riegel aus Aluminium, bei Abb. 155 durch Bolzen mit zusätzlicher nicht rostender Stahlfeder. Bei anderen Systemen werden Kunststoff-Kippgleiter, T-Verbinder, Alu-Gleitverbinder etc. verwendet. Der Befestigungsabstand liegt in Abhängigkeit von System und Fenstergröße bei 30 bis 35 cm.

Eine vergleichende Wertung der verschiedenen Verbindungsmittel ist nicht möglich, da in der Literatur Darstellungen ihrer Wirkungsweise fehlen.

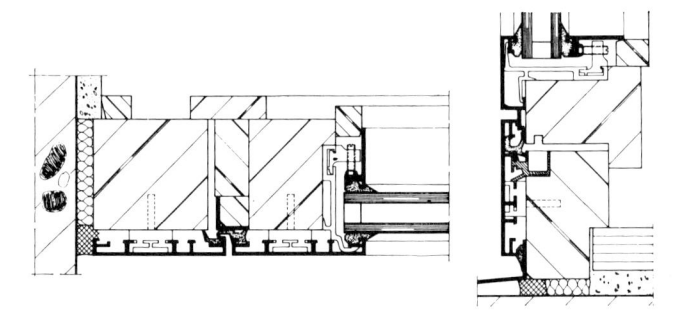

Abb. 153: Aluminium-Holzfenster, System Aluh („Bauen mit Aluminium" 1972)

5.6.1.3. Eckverbindung

Die Eckverbindung erfolgt ähnlich der des Ganzaluminiumfensters und wurde unter 5.4.1.0. beschrieben. Es werden Schweiß- und Klebeverbindungen angewendet. Die Wasserdichtigkeit der Eckverbindungen ist bei Aluh-Fenstern unerläßlich. Bei Klebeverbindungen müssen nach le Plat [186] Anschlag und Glasfalzstege voll hinterlegt werden.

5.6.1.4. Verglasung

Sie erfolgt als Spritzdichtung oder in Trockenverglasung gem. Abschnitt 4.2.3. Bei Trockenverglasung hat sich die Druckverglasung besonders bewährt. Für Schallschutzfenster (Abb. 156) werden häufig Aluminium-Holzfenster verwendet.
Die Verglasung sollte in ganzer Breite auf den Stegen der Aluminium-Profile bei entsprechender Klotzung liegen.

5.6.1.5. Bauphysikalisches Verhalten und Abdichtung von Flügel und Blendrahmen

Die Wasserdampfdiffusion durch die Holzteile und die Warmluft, die durch die Fensterfugen Metallteile erreicht, führt zur Tauwasserbildung an der Innenseite der Aluminiumteile. Um eine Durchfeuchtung der angrenzenden Holzteile zu unterbinden, wurden belüftete Konstruktionen mit entsprechender Luftzirkulation, die zugleich als Drainage wirkt, entwickelt. Hierbei muß auch ein regensicherer Anschluß im Fensterbankbereich hergestellt werden. Die durch das Fensterholz hindurchdiffundierende Feuchtigkeit sollte durch flächenbündig anliegende dampfdichte Metallteile nicht im Holz zurückgehalten werden.
Die Fugendichtigkeit liegt i. d. R. über der üblicher Aluminiumfenster und wird — wie bei Ganzaluminium-Fenstern durch Chloroprene-Dichtungen zwischen Metall und Metall sowie Metall und Holz im Sinne einer Mittel- und Außendichtung erzielt. Vereinzelt erfolgt die Abdichtung mit der Wirkung einer Mitteldichtung. Ein dauerhafter Holzschutz in den später nicht mehr zugänglichen Holzteilen ist mit den heute bekannten Verfahren langzeitig nicht zu erzielen.

5.6.1.6. Anwendungsempfehlungen

Die Anwendung von Aluh-Fenstern — nach le Plat [186] — ist empfehlenswert:

1. in Räumen, in denen die Raumerwärmung nicht durch Heizflächen im Brüstungsbereich erfolgt,
2. in Räumen mit Vollklimatisierung und bestimmter hoher relativer Luftfeuchtigkeit,
3. bei Sonderverglasungen mit besonderen Anforderungen an den Wärme- oder Schallschutz.

Aluminium-Holzfenster sind aus raumklimatischen Erwägungen günstiger als Aluminiumfenster mit unterbrochenen Stegen. Die angebotenen Systeme sind nicht in allen Fällen als ausgereifte Lösungen zu betrachten. Der Fensterbankanschluß ist nicht in allen Fällen befriedigend gelöst. Bei Abb. 157 und 158 läßt es sich nicht aus-

Abb. 154: Aluminium-Holzfenster, System Aluvogt („Bauen mit Aluminium" 1972)

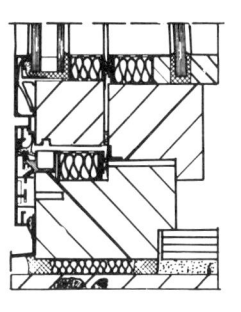

Abb. 156: Aluminium-Holzfenster, System Aluh-Contraphon („Bauen mit Aluminium" 1972)

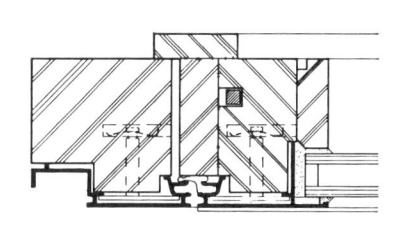

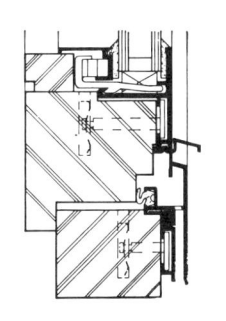

Abb. 155: Aluminium-Holzfenster, System Steiner („Bauen mit Aluminium" 1972)

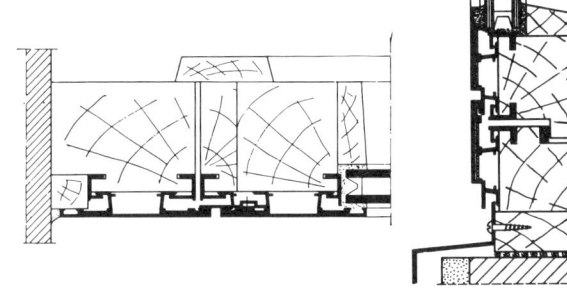

Abb. 157: Aluminium-Holzfenster, System HMF-4 („Bauen mit Aluminium" 1972)

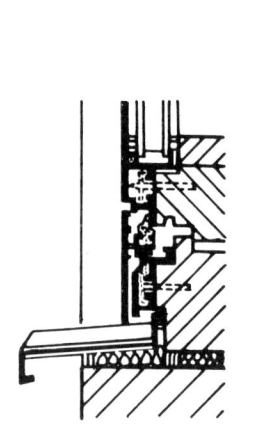

Abb. 158:
Aluminium-Holzfenster,
System HMS
(„Bauen mit Aluminium"
1972)

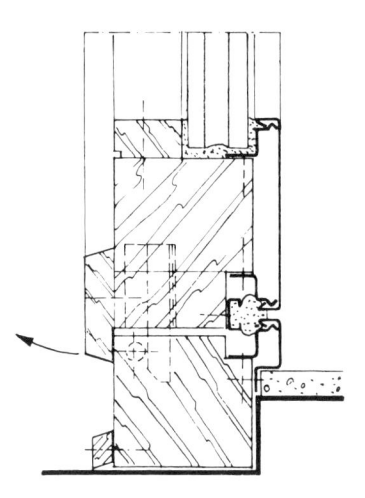

Abb. 159:
Fenster aus nichtrostendem
Stahl auf Holzrahmen
(Fa. Edelstahl-Rostfrei
Profil)

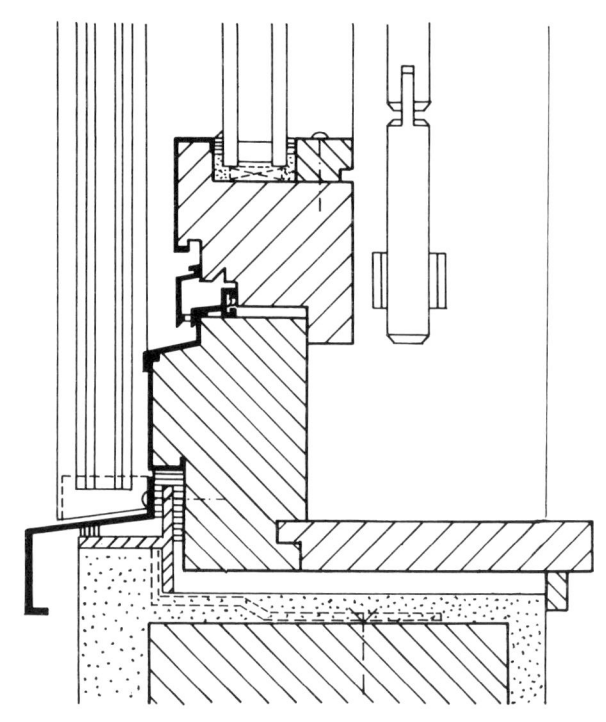

Abb. 160: Fenster aus nichtrostendem Stahl auf Holzrahmen
(Fa. Classmann-Bonhomme)

schließen, daß Tauwasser hinter der Fensterbankaufkantung in das Holz dringt.

5.6.2. Edelstahl-Holzfenster

Die Fensterkonstruktionen entsprechen denen der Aluminium-Holzfenster (Abb. 159), wobei sich jedoch der kleinere Ausdehnungskoeffizient und die Alkalienbeständigkeit günstiger auswirken. Die beträchtlich höheren Herstellungskosten setzen der Verbreitung natürliche Grenzen. Holz-Edelstahl-Konstruktionen sind nach Herstellerangaben seit 12 Jahren erprobt. Zur Verwendung kommt i. d. R. der auch in aggressivster Atmosphäre korrosionsbeständige molybdänhaltige Edelstahl, Werkstoff-Nr. 4401.
Als beachtenswerte erprobte Lösung ist die in Abb. 160 dargestellte Konstruktion anzusehen. Auf tropisches Laubholz „Meranti" wird Edelstahl nach einem Spezialverfahren aufpolymerisiert. Das Holz zeigt hohe Silikat- und Harzeinschlüsse und besitzt einen hohen Dampfdiffusionswiderstand. Nach vorgelegten Prüfzeugnissen und langjähriger Erprobung ergibt sich im Jahresablauf immer wieder ein Feuchtigkeitsausgleich. Funktionsstörungen oder Beschädigungen als Folge der an sich bauphysikalisch falschen Konstruktionen sind — nach Herstellerangaben — noch nie aufgetreten.

5.6.3. Kunststoff-Holzfenster

Analog zu der Entwicklung beim Aluminium-Holzfenster und den dort aufgezeigten Grundsätzen wurden verschiedene Kombinationssysteme aus Holz und Kunststoff entwickelt.

Die tragende Holzkonstruktion erhält wie bei den anderen Kombinationssystemen einen äußeren Witterungsschutz, der zugleich die äußere Erscheinungsform prägt und dem Holzteil die äußeren Unterhaltungsanstriche erspart.
Kunststoff-Holzfenster haben die verschiedenen Vorzüge beider Werkstoffe: die Witterungsunempfindlichkeit, die langzeitige Unterhaltungsfreiheit, die Unempfindlichkeit gegen alkalische Einflüsse und das geringe Gewicht des Kunststoffes mit den Vorzügen des Holzes kombiniert. Wegen der geringen Wärmeleitzahl ist die Gefahr der Tauwasserbildung, verglichen mit Aluminium-Holz- und Edelstahl-Holz-Konstruktionen, entsprechend geringer.

5.6.3.1. Kriterien

Verschiedene Kriterien des Kunststoffes prägen sich bei den Kunststoff-Holz-Fenstern stärker aus: Die Formänderungen und die geringe Materialsteifigkeit unter thermischer Belastung sowie die irreversible Verformung (vor allem die „Ausschlüsselung") unter Dauerbelastung.
Die Gewährleistung einer Atmungsfähigkeit der Holzteile bei begrenzter Luftzirkulation und die ungehinderte Bewegungsfähigkeit der äußeren Bekleidung in horizontaler und vertikaler Richtung stellen besondere Problempunkte dar.

5.6.3.2. Konstruktive Lösungen

Die Konstruktion entspricht weitgehend den unter Punkt 5.6.1. dargestellten Einzelheiten.
Als Folge hoher Aufheizungen, ohne daß wie beim Vollkunststoff-Fenster eine Spannungskompensation mit den kühleren Innenteilen erfolgen kann, ergeben sich bei den

Kunststoff-Profilen aus PVC-hart bzw. PVC-erhöht schlagzäh Wärmebewegungen, die dem linearen Ausdehnungskoeffizienten praktisch in ganzer Größe entsprechen. Diese Bewegungen wirken sich auf die Anschlußabdichtung zu Wand und Glas besonders aus.

Durch die Windbelastung und den Anpreßdruck der Verglasung ergeben sich zugleich Dauerbeanspruchungen des Kunststoff-Glasfalzes. Als Folge sind irreversible Verformungen und damit Undichtigkeiten vor allem im Eckbereich nicht auszuschließen. Eine zusätzliche Absicherung der Glasbefestigung mit Metallwinkeln erscheint unerläßlich.

Die Befestigung der Kunststoff-Profile erfolgt mit Gleitrastern und gefederten Klemmelementen.

Die Eckverbindung wird stumpf geschweißt. Unterlegte Klebeverbindungen sind auch denkbar.

Die Abdichtung zwischen Flügel- und Blendrahmen erfolgt mit äußeren und/oder mittig angeordneten Lippendichtungen.

Einige Beispiele üblicher Ausführungen sind in Abb. 161 bis 164 zusammengefaßt. Die Anschlußdetails sind hier i. d. R. ebensowenig gelöst wie beim Vollkunststoff-Fenster. Bei Abb. 161 sind starre Eckverbindungen wegen der Gleitfähigkeit der Profile jeweils in Längsrichtung nicht möglich.

5.6.4. Folgerungen für die Ausführung

Für die von der Grundkonstruktion her ähnlichen Fenster aus Aluminium-Holz, Edelstahl-Holz und Kunststoff-Holz ergeben sich folgende Anforderungen:

Die Holzgrundkonstruktion bestimmt die statische Tragfähigkeit der Fensterkonstruktion. Die Dimensionierung sollte — im Zusammenwirken mit der Verriegelung — so gewählt werden, daß die maximalen Flügeldurchbiegungen zwischen den Verriegelungen 1 mm nicht übersteigen.

Die wesentlichen Eigenschaften der Kombinationssysteme werden von der Holzkonstruktion bestimmt.

Der Zwischenraum zwischen Außenteil und Holzgrundkonstruktion ist für spätere Unterhaltungsanstriche oder nachträgliche Holzschutzmaßnahmen unzugänglich.

— Es sollten deshalb besondere langzeitig wirksame Holzschutzmittel eingesetzt werden oder
— exotische Hölzer mit hoher natürlicher Resistenz gegen Pilzbefall verwendet werden oder
— Außenschalen verwendet werden, die ohne gleichzeitige Umglasung eine Abnahme der Außenbekleidung zur Erneuerung von Holzschutzmaßnahmen gestatten.

Der Anschluß Glas/Flügel hat nach den unter Punkt 4.2.3. behandelten Gesichtspunkten zu erfolgen. Wegen der

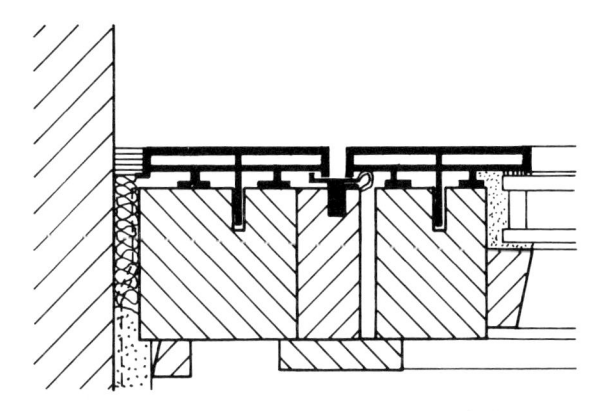

Abb. 161: Kunststoff-Holzfenster, System Diapol („Fenster aus Kunststoffen — Bauen mit Kunststoffen" — 1968)

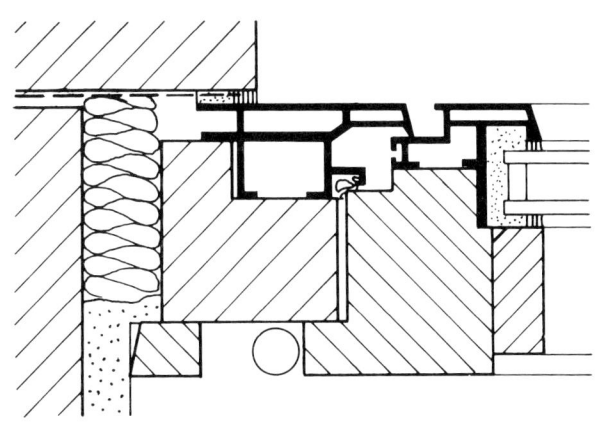

Abb. 162: Kunststoff-Holzfenster, System Starplast („Fenster aus Kunststoff — Bauen mit Kunststoffen" — 1968)

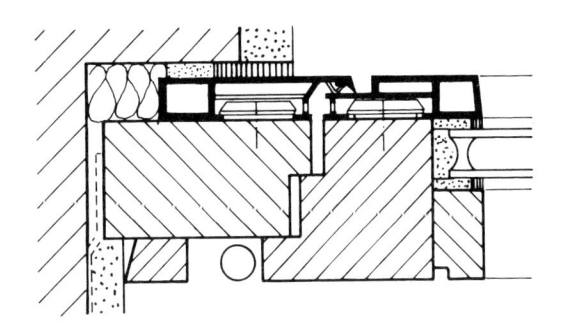

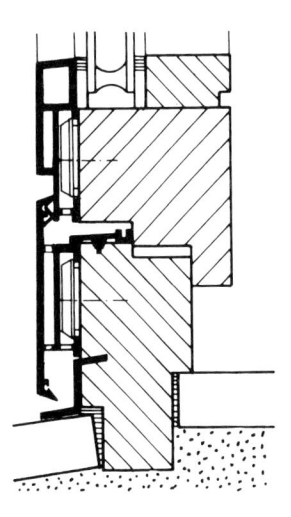

Abb. 163: Kunststoff-Holzfenster, System-Hebratherm („Fenster aus Kunststoff — Bauen mit Kunststoffen" — 1968)

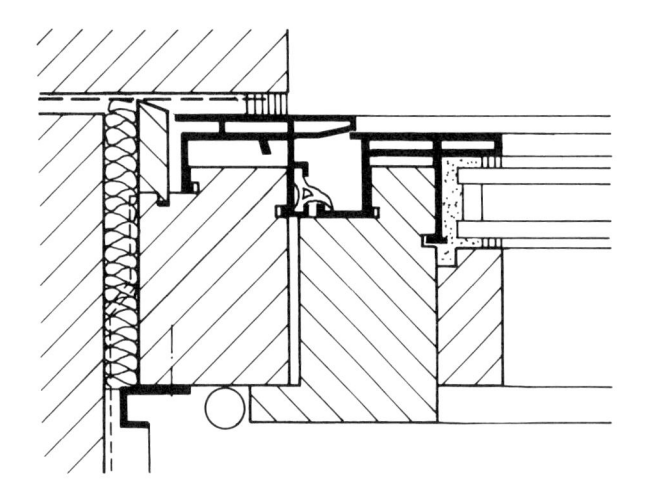

Abb. 164: Kunststoff-Holzfenster, System Xyloplast („Fenster aus Kunststoff – Bauen mit Kunststoffen" – 1968)

stärkeren Temperaturverformungen muß bei Spritzdichtungen eine größere Vorlagebreite der Dichtstoffe, d. h. nicht unter 4 bis 5 mm gewählt werden. Bei Trockenverglasungen müssen Profile mit vulkanisierten Eckstücken verwendet werden. Die Konstruktion sollte eine Hinterlüftung des gesamten durch die Außenschale überdeckten Holzes gestatten, wobei zugleich eine Entwässerung des Glasfalzbereiches und der Flügel/Blendrahmenkammer gegeben sein sollte und ein mechanischer dabei regenwasserdichter Anschluß zur Fensterbankabdeckung hergestellt wird.

Die Außenschale sollte durch eine allseitig gleitfähige und gelenkige Verbindung mit Festpunkt im Brüstungsriegel, eine leichte Montage und einen spannungsfreien Dehnungsausgleich besitzen. Die Abdichtung zwischen Flügel und Blendrahmen braucht nur aus einer möglichst kräftigen Mitteldichtung, mit einer Shore-Härte – nach le Plat [186] – von 45° ± 5° bestehen. Die Fugendurchlässigkeit sollte 0,8 Nm^3/mh bei 1 mm WS nicht übersteigen.

5.6.5. Wertung

Die Tabelle zur Ermittlung der Beanspruchungsgruppen für Aluminium-Holzfenster, herausgegeben vom Institut für Fenstertechnik e. V., Rosenheim, entspricht der für Aluminiumfenster. Für die anderen Kombinationssysteme liegen entsprechende Tabellen nicht vor.

In Normung, Literatur und in Fachveröffentlichungen werden praktisch keine wissenschaftlich wertbaren Einzelheiten behandelt. Lediglich in Veröffentlichungen der Hersteller werden verschiedene Ausführungsgrundlagen in nicht weiter nachprüfbarer oder vergleichbarer Form gebracht.

Von den drei Kombinationssystemen zeigt – nach Auffassung des Verfassers – das Aluminium-Holzfenster ausgereiftere konstruktive Lösungen. Die Kunstoff-Holzfenster sind wegen der unvermeidlichen Verwerfungen als weniger empfehlenswert zu bezeichnen. Für Druckverglasungen sind Kunststoff-Holzfenster nicht geeignet.

6. Zusammenfassung

6.1. Verwertbarkeit der wissenschaftlich oder empirisch gewonnenen Erkenntnisse für die Baupraxis

Die Verwertbarkeit für die Praxis wird
von der Allgemeingültigkeit und Verbindlichkeit,
von der Aufbereitung und Darstellung und
von der Realisierbarkeit des Erkenntnisstandes in der Praxis
bestimmt.

6.1.1. Allgemeingültigkeit und Verbindlichkeit des Erkenntnisstandes

bezieht sich auf die jeweils zu erwartenden Beanspruchungen und Funktionen, die wissenschaftlich begründeten und in der Praxis überprüften Anforderungen, sowie den konstruktiven Lösungsmöglichkeiten und deren Auswirkungen.

Während *Beanspruchungen* aus Eigengewicht und Windlast weitgehend erfaßt werden können, ist der Umfang mechanischer Inanspruchnahme des Fensters durch die Gebäudebenutzer nicht vorausbestimmbar und die Beanspruchung aus Schallschwingungen und Erschütterungen, durch Bau- und Nutzungsfeuchte, durch chemische Umwelteinwirkungen, durch Schlagregen und thermische Belastungen nur unzureichend abschätzbar. Gesicherte oder allgemeingültige Aussagen liegen praktisch nicht vor, und wissenschaftlich untersuchte Zustände von Nachbarbereichen, z. B. dem instationären Temperaturverlauf von Außenwänden, sind für das Fenster nicht anwendbar. Für Teilbereiche, z. B. die chemischen Umwelteinwirkungen, werden nie allgemeingültige Aussagen gemacht, sondern höchstens optimale Grenzwerte nach gewerbeaufsichtlich zulässigen oder festgestellten Verschmutzungen aufgezeigt werden können.

Die *Funktionen* des Fensters (Abschnitt 2.1.) ergeben sich zwangsläufig aus dem Einsatz des Fensters am Bau und den besonderen Wünschen der jeweiligen Gebäudebenutzer.

Die *Anforderungen* an das Fenster lassen sich objektiv aus den Beanspruchungen, Funktionen und gegenseitigen Werkstoffabhängigkeiten sowie subjektiv aus den Wünschen der Gebäudenutzer ableiten.

Solange die Beanspruchungen aber nicht abgegrenzt sind, ist eine den Gegebenheiten entsprechende Defination der Anforderungen und Bestimmungsgrößen (Abschnitt 3.9.) nicht möglich. Eine wissenschaftliche Begründung ist bis heute nur für einzelne Anforderungen, z. B. den anstrebenswerten Schallschutz oder die Schlagregensicherheit, die sich jedoch nicht nur auf das Fenster, sondern auch auf die Fensteranschlüsse beziehen müßte, gegeben. In wesentlichen Bereichen, aus denen sich z. B. die Anforderungen an das Fenster zur Herstellung eines behaglichen Raumklimas ergeben, fehlt eine Definition der Anforderungen vollständig. Hier werden bis heute — wie dargestellt wurde — wesentliche Erkenntnisse nur von Außenseitern vertreten.

Die Fugendurchlässigkeit läßt sich — losgelöst von Fragen der Lufterneuerung, der Raumlufttemperatur, der Raumheizung, der Luftbewegung und den Luftdruckverhältnissen im Gesamtgebäude — weder begründen noch sinnvoll definieren. Ähnlich komplexe Zusammenhänge ergeben sich für die Wärmeschutzwirkung, die Raumbeleuchtung, die Energieeinstrahlung.

Ohne umfassende Grundlagenforschung ist nach Auffassung des Verfassers eine Definition berechtigter Anforderungen nicht möglich. Die derzeitigen, auch in dieser Arbeit genannten Anforderungen wurden aus den technisch-konstruktiven Zusammenhängen und Sachzwängen abgeleitet. Sie lassen sich nur als Vergleichskriterien und Qualitätsmerkmale gebrauchen. Trotz der elementaren Bedeutung für das Wohlbefinden des Menschen wirken sich die Klimakomponenten nur quantitativ auf die Konstruktion des Fensters aus. Überall dort, wo bauphysikalische, bauchemische oder werkstofftechnologische Faktoren die Qualität der Konstruktion beeinflussen, lassen sich z. Z. konkrete Aussagen nicht machen. Hier kann man nur durch vorsichtige Annahmen und Sicherheitszuschläge eine grobe Abschätzung — z. B. für Längenänderungen der Fensterbauteile, temperaturbedingte Durchbiegungen etc. — vornehmen.

Unabhängig hiervon wird von Fall zu Fall auch aus wirtschaftlichen Überlegungen im Einvernehmen zwischen Bauherrn, Architekten und Fensterherstellern zu entscheiden sein, welche Anforderungen an das Fenster zu stellen sind. Eine Allgemeingültigkeit des Erkenntnisstandes setzt die wissenschaftliche Untersuchung, deren versuchsmäßige Überprüfung, die langzeitige Erprobung aller Einzelfaktoren und eine ausreichende Einführung in Fachkreisen voraus. Der Zeitaufwand für eine derartige Einführung beträgt ca. 3 bis 4 Jahre.

Wieweit die Darstellungen dieser Arbeit als allgemeingültig oder wissenschaftlich gesichert anzusehen sind, wurde in den einzelnen Abschnitten aufgezeigt.

Die Verbindlichkeit der Aussagen läßt sich daran messen, in

welchem Umfang diese in Vorschriften von Gesetzen, z. B. der Landesbauordnung, übernommen wurden, wieweit sie als „anerkannte Regel der Baukunst" anzusprechen sind oder in zweiseitigen Verträgen vereinbart werden. Die Normierung des Erkenntnisstandes und deren Aufnahme in den Katalog der ETB-Normen stellen z. Z. die beste Fixierung, die Aufnahme in Verarbeitungsrichtlinien einzelner Hersteller etc. die i. d. R. fragwürdigste, weil nur selten allgemeingültige Form der Festlegung bestimmter Erkenntnisse dar. Da für viele theoretisch wesentlichen Erkenntnisse noch keine verbindlichen Anforderungen definiert wurden, in anderen Fällen Anforderungen gestellt werden (z. B. Punkt 5.1.) die sich z. T. gegenseitig ausschließen, haben Unsicherheiten zu weit verbreiteten Mängeln geführt.

6.1.2. Aufbereitung und Darstellung des Erkenntnisstandes

wird von Gliederung, Umfang und Benutzerfreundlichkeit der jeweiligen Ausarbeitung, von der Relevanz der aufbereiteten Einzelheiten, der eindeutigen und verständlichen Darstellung, von der Richtigkeit und der Vollständigkeit der getroffenen Aussagen und der Verbreitung des Erkenntnisstandes bestimmt.

In dieser Arbeit wurden die in ca. 290 Veröffentlichungen, in 40 verschiedenen Zeitschriften, einer Reihe von Büchern sowie einer Vielzahl von Normen etc. und Produzenteninformationen enthaltenen wissenschaftlichen Veröffentlichungen, Fachinformationen etc. ausgewertet und soweit möglich auf ihre Anwendbarkeit überprüft. Um die Arbeit nicht umfangreicher zu gestalten, mußten Teilbereiche gekürzt werden. Die relevanten Einflußgrößen, wie z. B. der Eckfügung des Holzfensters, die Gestaltung der Dichtzonen und die Profilgestaltung der Fenstersysteme, wurden hiervon nicht betroffen. Die Vielzahl der benützten Schriften läßt erkennen, daß der Architekt, auch wenn er durch seine Ausbildung in der Lage ist oder sein sollte, vielseitige und/oder wissenschaftliche Darstellungen in die Praxis zu übersetzen, so kann man bei dem Arbeitskräftemangel von ihm nicht verlangen, sich bei der Zahl der Schriften den jeweiligen Erkenntnisstand selbst aufzubereiten und dabei Wertungen von Einflußgrößen vorzunehmen, deren Richtigkeit z. T. noch nicht wissenschaftlich oder empirisch gesichert ist.

6.1.3. Realisierbarkeit des Erkenntnisstandes in der Praxis

hängt ab von ihrer Übernahme in Ausschreibungs-, Ausführungs- und Verarbeitungsrichtlinien, von den maschinentechnischen Möglichkeiten, von der wirtschaftlich vertretbaren Anwendbarkeit und von der Prüfbarkeit der Einhaltung der Anforderungen.

Hierbei ist wesentlich, daß wissenschaftliche Erkenntnisse auf ihre technische Zweckmäßigkeit unter zumutbaren Arbeitsbedingungen überprüft werden.

Während für Holzfenster vom Institut für Fenstertechnik, Rosenheim, fast umfassende Arbeitsunterlagen erarbeitet wurden, stehen ähnliche Aufbereitungen für Aluminium- und Kunststoff-Fenster noch aus. Jede Perfektionierung der Fenstersysteme im Hinblick auf Lösungen, die allen Anforderungen gerecht werden, verursacht zusätzliche Kosten. Diese Kosten sind jedoch nur unerheblich, wenn man sie mit den Kosten vergleicht, die nachträglich zur Beseitigung von Schäden oder Unzuträglichkeiten aufgewendet werden müssen.

Mit den von der Gütegemeinschaft Holzfenster definierten Gütebestimmungen für Holzfenster und Holz-Aluminium- und Holz-Kunststoff-Fenster, werden nicht alle Einflußgrößen erfaßt. Die Gütebestimmungen beziehen sich dabei nur auf das fabrikfertige Fenster. Es bedarf noch definierter Verfahren, um auch nach dem Einbau die Einhaltung der Anforderungen überprüfen zu können.

6.2. Zusammenfassung relevanter Folgerungen

6.2.1. Noch nicht gelöste Problemkomplexe

Die Betrachtung der Baukonstruktionen baugeschichtlicher Meisterwerke läßt erkennen, daß unsere Zeit bei allen beachtenswerten technischen Neuerungen mindestens ebensoviel bewährtes Erfahrungsgut auf handwerklichem und naturwissenschaftlichem Gebiet vergessen hat. Nur durch ein wirksames Infragestellen des Überlieferten und der vorliegenden hochwertigen, aber zusammenhanglosen Einzeluntersuchungen kann es gelingen, die Diskrepanz zwischen Inhalt, Gestalt und Konstruktion auch im Problembereich Fenster und Außenwand auszugleichen.

Die wichtigsten, nach Auffassung des Verfassers (Abschnitt 1.3.3.) noch nicht gelösten Problemkomplexe werden nachstehend zusammengefaßt.

Der derzeitige Zustand unserer Normung und sonstiger Ausführungsempfehlungen etc. bietet nicht die Gewähr für die Ausführung mängelfreier Fenster. Zahlreiche Fenster, die dem Stande der technischen Erkenntnisse entsprechen und doch gravierende Schäden aufweisen, bestätigen dies. Einzelheiten, wie z. B. die Mängel der Querschnittsgestaltung, der Eckfügung und des Holzschutzes, wurden unter Punkt 5.1. sowie in den anderen Abschnitten aufgezeigt.

Bei alleinigem Verlaß auf Empfehlungen von Fensterherstellern, Beschlagherstellern etc. für optimale Flügelgrößen lassen sich häufig Funktionsstörungen, Überbeanspruchungen des Flügelwerkstoffes etc. nicht ausschließen (z. B. Abschnitt 5.5.2.8.).

Bei fast sämtlichen Fenstersystemen sind die angebotenen Wandanschlüsse zumindest bei mittleren und großen Fenstern und Fensterwänden nicht gelöst.

Die Werbung für verschiedene Fenstersysteme propagiert vollständig wartungs- und unterhaltsfreie Fenster, ein Versprechen, das jeder realen Grundlage entbehrt. Beim Kunststoff-Fenster läßt sich eine Vergilbung, bei Kunststoff- und Aluminiumfenstern regelmäßige Reinigungen, Dichtungsauswechselungen nach 5 bis 6 Jahren nicht ausschließen.

Der Einfluß des Fensters auf das Raumklima und damit auf Gesundheit, Wohlbefinden und Leistungsfähigkeit des Menschen wurde bis heute nur zusammenhanglos erforscht. Dies gilt besonders für die Kältestrahlung und die Leistungsabminderung des Menschen durch Wärme und Schallbelästigung. Auch die Lüftungswirkung der Fensterarten und zusätzlicher Lüftungseinrichtungen wurde nur unzureichend untersucht.

Die Werkstoffeigenschaften und Werkstoffverhalten in Abhängigkeit von Temperatur und Zeit sind z. B. beim Kunststoff nur ungenügend untersucht bzw. veröffentlicht.

Durch Gebrauchsmusterschutz und Patentrecht wird die Verbreitung wesentlicher Erkenntnisse verzögert, erschwert oder unmöglich gemacht.

Eine vollständige und übersichtliche Zusammenstellung der wichtigsten bauphysikalischen Zahlenwerte als Berechnungsgrundlagen – z. B. zur Ermittlung von Formänderungen, Schallschutzberechnungen etc. – fehlt weitgehend.

Im Zuge der Systematisierung der wissenschaftlichen Fenster-Grundlagenforschung ist zugleich die Forderung nach Gesamtbetrachtung der Zusammenhänge zwischen Fenster-Wand-Raum unter Einbeziehung funktioneller, bauphysikalischer, raumklimatischer und konstruktiver Gesichtspunkte zu stellen.

6.2.2. Zusammenstellung der wichtigsten Erkenntnisse

Aus der vorliegenden Arbeit ergeben sich nach Auffassung des Verfassers zusammengefaßt folgende Erkenntnisse:

Die *Lebensdauer* des Fensters wird in Zukunft entscheidend von der formal und funktional bestimmten Nutzungsdauer bestimmt (Wegwerfarchitektur).

Anforderungen und Fertigung sind demgegenüber vom Qualitätsdenken geprägt. Die höheren Herstellungskosten einzelner Fensterkonstruktionen versucht die Industrie mit dem Hinweis auf die unbegrenzte Haltbarkeit der Werkstoffe zu kompensieren.

Regelmäßige Wartungs- und Unterhaltungsarbeiten und die Möglichkeiten, diese ohne besondere Schutzgerüste durchführen zu können, vermögen selbst dem Holzfenster eine dem Aluminium- oder Kunststoff-Fenster ähnlich lange Lebensdauer zu gewähren. Kunststoffbeschichtete oder -ummantelte Aluminiumprofile mit wärmedämmenden Trennschichten versprechen z. Z. eine optimale Haltbarkeit.

Die *Wirtschaftlichkeit* verschiedener Fenstersysteme erfordert neben dem Vergleich der Investitions-, Wartungs-, Unterhaltskosten und Betriebskosten auch die Einbeziehung der Kapitalverzinsung für die Mehraufwendungen. Die Investitions- und Betriebskosten für Lüftungs- und Klimaanlagen betragen – nach Seifert [235] – ein Vielfaches ausreichender Sonnenschutzmaßnahmen.

Der Umfang erforderlicher *Sonnenschutzmaßnahmen* steigt gem. Abb. 165 mit zunehmendem Flächenanteil des Fensters an der Gesamtwand. Sonnenschutzgläser sind hierbei allein nur begrenzt wirksam. Die fehlende Wärmespeicherfähigkeit leichter Konstruktionen und die Verwendung von Fußbodenbelägen geringer Wärmekapazität etc. hat selbst in Zonen gemäßigten Klimas die Abwehr der Sonnenwärme zum Problem werden lassen.

Neben dem *Wärmeschutz* sind die inneren *Oberflächentemperaturen* von Glas und Rahmen wegen ihrer Kältestrahlung und der Gefahr der Tauwasserbildung als ebenso wichtige Einflußgrößen anzusehen. Einfach verglaste Fenster sind für Aufenthaltsräume untragbar. Bei 2-Scheiben-Isolierverglasung läßt sich nur dann eine ausreichende Oberflächentemperatur erzielen, wenn der Warmluftstrom entlang dem Fenster z. B. von Heizflächen hochsteigen kann. Aluminiumprofile mit wärmedämmender Stegunterbrechung bringen nur dann ausreichende Oberflächentemperaturen, wenn auch die Kältestrahlung von der Außen- zur Innenwandung durch Kunststoff-Zwischeneinlagen unterbunden wird.

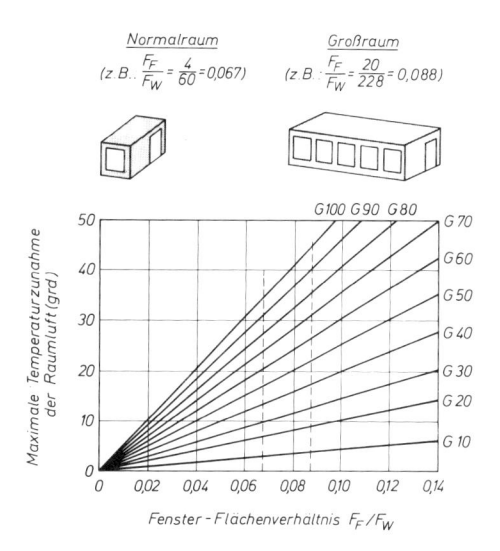

Abb. 165.1: Maximale Temperaturzunahme der Raumluft bei verschiedener Glasart in Abhängigkeit vom Fensterflächenverhältnis zu den Raumumschließungsflächen [76]
Fensterorientierung nach Süden, Sonneneinstrahlung am Tag der Tag- und Nachtgleiche)
Raumumschließungsbauteile: 20 cm Gasbeton
F_F: Fensterfläche
F_W: Fläche der wärmespeichernden Innenbegrenzungen (einschließlich Boden und Decke)

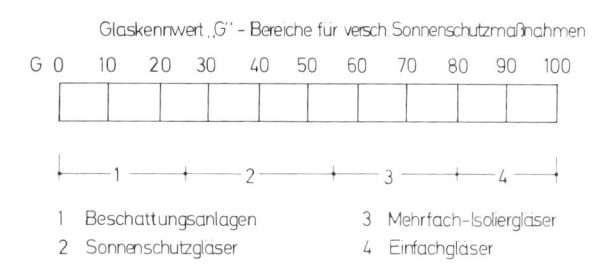

Abb. 165.2: Bestimmung der erf. Sonnenschutzmaßnahmen auf der Grundlage der gewünschten Temperaturzunahme („Fensterseminar" 72)

1 Beschattungsanlagen
2 Sonnenschutzgläser
3 Mehrfach-Isoliergläser
4 Einfachgläser

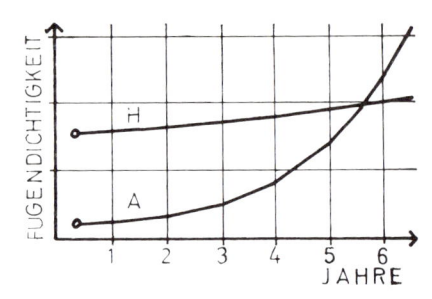

H = Holzfenster ohne Dichtung
A = Aluminium Kunststoff-Fenster mit zusätzlicher Dichtung

Abb. 166: Nachlaß der Fugendichtigkeit von Holzfenstern und Fenstern mit zusätzlichen Dichtungsprofilen [235]

Die *Fugendichtigkeit* wird von der Formstabilität des Fensters und hierbei weniger von der Steifigkeit der Eckverbindungen als von der Durchbiegung der Flügelrahmen, der spannungsfreien Anpressung des Flügels durch die Beschläge und der elastischen Verformbarkeit und Dauerhaftigkeit zusätzlicher Dichtungsmaßnahmen bestimmt.
Gemäß Seifert [235] Abb. 166 müssen Kunststoffdichtungen nach 5 bis 6 Jahren im Rahmen üblicher Unterhaltungsmaßnahmen erneuert werden, um die anfängliche Fugendichtigkeit wieder herzustellen. Holzfenster ohne zusätzliche Dichtungen zeigen nach 6 Jahren eine geringere Fugendurchlässigkeit als Metall- oder Kunststoff-Fenster mit der zur Erstausstattung gehörenden Dichtung.

Der *Wandanschlußbereich* ist nur bei total bauentflochtener Ausführung als zeitgemäß zu betrachten. Hierbei ist auch eine jederzeitige Auswechselbarkeit gegeben. Unabhängig hiervon erfordern mittelgroße bis große Fenster und Fensterwände eine elastische Anschlußabdichtung (seitlich) und einen mechanisch dichten Fensterbankanschluß (unten).

Für den *Flügel/Blendrahmenanschluß* stellt die Mittel- oder Innendichtung bei ausreichendem Profilquerschnitt der Dichtung aus Chloropoene (für Vulkanisierung oder Verschweißung) die z. Z. optimale Lösung dar. Runde Ecken an Flügel und Glas gewährleisten bis jetzt allein eine absolut stoßlose und mangelfreie Ausbildung der Fugendichtung.
Beim Glasanschluß lassen sich im Gegensatz zu den derzeitig gültigen „anerkannten Regeln der Baukunst" bei plastisch gespritzten Dichtstoffen oder Kitten dauerhaft wasserdichte und elastische Abdichtungen *nur* mit elastischen Werkstoffen erzielen.

Eine dauerhafte *Schlagregensicherheit* des Fensters erfordert eine rasche Regenableitung, eine windstaugeschützt entwässerte Regensammelringe im Flügel/Blendrahmenanschlußbereich, eine Entwässerung des Glasfalzes (bei Trockenverglasung) und hermetisch dichte Eckfügungen von Flügel und Blendrahmen.

Die *Schallschutzeigenschaft* eines Fensters ist eine selbstverständliche Forderung für jedes Fenster von Aufenthaltsräumen und sollte nicht als Herstellungsprivileg einzelner Fensterhersteller angesehen werden. Verbund- und Kastenfenster sind i. d. R. schallschutztechnisch günstiger als Isolierverglasungen.

6.2.3. Arbeitsgrundlagen für den Architekten

Der Wert des Fensters wird in Zukunft stärker durch die Erfüllung der ihm zugedachten Funktionen bestimmt. Das Funktionsdenken muß deshalb auch — nach Seifert [246] — im Bereich des Fensterbaues das Werkstoffdenken ablösen. Der Architekt und Fensterbauer muß lernen, den Werkstoff einzusetzen, mit dessen Hilfe er die zu erwartenden Anforderungen und Funktionen des Fensters am besten und wirtschaftlichsten erreichen und sicherstellen kann.
Wer für sich selbst baut, trägt die Folgen auch selbst.
Wer für andere baut, verursacht diesen mit zunehmender Fenstergröße höhere Wartungs-Unterhaltungs- und Betriebskosten und beeinflußt zugleich Gesundheit und Wohlbefinden der Raum- bzw. Gebäudenutzer.
Bei der Formulierung der Bauwünsche, bei der Genehmigung des Architekten-Entwurfes durch den Bauherrn, sollten deshalb nicht nur die augenscheinlich ästhetischen Vorteile, sondern auch die Folgen großer Glasflächen bewußt gemacht werden.

Die Arbeit des Architekten wird durch eine Reihe von unzumutbaren Erschwernissen belastet. Hierzu gehört u. a.:

die Schwierigkeit, die Normen einsehen zu können, die lautstarke Werbung umsatzgieriger Fensterhersteller und die Verteilung der Fachveröffentlichungen über das Fenster über viele Publikationsorgane erschweren die vom Architekten verlangte sachliche Information erheblich. Der Verfasser stellt deshalb die Forderung nach einem Architekten-Handbuch als Beratungs-, Planungs- und Bauleitungshilfe. In diesem Handbuch müßten — ähnlich wie z. B. in der Verdingungsordnung für Bauleistungen (VOB) — alle, für den o. a. Verwendungszweck geeigneten Fakten in verbindlicher Form zusammengestellt und in Zeitabschnitten von 3 bis 5 Jahren ergänzt werden.

Hierzu gehören:

Die möglichen Beanspruchungen, Funktionen und raumklimatischen Wirkungen und die Anforderungen, die an das Fenster zu stellen sind,
jeweils eindeutig definiert und verständlich begründet,
eine Zusammenstellung der hierzu gehörenden Normen, Vorschriften und Richtlinien,
eine Zusammenstellung der Güterichtlinien und Prüfkriterien des Fensters und deren Anwendung vor, während und nach der örtlichen Fenster-Montage.

Mit der Perfektionierung der Fenster- und Fassadensysteme und der marktbeherrschenden Stellung einiger — der Größe nach — Mittelbetriebe, verlieren Bauherr und Architekt immer mehr den Einfluß auf die Gestaltung konstruktiver, bauphysikalischer und raumklimatischer Einzelheiten. Um im besonderen Fall aus der Vielzahl der angebotenen Fenstersysteme die geeignete Kombination wählen zu können, muß der Architekt den Fenstermarkt laufend beobachten. Hierzu bedarf es in den einzelnen Phasen der Planung, der Ausführung und der Nutzung eingehender und heute nicht erhältlicher objektiver Produktinformationen.

Hierzu gehören:

allgemeine Daten über Markenname, Hersteller, Lieferbereich, Lieferprogramm, Zubehör, Lieferungsumfang, Gewicht, Dauer der Erprobung, Referenzliste,

Konstruktionsdaten über Werkstoff, mögliche Oberflächenausführung, mögliche (nachgewiesene) Flügelgrößen, Eckausbildung, Verglasungsart, Ausbildungsmöglichkeiten der 3 Dichtzonen,

Technische Daten über Wärmeschutz, Oberflächentemperaturen, Schalldämmaß, Fugendichtigkeit, Schlagregensicherheit, Festigkeitsverhalten von Werkstoffen und Bauteilen in Abhängigkeit von Temperatur und Zeit, Vorlage von Prüfzeugnissen, Untersuchungsergebnissen.

6.2.4. Benutzungseinweisung für Bauherrn und Gebäudenutzer

Mit der Verwendung immer anspruchsvollerer Werkstoffe mit differenzierten Eigenschaften muß der Gebäude- bzw. Raumnutzer verbindliche Informationen und Benutzungsvorschriften (z. B. im Mietvertrag) erhalten, die zu einer werterhaltenden Nutzung des Fensters, seiner Wartung und Instandsetzung unerläßlich sind.

Hierzu gehören Hinweise über

die Grenzen mechanischer Beanspruchbarkeit,
die notwendigen Lüftungsmaßnahmen, um vor allem die Nutzungsfeuchte abzuführen,
die Intervalle der erforderlichen Fensterreinigung unter Bekanntgabe der Bestandteile, die Reinigungsmittel nicht enthalten dürfen,
die periodisch vorzunehmenden Inspektionen, vor allem bei Holzfenstern und Stahlfenstern die Ausbesserungs- und Überholungsanstriche, besonders die Instandsetzung des Innenanstriches und der Glasabdichtung im Rahmen einer systematischen Instandhaltungsplanung für das ganze Gebäude und
die unverzügliche Meldung bzw. Beseitigung evtl. aufgetretener Mängel.

6.3. Schlußbetrachtung

Die Leistungssteigerung ist ein wichtiges Prinzip in unserer technisch-wissenschaftlichen Entwicklung. Es wird — nach Kirsch [115] — durch das Zusammenwirken von Bedürfnissen und technischen Möglichkeiten, die sich wechselseitig hervorbringen und bedingen, bestimmt. Seine Merkmale sind Steigerung der Produktion nach Qualität und Quantität sowie Verkürzung der Zeiten für Herstellung und Verbrauch. Voraussetzung für diese Leistungssteigerung sind Rationalisierung und Spezialisierung.

Mit zunehmender Komplexität geht die Möglichkeit, einen Zusammenhang zu überschauen, verloren. Der Prozeß der Planung muß analog zum Prozeß der Produktion in einander zugeordneten und koordinierte Teilprozesse aufgegliedert werden. Zu neuen Arbeitsweisen der Produktion gehören neue Arbeitsweisen der Planung. Überlieferte Erfahrung tritt in den Hintergrund und verliert gegenüber wissenschaftlich fundierter Vorausbestimmung und Kontrolle an Einfluß.

Alle am Bau Beteiligten, die Planenden wie die Ausführenden, werden zu neuen Denk- und Arbeitsweisen finden müssen, wenn sie die Häufung der Fehlleistungen — als Kennzeichen der augenblicklichen Übergangsphase — in Zukunft vermeiden wollen.

Dies erfordert u. a., daß sich der Architekt grundlegende Kenntnisse auf dem Gebiet der Bauphysik, der Raumhygiene und des Raumklimas aneignen muß, um die entsprechenden Gesetzmäßigkeiten und Zusammenhänge am und im Gebäude begreifen und die einzelnen Maßnahmen koordinieren zu können.

Der Architekt ist aber — ebenso wie der Fensterhersteller — hierzu außerstande, wenn er sich aus der Vielzahl verstreuter und z. T. widersprüchlicher Veröffentlichungen die von Fall zu Fall geltenden Einzelheiten selbst aufbereiten muß.

Die vorliegende Arbeit wurde mit der Absicht durchgeführt, um die relevanten konstruktiven und abdichtungstechnischen Fragen unter Berücksichtigung bauphysikalischer und raumklimatischer Zusammenhänge aufzuzeigen. Das Ergebnis sollte die Grundlage für weitere, enger begrenzte Untersuchungen sein, die das Ziel haben, eine sinnvolle und verwertbare Architekteninformation im Sinne von Abschnitt 6.2.4. zu schaffen.

Es wurde herausgestellt, daß es nicht mehr ausreicht, das Fenster oder seine Teile für sich zu betrachten. Die Anforderungen an die Gestaltung, die Konstruktion, die Fertigung und den Gebrauchswert des Fensters bedingen die Synthese aller hier aufgezeigten Einflußgrößen und der hier aufgezeigten, von Fall zu Fall unterschiedlich zu wertenden Kriterien. Optimale Lösungen sind nur zu erzielen, wenn das Fenster als integrierter Teil der Gesamtwand bzw. der Fassade betrachtet wird.

Die Freizügigkeit der Gestaltung wird deshalb immer durch die Berücksichtigung bauphysikalischer-konstruktiver und raumklimatisch-funktioneller Belange sowie Marktwirtschaftlichkeitsüberlegungen begrenzt.

7. Literaturverzeichnis

1. Aichberger, F.: Einbaufertige Fenster und Türen, Heft 42. Wien: Österreichisches Institut für Bauforschung 1969.
2. Aluminiumzentrale: Werkstoff Aluminium. In: Bauen mit Aluminium (1965–1972).
3. Amend, A. F.: Sonnenschutz aus Aluminium. In: Bauen mit Aluminium, S. 81 (1965).
4. Arnds, W.: Fensterflächen in Außenwänden. In: Bauwelt, S. 534–535 (1966).
5. Arntzen, D.: Fenster im Wohnungsbau – Nutzwertkosten, Wirtschaftlichkeit, Sonderheft 7. Bauverlag wirtschaftlich Bauen 1964.
6. Ayoub, R.: Natürliche Klimatisierung. In: Glasform 1, S. 1–6 (1966).
7. Bauer, C. O.: Das Verschrauben von Aluminium. In: Profil und Form 8. S. 16–18 (1966).
8. Barth, E. u. Schaefer, H.: Prüfungen an Kunststoff-Fenstern. In: Plasticonstruktion, S. 71–75 (1971).
9. Bavendamm, W.: Die Beeinträchtigung des Erfolges einer Schutzbehandlung durch Rissebildung. Berlin: Beuth-Vertrieb 1966.
10. Beck-Richter: Die praktischen Auswirkungen der techn.-phys. Erscheinungen am Fenster und im Fenster-Bereich auf den Wohn- und Gebrauchswert eines Fensters. Dissertation Karlsruhe 1962.
11. Becker, P.: Luftverteilung in gelüfteten Räumen. In: Heizung – Lüftung – Haustechnik, S. 454–459 (1965).
12. Belford, D. S.: Die Kesseltränkung von Bauholz unter Anwendung von Petroleumgasöl als Lösungsmittel. In: Holz als Roh- und Werkstoff, S. 197–201 (1968).
13. Beuße, H.: Wie lassen sich bei extrudierten PVC-Fassaden-Profilen Fehler vermeiden. In: Kunststoffe im Bauwesen 26, S. 17 und S. 46 ff. (1968).
14. Bialas, A.: Feuchtigkeitshaushalt in einer Mauerwerkswand. In: Der Deutsche Baumeister, S. 950–952 (1968).
15. Binder, G.: Rolläden aus Kunststoff. In: Kunststoffe im Bauwesen 10, S. 21–28 (1968).
16. Binder, G.: Die Eigenschaften thermoplast. Kunststoffe. In: Kunststoffe im Bauwesen 14, 16.
17. Birtel, H. u. Leute, W.: Qualitätsprüfung von anodisiertem Aluminium in der Architektur. In: Aluminium, S. 413–418 (1969).
18. Bobran: Handbuch der Bauphysik. Berlin: Verl. Ullstein 1967.
19. Bock, G.: Schutz von Aluminium-Konstruktionen während der Bauzeit. In: Profil und Form 4, S. 10 (1965).
20. Bosshard, H. H.: Aktuelle Probleme des Holzschutzes. In: Holz als Roh- und Werkstoff, S. 10–18 (1968).
21. Böckel, W.: Welchen Einfluß haben Doppel- oder Einfach-Fenster und die Fenstergrößen auf die Heizung und Baukosten. In: Bauwelt, S. 1021–1023 (1955).
22. Bramigk, D.: Lärmbekämpfung ist nicht nur ein akustisches Problem. Sonderdruck der Fa. Grünzweig & Hartmann nach einer Vortragsreihe auf der Handwerksmesse in München (1970).
23. Brasholz, A.: Schadhafter Klarlackanstrich. In: Nachrichtenblatt der techn. Beratungsstelle des Maler- und Lackiererhandwerks, S. 806.
24. Bub, H.: Vorschriften u. Bestimmungen des baulichen Brandschutzes. In: Kunststoffe im Bauwesen 10, S. 38 (1968).
25. Budde: Holzfenster im Kommunalbau. In: Der Deutsche Baumeister 10, S. 912 (1970).
26. Budde: Was man vom Holzfenster wissen sollte.
27. Buhler, J.: Glas im Bau – USA 1968. In: Glaswelt 5, S. 224 (1969).
28. Busch, F.: Lärmschutz an Bundesfernstraßen. In: Bauverwaltung 9, S. 506–509 (1970).
29. Büscher, F. J.: Holzfenster, Konstruktion und Anstrich aus der Sicht der modernen Lacktechnik. In: Glaswelt, S. 34–35 (1970).
30. Caemmerer, W.: Das Fenster als wärmeschutztechnisches Bauelement. In: Heizung – Lüftung – Haustechnik 4, S. 140–148 (1966).
31. Caemmerer, W.: Wärmeschutz von Fenstern. Unveröffentlichtes Manuskript.
32. Cammerer u. Dürhammer: Beiträge einer Informationsschrift der Fa. Alco.
33. Cammerer, J. S.: Wärme- und Kälteschutz in der Industrie. Berlin: Springer-Verlag 1951.
34. Carroux, A.: Schalldämmende Fenster mit zusätzlicher Belüftung für Wohnräume in Wohnungen mit gehobenem Schallschutz. In: Kampf dem Lärm 2, S. 46 (1970).
35. Christie, D. G. u. Wrigley, W. H.: Wärmeisolation mit besonderer Berücksichtigung der Eigenschaften von Aluminium. In: Technische Rundschau, Bern, 46 (1961) – Sonderdruck.
36. Clad, W.: Leime und Verleimungen. In: Holz als Roh- und Werkstoff, S. 1–9 (1968).
37. Danz, E.: Sonnenschutz. Stuttgart: Verlag G. Hatje 1967.
38. Delekat, W.: Kunststoff-Fenster aus Hart-PVC. In: Glaswelt 9 (1969) und 1 (1970).
39. Delekat, W. u. Morianz, E.: Fenster aus Hart-PVC. In: Kunststoffe im Bau 26, S. 46–50 (1972).
40. Delekat, W.: 10 Jahre Erfahrungen mit Fensterprofilen aus Hostalit Z. In: Kunststoff-Rundschau 2 (1970).
41. Delekat, W.: Isolierungslösungen in Kunststoffrahmen unter Berücksichtigung der Abdichtungskriterien. In: Glaswelt 12, S. 602–610 (1969).
42. Desowag-Bayer: Finish 1 „Fenster aus Holz", Firmenveröffentlichung (1972).
43. Dietrichs, H. H.: Inhaltsstoffe in Tropenhölzern. In: Holzzentralblatt v. 30. 8. 1971, S. 1485–1486.
44. Dietrichs, H. H.: Zum chem. Verhalten von Nutzhölzern. In: Holzzentralblatt v. 8. 9. 1972, S. 1522 ff.
45. Domininghaus, H.: Das Kunststoff-ABC. In: GAK 2, S. 130–134 (1971).
46. Eck, K.: Gute Beleuchtung im Krankenhaus. In: Gesundheits-Ingenieur, S. 166–170 (1958).
47. Eglau, K.: Straßenverkehrslärm – Problem Nr. 1. In: Bauverwaltung 9, S. 501 (1970).
48. Egner, K., Jagfeld, P. u. Kolb, H.: Das Verhalten von Keilzinkverbindungen im Fensterbau. In: Holzzentralblatt 89, S. 1627–1631 (1966).
49. Ehrentreich, W.: Kunstharzbeschichtete Holzwerkstoffe. In: Holzzentralblatt, S. 291 (1971).
50. Eisenberg, A.: Schalldämmung von Fenstern. In: Der Deutsche Baumeister 10, S. 950 (1969).
51. Eisenberg, A.: Schalldämmung von Fenstern. In: Berichte aus der Bauforschung, Heft 63. Berlin: Verl. W. Ernst & Sohn 1969.
52. Eichler, F.: Bauphysikalische Entwurfslehre. Köln: Verlagsgesellschaft Rudolf Müller 1968.
53. Engel, R. u. Uhlig, H.: Kriterien für die Entwicklung eines PVC-Fensterprofils. In: Kunststoffe im Bauwesen 26, S. 50.
54. Eschke, H.: Wärmedämmung und Schwitzwasser an Aluminium-Fenstern. In: Detail 3, S. 422–423 (1968).
55. Eschke, H.: Fenstertypen und ihre Beschläge. In: Profil und Form 2, S. 7–9 (1964).
56. Eschke, H.: Beschlagen der Fensterscheiben. In: Profil und Form 3, S. 4–6 (1965).
57. Eschke, H.: Wärmedämmung bei Metallrahmen, Scheiben, Panels. In: Profil und Form 4, S. 3–6 (1965).

58. Eschke, H.: Drehkippbeschläge. In: Profil und Form 5, S. 8–10 (1965).
59. Eschke, H.: Brüstungsplatten für Fassaden und Fensterwände. In: Profil und Form 6, S. 5–7 (1965).
60. Eschke, H.: Schallschutz im Hochbau. In: Profil und Form 6, S. 19–21 (1965).
61. Eschke, H.: Feuerschutz im Hochbau. In: Profil und Form 8, S. 5–7 (1966).
62. Eschke, H.: Soll man ein Aluminium-Hohlprofil ausschäumen. In: Profil und Form 9, S. 25 (1966).
63. Esser, F.: Acrylglas als Baustoff. In: Kunststoffe im Bauwesen 10, S. 65–70.
64. Fichler, H. H. u. Helgesson, G.: Keilzinken von Holz III. In: Holz als Roh- und Werkstoff, S. 157–161 (1968).
65. Frank, W.: Beeinflussung der Wärmebilanz von Gebäuden durch atmosphärische Strahlung. In: Gesundheits-Ingenieur, S. 1–6 (1966).
66. Frank, W.: Zum gegenwärtigen Stand der raumklimatischen Forschung. In: Gesundheits-Ingenieur, S. 40–46 (1969).
67. Freymuth, H.: Beleuchtung und Klima in Räumen für Kinder. In: Bauwelt 3, S. 6–7 (1971).
68. Frick – Knöll – Neumann: Baukonstruktionslehre Teil II, Band 6. Stuttgart: Teubner-Verlags-Gesellschaft 1963.
69. Füße, R.: Polyaerylatdispersionen – eine neue Rohstoffbasis für Dichtungsmassen. In: Der Deutsche Baumeister 7, S. 588–594 (1971).
70. Gartner, K.: Beheizte Gebäudestützen. In: Sonderdruck Fa. Gartner.
71. Gartner, K.: Gebäudeaußenwand. In: Sonderdruck Fa. Gartner.
72. Gartner, K.: Der Einfluß beheizter Gebäudestützen auf Raumumschließungsflächen, insbesondere auf Außenwände aus Doppelglas bei Hallenbädern. In: Detail 1, S. 11–16 (1971).
73. Gebhardt, H. G.: Schalldämmende Fenster. In: Der Deutsche Baumeister 10, S. 936–939 (1969).
74. Geisler, K. W.: Optimaler Wärmeschutz ebener Wände mit Fenstern und Türen. In: Heizung – Lüftung – Haustechnik 10, S. 369–373 (1966).
75. Gertis, K.: Fenster und Fensterwände. In: Glaswelt 3, S. 114–126 (1970).
76. Gertis, K.: Die Temperaturverhältnisse in Räumen bei Sonneneinstrahlung durch Fenster. In: Deutsche Bauzeitschrift 1 (1970).
77. Goerck, H.: Oberfläche und innere Struktur des Glases. In: Glaswelt 12 (1970).
78. Göbel u. Grunau: Anwendungsgrenzen von Fugenmassen im Hochbau und ihre Normung. In: Baugewerbe 12 (1968).
79. Gösele u. Schüle: Schall – Wärme – Feuchtigkeit. Wiesbaden: Wiesbadener Bauverlag 1969.
80. Gruber, K.: Die Gestalt der deutschen Stadt. München: Verlag Callwey 1952.
81. Grunau, E. B.: Abdichtungen zwischen Kunststoff, Glas, Metallen und Holz. In: Der Deutsche Baumeister 10, S. 940 (1969).
82. Grunau, E. B.: Fugen im Hochbau. Köln: Verlagsgesellschaft Rudolf Müller 1968.
83. Grunau, E. B.: Berechnung von Bauwerksfugen. In: Plasticonstruktion 1, S. 110 (1971).
84. Grunau, E. B.: Verfugung zwischen vorgefertigten Wandelementen. In: Baugewerbe 4, S. 164–175 (1968).
85. Grün, W.: Fensterinstandhaltung – Dichtstoffe. In: Glaswelt 8, S. 386–390 (1969).
86. Grün, W.: Fensterinstandhaltung – Verschmutzung. In: Glaswelt 7, S. 360–363 (1969).
87. Grünzweig & Hartmann: Schallschutz – Fenster. Sonderdruck 1971.
88. Hamann, H.: Die Klimaschildverfahren. In: Heizung – Lüftung – Haustechnik 4, S. 122–129 (1966).
89. Hamich, W.: Kunststoffe in Wänden und Fassaden. In: Der Deutsche Baumeister 10, S. 918 (1970).
90. Hamich, W.: Rolläden aus Kunststoff und Leichtmetall. In: Deutsche Bauzeitung 6, S. 685–687 (1971).
91. Heine, H. D.: Dichtungsmittel im Metallbau. In: Profil und Form 4, S. 8 (1965).
92. Heinle, E.: Erfahrungen zu vorgehängten Glaswandfronten. In: Detail. Sonderdruck Fa. Gartner.
93. Heitz, E.: Konstruktions- und Verarbeitungshinweise für unterschiedliche wabenartige Kernmaterialien. In: Gummi, Asbest und Kunststoffe 2, S. 120–128 (1971).
94. Henjes, K.: Glas am Bau. In: Deutsche Bauzeitschrift 2, S. 223–240 (1966).
95. Hinterwaldner, R.: Dauerelastische Versiegelung und Versiegelungsmassen für hochwertige Verglasungen. In: Glaswelt, S. 120–122 (1966).
96. Hoechst, Farbwerke: Hostalit Z am Bau. Sonderschrift des Herstellers.
97. Hubert u. Nawroth: Schalldämmung von Rolläden. In: Berichte aus der Bauforschung, Heft 63. Berlin: Verl. W. Ernst & Sohn 1969.
98. Hubert u. Schmidt: Geräusche von Rolläden. In: Berichte aus der Bauforschung, Heft 63. Berlin: Verl. W. Ernst & Sohn 1969.
99. Hugentobler, P.: Druckverglasung. In: Glaswelt 2, S. 61–72 (1970).
100. Hugentobler, P.: Physikalische Probleme aus dem Fenster- und Fassadenbau. In: Hochhaus 1, S. B 3–B 11 (1972).
101. Hundertmark, G.: Untersuchungen an Fenster-Profilen aus schlagzähem PVC. In: Plastverarbeiter 8 (1970).
102. Hundertmark, G.: Kunststoffbauprofil. In: Kunststoffe 8 (1970).
103. Hundertmark, G. u. Bollmann, W.: Einsatz von Kunststoffen im Automobilbau. In: Kunststoff-Rundschau 3, S. 134–142 und 193–197 (1969).
104. Hüneke, H. u. Hoffmann, R.: Lackierung von Aluminium im Bauwesen. In: Aluminium 2, S. 154 ff. (1971).
105. Hunger, H. J.: Lackieren von Türen. In: Der Maler- und Lackierermeister, S. 23.
106. Hüther, R.: Minizinkverbindung an Massivholz-Rahmenecken. In: Holzzentralblatt.
107. Ivansson, B. O. u. Ström, H.: Keilzinken von Holz II. In: Holz als Roh- und Werkstoff, S. 157–161 (1968).
108. Kalweit, H. J.: Metallklebetechnik im Aluminium-Fensterbau. In: Bauplanung und Bautechnik 7, S. 344–345 (1968).
109. El-Karch, T. B.: Schalldämmung von Außenfenstern. In: Bauwelt 8, S. 214–216 (1966).
110. Kameke, G. v.: Metallbau mit einbrennlackierten Fassadenelementen. In: Aluminium 2, S. 160 ff. (1971).
111. Keller, F.: Fenster aus Holz. Hannover: Institut für Betriebs- und Arbeitstechnik des Tischlerhandwerks 1970.
112. Keylwerth, R.: Physikalische Untersuchungen über das elastische/anelastische Verhalten der Kombination Holz-Kunstharz ... In: Mitteilungen der Deutschen Gesellschaft für Holzforschung 50, S. 138–143 und S. 352 (1963).
113. Keylwerth, R. u. Noack, D.: Untersuchungen über die physikalischen Grundlagen der Feuchtigkeitsbewegung und des Wärmetausches in Holz. In: Mitteilungen der Deutschen Gesellschaft für Holzforschung 50, S. 120–124 und S. 352 (1963).
114. Keylwerth, R.: Dimensionsstabile Holzarten. In: Holz als Roh- und Werkstoff, S. 413–416 (1968).
115. Kirsch, G.: Baustoffe – funktionell betrachtet. In: Deutsche Bauzeitschrift 8, S. 1541–1542 (1970).
116. Kirsch, G. u. Zimmermann, G.: Stoffkenngrößen als Kriterien für die Beurteilung von Baustoffen. In: Deutsche Bauzeitschrift 11, S. 2337–2346 (1971).
117. Klein, W.: Schäden und Mängel an Fenstern. In: Der Deutsche Baumeister 10, S. 896 (1970).
118. Klindt, L.: Verglasung. In: Der Deutsche Baumeister 9 (1968).
119. Klindt, L.: Verglasung. In: Der Deutsche Baumeister 11 (1968).
120. Klindt, L.: Verglasung. In: Der Deutsche Baumeister 11, S. 1072 (1969).
121. Klindt, L.: Das Fenster, seine Hersteller, seine Funktionen, seine Probleme – einige Gedanken. In: Der Deutsche Baumeister, S. 616–621 (1970).
122. Klindt, L.: Kunststoff-Fenster, Statik und Konstruktion des Kunststoff-Fensters. In: Der Deutsche Baumeister 4, S. 276–280 (1973).
123. Klindt, L.: Der heutige Stand in der Entwicklung des Kunststoff-Fensters. In: Der Deutsche Baumeister 10, S. 856 (1971).
124. Klindt, L.: Schutz vor Einbruch. In: Mein Eigenheim. Zeitschrift der GDF Wüstenrot, S. 248 ff. (1971).
125. Klosterkötter, W.: Lärmwirkungen. In: Sonderdruck Fa. Grünzweig & Hartmann (1970).
126. Knappke, G.: Kunststoff-Fenster, eine Charakteristik des heutigen Standes. In: Architektur und Wohnform 9 (1970).

127. Koch, H.: Optimale Fensterlüftung in Arbeitsräumen. In: Zentralblatt für Industriebau 4, S. 153–155 (1967).
128. Koch, H.: Schallschutz im Städtebau. In: Bauverwaltung 9, S. 510–515 (1970).
129. Körner, Ch.: Lärm in unserer Umwelt. In: Deutsche Architekten- und Bauzeitung, S. 27–28 (1972).
130. Kollmann: Technologie des Holzes, Bd. 1/2. Berlin: Springer-Verlag 1951 und 1955.
131. Kraemer, F. W. u. Stammeier, G.: Erfahrungen bei der Planung und Ausführung verglaster Hörsaalwände. In: Detail. Sonderdruck Fa. Gartner.
132. Kraus, P.: Abdichtung mit dauerplastischen und dauerelastischen Massen im Fensterbereich. In: Glaswelt 3, S. 138 (1970).
133. Krell: Bautechnische Möglichkeiten des Lärmschutzes an Bundesfernstraßen. In: Bauverwaltung 9, S. 510–515 (1970).
134. Krings, A. u. Olink, J. Th.: Wärmeübertragung durch Doppel- und Mehrfachscheiben mit dicht eingeschlossener Glasschicht. In: Glastechnische Berichte, S. 175 ff. (1957).
135. Krings, A.: Mehrschichten-Isolierglas. In: Heizung – Lüftung – Haustechnik 9, S. 493–497 (1958).
136. Küffner, P.: Verschiedene Dichtbereiche am Fenster. In: Glas und Rahmen, S. 466 (1971).
137. Künzel, H.: Wärme- und Feuchtigkeitstechnische Untersuchungen an vorgehängten Außenwandkonstruktionen. In: Deutsche Bauzeitschrift, S. 541–544 (1964).
138. Künzel, H. u. Snatzke, C.: Neue Untersuchungen zur Beurteilung der Wirkung von Sonnenschutzgläsern auf die sommerlichen Temperatur-Verhältnisse in Räumen. In: Glastechnische Berichte 8, S. 315–325 (1968).
139. Künzel, H.: Fenster im Winter. In: Glastechnische Berichte 10, S. 428–432 (1969).
140. Künzel, H. u. Frank, W.: Feuchtigkeitsprobleme bei Holzfenstern. In: Bau- und Möbelschreiner 7, S. 44–45 und 8, S. 38–40 (1969).
141. Künzel, H. u. Schwarz, B.: Feuchtigkeitsaufnahme bei Beregnung. In: Berichte aus der Bauforschung, Heft 51. Berlin: Verlag W. Ernst & Sohn 1968.
142. Kurtze, G.: Technische Mittel zur Lärmbekämpfung. In: Sonderdruck Fa. Grünzweig & Hartmann (1970).
143. Langer, R.: Schweißen und Kleben thermoplastischer Kunststoffe. In: Der Deutsche Baumeister 10, S. 968–974 (1969).
144. Langkau, H. J.: Mittragende Wirkung von Ausfachungen im Metallbau. In: Bauen mit Aluminium, S. 22–25 (1969).
145. Leeuw, F. van d. u. Saris, H. J. A.: Schutz und Anstrich von Holzfenstern. In: Holzzentralblatt 44/45, S. 671–672 (1968).
146. Leeuw, F. van d. u. Schmitz, G.: Oberflächenbehandlung von Holzfenstern. In: Holzindustrie 4 (1968).
147. Leeuw, F. van d.: Imprägnieren, Verleimen und Lackieren von Holz-Außenfenstern. In: Holzzentralblatt, S. 277–282 (1966).
148. Leeuw, F. van d. u. Schmitz, G.: Das Holzfenster aus konstruktiver, holztechnologischer und anstrichtechnischer Sicht. In: Das Deutsche Malerblatt, S. 101–104 und 201–202 (1969).
149. Linke: Wärmeübertragung durch Thermopane-Fenster. In: Kältetechnik 12, S. 378–383 (1956).
150. Lueder, H.: Neue Methoden und Möglichkeiten der Raum- und Bauklimatik. In: Deutsche Bauzeitschrift, S. 1709–1720 (1963).
151. Mahler, K.: Sonnenschutzvorrichtung an Gebäudefassaden. In: Kältetechnik 1, S. 2–7 (1965).
152. Maempel, L.: Die Fugendichtung im Holzbau. In: Goldschmidt-Information 1 (1970).
153. Mann, D.: Mehrscheibenisoliergläser. In: Glaswelt 4, S. 204 (1970).
154. Mann, D.: Adsorptionsmittel in der Isolierglas-Industrie. In: Glaswelt, S. 438–444 (1968).
155. Marian, J. E.: Keilzinken von Holz I. In: Holz als Roh- und Werkstoff, S. 41–45 (1968).
156. Merkle, E.: Lüftung von Krankenzimmern und Klimatisierung von OP-Räumen. In: Gesundheits-Ingenieur, S. 225–234 (1963).
157. Merz, O.: Voraussetzungen für gute Anstriche auf Holzfenstern. Nicht veröffentlichter Vortrag (1966).
158. Messner: Dichtungskriterien am Fenster. In: Glaswelt, S. 295–299 (1968).
159. Meyer-Ottens, C.: Bauaufsichtliche Brandvorschriften. In: Bauwirtschaft v. 11. 6. 71.
160. Mitter, C. I.: Fenster, Schalldämmung und Lüftung. In: HDT-Vortragsveröffentlichungen, Heft 240. Essen: Vulkan-Verlag (1971).
161. Mitter, C. I.: Ruheschutz durch Fenster. In: Der Deutsche Baumeister 11, S. 1075 (1969).
162. Mitter, C. I.: Fenster, Schalldämmung, Lüftung. In: Kampf dem Lärm 2, S. 36–43 (1971).
163. Mitter, C. I.: Schalldämmung durch Fenster. In: Glaswelt 6, S. 351 (1970).
164. Möller, H.: Kunststoff-Fenster. In: Der Deutsche Baumeister 10, S. 900 (1970).
165. Mock, R.: Die leichte Außenhaut von Gebäuden. In: Bauingenieur 2, S. 37–43 (1968).
166. Mrlik, F.: Untersuchung der bauphysikalischen Eigenschaften von PVC-Fenstern. In: Bauzeitung 7, S. 356–359 (1968).
167. Mundt, P. E.: Kunststoff-Fenster aus erhöht schlagzähem PVC-hart. In: Kunststoffe im Bauwesen 10, S. 73 (1970).
168. Netz, H.: Lüftungstechnische Aufgabe des Betriebsingenieurs. In: Betriebstechnik 4, S. 94 (1969).
169. N. N.: Hinweise für die Berechnung von Aluminiumkonstruktionen. In: Bauen mit Aluminium, S. 29 ff. (1972).
170. N. N.: Glas im Bau. Herausgegeben von verschiedenen Gruppen der Flachglasindustrie und -Verarbeitung (1967).
171. N. N.: Hostalit Z. Farbwerke Hoechst, Firmeninformation (1970/71).
172. N. N.: Gebrauchsmuster Wärmegesch. LM – Profile (1955).
173. N. N.: Eckverbindungen im Metallbau. In: Bauen mit Aluminium (1966/67).
174. N. N.: Hostalit Z. Farbwerke Hoechst, Firmeninformation (1970/71).
175. N. N.: Mit Minizinken Zapfenbrüstungen veredeln. In: Bau und Möbelschein-Heft 1, S. 86–87 (1971).
176. N. N.: Podiumsdiskussion Druckverglasung. In: Glaswelt 5, S. 252–258 (1970).
177. N. N.: Eckverbindungen im Metallbau. In: Bauen mit Aluminium (1966/67).
178. Oehme, R.: Oberflächenschutz bei frei bewittertem Holz aus austriebstechnischer Sicht. In: Glaswelt 9, S. 502–512 (1970).
179. Oesteren, K. A. van: Anstrich von NE-Metallen und Überzügen. In: Der Deutsche Baumeister 9, S. 748 (1968).
180. Österr. Institut f. Bauforschung: Einbaufertige Fenster und Türen. Forschungsbericht 42. Wien 1969.
181. Ozisik, N. u. Schutrum, L. F.: Wärmeeinstrahlung durch mit Markisen geschützte Fenster. In: Berichte aus der Bauforschung, Heft 63. Berlin: Verlag W. Ernst & Sohn 1969.
182. Pepperhoff, W.: Temperatur-Strahlung. Darmstadt: Verlag Dietrich Steinkopf 1956.
183. Persson, R.: Wärmeabsorbierende und wärmereflektierende Gläser. In: VDI-Zeitschrift 110, S. 9–15 (1968).
184. Peters, G.: Überblick über den Stand der Kunststoff-Lichtelemente. In: Kunststoffe im Bauwesen 10, S. 54–68 (1968).
185. Pfeiffer, R.: Flammrichten, Befa-Mitteilung 8 (1961).
186. Plat, J. le: Das Aluminium-Holzfenster. In: Der Deutsche Baumeister 10, S. 905 (1970).
187. Plat, J. le: Verglasung im Fensterbau durch Verwendung von Kunstkautschuk-Profilen mit zusätzlichem Anpreßdruck. In: Bauen mit Aluminium, S. 30 ff. (1969).
188. Prokot, J.: Gußglas am Bau. In: Glaswelt 8, S. 471 (1970).
189. Rauschenbach, L.: Lufttrocknung bei Mehrscheibenisolier-Verglasung. In: Glaswelt 4, S. 208–210 (1970).
190. Reiher, H. u. Smesny, A.: Beitrag zur Frage der Kaltluftkaskade an Fenstern. In: Glastechnische Berichte 10, S. 476–478 (1964).
191. Reinders, H.: Mensch und Klima, Klima, Klimaphysiologie, Klimatechnik. Düsseldorf: VDI-Verlag 1969.
192. Rehders, H. E.: Sind Aluminium-Profile schußsicher. In: Profile und Form 10, S. 10 (1966).
193. Roedler, F.: Hygienische Schullüftung. In: Heizung – Lüftung – Haustechnik 12, S. 682–696 (1962).
194. Rodloff, G.: Reflektierende Gläser gegen Sonne und Hitze. In: Profil und Form 7, S. 4–6 (1966).
195. Rössel, T.: Bleimennige, Bleiweiß. Düsseldorf: Verein deutscher Bleifabrikanten 1969.
196. Rumberg, E.: Die allgemeine bauaufsichtliche Zulassung neuer Baustoffe, Bauteile und Bauarten. In: Plasticonstruktion, S. 117–120 (1971).

197. Salling-Mortensen: Es gibt keine generell anwendbaren Rezepte. In: Detail. Sonderdruck Fa. Gartner (1971).
198. Salvanu, V.: Bestimmung der natürlichen Beleuchtung in Bauten durch Flächen mit gleichen Beleuchtungswerten. In: Zentralblatt für Industriebau 6, S. 242 (1970).
199. Sanders, H. P.: Lärmschutzrecht und Handwerksbetrieb. In: Sonderdruck Grünzweig & Hartmann nach einer Vortragsreihe auf der Handwerksmesse in München (1970).
200. Schaal, R.: Vorgehängte Fassaden, Teil I–III. In: Bauen und Wohnen 25, S. 715–723, 29, S. 827–832, 34, S. 951–956 und 38, S. 1064–1073 (1961).
201. Schaal, R.: Vorhangwände – Typen, Konstruktion, Gestaltung. Dissertation Technische Hochschule Stuttgart. München: Verlag Callwey 1961.
202. Schaupp, W.: Konstruktion und bauphysikalische Erkenntnisse bei Aluminium-Fassaden. In: Baugewerbe 16, S. 1296–1298 und 1303–1304 (1965).
203. Schaupp, W.: Die Außenwand. München: Verlag Callwey 1962.
204. Scheller, H.: Warum Druckverglasung. In: Glaswelt 12, S. 620–625 (1969).
205. Schild, E.: Zwischen Glaspalast und Palais des Illusions. Ullstein-Bauwelt-Fundamente Nr. 20. Berlin: Verlag Ullstein 1967.
206. Schild, E.: Aufgabe und Verantwortung des Architekten bei der Erkennung und Abwendung von Bauschäden. In: Ziegelindustrie 5, S. 167–169 (1965).
207. Schieb, G.: Die Scheibe ist ‚von allein' gebrochen. In: Glaswelt, S. 266 (1966).
208. Schieb, G.: Kleben von Glas mit Metallen, Porzellan, Kunststoffen u. a. In: Glaswelt, S. 265 (1966).
209. Scheller, H.: Die Problematik der Luftschalldämmung durch Fenster. In: Glaswelt 4, S. 190 (1970).
210. Scheller, H.: Warum Druckverglasung. In: Glaswelt 12, S. 620–625 (1969).
211. Schlegel, W.: Kritische Betrachtungen zu den Baunormen. In: Der Deutsche Baumeister 10, S. 940 (1969).
212. Schlegel, W.: Fertigfenster, Fertigtüren. Duisburg: Verlag Fachtechnik GmbH 1964.
213. Schlegel, W.: Fassadenunterbrechungen, Fertigfenster. Duisburg: Verlag Fachtechnik GmbH 1965.
214. Schlegel, W.: Die Gründe der Fassadendurchfeuchtungen. In: Der Deutsche Baumeister 5 (1970) und 7 (1969).
215. Schlegel, W.: Physikalische Wechselwirkungen zwischen Fenster und Fassade und Vorschläge zur Baurationalisierung. Nicht veröffentlichtes Manuskript (1971).
216. Schlegel, W.: Metalle als Fassadenelemente. In: Profil und Form 5, S. 6 (1965).
217. Schlegel, W.: Unveröffentlicher Nachlaß (1971).
218. Schlegel, W.: Die Tür, das Fenster und das unbewußte Verhalten des Menschen. In: Der Deutsche Baumeister, S. 609–614 (1970).
219. Scholz, K.: Verglasen von Aluminium-Fenstern unter Verwendung elastischer Vorlegebänder. Unveröffentlichtes Manuskript.
220. Scholz, K.: Über den Einsatz von selbstklebenden Dichtungsbändern aus Gummi oder Kunstschaum beim Einglasen von Fenstern. In: Baubeschlag-Magazin 8 (1970).
221. Schneck, A. G.: Fenster aus Holz und Metall. Stuttgart: Julius Hoffmann Verlag 1963.
222. Schröder, H.: Neue Sonnenschutzgläser zur Verglasung von Gebäuden. In: Heizung – Lüftung – Haustechnik 19, S. 37–41 (1968).
223. Schröder, H.: Gläser mit selektiven Reflexionseigenschaften. In: Glas – Email – Keramotechnik 5, S. 161–165 (1966).
224. Schüle, W.: Untersuchungen über die Luft- und Wärmedurchlässigkeit von Fenstern. In: Gesundheits-Ingenieur 6, S. 153–162 (1962).
225. Schüle, W.: Ein neues Verfahren zur Bestimmung der Wärmedämmung von Wänden im unstationären Zustand. In: Gesundheits-Ingenieur, S. 72–77 (1958).
226. Schüle, W. u. Lutz: Lufttemperatur und Luftfeuchte in Wohnungen. In: Gesundheits-Ingenieur 8, S. 217–252 (1962).
227. Seekamp, H.: Kunststoffe im Bauwesen und Brandschutzforderungen. In: VDI-Zeitschrift 32, S. 1545–1548 (1967).
228. Seewald, W.: Dichtstoffe am Fenster. In: Glaswelt 3, S. 132 (1970).
229. Seifert, E.: Holzfenster im modernen Bauwesen (Wirtschaftlichkeitsvergleich). In: Glasforum (1966).
230. Seifert, E.: Untersuchungen über den Einfluß von Falzdichtung, Falzausbildung und Verglasung auf die Wärme- und Schalldämmung im Fensterbau. In: Mitteilungen der Deutschen Gesellschaft für Holzforschung 50, S. 318–331 und S. 352 (1963).
231. Seifert, E. u. Schmid: Holzfenster. Düsseldorf: Arbeitsgemeinschaft Holz e. V. 1969.
232. Seifert, E. u. Schmid: Holzfenster. Gießen: Arbeitskreis Holzfenster e. V. 1972.
233. Seifert, E.: Fensterkonstruktion und Raumklima. Überlingen: Vortrag Jungglasertag 1964.
234. Seifert, E.: Untersuchung über die Eignung von Kleinzinken für Rahmenverbindungen an Holzfenstern. Sonderdruck Prüfbericht 16.
235. Seifert, E.: Aus unveröffentlichten Vorträgen (1972).
236. Seifert, E.: Kurzbericht eines Vortrages an der Technischen Akademie Wuppertal 1971.
237. Seifert, E.: Schallschutz im Fensterbau. In: Glaswelt 3, S. 92 (1969).
238. Seifert, E.: Schallschutz. Vortrag an der Technischen Akademie Wuppertal 1971.
239. Seifert, E.: Kriterien zur Fensterkonstruktion. Vortrag an der Technischen Akademie Wuppertal 1969.
240. Seifert, E.: Fenster und Fensterwände, auf der Construkta 1970. In: Glaswelt 4, S. 180–186 (1970).
241. Seifert, E.: Prüfverfahren für Bauteile aus Holz, Kunststoff und Aluminium. In: Glaswelt 6, S. 358–368 (1970).
242. Seifert, E.: Farbige Anstriche und ihr Einfluß auf die Oberflächentemperatur von Bauelementen aus Holz. In: Baumarkt 2, S. 33–40 (1970).
243. Seifert, E.: Untersuchung über die Ursachen von Schäden an Holzfenstern durch holzzerstörende Pilze. Sonderdruck Forschungsbericht F 68/19.
244. Seifert, E., Schmid, I. u. Hofmann, S.: Schäden an Holzfenstern, Forschungsbericht 1968.
245. Seifert, E.: Auswirkungen des Gütezeichens Fenster für den Handwerker. In: Glaswelt 6, S. 264 (1969).
246. Seifert, E.: Werkstoffe des Fensterbaues und ihre Probleme. In: Glaswelt 1, S. 8–14 (1970).
247. Seifert, E.: Feuchtigkeitsschutz leichter Bauelemente. In: Glaswelt 5, S. 262–270 (1970).
248. Seifert, E.: Oberflächenbehandlung von Holz. In: Glaswelt 8, S. 464–470 und 9, S. 498–500 (1970).
249. Seifert, E. u. Schmidt, J.: Fenstersysteme aus Kunststoff. In: Holzwirtschaftliches Jahrbuch 20 (1970).
250. Seifert, E. u. Hessen: Forschungsauftrag Polymerholz im Fensterbau. Zwischenbericht 1969/70.
251. Seifert, E.: Schallschutz im Fensterbau. In: Glaswelt 3, S. 92–100 (1969).
252. Seifert, K.: Wasserdampfdiffusion im Bauwesen. Wiesbaden: Bauverlag GmbH 1967.
253. Siegel, C.: Strukturformen der mod. Architektur. München: Verlag Callwey 1960.
254. Siemer, G.: Lärmstopp durch Fenster. In: Deutsche Bauzeitung, S. 299 ff. (1971).
255. Smith, G. P.: Photochromic Silver Halide Glasses (USA). CDU/UDC/DK: 666.11.01: 535.343: 546.57: 541.14: 541.65: 535.343.2.
256. Sommer, J.: Ermöglichen fensterlose Arbeitsräume neue städtebauliche Konzeptionen. In: Bauwelt, S. 399–400 (1971).
257. Spillhagen, W.: Schullüftung im Blickwinkel der Behörde. In: Heizung – Lüftung – Haustechnik 12 (1962).
258. Steinhardt, O.: Aluminium im konstruktiven Ing. Bau. In: Aluminium 2, S. 131–139 und 4, S. 254–261 (1971).
259. Stephenson, D. G. u. Mitalas, G. P.: Auswertung der Methoden zur Beeinflussung des Wärmeeinfalles durch Sonneneinstrahlung bei Fenstern. In: Gesundheits-Ingenieur 7 (1962).
260. Stiglbauer, W.: Gedanken zur Planung von lufttechnischen Anlagen für Schulen und ihre praktische Anwendung. In: Heizung – Lüftung – Haustechnik 12 (1962).
261. Studer, P.: Die Bedeutung der Klimatisierung für Wohlbefinden und Leistungsfähigkeit. In: Technische Rundschau Sulzer 2, S. 37 ff. (1959).
262. Sutter, R.: Wärmetechnisch konsequentes Bauen aus der Sicht des Architekten. In: Detail. Sonderdruck Fa. Gartner.
263. Thumach: Holz-Tabellen. Westermanns Fachbücher-Verlag 1969.

264. Triebel, W. u. Rompf, H. G.: Geklebte Rahmen aus Aluminium-Profilen. In: Aluminium, S. 285–288 (1967).
265. Tyschkus, S.: Fensterkonstruktionen (Hannovermesse 1966). In: Glaswelt, S. 396 ff. (1966).
266. Usemann, K. W.: Die Wirtschaftlichkeit verschiedener Fensterbauarten. In: Bauwelt 19, S. 536–537 (1960).
267. Verhoeven, A. C.: Zur Bauphysikalischen Beurteilung v. Konstruktionen v. Vorhang-Außenwänden. In: Detail 3, S. 397–403 (1967).
268. Verhoeven, A. C.: Bauplanungs-Grundforschungen an Leichtbau-Außenwänden. In: Detail. Sonderdruck Fa. Gartner.
269. Verhoeven, A. C.: Feststellungen über Sonnenschutzvorrichtungen. In: Detail. Sonderdruck Fa. Gartner.
270. Vos: Bestimmung der Wärmeleitzahl, des Wärmedurchlaßwiderstandes und der Feuchtigkeit in Konstruktionen. In: Gesundheits-Ingenieur, S. 326–330 (1963).
271. Vowinkel, H.: Schweißen von Fensterprofilen aus Hostalit Z. In: Plastverarbeiter 6 (1969).
272. Völkers, O., Becker-Freyseng, A. u. Thoma, F.: Licht und Sonne im Wohnungsbau. Stuttgart: Forschungsgemeinschaft Bauen und Wohnen 39.
273. Völkers, O.: Bauen mit Glas. Stuttgart: Julius Hoffmann Verlag 1948.
274. Wachter, J.: Die Wirtschaftlichkeit der Fenster im Hinblick auf die Wärmedurchgangszahlen. In: Heizung – Lüftung – Haustechnik 4, S. 114–117 (1954).
275. Wahl, L.: Bitte ein ruhiges Zimmer. Sonderheft der Fa. Grünzweig & Hartmann 1963.
276. Wallhäuser, H.: Aufgaben und Probleme der Gütesicherung. In: Kunststoffe 6, S. 502–508 (1967).
277. Wallmeier, J. R. u. Knop, W. D.: Bauphysikalische Untersuchungen an Leichtbau-Raumzellen (Vertiefungsarbeit). TH Aachen 1971.
278. Wedel, E. v.: Fachgerechte Ausschreibung mit Hilfe von Normen. In: Bauen mit Aluminium, S. 109 ff. (1965).
279. Wedel, E. v.: Aluminiumkonstruktionen und die Voraussetzung für ihre optimale Verwendung. In: Profil und Form, S. 3–6 (1966).
280. Wedel, E. v.: Vierseitige Vorhangfassade für ein Verwaltungsgebäude. In: Profil und Form 11, S. 5–13 (1967).
281. Wedel, E. v.: Woher kommen die großen Preisunterschiede in Submission für Metallbauarbeiten. In: Profil und Form 3, S. 3 (1965).
282. Wedel, E. v.: Korrosionsgefahren werden überschätzt. In: Profil und Form 3, S.,4 (1965).
283. Wedel, E. v.: Beschläge beim Bauen mit Aluminium. In: Bauen mit Aluminium (1965).
284. Wendehorst, R. u. Saechtling, H.: Baustoffkunde. Hannover: C. R. Vincentz-Verlag 1966.
285. Wohlfahrt, G.: Über Wärmeverluste durch Strahlung und Konvektion. In: Gesundheits-Ingenieur, S. 388–389 (1953).
286. Wiedefeld, J.: Grundlagen der Bau- und Raumakustik. In: Deutsche Bauzeitschrift 2, S. 190 (1959).
287. Wieschmann, P. G.: Zur Frage um große Glasflächen. In: Detail. Sonderdruck Fa. Gartner.
288. Wild, E.: Fensterflächen und Klimatechnik. In: Heizung – Lüftung – Haustechnik 11, S. 426–430 (1965).
289. Wild, E.: Erfahrungen mit großen Fensterflächen an Büro- und Wohnbauten. In: Detail. Sonderdruck Fa. Gartner.
290. Wolf, U.: Fensterelemente aus Kunststoff und Glas. In: Bauwelt.
291. Wolff, G.: Fenster aus Glakresit. In: Bauzeitung 1, S. 25–28 (1968).
292. Zeiger, H.: Oberflächenbehandlung von Aluminium - Kosten und Möglichkeiten. In: Profil und Form 3, S. 10–12 (1965) und Aluminium 7 (1964).
293. Zimmermann, G.: Volumenänderung von Bauteilen. In: Deutsches Architektenblatt 6, S. 228 ff. (1970).
294. Zuiben, D. van u. Gunst, E. van: Wärmebedarf unter besonderer Berücksichtigung der Luftdurchlässigkeit an Fenstern. In: Gesundheits-Ingenieur 12, S. 353–363.

8. Verzeichnis der Abbildungen und Tabellen

(Zusätzliche Quellenhinweise siehe Abschnitt 7 — Literaturhinweise)

8.1. Abbildungen

Abb. 1: Häufigkeit der Beanstandungen an Fenstern (d. Verfasser)

Abb. 2: Aufschlüsselung der Beanstandungen (d. Verfasser)

Abb. 3: Schaubild der bauklimatologischen Zusammenhänge (Bild 3 aus W. Frank: Zum gegenwärtigen Stand der raumklimatischen Forschung — GI 1969, S. 40—46)

Abb. 4: Fugendurchlässigkeit (aus „Bauen mit Aluminium" 1972 — Aluminiumfenster, Anforderungen an Funktion und Gütesicherung)

Abb. 5: Diagramm zur Glasdickenbestimmung (nach DIN 18 056 und Seifert: Fenster-Seminar 1972, S. 43)

Abb. 6.1: Durchlässigkeit verschiedener Gläser für Strahlen in Abhängigkeit von der Wellenlänge — nach Schaal (aus H. Künzel/C. Snatzke: Neue Untersuchungen zur Beurteilung der Wirkung von Sonnenschutzgläsern auf die sommerlichen Temperaturverhältnisse in Räumen — Glastechn. Berichte, Heft 8, S. 315—325)

Abb. 6.2: Durchlässigkeit und Reflexion verschiedener Gläser (nach Herstellerinformationen vom Verfasser zusammengestellt)

Abb. 7: Maximale Temperaturzunahme der Raumluft in Abhängigkeit von Fenstergröße und Glaskennwert (aus K. Gertis: Die Temperaturverhältnisse in Räumen bei Sonneneinstrahlung durch Fenster — Deutsche Bauzeitschrift 1970, Heft 1, S. 50—60 und Baumarkt 1971)

Abb. 8.1: Wärmedurchlaßwiderstand einer vertikalen, beidseitig von Glas begrenzten Luftschicht (aus W. Schüle: Untersuchungen über die Luft- und Wärmedurchlässigkeit von Fenstern — Gesundheits-Ingenieur 1962, Nr. 6, S. 153—162)

Abb. 8.2: Wärmedurchgangszahl in Abhängigkeit von der Luftspaltbreite (aus E. Wild: Fensterflächen und Klimatechnik, Heizung-Lüftung-Haustechnik 1965, Nr. 11, S. 426—430)

Abb. 9.1: Wärmedurchlaßwiderstand von verschiedenen Scheibenabständen (aus Seifert: Fensterkonstruktion und Raumklima — Vortrag Jungglasertag in Überlingen 1964)

Abb. 9.2: Durch die Luftkonvektion bedingter Leitwert eines vertikal liegenden Hohlraumes (aus D. G. Christie/W. H. Wrigley: Wärmeisolation mit besonderer Berücksichtigung der Eigenschaften von Aluminium — Technische Rundschau, Bern, 1961, Nr. 46)

Abb. 10: Wärmedurchgang doppelt verglaster Fenster (aus W. Schüle: Untersuchungen über die Luft- und Wärmedurchlässigkeit von Fenstern — Gesundheits-Ingenieur 1962, Nr. 6, S. 153—162)

Abb. 11: Temperaturverlauf bei Mehrfolienverbundverglasungen (aus W. Caemmerer: Die Problematik des Sonnenschutzes von Gebäuden — Gesundheits-Ingenieur 1967, S. 79—86)

Abb. 12: Raumseitige Oberflächentemperaturen einer Isolierglasscheibe (aus H. Künzel: Fenster im Winter — Glastechn. Berichte 1969, Nr. 42, H. 10, S. 428—432)

Abb. 13: Einfluß des Luftabstandes auf die mittlere Schalldämmung von Doppelplatten (von Cammerer und Dürhammer) (aus: Alco-Contraphon — Herstellerveröffentlichung)

Abb. 14: Resonanzfrequenz von Doppelverglasungen in Abhängigkeit von Scheibenabstand und Scheibendicke (aus: Seifert/Schmid: Holzfenster (Heft), herausgegeben vom Informationsdienst Holz 1972, S. 33)

Abb. 15: Spuranpassungsfrequenz von Glasscheiben in Abhängigkeit von Scheibendicke und Schalleinfallswinkel (aus Seifert/Schmid: Holzfenster (Heft), herausgegeben vom Informationsdienst Holz 1972, S. 32)

Abb. 16: Abhängigkeit des Schalldämmaßes von der Fugendurchlässigkeit (aus Seifert/Schmid: Holzfenster (Heft), herausgegeben vom Informationsdienst Holz 1972, S. 33)

Abb. 17.1: Schalldämmung von Glasscheiben verschiedener Dicke (aus Eisenberg: Schalldämmung von Fenstern — Berichte aus der Bauforschung, Heft 63)

Abb. 17.2: Schalldämmung von Doppelscheiben verschiedener Dicke (aus A. Eisenberg: Schalldämmung von Fenstern — Berichte aus der Bauforschung, Heft 63)

Abb. 17.3: Schalldämmung einer Dreifachscheibe und einer Verbundverglasung (aus A. Eisenberg: Schalldämmung von Fenstern — Berichte aus der Bauforschung, Heft 63)

Abb. 18: Vergleich der Dämmfähigkeit verschieden starker Glasscheiben, z. T. mit Luftzwischenraum (aus Alco-Contraphon — Herstellerveröffentlichung)

Abb. 19: Verbindungsarten von Isolierverglasungen (vom Verfasser nach Firmenprospekten zusammengestellt)

Abb. 20: Spektrale Lichtdurchlässigkeit von Thermex (nach Hersteller-Informationsschrift)

Abb. 21: Zugspannungsdehnungsdiagramm, Verhalten der Dichtungsmassen in Abhängigkeit von der Temperatur (aus Bostik — Firmeninformation)

Abb. 22: Verlauf der Oberflächentemperatur von keramischen Spaltplattenbekleidungen unterschiedlicher Farbe (aufgestellt vom Institut für Technische Physik der Fraunhofergesellschaft Stuttgart, Außenstelle Holzkirchen 1962)

Abb. 23: Einfluß einseitiger Erwärmung auf anorganische und natürliche organische Platten (aus E. Seifert: Farbige Anstriche und ihr Einfluß auf die Oberflächentemperatur von Bauelementen aus Holz — Baumarkt 1970, Nr. 2, S. 1324ff.)

Abb. 24: Temperaturverlauf in Hostalit Z-Platten (aus W. Delekat: Kunststoff-Fenster aus Hart-PVC — Glaswelt 1969, Heft 9, 1970, Heft 1)

Abb. 25: Glashalteprofile (aus Hersteller-Informationsvorschriften)

Abb. 26: Glasfalzabdichtung (d. Verfasser) mit Verbesserungsvorschlag des Verfassers für den Einbau von Distanzklötzchen

Abb. 27: Druckverglasungen mit Spannschraube (aus J. le Plat: Verglasung im Fensterbau durch Verwendung von Kunstkautschuk-Profilen mit zusätzlichem Anpreßdruck — „Bauen mit Aluminium" 1969, S. 30ff.)

	Druckverglasung mit Kippleiste (aus J. le Plat: Verglasung im Fensterbau durch Verwendung von Kunstkautschuk-Profilen mit zusätzlichem Anpreßdruck — „Bauen mit Aluminium" 1969, S. 30ff.)
Abb. 28:	Druckverglasung mit Verzahnungen (aus J. le Plat: Verglasung im Fensterbau durch Verwendung von Kunstkautschuk-Profilen mit zusätzlichem Anpreßdruck — „Bauen mit Aluminium" 1969, S. 30ff.)
Abb. 29:	Druckverglasung mit Spannfeder (aus P. Hugentobler: Druckverglasung — Glaswelt 1970, Heft 2, S. 61—72)
Abb. 30:	Druckverglasung mittels Excenterschraube (aus J. le Plat: Verglasung im Fensterbau durch Verwendung von Kunstkautschuk-Profilen mit zusätzlichem Anpreßdruck — „Bauen mit Aluminium" 1969, S. 30ff.) Druckverglasung mittels Excenterschraube (aus: Druckverglasung und Abdichtung — Glaswelt 1969, Heft 7, S. 339—44)
Abb. 31:	Druckverglasung mit Keilverbindung (aus: Druckverglasung und Abdichtung, Glaswelt 1969, Heft 7, S. 339—344)
Abb. 32:	Außendichtung mit unzureichender Wassersammelrinne (aus P. Küffner: Verschiedene Dichtbereiche am Fenster — Glas und Rahmen 1971, S. 466)
Abb. 33:	Mitteldichtung, gute Lösung (aus P. Küffner: Verschiedene Dichtbereiche am Fenster — Glas und Rahmen 1971, S. 466)
Abb. 34:	Außen- und Innendichtung mit Druckgefälle von außen nach innen (aus P. Küffner: Verschiedene Dichtbereiche am Fenster — Glas und Rahmen 1971, S. 466)
Abb. 35:	Regenschutzschiene mit Dichtungsprofil (aus Hersteller-Information Fa. BUG)
Abb. 36:	Verschiedene Regenschutzschienen mit/ohne Dichtungsprofil (aus Hersteller-Informationsschriften)
Abb. 37:	Regenabwehrsystem 70 (Hersteller-Informationsschrift Fa. Schultheiß)
Abb. 38:	Regenschutzschiene mit angeformtem Fußstück (aus div. Hersteller-Informationsschriften)
Abb. 39:	Grundsätzliche Gestaltungsmöglichkeiten für Rolladenkästen 39.1—39.3 und 39.5 nach Hersteller-Informationen und Fachbüchern 39.4 und 39.6 vom Verfasser
Abb. 40:	Ausbildung üblicher Fensterbrüstungen (d. Verfasser)
Abb. 41:	Brüstungsabdeckung aus Aluminium (Hersteller-Information)
Abb. 42:	Brüstungsabdeckung aus Asbestzement (Hersteller-Information Fa. Fulgurit)
Abb. 43:	Brüstungsabdeckung aus Asbestzement (Hersteller-Information Fa. Eternit)
Abb. 44:	Brüstungsabdeckung aus Alu-Beton bzw. Alu-Polyurethanschaum (Hersteller-Information Fa. Risse)
Abb. 45:	Falsche und richtige Gestaltung des Fensterbrüstungsbereichs (aus H. Eschke: Wärmedämmung und Schwitzwasser an Aluminium-Fenstern — Detail 1968, Nr. 3, S. 422—423)
Abb. 46:	Rahmenbefestigungsmöglichkeiten 46.1 falsch, 46.2 richtig (d. Verfasser)
Abb. 47:	Hinterwanderung der Dichtzone bei Verblendmauerwerk (d. Verfasser)
Abb. 48:	Teilbauentflochtener Fensteranschlag (Hersteller-Information Fa. Monza)
Abb. 49:	Teilbauentflochtener Fensteranschlag (Hersteller-Information Fa. Stahl-Schanz)
Abb. 50.1:	Teilbauentflochtener Fensteranschlag (aus Seifert/Schmid: Fensterseminar 1972, S. 48)
Abb. 50.2:	Teilbauentflochtener Fensteranschlag (Hersteller-Information Fa. BUG)
Abb. 51:	Teilbauentflochtener Fensteranschlag für Aluminium-Fenster (aus: Bauen mit Aluminium 1972)
Abb. 52:	Anschlagzarge für hinterlüftete Betonsteinverkleidung (Hersteller-Information Fa. Braas)
Abb. 53:	Teilbauentflochtener Anschlag für Asbestzementbekleidung (Hersteller-Information Fa. Eternit)
Abb. 54:	Essener Anschlag für Stahlfenster (aus F. W. Schlegel: Fertigfenster-Fertigtüren — Verlag Fachtechnik GmbH, Duisburg (1965), S. 53)
Abb. 55:	Essener Anschlag für Holzfenster (aus F. W. Schlegel: Fassadenunterbrechungen — Fertigfenster — Verlag Fachtechnik GmbH, Duisburg (1965), S. 29)
Abb. 56:	Essener Anschlag für Aluminium-Fenster (aus F. W. Schlegel: unveröffentlichter Nachlaß 1971)
Abb. 57:	Essener Anschlag mit Zarge für Holzfenster (aus F. W. Schlegel: unveröffentlichter Nachlaß 1971)
Abb. 58:	Essener Anschlag mit Zarge für Holzfenster (aus F. W. Schlegel: Fassadenunterbrechungen — Fertigfenster — Verlag Fachtechnik GmbH, Duisburg 1965, S. 31)
Abb. 59:	Essener Anschlag mit Zarge ohne Toleranz-Ausgleichkeil (aus F. W. Schlegel: Fassadenunterbrechungen — Fertigfenster — Verlag Fachtechnik GmbH, Duisburg 1965, S. 33)
Abb. 60:	Darstellung der verschiedenen grundsätzlichen Anschlagmöglichkeiten mit vergleichender Wertung (d. Verfasser)
Abb. 61:	Verteilung des Luftdruckes im Gebäude nach Recknagel-Sprenger (aus A. G. Schneck: Fenster — aus Holz und Metall, Julius Hoffmann Verlag, Stuttgart 1963, S. IX)
Abb. 62:	Druckunterschied zwischen Innen- und Freiraum (aus D. Arntzen: Fenster im Wohnungsbau, Bauverlag Wirtschaftl. Bauen, Sonderheft 7)
Abb. 63:	Druckverteilung am Fenster (aus D. Arntzen: Fenster im Wohnungsbau, Bauverlag Wirtschaftl. Bauen, Sonderheft 7)
Abb. 64:	Druckverteilung am Fenster unter Berücksichtigung der Temperaturschichtung im Raum (aus D. Arntzen: Fenster im Wohnungsbau, Bauverlag Wirtschaftl. Bauen, Sonderheft 7)
Abb. 65:	Lüftung durch geschoßhohe Fenster und Lüftungsöffnungen an der Ober- und Unterseite der Außenwand (aus D. Arntzen: Fenster im Wohnungsbau, Bauverlag Wirtschaftl. Bauen, Sonderheft 7)
Abb. 66 und 67:	Druckverteilung bei Lüftung durch Wind und Temperaturunterschied) (aus D. Arntzen: Fenster im Wohnungsbau, Bauverlag Wirtschaftl. Bauen, Sonderheft 7)
Abb. 68:	Fenstersysteme (aus H. Koch: Optimale Fensterlüftung in Arbeitsräumen — Zentralblatt f. Industriebau 1967, Nr. 4, S. 153—155)
Abb. 69:	Lüftungswirkung von Kippflügeln (aus H. Koch: Optimale Fensterlüftung in Arbeitsräumen — Zentralblatt für Industriebau 1967, Nr. 4, S. 153—155)
Abb. 70:	Lüftungswirkung von Kippflügeln, Wirkung der Öffnungsbreite (aus H. Koch: Optimale Fensterlüftung in Arbeitsräumen — Zentralblatt f. Industriebau, Nr. 4, S. 153—155)
Abb. 71:	Luftgeschwindigkeit bei verschiedenen Temperaturdifferenzen (aus H. Koch: Optimale Fensterlüftung in Arbeitsräumen — Zentralblatt f. Industriebau 1967, Nr. 4, S. 153—155)
Abb. 72:	Zusätzliche Abdichtung für Dauerlüftung (Hersteller-Information Fa. Gretsch-Unitas)
Abb. 73:	Elles-Spaltlüfter (Baubeschlag-Taschenbuch 1963, S. 63)
Abb. 74:	Wino-Rohrlüfter (Baubeschlag-Taschenbuch 1963, S. 63)
Abb. 75:	Sial-Spaltlüfter (Hersteller-Information Fa. Siegenia)
Abb. 76:	Aere-Drehlüfter (Baubeschlag-Taschenbuch 1963, S. 61)
Abb. 77—80:	Dauer- und Permentlüftungen mit unterschiedlichen Einbaubedingungen (Hersteller-Information Fa. Gretsch-Unitas)
Abb. 81:	Hahn-Lamellenfenster (Hersteller-Information Fa. Hahn)

Abb. 82:	Schallschutzfenster mit mechanischer Lüftung (aus A. Carroux: Schalldämmende Fenster mit zusätzlicher Belüftung für Wohnräume in Wohnungen mit gehobenem Schallschutz − „Kampf dem Lärm" Heft 2/1970, S. 46)
Abb. 83:	Walzenlüfter in verschiedenen Ausführungen und Einbaumöglichkeiten (nach Hersteller-Informationen und „Bauen mit Aluminium" 1971)
Abb. 84:	Container − mit Klimaschildfenster (aus J. R. Wallmeier, W. D. Knop: Bauphysikalische Untersuchungen an Leichtbau-Raumzellen − Vertiefungsarbeit TH Aachen)
Abb. 85:	Raumentlüftung durch Fensterkamin (aus H. Lueder: Neue Methoden und Möglichkeiten der Raum- und Bauklimatik, Deutsche Bauzeitschrift 1963, S. 1709−1720)
Abb. 86.1:	Raumentlüftung durch Fensterkamin mit push-pull-Kapillarlüfter (aus H. Lueder: Neue Methoden und Möglichkeiten der Raum- und Bauklimatik, Deutsche Bauzeitschrift 1963, S. 1709−1720)
Abb. 86.2:	push-pull-Kapillargebläse (aus H. Lueder: Neue Methoden und Möglichkeiten der Raum- und Bauklimatik, Deutsche Bauzeitschrift 1963, S. 1709−1720)
Abb. 87−89:	Klimaschildverfahren in verschiedenen konstruktiven Lösungen (aus H. Hamann: Die Klimaschildverfahren − Heizung-Lüftung-Haustechnik 1966, Heft 4, S. 122−129)
Abb. 90:	Zeitlicher Verlauf der Lufttemperaturzunahme in ungelüfteten und über Nacht gelüfteten Räumen (aus H. Gertis: Die Temperaturverhältnisse in Räumen bei Sonneneinstrahlung durch Fenster, Deutsche Bauzeitschrift 1970, Heft 1, S. 50−60 und Baumarkt 1971)
Abb. 91:	Druckgefälle zwischen einer vom Wind angeströmten Gebäudefront und der Gebäuderückseite (aus H. Reinders: Mensch & Klima, VDI-Verlag, Düsseldorf 1969)
Abb. 92:	Abhängigkeit des Elastizitätsmoduls, der Biege- und Druckfestigkeit sowie der Brunellhärte von der Holzfeuchtigkeit (aus F. Kollmann: Technologie des Holzes, Bd. 1/2, Springer-Verlag 1951 und 1955)
Abb. 93.1:	Unterer Fensteranschlag nach Seifert (aus Seifert/Schmid: Holzfenster (Heft), herausgegeben vom Informationsdienst Holz 1969)
Abb. 93.2:	Unterer Fensteranschlag (Verbesserungsvorschlag d. Verfassers)
Abb. 94.1:	Unterer Fensteranschlag
Abb. 94.2:	Unterer Fensteranschlag
Abb. 95:	Unterer Fensteranschlag
Abb. 96:	Unterer Fensteranschlag
Abb. 97:	Unterer Fensteranschlag
Abb. 98:	Unterer Fensteranschlag
Abb. 99:	Gehrungsfügung mit mechanischer Sicherung (aus F. W. Schlegel: Fertigfenster − Fertigtüren, Verlag Fachtechnik GmbH, Duisburg (1964)
Abb. 100:	Kardo-Flachkastenverbundfenster (Hersteller-Information)
Abb. 101:	Warmgewalzte Stahl-Industrieprofile (Merkblatt 138, „Stahlfenster")
Abb. 102:	Warmgewalzte Stahl-Wohnhaus-Profile (Merkblatt 138, „Stahlfenster")
Abb. 103−107:	Kaltgewalzte bzw. kaltgezogene Stahlfensterprofile (nach Merkblatt 300 − Das Profilstahlrohr im Fenster- und Türenbau)
Abb. 108−111:	Wandanschlüsse von Stahlfenstern, die den technischen Erfordernissen und Erkenntnissen nicht entsprechen (Merkblatt 138 und 300)
Abb. 112−114:	Fensterprofile aus nichtrostendem Stahl (Hersteller-Informationen)
Abb. 115:	Wirkung und Abschätzung der thermischen Längenänderung einer spaltplattenbekleideten Fassade mit bündig eingebautem Aluminium-Fenster (d. Verfasser)
Abb. 116	Oberflächentemperatur von Aluminiumfenstern (aus u. 117: K. Gartner: Gebäudeaußenwand − Sonderdruck)
Abb. 118:	Beheizte Fensterprofile (aus K. Gartner: Der Einfluß beheizter Gebäudestützen auf Raumumschließungsflächen, insbesondere auf Außenwände aus Doppelglas bei Hallenbädern − Detail 1971, Nr. 1, S. 11−16)
Abb. 119−124:	Wärmegedämmte Aluminiumfenster (aus: Bauen mit Aluminium 1972)
Abb. 125:	Aufgeklipste Glasleistensysteme (aus Bauen mit Aluminium 1972)
Abb. 126:	Einhangglasleisten (aus: Bauen mit Aluminium 1972)
Abb. 127:	Aufgeschraubte Glasleisten (aus: Bauen mit Aluminium 1972)
Abb. 128:	Glasleistenloser Scheibeneinbau (aus: Bauen mit Aluminium 1972)
Abb. 129:	Dynamischer E-Modul E' und Verlustfaktor d von Hostalit Z 2060 und Z 2070 in Abhängigkeit von der Temperatur (aus Kunststoffe Höchst: Hostalit Z − Sonderschrift)
Abb. 130:	Kugeldruckhärte von Hostalit Z 2060 und Z 2070 in Abhängigkeit von der Temperatur (aus Kunststoffe Höchst: Hostalit Z − Sonderschrift)
Abb. 131:	Biegekriechmodul von Hostalit Z 2060 und Z 2070 in Abhängigkeit von Belastungszeit und Temperatur (aus Kunststoffe Höchst: Hostalit Z − Sonderschrift)
Abb. 132:	Zug-Dehnungslinien von PVC bei verschiedenen Temperaturen (aus G. Hundertmark/W. Bollmann: Kunststoff-Rundschau, S. 134−142 und 193−197)
Abb. 133:	Lineare thermische Ausdehnung von Thermoplasten (aus G. Binder: Die Eigenschaften thermoplastischer Kunststoffe − Kunststoffe im Bauwesen, Heft 14, 16)
Abb. 134:	Temperaturverlauf am Profil der Abb. 137 (aus W. Delekat/E. Morianz: Fenster aus Hart-PVC, Kunststoffe im Bau 1972, Heft 26, S. 46ff.)
Abb. 135:	Temperaturverlauf durch ein Kunststoff-Fenster-Profil (Hersteller-Information Fa. Dynamit-Nobel)
Abb. 136:	Verbiegung von Fensterprofilen bei einseitiger Bestrahlung in Abhängigkeit von der Zeit (aus G. Hundertmark: Untersuchungen an Fensterprofilen aus schlagzähem PVC − Plastverarbeiter 1970, Heft 8)
Abb. 137:	Vollkunststoff-Fenster
Abb. 138:	Vollkunststoff-Fenster
Abb. 139:	Vollkunststoff-Fenster
Abb. 140:	Vollkunststoff-Fenster
Abb. 141:	Vollkunststoff-Fenster
Abb. 142:	Vollkunststoff-Fenster
Abb. 143:	Vollkunststoff-Fenster
Abb. 144:	Vollkunststoff-Fenster
Abb. 145:	Kunststoffummantelte Holzfenster
Abb. 146:	Kunststoffummantelte Holzfenster
Abb. 147:	Kunststoffummantelte Metallprofile
Abb. 148:	Kunststoffummantelte Metallprofile
Abb. 149:	Kunststoffummantelte (GUP) Metallprofile
Abb. 150:	Verklebte Metall-Eckverbindungen (aus Hersteller-Information Fa. Anschütz)
Abb. 151:	Ungünstiges Vollkunststoff-Profil
Abb. 152:	Ungünstiges Vollkunststoff-Profil
Abb. 153:	Aluminium-Holzfenster, System Aluh (aus: Bauen) mit Aluminium 1972)
Abb. 154:	Aluminium-Holzfenster, System Aluvogt (aus: Bauen mit Aluminium 1972)
Abb. 155:	Aluminium-Holzfenster, System Steiner (aus Bauen mit Aluminium 1972)
Abb. 156:	Aluminium-Holzfenster, System Aluh-Contraphon (aus: Bauen mit Aluminium 1972)
Abb. 157:	Aluminium-Holzfenster, System HMF-4 (aus: Bauen mit Aluminium 1972)
Abb. 158:	Aluminium-Holzfenster, System HMS (aus Bauen mit Aluminium 1972)

Abb. 159:	Fenster aus nichtrostendem Stahl auf Holzrahmen (Hersteller-Information Fa. Edelstahl-Rostfrei Profil GmbH)
Abb. 160:	Fenster aus nichtrostendem Stahl auf Holzrahmen (Hersteller-Information Fa. Classmann-Bonhomme)
Abb. 161:	Kunststoff-Holzfenster, System Diapol (aus: Fenster aus Kunststoffen – Bauen mit Kunststoffen, Heft 5/68)
Abb. 162:	Kunststoff-Holzfenster, System Starplast (aus: Fenster aus Kunststoffen – Bauen mit Kunststoffen 1968, Heft 5)
Abb. 163:	Kunststoff-Holzfenster, System Hebratherm (aus: Fenster aus Kunststoffen – Bauen mit Kunststoffen 1968, Heft 5)
Abb. 164:	Kunststoff-Holzfenster, System Xyloplast (aus: Fenster aus Kunststoffen – Bauen mit Kunststoffen 1968, Heft 5)
Abb. 165.1	Maximale Temperaturzunahme der Raumluft bei verschiedener Glasart in Abhängigkeit vom Fensterflächenverhältnis zu den Raumumschließungsflächen (aus K. Gertis: Die Temperaturverhältnisse in Räumen bei Sonneneinstrahlung durch Fenster – Deutsche Bauzeitschrift 1970, Heft 1 und Baumarkt 1971)
Abb. 165.2	Bestimmung der erf. Sonnenschutzmaßnahmen auf der Grundlage der gewünschten Temperaturzunahme (aus Seifert/Schmid: Fensterseminar 72, S. 18)
Abb. 166:	Nachlaß der Fugendichtigkeit von Holzfenstern und Fenster mit zusätzlichen Dichtungsprofilen (aus Seifert: aus unveröffentlichten Vorträgen 1972)

8.2. Tabellen

Tab. 1:	Anteil der im Fensterbau eingesetzten Werkstoffe (1970) (Pressemitteilung der Holzindustrie)
Tab. 2:	Maximale Fenstergrößen (aus W. Caemmerer: Das Fenster als wärmeschutztechnisches Bauelement – Heizung-Lüftung-Haustechnik Nr. 4, S. 140–148)
Tab. 3:	Tabellen zur Ermittlung der Beanspruchungsgruppen zur Verglasung von Holz-, Aluminium- und Holz-Aluminium-Fenstern (1969) (ausgearbeitet vom Institut für Fenstertechnik e. V., Rosenheim)
Tab. 4:	Zusammenstellung der Immissionsrichtwerte (gem. DIN 18 005)
Tab. 5:	Zuordnung von Holzfenstern und Schallschutzklassen (aus Seifert/Schmid: Holzfenster (Heft) herausgegeben vom Informationsdienst Holz 1972, S. 34)
Tab. 6:	Tabelle zur Ermittlung der Schallschutzklassen (aus VDI-Richtlinie 2719 E)
Tab. 7:	Richtwerttabelle der in den Räumen zulässigen Pegel von außen eindringender Geräusche (aus VDI-Richtlinie 2719 E)
Tab. 8:	Kriterien verschiedener Flügelarten (d. Verfasser)
Tab. 9:	Vergleich der Fenstergrundkonstruktionen (aus A. G. Schneck: Fenster – aus Holz und Metall, Julius Hoffmann Verlag, Stuttgart, S. XI)
Tab. 10:	Vergleich der Fensterwerkstoffe (aus A. G. Schneck: Fenster – aus Holz und Metall, Julius Hoffmann Verlag, Stuttgart, S. XII)
Tab. 11:	Vergleich der Eignung verschiedener Werkstoffe für Fenstergrundkonstruktionen (d. Verfasser)
Tab. 12:	Bedeutung der Beurteilungskriterien für die verschiedenen Fenstergrundkonstruktionen (d. Verfasser)
Tab. 13:	Zusammenstellung der Glaskennwerte (aus Deutsches Architektenblatt NW, Heft 5/72)
Tab. 14:	Zusammenstellung der k-Werte, Schalldämmzahlen und Strahlungsdurchlässigkeit verschiedener Glasarten (aus: „Glas im Bau" und Herstellerveröffentlichungen d. Verfasser)
Tab. 15:	Wärmedurchgangsrechenwerte für Verglasungen verschiedener Ausführung (aus Eichler: Bauphysikalische Entwurfslehre 1968, S. 200)
Tab. 16:	Zusammenstellung verschiedener wärmetechnischer Werkstoffdaten (aus: „Bauen mit Aluminium" 1969)
Tab. 17:	Temperaturverlauf bei Zweischeibenverbundfenstern und Einfachverglasung (aus: Feuchtigkeit in Verbundfenstern, Glaswelt 1970, Heft 9)
Tab. 18:	Innere Oberflächentemperaturen von Glasflächen (aus W. Caemmerer: Das Fenster als wärmeschutztechnisches Bauelement – Heizung-Lüftung-Haustechnik Nr. 4, S. 140–148)
Tab. 19.1:	Maximale Oberflächentemperatur, Anstrichträger Holz, deckender Anstrich (aus E. Seifert: Farbige Anstriche und ihr Einfluß auf die Oberflächentemperatur von Bauelementen aus Holz – Baumarkt 1970, Nr. 2, S. 33–44)
Tab. 19.2:	Maximale Oberflächentemperatur, Anstrichträger Holz, Lasuranstrich (aus E. Seifert: Farbige Anstriche und ihr Einfluß auf die Oberflächentemperatur von Bauelementen aus Holz – Baumarkt 1970, Nr. 2, S. 33–40)
Tab. 20:	Erwärmung von Rolläden verschiedener Farben beim Bestrahlen (aus Binder: Rolläden aus Kunststoff – Kunststoffe im Bauwesen 1968, Nr. 10, S. 21–28)
Tab. 21:	Vergleichende Wertung zu Abb. 60
Tab. 22:	Lüftungswirkung von Kippflügeln, vergleichende Tabelle (aus H. Koch: Optimale Fensterlüftung in Arbeitsräumen – Zentralblatt für Industriebau 1967, Nr. 4, S. 153–155)
Tab. 23:	Erforderl. Lüftungsöffnungen für Lüftung durch Temperaturunterschied (aus D. Arntzen: Fenster im Wohnungsbau – Bauverlag Wirtschaftl. Bauen, Sonderheft 7)
Tab. 24:	Erforderl. Lüftungsöffnungen für Lüftung durch Temperaturunterschied (aus D. Arntzen: Fenster im Wohnungsbau – Bauverlag Wirtschaftl. Bauen, Sonderheft 7)
Tab. 25:	Luft-Durchgangswerte für Dauerlüfter (Hersteller-Information Fa. Gretsch-Unitas)
Tab. 26:	Richtwerte für verschiedene Raumvolumen (aus H. Reinders: Mensch & Klima, Klima, Klimaphysiologie, Klimatechnik – VDI-Verlag, Düsseldorf, 1969)
Tab. 27:	Luftwechselzahlen für Räume unterschiedlicher Nutzung (aus H. Reinders: Mensch & Klima – VDI-Verlag, Düsseldorf)
Tab. 28:	Gegenüberstellung grundsätzlicher Mängel üblicher Holzfensterkonstruktionen (d. Verfasser)
Tab. 29:	Einflußgrößen der Fensterprofilgestaltung für Holz-, Aluminium- und Kunststoff-Fenster (d. Verfasser)
Tab. 30:	Chemische Zusammensetzung nicht rostender Stähle (Hersteller-Information)
Tab. 31:	Tabellarische Zusammenstellung der Werkstoffeigenschaften von Aluminium (aus: Bauen mit Aluminium 1972)
Tab. 32.1:	Zusammenstellung von Rohwichte, E-Modul, Längenausdehnungskoeffizient und Wärmeleitfähigkeit verschiedener Werkstoffe (nach Bobran, Grunau, Cammerer u. a.)
Tab. 32.2:	Quellmaße einiger Hölzer (nach Keylwerth)
Tab. 32.3:	Quellmaße einiger mineralischer Baustoffe (nach Grunau)

Tab. 32.4: Strahlungszahl c verschiedener Oberflächen (aus Recknagel/Sprenger: Taschenbuch für Heizung, Lüftung, Klimatechnik – Verlag Oldenburg, München (1959/1970)

Tab. 32.5: Mittlere spezifische Wärme einiger Stoffe (aus G. Kirsch/G. Zimmermann: Stoffkenngrößen als Kriterien für die Beurteilung von Baustoffen – Deutsche Bauzeitschrift 1971, Nr. 11, S. 2337–2346)

Tab. 32.6: Reflexionsgrad, Adsorptionsgrad, Transmissionsgrad und Streuvermögen verschiedener Baustoffe (aus J. S. Cammerer: Wärme- und Kälteschutz in der Industrie

Tab. 32.7: Mittelwerte der Wärmespeicherfähigkeit einiger Stoffe aus G. Kirsch/G. Zimmermann: Stoffkenngrößen als Kriterien für die Beurteilung von Baustoffen – Deutsche Bauzeitschrift 1971, Heft 11, S. 2337–2346)

Tab. 32.8: Wärmeeindringzahlen von Fußboden-Baustoffen (aus G. Kirsch/G. Zimmermann: Stoffkenngrößen als Kriterien für die Beurteilung von Baustoffen – Deutsche Bauzeitschrift 1971, Nr. 11, S. 2337–2346)

Tab. 32.9: Wärmeeindringzahlen einiger Stoffe (aus G. Kirsch/G. Zimmermann: Stoffkenngrößen als Kriterien für die Beurteilung von Baustoffen – Deutsche Bauzeitschrift 1971, Nr. 11, S. 2337–2346)

Tab. 33: Taupunkttemperaturen von Aluminium-Fenstern (aus Deutsche Bauzeitung 5/1971, S. 582: Schwitzwasser an Aluminium-Fenstern)

Tab. 34: Oberflächentemperatur von Aluminiumfenstern (aus K. Gartner: Gebäudeaußenwand – Sonderdruck)

Tab. 35: Wertung der Profilgestaltung von Stahl-, Aluminium- und Kunststoff-Fenstern (d. Verfasser)

Tab. 36: Prüfergebnisse verschiedener Eckverbindungen (aus W. Triebel/H. G. Rompf: Geklebte Rahmen aus Aluminium-Profilen – Aluminium 1967, S. 285–288)

Tab. 37: E-Moduln von Thermoplasten (aus G. Binder: Die Eigenschaften thermoplastischer Kunststoffe – Kunststoffe im Bauwesen, Heft 14, 16)

Tab. 38: Streckspannung und Bruchdehnung von Thermoplasten (aus G. Binder: Die Eigenschaften thermoplastischer Kunststoffe – Kunststoffe im Bauwesen, Heft 14, 16)

Tab. 39: Übergangstemperaturen verschiedener Kunststoffe von zäh nach spröd (aus G. Binder: Die Eigenschaften thermoplastischer Kunststoffe – Kunststoffe im Bauwesen, Heft 14, 16)

Tab. 40: Schlagzähigkeit von Thermoplasten (aus G. Binder: Die Eigenschaften thermoplastischer Kunststoffe – Kunststoffe im Bauwesen, Heft 14, 16)

Tab. 41: Kalorische Eigenschaften bei 20° (aus G. Binder: Die Eigenschaften thermoplastischer Kunststoffe – Kunststoffe im Bauwesen, Heft 14/16)

Tab. 42: Durchbiegung von Kunststoff-Fenster-Profilen bei mechanischer Belastung und einseitiger Bestrahlung (aus G. Hundertmark: Untersuchungen an Fenster-Profilen aus schlagzähem PVC – Plastverarbeiter 1970, Heft 8)

Weitere Titel aus unserem Verlagsprogramm

**Bauphysikalische Entwurfslehre (Band 1)
- Berechnungsgrundlagen -**

von F. Eichler. 4. durchgesehene Auflage, 182 Seiten mit 59 Abbildungen und 72 Tafeln, DIN A 4, Leinen
ISBN 3-481-12354-X

Bauphysikalische Entwurfslehre (Band 2) - Konstruktive Details des Wärme- und Feuchtigkeitsschutzes -

von F. Eichler. 4., neu bearbeitete und erweiterte Auflage, 608 Seiten mit 863 Abbildungen und 56 Tafeln, DIN A 4, Leinen
ISBN 3-481-12364-7

Bauphysikalische Entwurfslehre (Band 3) - Wärmedämmstoffe -

von F. Eichler. 2., verbesserte Auflage, 204 Seiten mit 118 Bildern, 51 Tafeln und 60 Literaturangaben, DIN A 4, Leinen
ISBN 3-481-12372-8

Bauphysikalische Entwurfslehre (Band 4) - Bauakustik -

von Fasold/Sonntag. 256 Seiten mit 335 Bildern und 90 Tafeln, DIN A 4, Leinen
ISBN 3-481-12381-7

**VOB im Bild
Abrechnung nach der neuen VOB**

von v. d. Damerau/Tauterat
Regeln für Ermittlung und Abrechnung aller Bauleistungen nach den Bestimmungen in den Allgemeinen Technischen Vorschriften (Teil C) der Verdingungsordnung für Bauleistungen (VOB-Ausgabe 1973). 4., völlig überarbeitete und erweiterte Auflage 1974. Ca. 360 Seiten mit ca. 850 Abb., Format 21×26 cm, Ganzgewebe
ISBN 3-481-18724-6

Sperrschicht und Dichtschicht im Hochbau

von H. Reichert
212 Seiten mit 339 Abbildungen und 112 Fotos, DIN A 4, Plastik,
ISBN 3-481-16861-6

Fugen im Hochbau

von Edvard B. Grunau
2. überarbeitete und erweiterte Auflage, 200 Seiten, 447 Abbildungen und 9 Tabellen, DIN A 4, Plastik
ISBN 3-481-13462-2

M

Verlagsgesellschaft Rudolf Müller · 5 Köln 41 · Postf. 41 09 49